国家"十二五"规划重点图书

中国地质调查局
青藏高原1:25万区域地质调查成果系列

中华人民共和国
区域地质调查报告
比例尺 1:250 000
治多县幅
(I46C003004)

项目名称：1:25万治多县幅、杂多县幅区域地质调查

项目编号：200313000007

项目负责：王毅智

图幅负责：王毅智　刘生军　祁生胜

报告编写：王毅智　刘生军　祁生胜　许长青
　　　　　　李善平　王永文　李金发

编写单位：青海省地质调查院

单位负责：杨站君（院长）
　　　　　　张雪亭（副院长）

中国地质大学出版社

内 容 提 要

调查区位于青藏高原中部,南北向纵跨巴颜喀拉盆地和北羌塘盆地,区域上西金乌兰湖—金沙江结合带、甘孜—理塘结合带横贯调查区。

本书系统介绍了调查区地层、侵入岩序列及火山活动、变质作用。着重对陆内叠覆造山及造山后伸展事件、高原隆升做了研究。总结了调查区成矿规律,进行了生态地质、灾害地质、旅游地质专项地质调查。

本书内容丰富,资料翔实,观点思路新颖,新发现并取得了许多珍贵野外资料、测试数据,特别是首次在该地区新发现的古中元古代宁多岩群结晶基底地层、晚二叠世—早三叠世陆相碱性火山岩地层;首次新划分的由三叠纪查涌蛇绿混杂岩和二叠纪多彩蛇绿混杂岩组成石炭纪—三叠纪通天河复合蛇绿混杂岩带,为青藏高原特提斯演化研究西金乌兰湖—金沙江结合带、甘孜—理塘结合带重接提供了重要地质资料。

图书在版编目(CIP)数据

中华人民共和国区域地质调查报告·治多县幅(I46C003004):比例尺 1:250 000/王毅智等著. —武汉:中国地质大学出版社,2014.6

ISBN 978-7-5625-3384-9

Ⅰ.①中…
Ⅱ.①王…
Ⅲ.①区域地质调查-调查报告-中国②区域地质调查-调查报告-治多县
Ⅳ.①P562

中国版本图书馆 CIP 数据核字(2014)第 131889 号

中华人民共和国区域地质调查报告	王毅智 等著
治多县幅(I46C003004)　比例尺 1:250 000	

责任编辑:李 晶 刘桂涛	责任校对:周 旭

出版发行:中国地质大学出版社(武汉市洪山区鲁磨路388号)	邮政编码:430074
电　话:(027)67883511　　传　真:67883580	E-mail:cbb@cug.edu.cn
经　销:全国新华书店	http://www.cugp.cug.edu.cn

开本:880毫米×1230毫米 1/16	字数:582千字　印张:17.875	图版:4　插页:1　附图:1
版次:2014年6月第1版	印次:2014年6月第1次印刷	
印刷:武汉市籍缘印刷厂	印数:1—1 500册	
ISBN 978-7-5625-3384-9		定价:490.00元

如有印装质量问题请与印刷厂联系调换

前　言

青藏高原包括西藏自治区、青海省及新疆维吾尔自治区南部、甘肃省南部、四川省西部和云南省西北部，面积达260万 km^2，是我国藏民族聚居地区，平均海拔4500m以上，被誉为"地球第三极"。青藏高原是全球最年轻、最高的高原，记录着地球演化最新历史，是研究岩石圈形成演化过程和动力学的理想区域，是"打开地球动力学大门的金钥匙"。

青藏高原蕴藏着丰富的矿产资源，是我国重要的战略资源后备基地。青藏高原是地球表面的一道天然屏障，影响着中国乃至全球的气候变化。青藏高原也是我国主要大江大河和一些重要国际河流的发源地，孕育着中华民族的繁生和发展。开展青藏高原地质调查与研究，对于推动地球科学研究、保障我国资源战略储备、促进边疆经济发展、维护民族团结、巩固国防建设具有非常重要的现实意义和深远的历史意义。

1999年国家启动了"新一轮国土资源大调查"专项，按照温家宝总理"新一轮国土资源大调查要围绕填补和更新一批基础地质图件"的指示精神。中国地质调查局组织开展了青藏高原空白区1:25万区域地质调查攻坚战，历时6年多，投入3亿多，调集25个来自全国省（自治区）地质调查院、研究所、大专院校等单位组成的精干区域地质调查队伍，每年近千名地质工作者，奋战在世界屋脊，徒步遍及雪域高原，实测完成了全部空白区158万 km^2 112个图幅的区域地质调查工作，实现了我国陆域中比例尺区域地质调查的全面覆盖，在中国地质工作历史上树立了新的丰碑。

青海1:25万治多县幅（I46C003004）区域地质调查项目，由青海省地质调查院承担，工作区位于青藏高原玉树地区的三江带。目的是通过对调查区进行全面的区域地质调查，参照造山带填图的新方法，应用遥感等新技术手段，以区域构造调查与研究为先导，合理划分测区的构造单元，对测区不同地质单元、不同的构造-地层单位采用不同的填图方法进行全面的区域地质调查。最终通过对盆地建造、岩浆作用、变质变形及盆山耦合关系的研究，建立工作区构造格架，反演区域地质演化历史。其中西金乌兰湖—金沙江结合带与甘孜—理塘结合带在图区东北部重接，红湖山—双湖结合带与乌兰乌拉湖结合带在工作区西南反接，并发育南北双弧火山岩带，是研究古特提斯构造带的有利地段，也是多金属有利成矿部位，羌塘盆地又是青藏高原含油盆地，在加强多金属成矿地质调查的同时，注意油气地质前景调查研究，全面提高本区基础地质研究程度，为地方经济发展提供基础地质资料。

治多县幅（I46C003004）地质调查工作时间为2003—2005年，累计完成地质填图面积为15 477 km^2，实测地质剖面89km。地质路线2138km，采集种类样品936件，全面完成了设计工作量。主要成果有：①首次新发现厘定了通天河复合蛇绿混杂岩带分布位置、基底及蛇绿混杂岩带物质组成、边界断裂，并进一步解体出西金乌兰—金沙江结合带中石炭纪—早中二叠世多彩蛇绿混杂岩亚带、甘孜—理塘结合带中三叠纪查涌蛇绿混杂岩亚带，具有复合造山的独特形成环境，首次发现通天河复合蛇绿混杂岩带基底——宁多岩群，确定其形成时代为早中元古代。②首次发现建立了扎青组晚二叠世—早三叠世陆相碱性火山岩,与峨眉山火山岩特征相似,其不整合在早中二叠世开心岭群地层之上,其上被晚三叠世结扎群甲丕拉组不整合覆盖,确定了西金乌兰—金沙江结合带演化时限在早中二叠世结束。③通过多重地层单位划分,建立了全区的岩石地层及构造地层(岩石)单位,生物地层单位、年代地层单位,对测区分布最广泛的晚三叠世地层,划分出 Norian 期 *Oxycolpella-Rhaetinopsis* 腕足类组合,*Neomegalodon-Cardium* (*Tulongocardium*)-*Pergamidia* 双壳类组合等生物地层单位,*Hyrcanopterissinensis-Clathropteris* 植物组合带。Carnian 期 *Koninckina-Yidunella-Zeilleria lingulata* 腕足类组合和 *Neocalamites* sp. 植物层等生物地层单位。④首次对晚古生代地层进行系统的岩石化学及年代学研究,早中二叠世尕笛考组钙碱性系列火山岩构造环境为岛弧环境,具有多岛弧特征;开心岭群诺日巴尕日保组火山岩属碱性系列,具有初始弧后盆地伸展构造环境特征。提出了三江成矿带发现的然者涌、东莫扎抓铅锌银多金属矿成矿地质背景为伸展构造环境的岛弧与弧后(间)盆地火山喷流控矿,具有很好的铅锌银成矿地质背景。

2006 年 4 月,中国地质调查局组织专家对项目进行最终成果验收,评审认为,成果报告资料齐全,工作量达到(或超过)设计规定,技术手段、方法、测试样品质量符合有关规范、规定。报告章节齐备、论述有据,在地层、古生物、岩石和构造等方面取得了较突出的进展和重要成果,反映了测区地质构造特征和现有研究程度,经评审委员会认真评议,一致建议项目报告通过评审,治多县幅成果报告被评为优秀级(93.5 分)。

参加报告编写的主要有王毅智、刘生军、祁生胜、许长青、李善平、王永文、李金发,由王毅智、刘生军、祁生胜、许长青、李善平编纂定稿。地质图编绘为王毅智、刘生军、祁生胜;地质矿产图编绘为许长青、王毅智、李善平;生态环境地质图编绘为李善平、王毅智。

先后参加野外工作的有:王毅智、刘生军、祁生胜、王永文、许长青、李善平、马延虎、安守文、丁玉进、古建青、王洪洲、尚显。在整个项目实施和报告编写过程中,始终得到了中国地质调查局西安地质调查中心教授级高级工程师李荣社,青海省地质调查院高级工程师张雪亭、阿成业等的大力支持与无私的帮助,对项目进行了全程监督、指导。数字制图由青海省地质调查院计算中心李萍完成,孟红、祁兰英等参与了数字制图;薄片岩矿鉴定由范桂兰完成。另外,在野外作业中,医生刘文忠,驾驶员潘国利、李瑾、李健、林任祥、曾建国、白云剑,炊事员王兵等协助项目组完成各项野外调查任务,在此表示诚挚的谢意。

为了充分发挥青藏高原 1:25 万区域地质调查成果的作用,全面向社会提供使用,中国地质调查局组织开展了青藏高原 1:25 万地质图的公开出版工作,由中国地质调查局成都地质调查中心组织承担图幅调查工作的相关单位共同完成。出版编辑工作得到了国家测绘局孔金辉、翟义青及陈克强、王保良等一批专家的指导和帮助,在此表示诚挚的谢意。

鉴于本次区调成果出版工作时间紧、参加单位较多、项目组织协调任务重以及工作经验和水平所限,成果出版中可能存在不足与疏漏之处,敬请读者批评指正。

"青藏高原 1:25 万区调成果总结"项目组
2010 年 9 月

目　　录

第一章　绪　言 (1)
第一节　目的与任务 (1)
第二节　交通位置及自然地理概况 (1)
第三节　地形图质量评述 (2)
　　一、1:10万地形图(野外手图) (2)
　　二、1:25万地形图 (3)
　　三、卫片 (3)
第四节　地质调查历史及研究程度 (3)
第五节　质量评述 (5)
　　一、实施方法 (6)
　　二、执行情况 (6)
第六节　地质调查概况 (6)
　　一、工作进展情况 (6)
　　二、人员组成 (7)
　　三、完成工作量 (8)
　　四、报告编写 (9)

第二章　地　层 (10)
第一节　古中元古代宁多岩群($Pt_{1-2}N$) (10)
第二节　早石炭世杂多群(C_1Z) (15)
第三节　二叠纪地层 (20)
　　一、早中二叠世地层 (21)
　　二、晚二叠世—早三叠世火山岩组(P_3T_1h) (32)
第四节　三叠纪地层 (35)
　　一、早中三叠世地层 (35)
　　二、中晚三叠世地层 (42)
　　三、三叠纪古生物地层及年代地层 (60)
第五节　侏罗纪地层 (66)
第六节　古近纪—新近纪地层 (70)
　　一、沱沱河组(Et) (70)

二、雅西措组（ENy） ……………………………………………………………………（72）
　　三、查保玛组（ENc） ……………………………………………………………………（73）
　　四、曲果组（Nq） ………………………………………………………………………（75）
 第七节　第四纪地层 …………………………………………………………………………（77）
　　一、中更新世地层 …………………………………………………………………………（77）
　　二、晚更新世地层 …………………………………………………………………………（78）
　　三、全新世地层 ……………………………………………………………………………（80）

第三章　岩浆岩 …………………………………………………………………………………（82）
 第一节　概　述 ………………………………………………………………………………（82）
 第二节　通天河蛇绿岩 ………………………………………………………………………（84）
　　一、多彩蛇绿岩 ……………………………………………………………………………（85）
　　二、查涌蛇绿岩 ……………………………………………………………………………（93）
 第三节　基性—超基性岩 ……………………………………………………………………（101）
 第四节　中酸性侵入岩 ………………………………………………………………………（103）
　　一、巴颜喀拉构造岩浆岩带中酸性侵入岩 ………………………………………………（104）
　　二、通天河构造岩浆岩带中酸性侵入岩 …………………………………………………（112）
　　三、杂多构造岩浆岩带中酸性侵入岩 ……………………………………………………（123）
 第五节　火山岩 ………………………………………………………………………………（134）
　　一、火山旋回的划分 ………………………………………………………………………（135）
　　二、二叠纪火山岩 …………………………………………………………………………（135）
　　三、晚二叠世—早三叠世火山岩 …………………………………………………………（152）
　　四、晚三叠世火山岩 ………………………………………………………………………（160）
　　五、新生代火山岩 …………………………………………………………………………（174）
 第六节　脉　岩 ………………………………………………………………………………（181）
　　一、区域性脉岩 ……………………………………………………………………………（181）
　　二、相关性脉岩 ……………………………………………………………………………（184）

第四章　变质岩 …………………………………………………………………………………（185）
 第一节　概　述 ………………………………………………………………………………（185）
 第二节　区域变质作用及变质岩 ……………………………………………………………（187）
　　一、区域动力热流变质作用及变质岩——古中元古代宁多岩群变质岩 ………………（187）
　　二、区域低温动力变质作用及变质岩 ……………………………………………………（194）
　　三、区域埋深变质作用及变质岩 …………………………………………………………（200）
 第三节　动力变质作用及变质岩 ……………………………………………………………（200）
　　一、韧性动力变质作用及变质岩 …………………………………………………………（200）
　　二、脆性动力变质作用及变质岩 …………………………………………………………（203）

第四节　接触变质作用及变质岩 ·· (204)
　　　　一、热接触变质作用及变质岩 ·· (204)
　　　　二、接触交代变质作用及变质岩 ··· (205)
　　第五节　变质作用演化 ·· (206)
第五章　地质构造及构造演化史 ··· (208)
　　第一节　区域构造特征概述 ··· (208)
　　　　一、区域重力、航磁特征 ··· (208)
　　　　二、区域构造特征与测区构造单元划分 ··· (209)
　　　　三、测区构造单元特征 ·· (211)
　　第二节　构造变形 ··· (219)
　　　　一、褶皱构造 ·· (220)
　　　　二、断裂构造 ·· (224)
　　第三节　新构造运动 ··· (229)
　　　　一、新构造运动概述 ·· (229)
　　　　二、高原隆升特征 ·· (232)
　　　　三、新构造运动与高原隆升的环境效应 ··· (235)
　　第四节　构造发展阶段划分 ··· (236)
　　　　一、古中元古代结晶基底形成演化阶段 ··· (236)
　　　　二、早古生代前造山构造演化阶段 ·· (237)
　　　　三、海西—印支期主造山演化阶段 ·· (238)
　　　　四、侏罗纪—白垩纪后造山构造演化阶段 ·· (239)
　　　　五、新生代高原隆升阶段 ··· (239)
第六章　专项地质调查 ··· (240)
　　第一节　成矿地质背景 ·· (240)
　　　　一、地球物理、地球化学特征 ·· (240)
　　　　二、成矿作用与成矿规律 ··· (244)
　　　　三、成矿带划分与成矿远景区圈定 ··· (248)
　　第二节　生态环境地质 ·· (251)
　　　　一、生态环境地质现状 ·· (251)
　　　　二、生态环境地质效应 ·· (257)
　　第三节　旅游地质 ··· (261)
　　　　一、探险 ··· (261)
　　　　二、民族风情 ·· (261)
　　　　三、佛教圣地 ·· (262)

第七章 遥感解译 …………………………………………………………………………… (263)
第一节 遥感资料收集与遥感工作方法 ………………………………………………… (263)
一、遥感信息源配置和信息提取平台 ……………………………………………………… (263)
二、遥感工作方法 ………………………………………………………………………… (264)
三、遥感图像优化处理与专题信息提取 …………………………………………………… (265)
四、遥感地质编图及精度要求 ……………………………………………………………… (266)
第二节 遥感影像景观区划分 …………………………………………………………… (267)
一、影像景观区划分 ……………………………………………………………………… (267)
二、各影像景观区地质涵义及影像可解程度综述 ………………………………………… (267)
第三节 地质体遥感解译 ………………………………………………………………… (268)
一、线形影像遥感解译特征 ……………………………………………………………… (268)
二、面状影像遥感解译特征 ……………………………………………………………… (269)
三、地质填图单位影像特征 ……………………………………………………………… (269)

第八章 总 结 …………………………………………………………………………… (273)
一、主要结论及进展 ……………………………………………………………………… (273)
二、存在的问题 …………………………………………………………………………… (276)

主要参考文献 ……………………………………………………………………………… (277)
图版说明及图版 …………………………………………………………………………… (278)
附图 1∶25万治多县幅(I46C003004)地质图及说明书

第一章 绪 言

第一节 目的与任务

青藏高原素有世界屋脊之称，被认为是世界第三极，自然地理条件恶劣，该地区基础地质调查薄弱，随着国民经济生产的需要，为适应地质大调查提速的要求，加快青藏高原北部空白区基础地质调查与研究，根据《中国地质调查局地质调查工作内容任务书》，编号：基[2003]001—14，由中国地质调查局下达，西安地质矿产研究所实施的 1∶25 万治多县幅（I46C003004）、杂多县幅（I46C004004）区域地质调查（联测）项目，由青海省地质调查院具体承担完成。项目工作周期为 3 年（2003 年 1 月—2005 年 12 月），总填图面积为 31 300 km^2，其中治多县幅（I46C003004）15 477 km^2。2003 年完成 10 000 km^2，2005 年 7 月提交野外验收，2005 年 12 月提供最终成果。

1∶25 万治多县幅（I46C003004）项目总体目标任务是：按照《1∶25 万区域地质调查技术要求（暂行）》和《青藏高原空白区 1∶25 万区域地质调查要求（暂行）》及其他相关的规范、指南，参照造山带填图的新方法，应用遥感等新技术手段，以区域构造调查与研究为先导，合理划分测区的构造单元，对测区不同地质单元、不同的构造-地层单位采用不同的填图方法进行全面的区域地质调查。最终通过对盆地建造、岩浆作用、变质变形及盆山耦合关系研究，建立工作区构造格架，反演区域地质演化历史。

西金乌兰湖—金沙江结合带与甘孜—理塘结合带在图区东北部重接，红湖山—双湖结合带与乌兰乌拉湖结合带在工作区西南反接，并发育南北双弧火山岩带，是研究古特提斯构造带的有利地段，也是多金属有利成矿部位，羌塘盆地又是青藏高原含油盆地，在加强多金属成矿地质调查的同时，注意油气地质前景调查研究，全面提高本区基础地质研究程度，为地方经济发展提供基础地质资料。

预期提交的主要成果为：印刷地质图件及报告、专题报告，并按中国地质调查局编制的《地质图空间数据库工作指南》提交以 ARC/INFO、MAPGIS 图层格式的数据光盘及图幅与图层描述数据、报告文字数据各一套。

第二节 交通位置及自然地理概况

测区地处青海省唐古拉山北坡，地理坐标：东经 94°30′—96°00′，北纬 33°00′—34°00′。行政区划隶属于青海省玉树藏族自治州杂多县、治多县、玉树县（图 1-1）。

图区位于澜沧江源区杂多县和万里长江第一县治多县，属唐古拉山的东延部分，常年雪山纵横连绵，天然的地貌屏障构成青、藏两省区的分界线，区内有县级公路和简易乡级公路可通行，大部分地段山高谷深、河流纵横、湖沼发育，一些季节性便道只能靠驮牛、马匹运输可通行，交通极为不便。

测区地处青藏高原腹地，唐古拉山横贯全区，山势陡峻，沟谷纵横，图区中部和南西有云遮雾绕的赛莫谷、色的日、岗拉等常年雪山高耸，其间多为连绵不断、险峻雄伟的山峰，少有河谷宽浅的沉积盆地。区内平均海拔多在 4600～5200m 之间，且相对高差大，最高峰位于测区中部卖少色勒哦，海拔为 5876m。当地流传"杂多的山、治多的滩"，地势的复杂名不虚传。

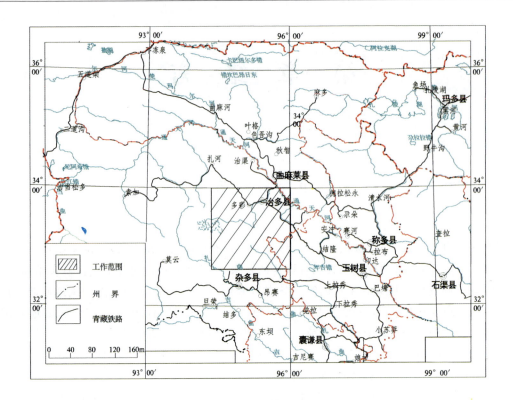

图 1-1 测区交通位置图

区内河流北坡为长江水系,南坡为澜沧江水系,纳日贡玛大雪山为长江水系与澜沧江水系的最高分水岭。其中图区西南为澜沧江的发源地,北有子曲,中有扎曲,南有吉曲,"三曲"水势湍急,浪沱水奔,汇成澜沧江;在卖少色勒哦一色的日—巴切赛以北的治多一带为长江水系,通天河流经测区,其支流聂恰曲、口前曲水大浪急,注入通天河(长江上游)。测区河水源于高山冰雪融化与季节性降水,水源丰富,水量较大,且季节性明显,夏、秋两季河水暴涨暴落,大雨雪后洪水泛滥。冬季则水量较小,全为外流河。

测区为中纬度高海拔山区,地处高寒、空气稀薄,属典型高原大陆性气候,气候多变,四季不分明,冷冻期长,年最高气温24℃,最低气温－30℃,昼夜温差大;每年10月—次年5月多西风,6—9月多偏北风。年降水量一般在400~500mm,降水以雨、阵雪、冰雹为主,主要集中在6—9月暖季,为测区洪水期,冰川消融、洪水泛滥。

测区人口稀少,世居民族为藏族,居民点主要集中于治多、杂多两县及附近的乡镇周围,居住着藏、汉、回等民族,其中藏族以游牧为生,多过着随草逐流的游牧生活,主要以畜牧业为主,在尕羊、着晓一带的河谷低洼地带有少量的青稞、油菜等农作物种植。

测区属青藏高原高寒区,土壤类型以高山草甸土、高山荒漠土为主,植物多为草本,牧草覆盖率占30%~80%,部分地区水草丰美。区内有岩羊、黄羊、鹿、棕熊、褐马鸡、麝、藏狐、狼等野生动物,并有冬虫夏草、贝母等有名的经济植物。

第三节 地形图质量评述

一、1:10万地形图(野外手图)

野外采用1:10万地形图作为本次填图工作的基本工作手图,该图由中国人民解放军总参谋部测绘局依据1969年11月航摄,采用1971年版图式;于1971年10月调绘;1972年出版第一版。地形图绘制采用1954年北京坐标系、1956年黄海高程系,等高距均为40m,共计18幅。野外使用结果认为该地形图地物准确,精度较高,完全满足1:25万地质制图要求。

二、1:25万地形图

项目使用的1:25万地形图依据1972年和1974年出版的1:10万地形图,由四川省测绘局于1984年编绘,1985年出版。地形图采用1954年北京坐标系、1956年黄海高程系,地形等高线为100m,1984年版图式。该地形地势满足1:25万制图要求,可直接作为制作原图的地理底图。

三、卫片

1:25万治多县幅(I46C003004)区域地质调查项目均配有1:25万ETM图像和比例尺1:10万分幅假彩色ETM工作手图图片一套。ETM数据是2000年12月中国卫星地面站接收自美国陆地资源卫星的数据,由7、4、8、1波段融合而成ETM图像,分辨率达15m,可用于大比例尺图像制作及详细解译,相片清晰、反差较好,易于判读,实际使用效果较好,除部分地段受积雪覆盖影响外,其他地区的地质体及褶皱断裂系统反映较清楚。

第四节 地质调查历史及研究程度

测区解放前为地质空白区,已有的地质调查研究成果始于建国以后,主要完成了1:100万温泉幅区域地质调查,1:20万治多县幅、杂多县幅区域地质调查及化探扫面等区域性调查工作及专题研究,其主要的地质工作量及其成果见表1-1,研究程度见图1-2。

1966—1968年青海省地质局对测区进行1:100万区域地质调查,简单完成了1:100万温泉幅地质编图,对全区出露的地层进行了对比,概略地建立了地层序列,确定了岩浆侵入期次,但地质路线过于稀疏,精度较差,研究程度很低。

测区的1:20万区域地质调查完成于20世纪80年代中期,限于当时的研究水平及装备等原因,地层系统不甚完善,地层之间接触关系依据不足,一些重要的地质信息被遗漏,除部分地层缺乏时代依据,特别对中新生代地层,以及侵入体的划分缺乏生物学、年代学等资料。

矿产调查先后对尕龙格玛铜矿床、纳日贡玛斑岩型铜、钼矿床进行了普查,仅以矿点为主,其主要的地质工作量及其成果见表1-2。

表1-1 测区区域性地质调查一览表

工作时间	工作单位	主要成果
1957年	玉树地质队(原黄南地质队)	对群报矿点进行踏勘检查并编写了青海玉树区东部地质初探报告及附图
1965—1968年	青海省地质局区测队	开展1:100万温泉幅区调,对本区地层、构造、岩浆岩做了系统总结,确定了测区基本地质格架
1967—1968年	青海省地质局第九地质队	对多彩地区进行了1:5万普查找矿及矿点检查工作。于1969年编写了青海省治多县多彩地区矿产地质普查报告及图件

续表1-1

工作时间	工作单位	主要成果
1975年9—12月	国家地质总局航空物探大队902队	进行了1:50万航空磁测,并提供相应图件
2001年	陕西省第二物探队	1:100万重力测量
1994年	青海省地质勘查局遥感站	1:100万青海玉树—果洛地区金矿遥感地质解译
1975—1980年	青海省第二区域地质调查队	完成1:20万杂多县幅区域地质矿产调查并提交报告及图件
1977—1982年	青海省第二区域地质调查队	完成1:20万治多县幅区域地质矿产调查并提交报告及图件
1982—1985年	青海省地质科学研究所和南京古生物所	青海玉树地区泥盆纪—三叠纪地层和古生物
1979年	青海省地质局化探队	对纳日贡玛—众根涌地区进行了1:5万地球化学普查
1975—1979年	青海省地质局化探队	进行了莫云幅、尕吾措纳幅、治多县幅、杂多县幅1:20万低密度化探扫面并提交成果报告及图件
2001—2002年	青海省地质调查院	完成1:20万治多县幅、杂多县幅化探2幅扫面及异常检查
2001—2002年	青海省地质调查院	提交了三江北段成矿潜力遥感分析报告
2001—2002年	青海省地质调查院	开展了青海省纳日贡玛—众根涌铜矿资源评价
2002—2003年	青海省地质调查院	对买曲—尕涌—下日啊千碑进行了1:5万水系沉积普查

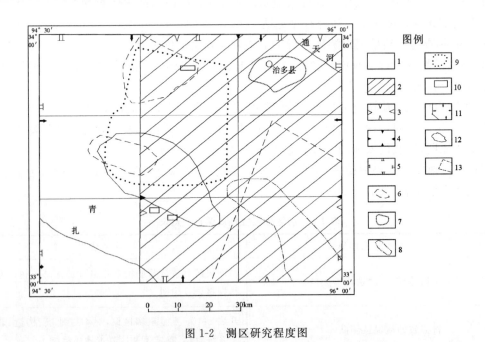

图1-2 测区研究程度图

1.1:20万区调空白;2.1:20万区调覆盖;3.1:20万低密度化探;4.1:20万化探;5.1:50万航磁重力;
6.1:5万矿产普查;7.1:1万分散流普查;8.1:10万分散流普查;9.放射性(矿点)检查;10.矿区普查;
11.三江北段矿产资源潜力遥感分析;12.矿产资源评价;13.玉树地区泥盆纪—三叠纪地层及古生物研究

表 1-2　测区矿产调查一览表

工作时间(年)	工作单位	主要成果
1957	玉树地质队	对群报矿点进行踏勘检查,著有青海省玉树地区东部地质初探报告及图件
1965—1968	青海省地质局区测队	1:100万温泉幅区域地质调查报告及图件
1967—1968	青海省地质局第九地质队	青海省治多县多彩地区矿产地质普查报告
1968	青海省地质局第九地质队	青海省扎多县套寄涌—布当曲一带1:20万找矿普查报告
1967—1968	青海省地质局第九地质队	青海省扎多县阿夷则玛矿区评价报告
1968	青海省地质局第九地质队	青海省扎多县东角涌矽卡岩型多金属矿点地质小结
1967	青海省地质局第九地质队	青海省扎多县车拉涌铁矿点普查评价报告
1968	青海省地质局第九地质队	杂多县子曲河1:10万区域化探扫面报告
1969	青海省地质局第九地质队	对玉树地区燃料、非金属、有色金属矿产进行了总结,著有玉树地区燃料、非金属矿产卡片,玉树地区有色金属矿产卡片及报告
1975	国家地质总局航空物探大队902	进行了1:50万航空磁测,并提供了相应的图件及说明书
1975—1980	青海省第二区域地质调查大队	1:20万杂多县幅区域地质调查报告及相应附图
1977—1982	青海省第二区域地质调查大队	1:20万治多县幅区域地质调查报告及附图
1976—1979	青海省地质局第十五地质队	尕龙格玛铜矿床地质普查评价报告
1977	青海省地质局物探队	治多县多彩—昂欠涌曲1:5万化探普查报告
1978	青海省地质局第十五地质队	青海省治多县宗格涌—那然公玛地区地质普查报告
1978—1980	青海省地质矿产局第十五地质队物探队、冶金五队	先后在然者涌、东角涌曲、吉那、希县嘎等地,进行了航磁异常地面评价和普查找矿工作,并提交了相应的报告及附图
1975—1979	青海省地质局化探队	进行了莫云幅、尕吾措纳、治多县幅、杂多县幅1:20万低密度化探扫面和水系重砂测量,并提交了成果报告及图件
1979	青海省地质局化探队	色的日土壤测量报告
1980	青海省地质局化探队	青海省杂多县陆日格钼铜异常化探详查报告
1994	青海省地质勘查局遥感站	进行了1:100万青海省玉树—果洛地区金矿遥感地质解译,并提交了相应成果报告及图件
2001—2002	青海省地质调查院	三江北段矿产资源潜力遥感分析报告
2001—2002	青海省地质调查院	完成1:20万治多县幅、杂多县幅化探扫面及异常检查,并提交了地球化学图说明书及图件
2001—2002	青海省地质调查院	青海省纳日贡玛—众根涌铜矿资源评价
2001	陕西省第二物探队	1:100万重力测量,并提交了相应报告及图件

第五节　质量评述

该项目是中国地质调查局直属西部大开发项目之一,其质量保证是完成该项目的关键,实施单位应用良好的、具有可操作的、完善的质量体系管理方法进行质量监控。

一、实施方法

本项目建立在地质调查院、区域地质调查分院、项目组三级质量管理保障体系，严格遵循 ISO9001 质量体系的质量管理，开展经常性、年度性质量检查工作。项目组设质量监督员一名，负责监督填图过程及各个环节的质量监督工作。

经常性检查在组长领导下进行，对所获原始资料进行自检、互检。自检互检率达 100%。

阶段性检查在项目负责人领导下进行，在自检互检的基础上重点检验原始资料是否丰富、真实可靠。

年度性检查，在野外工作结束前，在院主管部门和总工程师领导下着重检查重大地质问题的解决程度及其质量。

项目组、区调分院路线抽查率分别为 10% 和 3%～5%。

野外成果验收和最终成果验收由上级主管局主持进行，本项目严格执行验收决议。

二、执行情况

该项目从 2003 年 3 月 1 日起按照 GB/T19000—ISO9000《质量管理和质量保证》质量管理体系表执行。对项目的 7 个实施阶段，即立项→设计编写→野外填图→野外验收→报告编写→资料汇交→质量评价进行了严格的质量管理，对各类资料、成果进行了自检、互检、集中检查（带抽检），每年由院主管部门进行质量监督检查，保证了项目质量的可靠性。

根据 3 年阶段性的质量跟踪检查，发现了一些问题，但同时按照问题解决的质量管理程序，进行了实地追索、复查、研究讨论解决，将问题消除在了生产第一线，保证了质量检查的及时性、真实性，完全达到了任务书质量管理要求。

第六节　地质调查概况

一、工作进展情况

1. 野外踏勘及设计书编写

2003 年 3 月 1 日，青海省地质调查院组成区调八分队受命承接该项目填图任务，分队立即着手，收集有关测区各类地质、矿产资料，在详细分析研究前人资料的基础上，经室内遥感解译及综合分析研究，于同年 5—9 月历时 4 个月的野外踏勘工作，对测区各填图单位、构造格架、影像特征及测区地貌进行了实地观察了解，厘定了测区存在的主要问题，完成填图面积 10 000 km²。认为该项目地处青藏高原腹地特提斯—喜马拉雅构造域的东段，位于冈瓦纳古陆与欧亚古陆强烈的碰撞、挤压地带，经历了漫长的构造演化历史，地质构造复杂，通过对其建造与改造的研究、微观与宏观的研究，以及新理论、新技术、新方法的应用，同时加强找矿意识，注意成矿地质背景研究是本次 1:25 万区调工作成败的关键。

2003 年 10—12 月，分队按照项目任务书要求，在全面系统分析研究的基础上，组织力量进行了设计书编写，并于 2003 年 12 月 25 日经中国地质调查局西北地质调查中心评审验收，同意转入下一步工作阶段，其设计被评定为优秀级（92.5 分）。

2. 野外填图

2004年4月12日—2005年5月底为该项目野外实施调查阶段,完成全部填图面积21 300 km²,在野外工作阶段测制了代表性的地层剖面、侵入岩剖面,系统采集了样品,确定了填图单位;按照任务书及设计书的要求,全面采集了各类样品,样品的采集工作程序包括:布样、采样、编号、填写标签、样品登记、包装、填写送样单、送测试单位分析化验及鉴定。

3. 野外验收及补课

2005年6月8—15日由中国地质调查局西安地质矿产研究所组成的专家组在玉树地区对本项目进行了最终野外检查,通过实地检查、室内抽查等形式,确认本项目工作扎实,进展明显,所取得的实际资料扎实,各种资料收集齐全,工作到位,符合中国地质调查局有关技术规定,确认最终项目评审治多县幅为优秀级(93分)。

分队在野外验收结束后,项目组对取得的成绩与不足进行了系统的总结,对于存在的问题,在2005年9月3日—2005年10月15日进行了野外路线追索、补采样品、测制构造地层剖面1条等实地补课工作。

4. 最终报告编写及验收

2006年4月5—9日在中国地质调查局西安地质调查中心西北地区1∶25万区调项目成果报告评审会对本项目进行了最终报告评审验收,通过专家提前审阅和会议审阅等形式,确认本项目报告内容丰富翔实,进展明显,所取得的实际资料扎实,各种资料收集齐全,工作到位,符合中国地质调查局有关技术规定,确认项目最终报告评审治多县幅为优秀级(93.5分)。

2006年5—6月,项目组依据最终报告评审意见书要求,对报告中存在的问题和不足进行了详细、认真的修改。

5. 资料归档及数据库建设

在2006年4月项目最终报告验收评审意见书的基础上,于2006年1—12月按照中国地质调查局资料归档及数据库建设规范要求,完成项目各种实际资料、图件的资料归档及数据库建设,待审查意见批复后,2006年12月底前完成资料汇交工作。

二、人员组成

该项目工作从2003年1月开始至2005年12月31日结束,周期3年。由中国地质调查局项目管理,青海省地质调查院区调八分队参与实施全过程,在3年的时间里所有参加该项目地质技术人员见表1-3。

表1-3 参加该项目地质技术人员一览表

年度	工作性质	管理单位	项目负责	技术负责	地质人员
2003	野外踏勘	青海省地质调查院	王毅智	刘生军、祁生胜、王永文	马延虎、安守文、许长青、李善平、王宏州、尚显
2004	野外填图	青海省地质调查院	王毅智	刘生军、祁生胜、王永文	许长青、李善平、丁玉进、古剑青、王宏州
2005	野外填图 野外验收	青海省地质调查院	王毅智	刘生军、祁生胜、王永文	许长青、李善平、索生飞、俞建

野外项目组形式编制,设立项目负责1人、技术负责3人,大多具备中、高级职称。项目组下设地测组8个、矿产与资源组2个、1个后勤组(兼职),在项目组统一领导下分工负责、密切配合,开展各项工作。

三、完成工作量

经过3年的野外工作与室内综合整理,按照设计任务书要求,项目组完成了总设计要求所规定的主要实物工作量,共测制剖面30条,完成总填图面积31 300km², 总实测路线长4390km,其中该图幅测制剖面18条,完成填图面积15 477km², 实测路线长2138km。

野外工作阶段,根据测区出露的地质体实际情况,对部分样品进行了适当调整,加大了对已往前人实际资料的应用,增大了如部分同位素样品、硅酸盐、稀土元素等的分析,特别是对解决区内重大地质问题的样品投入方面有所偏重。

1∶25万治多县幅(I46C003004)区域地质调查项目各类样品测试单位见表1-4,完成的主要工作量及设计工作量见表1-5。

表1-4 样品类别及测试单位

序号	样品	测试单位
1	薄片	青海省地质调查院岩矿室
2	化学样、试金样	青海省地质中心实验室
3	硅酸盐、定量光谱、稀土分析	武汉综合岩矿测试中心
4	粒度分析	成都理工大学
5	热释光、光释光	中国地矿部环境地质开放研究实验室
6	^{14}C	中国地质调查局海洋地质实验室
7	裂变径迹	中国地震局地质研究所新构造年代学实验室
8	Ar-Ar	中国地质科学院地质研究所同位素室
9	Sm-Nd	中国地质调查局宜昌地质矿产研究所
10	K-Ar	中国地震局地质研究所
11	U-Pb	中国地质调查局宜昌地质矿产研究所及天津地质矿产研究所
12	Rb-Sr	中国地质调查局宜昌地质矿产研究所
13	化石、微体古生物	中国科学院南京地质古生物所
14	孢粉	中国科学院南京地质古生物所
15	人工重砂、锆石对比	青海省地质调查院岩矿室

表1-5 主要工作量

工作项目	单位	项目总设计工作量	设计完成工作量	本幅完成工作量
填图面积	km²	31 300	31 300	15 477
路线长度	km	4000	4390	2138
地质剖面	km	120	155	89
遥感解译	km²	31 300	覆盖治多县幅全区的1∶10万TM图像9张,1∶25万TM图像1张	

续表 1-5

工作项目			单位	项目总设计工作量	设计完成工作量	本幅完成工作量
样品	化学分析		个	50	40	26
	稀土分析		个	100	156	106
	薄片		片	500	716	400
	光片		片	20	12	7
	粒度分析		件	50	38	16
	电子探针		件	30	15	
	大化石古生物		件	50	53	22
	微体古生物		件	30	34	21
	硅酸盐分析		件	100	156	106
	微量元素分析		件	400	258	168
	同位素测年样	Sr、Nd、Pb同位素示踪	件	10	15	10
		Sm-Nd	件	12	15	10
		Ar-Ar	件	10	15	9
		U-Pb	件	20	23	15
		热释光	件	30	15	7
		裂变径迹	件	10	10	6
		Re-Os	件	1	1	1
	^{16}O		件	5	10	6

四、报告编写

最终参加报告编写的人员有王毅智、刘生军、祁生胜、王永文、许长青、李善平。各章节执笔人：第一章、第七章、第八章由王毅智编写；第二章由王毅智、李金发编写；第三章由祁生胜编写；第四章、第六章第一节由许长青编写；第五章由刘生军编写；第三章第三节、第六章第二节、第三节由李善平编写、第五章第三节部分由王永文编写。地质图编绘为王毅智、刘生军、祁生胜；地质矿产图编绘许长青、王毅智、李善平；生态环境地质图编绘李善平、王毅智。数字制图由青海省地质调查院计算中心李萍完成，孟红、祁兰英等参与了数字制图；薄片岩矿鉴定由范桂兰完成。另外野外作业中医生刘文忠，驾驶员潘国利、李瑾、李健、林任祥、曾建国、白云剑等，炊事员王兵等不辞辛劳地协助项目组完成了各项野外调查任务。

项目运行过程中始终得到了张雪亭高级工程师、阿成业高级工程师等的大力支持与无私帮助，对项目进行了全程监督、指导。

第二章 地 层

测区地层主要以成层有序的地层为主，占测区总面积的90％以上，构造-岩石地层很少。沉积地层主体为三叠纪地层，占测区地层的80％左右。构造-岩石地层由新发现建立的古中元古代宁多岩群中深变质岩、多彩蛇绿混杂岩（CPd）和查涌蛇绿混杂岩（Tch）组成，呈构造岩块分布于测区通天河蛇绿混杂岩带中（表2-1）。

测区地层区划分依据《青海省岩石地层》(1997)分别属巴颜喀拉地层区玛多—马尔康地层分区、羌北—昌都—思茅地层区西金乌兰—金沙江地层分区和唐古拉—昌都地层分区（图2-1），其中玉树—中甸地块经过本次工作在图区外向东尖灭，未在调查区出现。地层由老到新有古中元古代宁多岩群（$Pt_{1-2}N$）；早石炭世杂多群（C_1Z）、晚石炭世加麦弄群（C_2J）；中二叠世开心岭群诺日巴尕日保组（P_2nr）、九十道班组（P_2j）；早中二叠世尕笛考组（$P_{1-2}gd$）；晚二叠世—早三叠世火山岩组（P_3T_1h）；石炭纪—二叠纪多彩蛇绿混杂岩（CPd）、三叠纪查涌蛇绿混杂岩（Tch）；早中三叠世结隆组（$T_{1-2}j$）；中晚三叠世巴颜喀拉山群（TB）、晚三叠世巴塘群（T_3Bt）及结扎群甲丕拉组（T_3jp）、波里拉组（T_3b）、巴贡组（T_3bg）；侏罗纪雁石坪群雀莫错组（Jq）、布曲组（Jb）、夏里组（Jx）；古新世—渐新世沱沱河组（Et），渐新世—中新世查保玛组（ENc），始新世—中新世雅西措组（ENy）和中新世五道梁组（Nw），上新世曲果组（Nq）等，以及各种成因的第四纪地层。

本次1:25万治多县幅区域地质调查工作收集了丰富的地层资料，测制了15条地层剖面、修测了3条地层剖面，利用1:20万治多县幅、1:20万杂多县幅地层剖面3条，全面控制了测区各时代的地层填图单位。

本次工作首次在该地区新发现或建立了古中元古代宁多岩群（$Pt_{1-2}N.$）；晚二叠世早三叠世火山岩组（P_3Th），石炭纪—二叠纪多彩蛇绿混杂岩（CPd），三叠纪查涌蛇绿混杂岩（Tch）4个非正式岩石地层单位。划分了中晚三叠世巴颜喀拉山群（TB）砂岩组（$T_{2-3}B$）和板岩组砂岩与板岩互层段（T_3B）3个群组正式岩石地层单位。

第一节 古中元古代宁多岩群（$Pt_{1-2}N$）

测区古中元古代地层为本次工作新发现的岩石地层单位，仅见于治多县西南聂恰曲、日啊日曲一带，前人资料属晚三叠世巴塘群（T_3Bt）。该地层沿北西-南东构造线呈构造块体分布在石炭纪—二叠纪多彩蛇绿混杂岩带中，出露面积很小，不足5km²，控制最大厚度大于1039.52m。地层分区属西金乌兰—金沙江地层分区。

该地层南侧被侏罗纪花岗岩吞噬，北侧与多彩蛇绿混杂岩断层接触，主要为一套片麻岩、片岩中深变质地层。该地层区域上分布在通天河蛇绿混杂岩带中，其岩性、变质变形等特征与通天河南部青海省玉树藏族自治州长青可小苏莽乡北宁多群地层具有相似性，青海省《岩石地层单位》(1997)未进行清理，1:20万邓柯幅区调报告及《西藏自治区区域地质志》(1991)称宁多群，本书采用该地层单位——宁多群，由于该地层为一套层状无序的构造岩石地层（《变质岩区1:5万区域地质填土方法》，1991），本书采用宁多岩群，时代属古中元古代。

第二章 地层

表 2-1 测区地层表

时代		地层分区				
		华南地层大区				
纪	世	巴颜喀拉地层区		羌北—昌都—思茅地层区		
		玛多—马尔康地层分区	西金乌兰—金沙江地层分区	唐古拉—昌都地层分区		
第四纪	Qh		沼积 Qh^b			
			冲积 Qh^{al}			
			冰积 Qh^{gl}			
	Qp_3		冲积 Qp_3^{al}			
			冰水积 Qp_3^{fgl}			
			冰积 Qp_3^{gl}（早晚二期）			
	Qp_2		冰川堆积 Qp_2^{gl}			
新近纪	上新世		曲果组 Nq			
	中—始新世		五道梁组 Nw	查保玛组 ENc		
			雅西措组 ENy			
古近纪	古—渐新世		沱沱河组 Et			
白垩纪	晚白垩世					
	早白垩世					
侏罗纪	晚侏罗世			雁石坪群 JY	夏里组 Jx	
	中侏罗世				布曲组 Jb	
					雀莫错组 Jq	
	早侏罗世					
三叠纪	晚三叠世	巴颜喀拉山群 (TB)	板岩组砂岩与硅质岩互层段 (T_3B)	查涌蛇绿混杂岩 Tch	巴塘群 T_3Bt	碳酸盐岩组 T_3Bt_3	结扎群 T_3J	巴贡组 T_3bg
						火山岩组 T_3Bt_2		波里拉组 T_3b
			砂岩组 $(T_{2-3}B)$			下碎屑岩组 T_3Bt_1		甲丕拉组 T_3jp
	中三叠世				结隆组 $T_{1-2}j$		上段 $T_{1-2}j^2$
	早三叠世						下段 $T_{1-2}j^1$
二叠纪	晚二叠世			通天河蛇绿混杂岩	火山岩组 P_3T_1h		
	早中二叠世				开心岭群 PK	九十道班组 P_2j	尕笛考组 $P_{1-2}gd$
						诺日巴尔日保组 P_2nr	
石炭纪	晚石炭世			多彩蛇绿混杂岩 CPd			
	早石炭世				杂多群 C_1Z	碳酸盐岩组 C_1Z_2	
						碎屑岩组 C_1Z_1	
古中元古代			宁多岩群 $Pt_{1-2}N$				

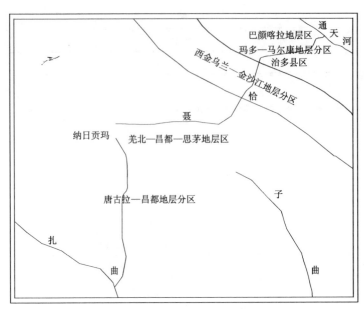

图 2-1 调查区岩石地层区划示意图

姚忠富1990年命名宁多群,正层型为青海省玉树藏族自治州长青可小苏莽乡北宁多群剖面(西藏区调队,1:20万邓柯幅区调报告)。该剖面由黑云斜长片麻岩、含石榴黑云斜长片麻岩、二云斜长片麻岩夹黑云石英片岩、二云石英片岩、绿泥石英片岩、辉石变粒岩和条纹状、条痕状混合岩等区域动力热流变质岩与混合岩组成,其上被上三叠统不整合覆盖,其原岩为泥灰岩、细碎屑岩夹火山岩类。

1. 剖面描述

青海省治多县多彩乡聂恰曲宁多岩群($Pt_{1-2}N$)实测地层剖面Ⅷ003P2(图2-2)。起点坐标:东经95°28′17″,北纬33°46′05″;终点坐标:东经95°28′56″,北纬33°47′32″。

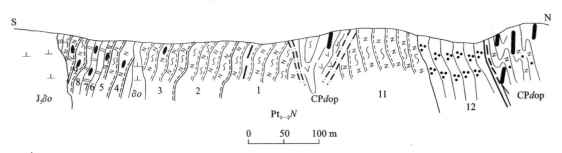

图 2-2 青海省治多县多彩乡聂恰曲宁多岩群实测地层剖面(Ⅷ003P2)

该剖面由于分布在多彩蛇绿混杂岩带中,呈构造岩块产出,从剖面反映由两部分地层组成,其间被多彩蛇绿混杂岩构造界面分割,构造叠置,1—10层由片麻岩组成,11—12层由片麻岩、片岩组成。最大构造叠置厚度为1039.52m。

(1) 宁多岩群($Pt_{1-2}N$)

多彩蛇绿混杂岩(CPdop):灰色二云构造片岩

================ 断层 ================

宁多岩群($Pt_{1-2}N$)   **构造叠置厚度>340.27m**

12. 灰—浅灰色二云母石英片岩夹灰白色含二云母斜长石英岩   180.07m

11. 灰色眼球状黑云斜长构造片麻岩夹灰绿色片状角闪岩   160.20m

================ 断层 ================

多彩蛇绿混杂岩(CPdop):灰绿色阳起片岩(玄武岩)夹灰白色石英岩

(2)宁多岩群($Pt_{1-2}N$)

晚侏罗世($J_3\delta o$):灰白色糜棱岩化中细粒石英闪长岩

———— 整合 ————

宁多岩群($Pt_{1-2}N$) 构造叠置厚度＞699.25m

10.深灰色角闪片岩夹灰色角闪黑云母中长石片麻岩	29.16m
9.灰色堇青石黑云母中长石片麻岩	40.95m
8.灰白色细中粒方解石大理岩夹灰色黑云斜长片麻岩	9.10m
7.灰色条带状石英透辉石岩夹灰色含透辉石黑云斜长片麻岩	4.55m
6.灰白色片状方解石大理岩	18.84m
5.灰色含石榴黑云斜长片麻岩	72.66m
4.灰色条纹状二云母更长片麻岩夹少量深灰色黑云母斜长片麻岩	40.81m
3.灰色黑云母更长片麻岩	182.22m
2.浅灰绿色黑云母更长片麻岩	120.89m
1.灰色含矽线石黑云斜长片麻岩,局部夹少量浅灰色含石榴二云斜长浅粒岩	180.07m

2. 岩石组合

该地层主要出露在聂恰曲一带,岩石类型也较为复杂,主要为一套片麻岩、片岩、石英岩及大理岩的岩石组合。由上、下两部分岩性组成,在图上无法表示。下部岩性为黑云斜长片麻岩、含石榴黑云斜长片麻岩、含透辉石黑云母斜长片麻岩、堇青石黑云母中长石片麻岩、条纹状二云母更长石片麻岩夹灰白色糖粒状大理岩和深灰绿色斜长角闪岩;上部主要岩性为灰色—灰绿色二云母石英片岩、灰绿色角闪片岩、阳起石片岩、石英片岩及灰白色石英岩、灰白色片状方解石质大理岩、中粒大理岩等。在测区查涌一带只见少量灰色黑云斜长片麻岩分布在晚三叠世和晚侏罗世侵入岩体中。

黑云斜长片麻岩:岩石呈半自形鳞片粒状变晶结构,片麻状构造。主要矿物有斜长石28%～47%,黑云母14%～32%,石英25%～57%,部分岩石中含少量石榴石、堇青石、绿泥石、绿帘石及8%左右的透辉石等。

含矽线红柱石黑云母斜长片麻岩:微细粒半自形鳞片粒状变晶结构,片麻状构造。主要矿物有斜长石47%,石英32%,黑云母20%,红柱石少量,矽线石少量。

二云石英片岩:半自形鳞片粒状变晶结构,片状构造。矿物成分为石英60%～91%,斜长石2%～7%,白云母7%～11%,黑云母0～22%。

二云母片岩:半自形粒状—鳞片变晶结构,片状构造。矿物成分为黑云母35%～38%,白云母22%～24%,石英40%,石榴石少量至1%。

斜长角闪片岩:细粒半自形柱粒状变晶结构,条带状、片状构造。主要矿物为斜长石40%～47%,角闪石48%～58%,部分岩石中含黑云母5%,单斜辉石6%,石英5%,钾长石少量。

角闪片岩:岩石呈中细粒半自形—自形粒状变晶结构,片状构造。主要矿物成分为角闪石91%～99%,斜长石1%～8%,部分岩石中含约1%的黑云母及少量尖晶石。

大理岩:中细粒他形粒状变晶结构,定向构造。主要矿物成分为方解石98%～100%,白云母少量,绿泥石(黑云母假象)1%。

透辉石岩:粗粒他形粒状变晶结构,条纹状构造。主要矿物成分为透辉石59%,钾长石25%,方解石10%,石榴石少量。

3. 变质特征与原岩研究

该地层因受到花岗岩侵入吞蚀及通天河蛇绿混杂岩带构造破坏,地质体多以构造块(片)体分布,部分地段及断裂带中见有部分糜棱质岩石,发育条带状、眼球状、旋转碎斑、"N"、"M"褶皱、钩状无根褶皱等构造变形形迹,岩石组合及矿物成分变化等反映出变质程度可达角闪岩相,变质相系属中压低角闪岩相的二云母-石榴石-堇青石变质带。特征变质矿物有矽线石、方柱石、堇青石、铁铝榴石、角闪石、单斜辉石、黑云母、斜长石、透辉石等。

据岩组中的石英质岩石夹大理岩、角闪岩的客观标志,岩石化学、地球化学特征,原岩建造为一套成熟度较高的沉积碎屑岩夹碳酸盐岩、中基性火山岩建造。

4. 微量元素特征

古中元古代宁多岩群地层微量元素特征见表2-2。由表2-2中可以看出,不同岩类的微量元素平均值与泰勒值的地壳丰度值相比较,片岩中除Pb、Ba、Rb、Au、Ta、Nb、Zr、Th显示不同程度的高出泰勒值外,其他元素均低于或偏低于泰勒值;大理岩中Cu、Pb、Zn、Sr、Co、Mn、Au、Ta高出泰勒值,其中Ta高出6.7倍;片麻岩中Pb、Zn、Cr、Rb、V、Au、Zr、Th、Ti高出泰勒值,其中Rb、Au高出2倍多;石英岩中Pb、Ni、Ba、Au高出泰勒值,其中Au高出3.8倍,其他元素在各类岩中均表现为较低或偏低于泰勒值。

表2-2 古中元古代宁多岩群地层微量元素表($w_B/10^{-6}$)

岩类	样品数	Cu	Pb	Zn	Cr	Ni	Co	Ba	Sr	Rb	V	Mn	Au	Ta	Nb	Zr	Th	Ag	Ti
片麻岩	11	17	306	110	116	48	2.4	419	102	214	152	135	1.05	1.2	15	223	20	0.017	8352
片岩	12	19	33	61	75	33	10	686	129	117	99	435	1.28	4.7	25	252	11.5	0.06	4211
大理岩	3	105	25	72	54	66	27	335	478	44	72	1082	1.25	13.4	7.5	83	2	0.21	5401
石英岩	17	6.8	21	30	41	85	6.5	653	112	61.5	58	269	1.65	0.95	8.5	16.3	8.9	0.09	2553
泰勒值(1964)		55	12.5	70	100	75	25	425	375	90	135	950	0.43	2	20	165	9	70	5700

5. 区域地层对比

该套地层为本次区调工作新发现建立的构造岩石地层单位,1:20万治多县幅区调将该套地层划归为晚三叠世巴塘群(T_3Bt)。该地层岩石组合的岩石类型也较为复杂,以下部片麻岩为主,上部为片岩夹石英岩,呈构造块体分布在通天河蛇绿混杂岩带中。该套地层区域上分布在西金乌兰—金沙江地层分区,与前人资料无法对比。但与新一轮青藏高原空白区1:25万区调在西金乌兰—金沙江地层分区的可可西里湖、明镜湖、赛冒拉昆一带、青海省玉树地区的索加乡等地区发现的以二云石英片岩为主,夹有黑云斜长片麻岩及变粒岩中深变质岩地层可进行对比;另外该套地层与通天河南部青海省玉树藏族自治州长青可小苏莽乡北元古代宁多群可进行对比(西藏区调队1:20万邓柯幅区调报告建立的宁多群),该层序相当于中下部地层,区内未见上部大理岩,其岩性组合特征基本一致。区域上该套地层为羌塘盆地的基底,也可与南羌塘陆块元古代吉塘群进行对比,下部片麻岩与吉塘群恩达组,上部吉塘群酉西岩组具有相似性。

6. 时代讨论

早中元古代宁多群,区域上在西金乌兰构造混杂岩带中,相似的岩石见于混杂岩带西端的西金乌兰湖和青海省玉树藏族自治州小苏莽地区,前人研究多认为属于元古界。该变质岩系与上述变质岩进行对比,岩性与宁多群的相近,因此也将其归属于宁多群,其时代暂归为元古代,本次工作在斜长角闪片岩中(Ⅷ003P2JD6-4)获得 Sm-Nd 等时线模式年龄有 $2156±61$Ma,其中 $w(Sm)=4.45×10^{-6}$、$w(Nd)=13.71×10^{-6}$;$^{147}Sm/^{144}Nd=0.1963$;$^{143}Nd/^{144}Nd±1\sigma=0.512\,903±0.000\,007$,应为成岩年龄。在黑云斜长片麻岩中(Ⅷ003JD1858-7)获得单颗粒U-Pb锆石年龄 $709±66$Ma,反映出该套地层为晋宁期变质时代。

另外在测区多彩一带西金乌兰—金沙江构造混杂岩带中的火山岩、基性岩中采集的 Sm-Nd 等时线模式年龄,反映出 $1814±26$Ma~$3549±87$Ma 等21组古元古代时期的模式年龄,说明在羌塘盆地中存在古元古代同位素年龄信息。

在该项目南部杂多县幅的西藏地区丁青县布塔乡，在羌塘陆块元古代吉塘群中新发现的变质侵入体中获得 U-Pb 锆石法 1245±24Ma 谐和同位素等时线上交点年龄，其岩石特征也有相似性，其时代属中元古代。

西藏区调队(1:20万邓柯幅区调报告)获得了 U-Pb 法同位素年龄测定资料，变质年龄为 1680±390Ma、1870±280Ma、1780±150Ma，即首次变质时期可能是古元古代末的吕梁运动，并因此确定其形成于古元古代。沿西金乌兰—金沙江缝合带向西北在明镜湖、赛冒拉昆一带，也有相似地层出露，其岩性以二云石英片岩为主，夹有黑云斜长片麻岩及变粒岩，1:25万可可西里湖幅区调报告经对比后将其归属于宁多群。本测区的变质岩系与上述变质岩进行对比，岩性与宁多群的相近，因此也将其归属于宁多岩群，其时代暂归为古中元古代。

第二节 早石炭世杂多群(C_1Z)

石炭纪地层测区内分布较少，只分布早石炭世杂多群(C_1Z)。晚石炭世地层 1:20 万杂多县幅区调在杂多县结多乡北一带分布有很少的晚石炭世加麦弄群，本次工作在该套地层中获得许多早中二叠世化石，划归二叠纪开心岭群，故未见出露。

测区内分布的杂多群主要分布在测区南部杂多县扎青乡、结多乡北一带，沿北西-南东向构造线方向展布。构造上分布在西金乌兰—金沙江结合带以南，澜沧江结合带以北的杂多晚古生代活动陆缘构造带中，属唐古拉—昌都地层分区。

青海省第二区调队(1982)创名杂多群于杂多县地区(杂多县幅)。原义包括："下部碎屑岩组，下部碳酸盐岩组，上部含煤碎屑岩组与上部碳酸盐岩组"。早在 1970 年青海省区测队将唐古拉山的早石炭世沉积自下而上划分为下部碎屑岩组、中部灰岩组、上部含煤层。1988 年刘广才分析了各岩组的岩石特征、岩石组合方式、各岩组内所含化石总貌以及各岩组之间的接触关系后，将杂多群划分为两个岩组，即(下部)含煤碎屑岩组和(上部)碳酸盐岩组。1989 年青海省区调综合地质大队《1:20万沱沱河幅、章岗日松幅区域地质调查报告》中引用刘广才的划分方案。青海省地质局(1991)在《青海省区域地质志》中沿用杂多群，自下而上建立那容浦组、俄群嘎组与查然宁组，但这 3 个组既无剖面依据又无接触关系，实际涵义难以理解和应用。《青海省岩石地层》采用刘广才划分方案，并定义杂多群为："位于唐古拉山北坡，下部称含煤碎屑岩组，由岩屑砂岩、粉砂岩、炭质页岩、变质碎屑岩、板岩夹灰岩及煤层组成，偶夹火山岩；上部称碳酸盐岩组，由灰—深灰色灰岩夹少许碎屑岩组成，含腕足类、珊瑚、苔藓虫及植物化石，未见底，与上覆加麦弄群呈平行不整合。"在该项目南的杂多县幅有层型剖面(杂多县苏鲁乡解曲上游剖面)。

本次工作中对于杂多群三分、四分方案，经过野外追索认为均属构造叠置，是先褶皱后断层破坏所致，依据岩石组合、岩性特征、古生物面貌、沉积环境、变质变形特征、接触关系及区域对比，沿用《青海省岩石地层》(1997)杂多群二分划分方案，即两个正式组级岩石地层单位，自下而上为碎屑岩组(C_1Z_1)和碳酸盐岩组(C_1Z_2)。与二叠纪开心岭群、尕笛考组地层呈断层接触，其上被晚三叠世结扎群甲丕拉组、侏罗纪雁石坪群、古近纪沱沱河组(Et)角度不整合覆盖。

1. 剖面描述

测区杂多群地层在青海省杂多县扎青乡一带出露最齐全，主体在测区南部的杂多县幅，剖面采用调查区南侧青海省杂多县扎青乡乳日贡早石炭世杂多群实测地层剖面Ⅷ004P12(图 2-3)。起点坐标：东经 95°07′03″，北纬 33°15′30″，海拔 4608m；终点坐标：东经 95°06′07″，北纬 33°14′15″，海拔 4463m。该剖面由于受断层、褶皱构造改造，出露层序不连续，岩石颜色变化较大，现分两段描述。

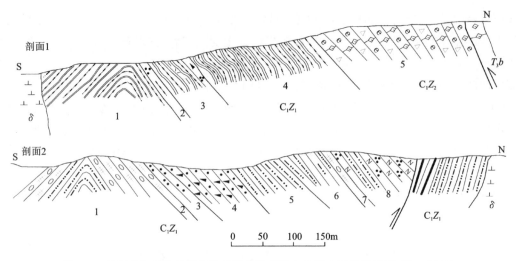

图 2-3 青海省杂多县扎青乡乳日贡早石炭世杂多群实测地层剖面(Ⅷ004P12)

（1）剖面 1

波里拉组（T_3b）

灰色块层状含藻团粒微晶灰岩，产双壳 *Haiobiaganziensis*，*Halobia* sp.

================ 断层 ================

杂多群碳酸盐岩组（C_1Z_2）

5. 浅灰色中厚层状生物碎屑灰岩，产珊瑚、䗴等化石，*Syringopora* sp.，*Diphyphyllum*　　　　　　155.36m

———————— 整合 ————————

杂多群碎屑岩组（C_1Z_1）　　　　　　　　　　　　　　　　　　　　　　　　　　　　　　　厚度＞306.12m

4. 灰色薄层状含粉砂泥质板岩夹煤层，产植物碎片　　　　　　　　　　　　　　　　　　　　　　161.05m
3. 深灰色粉砂质泥质板岩夹深灰色中厚层状细粒岩屑石英砂岩　　　　　　　　　　　　　　　　　 50.93m
2. 灰色中—厚层状中细粒石英砂岩夹灰—深灰色粉砂质板岩　　　　　　　　　　　　　　　　　　 11.44m
1. 深灰色粉砂质泥质板岩夹深灰色泥钙质板岩（背斜构造）　　　　　　　　　　　　　　　　　　　82.70m

（2）剖面 2

杂多群碎屑岩组（C_1Z_1）

灰黑色中层状含炭质粉砂质细砂岩夹灰黑色泥质长石石英粉砂岩夹煤层产植物碎片　　　　　　　　　66.13m

================ 断层 ================

杂多群碎屑岩组（C_1Z_1）　　　　　　　　　　　　　　　　　　　　　　　　　　　　　　　厚度＞481.10m

8. 灰褐色中层状钙质胶结中细粒岩屑长石砂岩夹灰褐色薄—中层状泥钙质粉砂岩　　　　　　　　　　90.01m
7. 灰—灰褐色中层状钙质胶结复成分砾岩　　　　　　　　　　　　　　　　　　　　　　　　　　　 8.98m
6. 灰紫色中—厚层状中粒岩屑长石砂岩夹泥钙质粉砂岩及少量细粒岩屑石英砂岩　　　　　　　　　　50.95m
5. 灰紫色中—厚层状轻变质钙质粉砂质泥岩夹细粒长石石英砂岩　　　　　　　　　　　　　　　　　101.06m
4. 灰紫色中—厚层状中粒岩屑长石砂岩夹细粒岩屑杂砂岩　　　　　　　　　　　　　　　　　　　　128.88m
3. 灰黄色中—厚层状含粉砂微晶灰岩夹青灰色中层状含粉砂亮晶砂屑灰岩　　　　　　　　　　　　　 17.01m
2. 灰紫色中—厚层状泥钙质粉砂质中粒岩屑长石砂岩夹泥钙质粉砂岩及中层状复成分细砾岩　　　　　 18.01m
1. 灰紫色厚层状钙质复成分细砾岩夹中—厚层状中粒岩屑长石砂岩（背斜构造）　　　　　　　　　　 66.11m

（未见底）

2．地层综述

杂多群主要分布于图区南西角的地呀坎多、尕青麻、扎格涌曲一带，在结多乡北子曲一带少量出露，呈断块体产于断层带中，分布面积200km²，控制最大厚度787.22m。杂多群碎屑岩组（C_1Z_1）与上覆碳酸盐岩组（C_1Z_2）呈整合接触，与二叠纪开心岭群诺日巴尕日保组（P_2nr）、九十道班组（P_2j）呈断层接触，与晚三叠世结扎群甲丕拉组（J_3jp）、沱沱河组（Et）呈角度不整合接触。

(1) 碎屑岩组(C_1Z_1)

该组分布在图区南西角的地呀坎多、孕青麻、扎格涌曲一带。岩石以细粒为特征,夹有少量粗砾岩石,颜色以灰—深灰色、灰紫色、褐色为特征。岩性为中厚层状岩屑长石砂岩、粉砂岩、板岩夹长石砂岩、灰岩及煤线,路线上及1:20万杂多县幅区调获得早石炭世籙、双壳化石。

结多乡北子曲一带主要岩性为一段灰—深灰色夹有褐色中薄层状粉砂质板岩、炭质板岩及煤层、灰岩,灰紫色中厚层状岩屑长石砂岩、粉砂岩相对较少。

据上述剖面及路线资料分析,控制最大厚度787.22m。主要岩性为灰—深灰色、紫红色夹有褐色中薄层状粉砂质板岩、炭质板岩及煤层、灰岩等岩石组成,岩石以细粒为特征,夹有少量粗粒岩石,颜色以灰—深灰色、灰紫色、褐色为特征,纵向上自下而上岩石粒度由粗变细,属海进层位沉积,层理清楚,层位稳定,单层厚度为中厚层状,见冲刷波痕、水平层理、交错层理,横向上相变不大,仅在西边岩石颜色由紫色逐渐变为杂色,岩石粒度由粗变细。

(2) 碳酸盐岩组(C_1Z_2)

该组地理分布位置基本上与碎屑岩组(C_1Z_1)相随,分布面积45km²,剖面控制厚度大于155.36m,但在杂多县幅最大厚度达1005.58m。底部与碎屑岩组(C_1Z_1)整合接触,与开心岭群断层接触,局部沱沱河组角度不整合其上。

根据上述剖面及路线资料分析,本组属浅海环境下沉积的一套碳酸盐岩地层,受后期断层破坏,地层出露不完整,横向上岩性、岩相变化不大,仅在西图边的打龙压赛地区,角砾状灰岩、大理岩透镜体明显增多,纵向上、下部以灰色厚—巨厚层状砂屑灰岩及鲕粒灰岩、微晶灰岩为主,夹少量泥质灰岩,上部碳酸盐岩结晶粒度变细,灰岩中普遍含泥质、炭质及生物碎屑灰岩为特征,其中在砂屑灰岩中发育砂纹交错层理、水平层理。

3. 基本层序特征

(1) 碎屑岩组(C_1Z_1)

该组基本层序是由中粗粒长石石英砂岩、石英砂岩、粉砂岩、粉砂质板岩、炭质板岩的自旋回沉积韵律层构成,平行层理及正粒序发育(图2-4),它代表了沉积作用过程中不同阶段沉积物的变化特征,而每层沉积物是由不同成分、不同粒级的岩石叠加而成,总之,自下而上由粗变细的自旋回对称性层序上叠覆成高一级对称或不对称的旋回性层序。

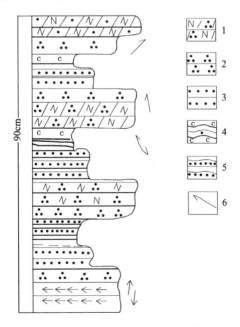

图2-4 杂多群碎屑岩组基本层序图

1.长石石英砂岩具交错层理;2.石英砂岩具水平层理;3.粉砂层理;4.粉砂质板岩具水平层理;5.泥质板岩;6.古水流方向

（2）碳酸盐岩组（C_1Z_2）

该组基本层序表现为：由含砾灰岩、鲕粒灰岩、砂屑灰岩、生物碎屑灰岩、泥质灰岩的自旋回沉积韵律构成（图 2-5），其中图 2-5a、b 分别代表了沉积过程中不同阶段形成的层序特征，而每个层序由若干个不同成分、不同粒级的基本层序叠置而成，较完整的层序反映了沉积物的多阶段、持续性时空的变化，所形成的厚度及基本层序的对称性显然有所不同。

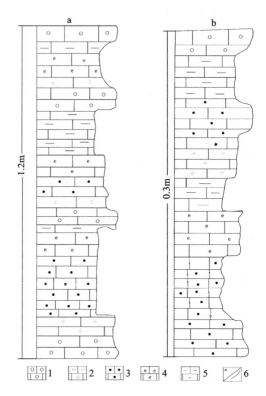

图 2-5 杂多群碳酸盐岩组（C_1Z_2）基本层序图

1.含砾灰岩；2.鲕粒灰岩；3.砂屑灰岩；4.生物灰岩；5.泥质灰岩；6.平行层理/缝合线构造

4. 微量元素特征

杂多群碎屑岩组微量元素含量见表 2-3。碎屑岩组中不同岩类的微量元素平均值与泰勒的地壳丰度对比，砂岩、粉砂岩中 Th、Hf、Zn、Rb、Ca、Cu 显示不同程度的高出泰勒值，其他元素较低或偏低于泰勒值；泥岩中 Hf、Th、Rb、Ca、Zn 高出泰勒值，灰岩中 Hf、Zr、Th、Rb、Ca、Pb、Zn 高出泰勒值，其他元素在各类岩石中均较低或偏低于泰勒值，变化系数较大的高值元素表明元素局部呈集中分布，大多低值元素则反映了元素呈分散状态赋存于地壳中。

表 2-3 杂多群碎屑岩组微量元素含量表（$w_B/10^{-6}$）

岩类	样品数	Hf	Zr	Sc	Th	Rb	Pb	Nb	Cr	Ca	Zn	Co	Ni	Cu
砂岩	10	5.6	175	9.7	14.2	113	8.2	17.9	89.2	13.1	114	13.8	37.2	154
粉砂岩	11	4.85	146	10.35	10.75	148.5	10.6	18	98	16	113	15	39	45
泥岩	5	5.1	151	11.6	12	160.5	9.5	19.5	78.9	14	95	15	40	19
灰岩	1	5.8	179	9.13	11.03	99	24.9	15.9	72.5	13	75	13	31.5	35
泰勒值(1964)	3	165	22	9	90	12	20	100	4	70	25	75	55	

在 Th-Sc-Zr/10 和 Th-Co-Zr/10 图解中杂多群碎屑岩组砂岩样品投点落入活动大陆边缘物源区（图 2-6），结合岩石组合、沉积构造等特征，该地层形成构造环境为活动大陆边缘附近的浅海陆棚区。

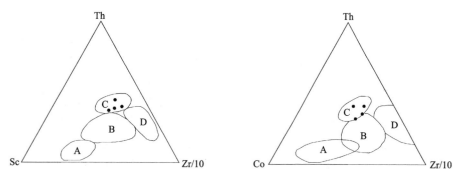

图 2-6　Th-Sc-Zr/10 和 Th-Co-Zr/10 图解
A. 大洋岛弧；B. 大陆岛弧；C. 活动陆缘；D. 被动陆缘

早石炭世杂多群碳酸盐岩组微量元素见表 2-4。由表中可知，碳酸盐岩中不同岩类的微量元素平均值与泰勒的地壳丰度值相比，生物灰岩中的 Pb、Ti、Rb、Zr 显示不同程度的高出泰勒值，其他元素较低或偏低于泰勒值；泥灰岩中 Ti、Rb、Zr 高出泰勒值，其他元素在各类岩中较低于或偏低于泰勒值，Sr/Ba 比值变化在 5.4~10.5 之间，普遍都大于 1，表明是海相沉积，Sr/Ba 比值从早到晚随时间的推移逐渐增大—减少—增大—减少，反映了海水的盐度也具有相应变化的特点。

表 2-4　早石炭世杂多群碳酸盐岩组微量元素表($w_B/10^{-6}$)

岩　组	岩性	Cu	Pb	Sr	Cr	V	Ti	Ni	Rb	Sc	Ba	Zr
碳酸盐岩组	生物灰岩	7	23	367	10	13	227	33.80	499	9.8	135	267
	泥灰岩	21	14	236	40	60	2629	38.96	153	12.8	67	290
泰勒值(1964)		55	12	256	100	150	200	75.00	90	22.0	38	165

5. 粒度分析

杂多群碎屑岩组粉砂岩的粒度分析结果(图 2-7)说明，粒度分布范围比较狭窄，多集中于 3.5ϕ~6.5ϕ[$\phi=-\log_2 d$(d 为最大视直径的毫米值)]之间，其中粉砂为 50%~90%，多为粗粉砂，极细砂为 10%~50%，平均粒度值 3.5ϕ~5ϕ，粗截点多在 4ϕ 左右，细截点在 4.5ϕ，推移组分含量低于 20%，跃移组分约占 40%~50%，平均组分为 30%~50%，由于三总体的斜率均陡(60°~70°)，故三线段曲线在图上近似于一条直线，反映沉积环境中水动力不强，仅有微弱的、强度变化不大的底流活动，说明杂多群碎屑岩组沉积环境为浅海—海陆交互相特征。

6. 沉积环境分析

本区的早石炭世杂多群碎屑岩组，岩石以灰—深灰色、灰紫色岩屑长石砂岩、长石石英砂岩、粉砂质板岩为主，夹炭质板岩、灰岩煤层。岩石层位相对较稳定，在横向上岩石组合略有变化。该套地层与青海省杂多县苏鲁乡巴纳涌早石炭世正层型剖面，其岩性差异较大，与青海省昂欠县尕羊乡自家脯早石炭世杂多群次层型剖面基本一致。

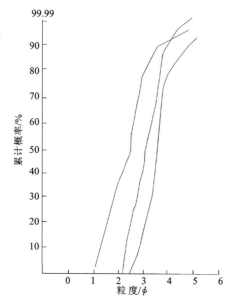

图 2-7　杂多群碎屑岩组粉砂岩粒度分布累计概率曲线图

早石炭世杂多群碎屑岩组整体岩石组合反映出的沉积环境是以海相为主的海陆交互相，岩层中常见有强水动力环境形成的平行层理、斜层理、陆相的煤线或薄层煤、杂色(紫)细粒长石石英砂岩和少量砾岩，基本层序(图 2-4)等反映以吉曲为界南侧水深稍大导致粉砂岩和灰岩比例加大,而北侧相对减少。

根据上述岩石组合、剖面描述、基本层序及微量元素特征综合分析,碳酸盐岩组表现微浅海—陆棚碳酸盐岩相特征,其沉积物主要由生物碎屑灰岩、亮晶生物碎屑灰岩及含砂粒屑、鲕粒灰岩、团粒灰岩、泥灰岩及细粒石英砂岩和泥岩堆积而成。其中在砂屑灰岩、石英砂岩中发育水平层理、交错层理。生物灰岩中含有大量腕足类、珊瑚、苔藓虫及其生物碎屑或生物碎片,整体生物面貌反映了它们具浅海底栖生活特征,尤其是多苔藓虫化石说明它们是生活在水深100m左右的热带或亚热带平静正常浅海中,而其灰岩中含有大量砾屑、砂屑,其磨圆度及分选性较好,同时混入较多石英砂岩,沉积物质也较纯,表明冲刷侵蚀作用较明显,水动力环境较强,地层层序有底无顶,剖面层序及基本层序则反映了由粗变细的退积—加积型沉积环境,属潮下浅水高能环境—较深水低能环境,具浅海—陆棚碳酸盐岩相(台地浅缘斜坡相—盆地边缘相)特征。

7. 生物组合特征及时代讨论

杂多群碎屑岩组中区内化石相对杂多县幅较少,产珊瑚 *Arachnolasma* 等化石。时代为早石炭世。

南侧杂多县幅杂多群碎屑岩组中产有各类化石。腕足类: *Gigantoproductus* cf. *giganteus* (Sowerby), *Striatifera* cf. *angusta* (Janischewsky), *Delepinea depressa* Ching et Liao, *Megachonetes* cf. *zimmerimani* (Paeckelmann), *Pustula altaica* (Tolmatchwva), *Eomarg-inifera* cf. *viseeniana* (Chao), *Cancrinella* cf. *rostrata* Liao, *Overtoio biseriata* (Hall), *Crurithyris suluensis* Ch-ing et Ye, *Cleiothyridina expansa* (Phillips);珊瑚: *Kueichouphyllum* sp., *Lithostrotion pingtangense* H. D. Wang, *Yuanophyllum* sp., *Palaeosimilia* sp., *Dibunophyllum* sp., *Thysanophyllum* sp.;菊石: *Muensteroceras nandanse* Chao et Ling;腹足类: *Holopea* cf. *bomiensis* Pan Y. T. 。其中 *Gigantoproductus* cf. *giganteus* (Sowerby), *Striatifera* cf. *angusta* (Janischewsky), *Muensteroceras nandanse* Chao et Ling 为常见的早石炭世 Visean 期分子。因而将这套岩石归为早石炭世早期适宜。

早石炭世杂多群碳酸盐岩组测区内产珊瑚 *Syringopora* sp. *Diphyphyllum* 等化石。时代为早石炭世。

南侧杂多县幅杂多群碳酸盐岩组中产有生物化石种类较多。腕足类: *Striatifera strata* (Fischer), *Stratifera* cf. *recurva* Ching et Ye, *Gigantoproductus semiglobosus* (Paeckelmann), *Megachonetes zimmerimani* (Paeckelmann), *Eomarginifera viseemina* (Chao), *Overtonia biseriata* (Hall), *Echinoconchus punctaus* (Martin), *Linoproductus* cf. *corrugatus* (M'Coy);珊瑚: *Lithostrotion irregulare* Phillps, *Palaeosmilia murchisoni* Edwards et Haime, *Palaeosmilia tanggulaensis* Li et Liao, *Clisiophyllum hunanense* Yu, *Thysanophyllum shaoyangenes* Yu, *Diphyphyllum platiforme* Yu。化石大体可与贵州对比,除 *Lithostrotion* sp., *Diphyphyllum* sp., *Dibunophyllum* sp., *Gigantoproductus* sp. 等化石在两岩组中均出现外,其他化石具有一定的层位,*Lithostrotion* sp. 和 *Diphyphyllum* sp., *Caninia* sp. 在贵州地区一般始于岩关阶晚期,一直延续到摆佐组,甚至在晚石炭世也有出现,*Thysanophyllum* sp. 和 *Pugilis* sp. 在贵州为大塘阶旧司段为代表,其中 *Gigantoproductus sedeocburgensis* (Phillips) 在贵州大量出现于摆佐组, *Striatifera striata* (Fischer) 为摆佐组中上部常见化石分子。

从上述化石总貌分析及与贵州地区化石对比,本图幅含早石炭世古生物化石主要相当于大塘组—摆佐组,因此时代应属早石炭世维宪期中晚期。

第三节 二叠纪地层

区内二叠纪地层分布在西金乌兰—金沙江地层分区及其以南的唐古拉—昌都地层分区。由早中二叠世开心岭群、尕笛考组、多彩蛇绿混杂岩中的石炭纪—二叠纪多彩蛇绿混杂岩和晚二叠世—早三叠世火山岩组组成。其中多彩蛇绿混杂岩,晚二叠世—早三叠世火山岩组以角度不整合与早中二叠世开心岭群地层接触,是本次工作新发现厘定的重要地质成果。

青海省唐古拉地区二叠纪地层中含丰富的古生物化石,种类主要有䗴、腕足类、珊瑚类、植物化石等。主要在层型剖面的沱沱河地区较齐全,而位于治多、杂多地区其古生物相对少。与1:25万沱沱河幅对比,由于化石种类较少,无法建立生物地层及年代地层单位。

一、早中二叠世地层

(一) 多彩蛇绿混杂岩(CPd)

该构造岩石地层单位是本次工作新发现建立的非正式构造岩石地层单位,主要分布于多彩乡—聂恰曲中游—当江乡等地。由1:20万资料中原晚三叠世巴塘群中解体而来,属西金乌兰—金沙江地层分区。该蛇绿混杂岩由多彩蛇绿岩组分和基底裂解岩块及早中二叠世俄巴达动灰岩、切龙杂砂岩和当江荣火山岩组成,时代属早中二叠世。

1959年中国科学院南水北调考察队将通天河两侧的变质岩系命名为通天河群,时代归为古生代。1980年青海省地层编写小组认为通天河群是一套中浅变质的浅海相—滨海相沉积的碎屑岩及火山岩组成,地质时代为二叠纪。刘广才(1984)在清理该群时将通天河群修改为通天河蛇绿混杂岩,并赋予了新的含义,在《青海省岩石地层》(1997)中沿用了通天河蛇绿混杂岩,定义为:通天河蛇绿混杂岩是沿西金乌兰湖—通天河—玉树一线呈带状或断续零星展布的多类岩石混杂的地质体,主要有板岩、千枚岩、片岩、变砂岩、辉长岩、辉长堆晶岩、枕状玄武岩、硅质岩、大理岩、灰岩及正常碎屑岩组成,各岩块间关系不清或为断层接触,含放射虫、遗迹、䗴、腕足类及双壳类化石,并将其地质时代归属为石炭纪—早三叠世。

新发现建立的多彩蛇绿混杂岩(CPd),分布在通天河复合构造蛇绿混杂岩带中,为《青海省岩石地层》建立的通天河蛇绿混杂岩的组成部分,它代表了区域上西金乌兰—金沙江结合带的物质组分。

本次区调工作将测区内的原晚三叠世巴塘群中部分地层解体为多彩蛇绿混杂岩,进一步划分为4个非正式的填图单位:多彩蛇绿岩(CPdop)、切龙杂砂岩(CPdfw)、当江荣火山岩(CPdva)、俄巴达动灰岩(P_{1-2}ca)。相互之间呈断层或韧性剪切带构造界面接触,北侧与三叠纪查涌蛇绿混杂岩构造界面接触(断层或强片理化带),南侧与晚三叠世巴塘群断层接触,呈北西-南东向展布,两端均延出图区。其中蛇绿岩组分在区内未见完整层序,均以构造岩块产出,详见本书第三章通天河蛇绿岩部分。

1. 剖面描述

(1) 青海省治多县多彩乡查涌蛇绿混杂岩实测地层剖面(Ⅷ003P9)(图2-8)。

该剖面地理位置,起点坐标:东经95°22′20″,北纬33°56′11″,海拔4943m;终点坐标:东经96°20′20″,北纬33°53′44″,海拔4464m。

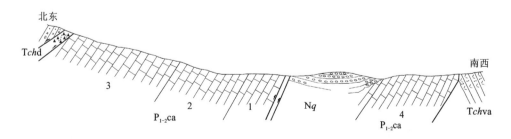

图2-8 青海省治多县多彩乡查涌蛇绿混杂岩实测地层剖面(Ⅷ003P9)

查涌蛇绿混杂岩达龙砂岩(Tchd)

灰色中层状中粒岩屑长石砂岩夹灰色薄—中层状细粒长石英砂岩及深灰色粉砂质板岩

══════ 断层 ══════	
俄巴达动灰岩（$P_{1-2}ca$）	**厚度＞537.36m**
3. 灰色厚—块层状结晶灰岩	134.13m
2. 浅灰色巨厚层状结晶灰岩	106.27m
1. 灰—浅灰色巨厚层状灰岩,产纤维海绵 *Inozian* 及海百合茎 *Cyclocyclicus* sp.	296.96m
══════ 断层 ══════	
新近纪曲果组（Nq）	
砖红色砾岩	
∼∼∼∼∼ 角度不整合 ∼∼∼∼∼	
俄巴达动灰岩（$P_{1-2}ca$）	
4. 灰红色巨厚层状灰岩	329.57m
══════ 断层 ══════	

查涌蛇绿混杂岩当江荣火山岩（$Tchva$）：浅灰绿色片理化凝灰岩夹灰绿色片理化玄武岩

（2）青海省治多县多彩乡聂恰曲实测地层剖面（Ⅷ003P2）（图2-9）。

该剖面地理位置,起点坐标：东经95°28′17″,北纬33°46′05″,海拔4307m；终点坐标：东经95°28′56″,北纬33°47′32″,海拔4268m。

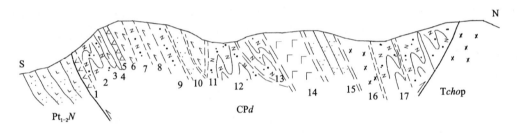

图2-9 青海省治多县多彩乡聂恰曲实测地层剖面（Ⅷ003P2）

该剖面中二云母构造片岩野外露头保持砂岩的外貌,在弱变形带中见有粒序层及水平层理和包卷层理等残余沉积构造。岩石构造变形特别强烈,各层之间多为韧性构造界面接触。

查涌蛇绿岩（$Tchop$）：灰绿色全帘石化角闪石化层状辉长岩

══════ 断层 ══════	
切龙砂岩控制	**厚度＞244.76m**
17. 灰色二云母构造片岩	100.05m
16. 灰绿色全钠长石化、阳起石化辉长辉绿岩	23.99m
15. 浅灰色石英岩质糜棱岩	23.98m
14. 灰绿色绿泥石片岩	41.52m
13. 灰绿色黑云斜长片麻岩（构造透镜）	27.87m
12. 灰色细粒二云母构造片岩	36.49m
11. 暗绿色斜长角闪岩（中粒辉石岩）	22.91m
10. 灰白色石英岩	8.51m
9. 细粒二云母构造片岩夹角闪石片岩（构造透镜）	10.22m
8. 灰绿色条带状全绿帘石化、阳起石化辉长岩（构造透镜）夹深灰绿色、灰绿色条带状阳起石片岩（玄武岩）	8.51m
7. 灰色二云母构造片岩	2.55m
6. 暗绿色斜长角闪岩（辉石岩）	8.51m
5. 灰绿色眼球状斜长角闪岩质糜棱岩（构造透镜）	2.56m
4. 灰—灰白色条纹状方解石质大理岩（构造透镜）及深灰绿色蛇纹石化橄榄辉石岩（构造透镜）	2.56m
3. 灰绿色角闪岩（蛇纹石化橄榄辉石岩）	3.42m
2. 灰色构造片麻岩夹眼球状斜长角闪质糜棱岩	19.47m

1. 灰绿色眼球状斜长角闪质糜棱岩　　　　　　　　　　　　　　　　　　　　　　　　　　1.69m

========断层========

古中元古代宁多岩群(Pt$_{1-2}$N)：灰色二云石英片岩夹石英岩

(3) 青海省治多县当江乡松莫茸多彩构造混杂岩带实测地层剖面(1:20万治多县幅Ⅷ003P12)(图2-10)。

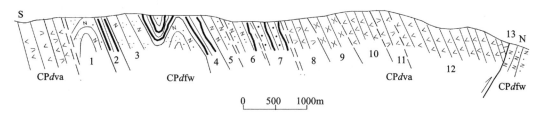

图 2-10　青海省治多县当江乡松莫茸多彩构造混杂岩带实测地层剖面(Ⅷ003P12)(1:20万资料修编)

该剖面岩石定名采用1:20万区调资料，括号中为本次薄片鉴定成果，剖面主体为糜棱岩，发育旋转碎斑、S-C组构、糜棱面理等韧性变形特征。

切龙砂岩(CPdfw)：灰色片理化中粒长石石英砂岩与粉砂质板岩互层

========断层========

当江荣火山岩(CPdva)　　　　　　　　　　　　　　　　　　　　　　　　　厚度＞1775.57m
13. 灰白色厚层状结晶灰岩　　　　　　　　　　　　　　　　　　　　　　　　　　8.96m
12. 灰绿色片理化蚀变安山岩(安山质糜棱岩)　　　　　　　　　　　　　　　　1189.73m
11. 灰绿色中厚层状片理化蚀变安山质凝灰熔岩　　　　　　　　　　　　　　　　121.70m
10. 灰绿色厚层状片理化蚀变安山岩(安山质糜棱岩)　　　　　　　　　　　　　　179.32m
 9. 浅肉红色中厚层状蚀变流纹岩　　　　　　　　　　　　　　　　　　　　　　137.01m
 8. 灰绿色中厚层状片理化蚀变安山质凝灰熔岩(安山质糜棱岩)　　　　　　　　　138.85m

========韧性断层========

切龙砂岩(CPdfw)　　　　　　　　　　　　　　　　　　　　　　　　　　厚度＞1565.70m
 7. 灰色薄层状片理化泥钙质粉砂岩　　　　　　　　　　　　　　　　　　　　　413.38m
 6. 灰色中厚层状片理化细粒长石石英砂岩夹粉砂质板岩　　　　　　　　　　　　376.80m
 5. 灰色中厚层状片理化细粒长石石英砂岩夹凝灰熔岩　　　　　　　　　　　　　146.88m
 4. 深灰色千枚状板岩　　　　　　　　　　　　　　　　　　　　　　　　　　　 86.00m
 3. 灰色中厚层状片理化细粒长石石英砂岩　　　　　　　　　　　　　　　　　　340.34m
 2. 深灰色绢云千枚岩　　　　　　　　　　　　　　　　　　　　　　　　　　　 62.03m
 1. 灰色中厚层状片理化中细粒长石石英砂岩夹粉砂质板岩　　　　　　　　　　　140.00m

========韧性断层========

当江荣火山岩(CPdva)：灰绿色中厚层状片理化蚀变安山质凝灰熔岩(安山质糜棱岩)

2. 地层划分和沉积环境分析

(1) 切龙砂岩(CPdfw)

切龙砂岩主要分布在测区当江乡以南的松莫茸一带，其次分布在当江荣一带，控制厚度1565.70m。岩石组合以岩屑石英砂岩夹粉砂质板岩为主，夹有岩屑砂岩、含砾岩屑砂岩、粉砂岩、千枚岩和硅质岩。岩石中发育有密集的透入性劈理。岩石成熟度低，有硅质岩的夹层说明形成于深海—半深海的环境，强烈的变形反映处于构造增生楔部位。砂岩中见有槽模及粒序层理构造。碎屑岩组与其他地层单元均为构造接触，其上见有古近纪—新近纪的沱沱河组不整合。

岩石具有很强变形和蚀变。局部弱变形带中保留原岩面貌，当江荣北侧一带为灰色二云构造片岩、糜棱岩组成，原岩为砂岩、板岩，弱变形带中见有粒序层及水平层理和包卷层理等残余沉积构造，与多彩蛇绿岩构造岩块组成多彩蛇绿混杂岩(图版Ⅳ-2)。当江乡南侧松莫茸一带岩石在弱变形带中以灰色糜棱岩化长石石英砂岩、长石岩屑砂岩、粉砂质板岩夹灰绿色中酸性火山岩、灰岩透镜体为主,在强变形带中均为糜棱岩、构造片岩,呈韧性剪切带接触分布在当江荣火山岩中。

在当江荣见有粒序层及水平层理和包卷层理组成的鲍马序列(图2-11)。由abc段和ab段组成基本层序。a段厚20~40cm,自下而上由灰色变余中细粒长石石英砂岩、灰色变余细粒长石石英砂岩组成粒序层,底部存在不完整的重荷模;b段厚10cm,呈水平层理,由灰色变余细粒长石岩屑砂岩组成;c段厚15cm,由灰色钙质粉砂岩组成,发育包卷层理。以上特征反映形成环境为半深海—深海相。

(2)俄巴达动灰岩($P_{1-2}ca$)

该灰岩主要分布在测区查涌北俄巴达动、当江乡西侧当阿谷及松莫茸第一带。主体呈断块分布在查涌蛇绿混杂岩,少量呈构造岩块分布在多彩蛇绿混杂岩带中,出露面积110km²,控制最大厚度537.36m,与查涌蛇绿混杂岩的格仁火山岩、达龙砂岩呈断层接触;与多彩蛇绿混杂岩中火山岩、杂砂岩呈韧性剪切带接触,其上被新近纪曲果组角度不整合覆盖。该地层1:20万区调资料划归三叠纪巴颜喀拉山群,其岩石组合以灰色厚—块层状灰岩组成,岩层中生物化石很少。反映出为深海—半深海碳酸盐岩沉积,个别地方见有纤维海绵 Inozian 及海百合茎 Cyclocyclicus sp.,时代为早中二叠世,推测为洋中海山的残余。

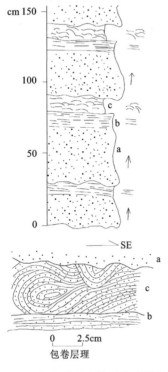

图2-11 切龙砂岩中鲍马序列素描图

(3)当江荣火山岩(CPdva)

该火山岩主要分布在测区多彩乡南侧—当江涌北—松莫茸一带。出露面积520km²,控制最大厚度703.71m,岩石组合、变形特征存在差异。

多彩乡南侧一带岩石以片理化安山岩、英安质、凝灰岩为主,岩石变形相对较弱,主要以片理化、糜棱岩化为主,夹有绿泥片岩和片理化玄武岩及岩屑砂岩与板岩。

当江涌北带,岩石具有很强的变形,岩石以眼球状、条带状中性火山质糜棱岩、英安质糜棱岩为主。

松莫茸一带,岩石具有相对较强的变形,主要以糜棱岩化、糜棱岩为主。岩石以片理化、糜棱岩化安山岩、英安质、流纹岩、凝灰岩、火山角砾熔岩为特点,夹有绿泥片岩和片理化玄武岩及岩屑砂岩与板岩。

眼球状、条带状中性火山质糜棱岩:碎斑结构,基质为鳞片粒状变晶结构,眼球状条带状构造。碎斑21%:斜长石20%、石英1%。基质79%:斜长石30%、石英14%、绿帘石15%、绿泥石8%、绢云母12%。

安山岩:岩石为灰绿色,变余斑状结构、变余交织结构,片状构造。斑晶主要为斜长石,其次为角闪石,含量一般为10%~15%,粒径一般为0.5~1mm。基质主要由斜长石、绢云母、次闪石、绿泥石、绿帘石、石英组成,含量一般为85%~90%,粒径一般为0.01~0.05mm。矿物排列具方向性,斑晶呈旋转碎斑,S-C组构,岩石普遍具片理化。

英安质糜棱岩:变余碎斑结构,基质为显微鳞片粒状变晶结构,定向构造。残留碎斑13%:斜长石10%、石英3%。基质79%:石英30%、绿帘石15%、黑云母10%、绢云母24%。

英安岩:变余斑状结构,基质为微粒镶嵌结构,片状构造。斑晶由石英、斜长石及少量黑云母组成,含量为15%~25%,粒径一般为1~1.5mm。基质由斜长石、石英、绢云母及少量磁铁矿组成。斜长石斑晶呈半自形,板柱状,牌号为29~30,属中长石。具不明显的环带构造。斜长石已绢云母化、绿帘石化,局部可见斜长石呈聚斑晶。石英斑晶比较大,最大者达3mm×5mm,呈不规则粒状并有拉长现象,波状消光显著。

流纹岩:灰黄色,变余斑状结构或显微粒状结构,变余流纹状构造。斑晶为斜长石、石英。含量约为15%,粒径约为0.4~0.6mm。基质主要由长英质微粒及绢云母组成,斜长石斑晶的牌号为15,属更长石,已绢云母化,矿物具定向排列。

凝灰岩:主要是晶屑凝灰岩,局部出现玻屑凝灰岩。岩石为灰绿色,变余晶屑、玻屑凝灰结构,晶屑主要为斜长石、石英。玻屑后期已经产生脱玻化作用,胶结物为长英质微粒、绿泥石、绢云母细小鳞片,岩石具片理化。

火山角砾熔岩:岩石为灰绿色,斑状结构和火山角砾结构,基质具交织-微粒结构。熔岩组分主要由斜长石、黝帘石、阳起石组成,此外还有少量石英、绿泥石、钛磁铁矿及后期石英细脉。有部分斜长石呈斑晶出现。熔岩成分为安山岩,熔岩含量约70%。火山角砾与熔岩成分一致,角砾大小为5~20mm,含量30%,熔岩与火山角砾界线不清楚。

该火山岩岩石化学反映钙碱性岛弧型火山岩特征,说明形成环境为岛弧带。

3. 时代讨论

本项目在俄巴达动灰岩中见有纤维海绵 Inozian 及海百合茎 Cyclocyclicus sp. 化石,时代为早中二叠世;在硅质岩中产有放射虫 Pseudoalbaillella fusiformis(纺锤形假阿尔拜虫)和 Pseudoalbaillella sp.(假阿尔拜虫众多未定种)的放射虫化石,时代为 $P_1—P_2$。因此将这套地层归为早中二叠世。

区域上在西金乌兰构造混杂岩带在其西端的移山湖和可可西里湖地区的硅质岩中产有放射虫:Albaillella indebsis Won, Pylentonema sp. Entactinia variospina (Won), Pseudolbaillella chilensis Ling et Forsgthe;在其中的海山岩片中产牙形石:Gnathodus bilineatus(Round)。西金乌兰构造混杂岩带时代被认为是石炭纪—二叠纪。

(二) 石炭纪—二叠纪开心岭群

由青海省石油局 632 队(1957)创名于唐古拉山开心岭,原指:"上部为淡灰色致密块状灰岩,中部为黑灰色砂岩、页岩,局部夹薄层砾岩及泥质砂岩,下部为黑灰色厚层及灰白色薄层—厚层致密状页岩,富含䗴及其化石痕迹,底部为青绿色砂岩夹灰黑色页岩及厚达 1m 的煤层"。青海省区测队(1970)在 1:100 万温泉幅中将"下二叠统"自下而上划分为下碎屑岩组、石灰岩组、上碎屑岩及火山岩组。1980 年青海省地层表编写小组,沿用开心岭群并引用后 3 个岩性组。1989 年青海省区调综合地质大队,在 1:20 万沱沱河幅、章岗日松幅中,将开心岭群自下而上分为下碳酸盐岩组、碎屑岩组和上碳酸盐岩组。1993 年刘广才将该群的碳酸盐岩组创名扎日根组,碎屑岩组创名诺日巴尕日保组,上碳酸盐岩组另立九十道班组。在《青海省岩石地层》(1997)中基本沿用刘广才的划分方案,给该群的定义是:"指分布于唐古拉山北坡,位于乌丽群之下的地层体。下部为碳酸盐岩、中部为杂色碎屑岩夹灰岩及火山岩,上部为碳酸盐岩夹少许碎屑岩。富含䗴、次为腕足类及珊瑚等化石,未见底界,以本群上部的灰岩的顶层面为界与上覆乌丽群含煤碎屑岩整合接触或与结扎群为平行不整合接触。该群由老自新包括扎日根组、诺日巴尕日保组及九十道班组。沉积时代为晚石炭世晚期—早中二叠世"。

本书采用全国地层委员会(2001)新的石炭纪二分、二叠纪三分的划分方案,地层单位沿用《青海省岩石地层》对开心岭群扎日根组、诺日巴尕日保组及九十道班组划分方案。

测区出露的开心岭群只有上部诺日巴尕日保组和九十道班组,其下部扎日根组未见出露,分布于子曲北东、子群涌—拉头曲、东脚涌—东莫涌、扎青乡—赛群涌一带。与石炭纪杂多群呈断层接触,在扎青北然者涌一带小范围内,被本次工作新发现建立的晚二叠世—早三叠世火山岩组角度不整合覆盖。其上被广泛分布的晚三叠世结扎群、古近纪沱沱河组角度不整合。其时代为中二叠世。

1. 诺日巴尕日保组(P_2nr)

刘广才(1993)创名诺日巴尕日保组于格尔木市诺日巴尕日保。原指"灰色、灰绿色厚层中—细粒岩屑长石砂岩、长石石英砂岩、长石砂岩、偶夹粉砂岩,粘土岩及泥晶灰岩组成,仅见双壳类化石,与上覆九十道班组为连续沉积"。在《青海省岩石地层》中沿用此名,并定义为:"指分布于唐古拉山北坡,位于九十道班组之下的地层体,由杂色碎屑岩夹泥岩、灰岩及不稳定火山岩组成。含䗴、珊瑚及双壳类等化石,与下伏扎日根组接触关系不清,以碎屑岩消失为顶层面,大套灰岩出现为界,与上覆九十道班组灰岩整合接触"。

1) 剖面描述

(1) 青海省杂多县结扎乡贡纳涌二叠纪诺日巴尕日保组实测地层剖面(Ⅷ003P4)(图2-12)。

起点坐标:东经95°50′18″,北纬33°06′09″,海拔4829m;终点坐标:东经95°53′15″,北纬33°07′03″,海拔4674m。

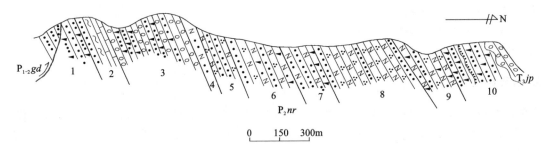

图2-12 青海省杂多县结扎乡贡纳涌中二叠统诺日巴尕日保组(P_2nr)实测地层剖面(Ⅷ003P4)

结扎群甲丕拉组(T_3jp):灰褐色厚层状岩屑砂岩夹灰绿色厚层状岩屑长石砂岩,底部为灰绿色砾岩

～～～～～～ 角度不整合 ～～～～～～

诺日巴尕日保组(P_2nr)   **厚度＞1947.40m**

10. 灰色薄—中层状中粒岩屑砂岩夹深灰色薄层状粉砂岩   227.53m

9. 灰色中层中粒岩屑长石砂岩夹灰色中—薄层状细粒长石石英砂岩及深薄层状粉砂岩   198.67m

8. 灰色中层状细粒长石石英砂岩夹深灰色薄层状粉砂岩   670.72m

7. 灰色厚层状粗粒长石砂岩夹灰色厚层状钙质岩屑砂岩及深灰色薄层状粉砂岩   164.07m

6. 灰绿色中层状中粒岩屑砂岩夹灰色薄层状细粒长石石英砂岩及灰色薄层状粉砂岩   227.48m

5. 深灰色薄层状粉砂岩夹灰色薄层状细粒长石石英砂岩   126.05m

4. 灰色中层状细粒长石石英砂岩夹深灰色薄层状粉砂岩   8.96m

3. 灰色厚层状细砾岩夹灰色中层状粗粒岩屑砂岩及灰色薄层状中粒岩屑砂岩   275.45m

2. 灰色中层状灰岩夹深灰色薄层状粉砂岩和灰色中层状泥灰岩,产䗴:*Reichelina* sp.;

 有孔虫类 *Pachyphloia* sp.,腕足类:*Spirifer* sp.,*Crurithyris*,*Dielasma* sp.   27.16m

1. 灰色中层状中粒岩屑砂岩夹深灰色薄层状粉砂岩,产腕足类:*Martinia* sp.   30.31m

══════════ 断层 ══════════

尕笛考组($P_{1-2}gd$):灰色厚层状凝灰岩

(2) 青海省杂多县结扎乡二叠纪诺日巴尕日保组及九十道班组实测地层剖面(Ⅷ003P7)(图2-13)。

起点坐标:东经95°28′50″,北纬33°07′18″,海拔4888m;终点坐标:东经95°27′51″,北纬33°05′29″,海拔4790m。

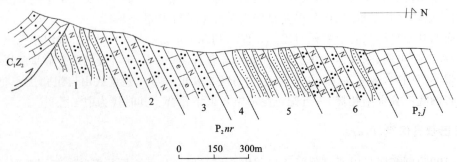

图2-13 杂多县结扎乡二叠纪诺日巴尕日保组及九十道班组实测地层剖面(Ⅷ003P7)

九十道班组（P_2j）：浅灰色厚—块层状灰岩

———————— 整合 ————————

诺日巴尕日保组（P_2nr） 厚度＞498.88m

6. 灰色中层状细粒长石英砂岩夹深灰色薄层状粉砂质板岩　　　　　　　　　　　　180.32m
5. 深灰色薄层状粉砂质板岩夹灰色中层状细粒长石石英砂岩　　　　　　　　　　　175.88m
4. 灰色薄层状灰岩夹白色薄层状石膏层　　　　　　　　　　　　　　　　　　　　 30.17m
3. 深灰色薄层状粉砂质板岩夹灰色薄—中层状细粒长石石英砂岩及灰色薄层状生物碎屑灰岩。产新戟贝 Neochonetes sp.，纤纹戟贝 Teauichonetes sp.　　　　　　　　　　97.45m
2. 灰色薄—中层状细粒长石石英砂岩夹深灰色薄—中层状粉砂质板岩　　　　　　　100.81m
1. 深灰色碎裂粉砂质板岩夹灰色碎裂薄—中层状细粒长石石英砂岩　　　　　　　　 84.25m

============ 断层 ============

早石炭世杂多群（C_1Z_2）：灰色厚层状灰岩

2）地层综述

区内诺日巴尕日保组主要分布在纳日贡玛—子曲以南的东脚涌—东莫涌、扎青乡地区。分布面积2200km²，控制最大厚度为1947.40m。其岩性组合为一套灰色、灰绿色、灰紫色岩屑长石砂岩、长石石英砂岩夹泥质粉砂岩、泥晶生物灰岩及灰绿色玄武安山岩、玄武岩、中基性、中酸性火山碎屑岩、火山角砾岩夹层，火山岩主要分布在托吉曲、布曲一带，岩石化学反映为高钛的碱性火山岩特征。

纵向变化表现为自下而上由粗—细的退积型地层结构，横向上变化有西粗东细趋势，沉积时代为中二叠世。与下部石炭纪杂多群断层接触未见底，与上覆九十道班组灰岩整合接触，其上被结扎群甲丕拉组角度不整合。在本区横向岩性变化不大，空间上受断层围限呈断块体产于断裂带中，总体呈北西-南东向向南倾的单斜构造，其岩性组分为灰色中粒岩屑砂岩，灰色中细粒长石石英砂岩，灰黑色薄层状细砂质复矿物粉砂岩，灰黑色粉砂质板岩夹有灰色细砾岩，灰色厚层状泥晶生物碎屑灰岩夹有灰绿色蚀变玄武岩、英安岩、凝灰熔岩。颜色以灰绿色为特征，从上述岩性组合表现出地层所夹火山岩、灰岩厚度、层位均不稳定，从西向东有逐渐变薄的趋势。

3）微量元素特征

诺日巴尕日保组地层中碎屑岩和灰岩的微量元素含量见表2-5。灰岩中Sr含量较高在230×10^{-6}～1240×10^{-6}，其他元素含量普遍很低，砂岩、粉砂岩的V稍高于上地壳丰度值，其他元素与下地壳丰度值接近，其余元素含量和上地壳丰度值相近。

表2-5　诺日巴尕日保组地层中碎屑岩和灰岩的微量元素含量表（$w_B/10^{-6}$）

岩性	样品数	Cu	Pb	Zn	Cr	Ni	Co	V	Ca	Ti	Mn	Ba	Sr
岩屑砂岩	5	40	15	70	50	30	17	95	26 000	3000	80	5500	346
粉砂岩	10	30	14	60	50	20	16	100	24 500	3500	70	5400	370
灰岩	15	25	8	30	30	25	15	18	3000	5600	20	2500	280
维氏值（1962）		47	16	83	83	58	18	90	29 600	4500	1000	6500	340

4）沉积环境

诺日巴尕日保组是一套碎屑岩石的组合，基本层序特征见图2-14，岩石以细粒石英砂岩夹粉砂岩、粉砂质板岩为主，夹有砾岩、岩屑砂岩、钙质粉砂岩、泥钙质板岩和薄层状生物灰岩、灰岩，在测区中多夹有中—酸性火山岩及其凝灰岩，局部地段夹有薄层石膏层。区域上岩石组合变化较明显，测区南部岩石以细粒砂岩夹粉砂岩、粉砂质板岩、板岩和灰岩为主。从南向北岩石粒度变粗，出现砾岩夹层，灰岩多为角砾状构造的灰岩或为生物碎屑灰岩。反映环境以陆棚斜坡相为主，局部可能有泻湖相。

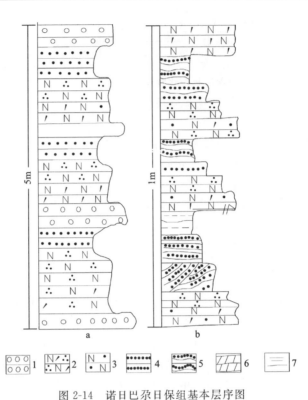

图 2-14 诺日巴尕日保组基本层序图

1.砂砾岩;2.岩屑砂岩;3.长石石英砂岩;4.粉砂岩;5.粉砂质板岩;6.交错层理;7.水平层理

粒度分析资料(图 2-15)中砂岩粒度分布累计概率曲线图反映出,砂岩粒度普遍偏细,003P7LD12-1、003P7LD16-1跳跃总体在89%以上,悬浮总体次之,无牵引总体具沉积间断,后者截点在 4ϕ,区间在 1ϕ～5ϕ;标准偏差为 0.676 38～0.8455,分选较好,偏度近对称式粗偏,峰态很窄 LD15-2 样粒度相对偏细,峰态极窄,其值>4ϕ,表现为沉积物的混合状态。

从岩性组合分析,碎屑岩夹有复成分砾岩,反映滨、浅海的沉积环境;着晓乡南一带碎屑岩粒度变细,至顶部为粉砂岩的正粒序韵律层,具复理石的特征,反映海水逐渐变深。

5)时代讨论

诺日巴尕日保组中产有化石,腕足类:*Martinia* sp., *Marginifera* sp., *Orthotichia indica* Waagen, *Squamularia* sp., *Athyris* sp.; *Spirifer* sp., *Crurithyris* sp., *Dielasma* sp.;珊瑚:*Liangshanophyllum* sp., *Wentzella* sp., *Waagenophyllum* sp.;䗴:*Neoschwagerina douvilina* Ozawa, *Parafusulina* cf. *yabei* Hanzawa, *Yabeina kwangsiania* (Lee), *Pseudofusulina yunnanensis* Zhang, *Pachyphloia* sp., *Reichelina* sp.;菊石:*Agathiceras suessi* Gemmellaro, *Attinskia* sp. 其中的 *Wentzelella* 是青海省东昆仑山南坡下二叠统上部 *Ipcipyllum-Wentzelella* 组合中的重要分子,也见于西倾山和南祁连山分区。

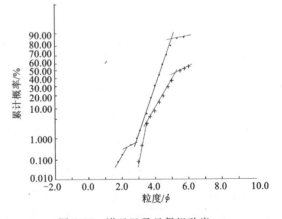

图 2-15 诺日巴尕日保组砂岩粒度分布累计概率曲线图

Neoschwagerina douvilina Ozawa, *Yabeina kwangsiania* 为中二叠世的标准分子。将诺日巴尕日保组归为中二叠世是比较适宜的。

2. 九十道班组(P_2j)

由刘广才(1993)创名九十道班组于格尔木市唐古拉山乡九十道班地区。原指:"灰色、深灰色粉晶灰岩、生物亮晶砾屑灰岩夹深灰色厚层中细粒长石岩屑砂岩组成。灰岩中富含䗴及少量珊瑚、双壳类及菊石等化石，与上二叠统乌丽群为整合接触，二者岩性、生物界线清晰"。在《青海省岩石地层》(1997)中沿用此名，并重新定义为：指分布于唐古拉山北坡，位于诺日巴尕日保组和那益雄组之间的地层体，由灰—深灰色碳酸盐岩夹少许碎屑岩组成。富含䗴、少量珊瑚、菊石、双壳类及腕足类等化石。

区内九十道班组，以大套灰岩出现为底界整合在诺日巴尕日保组之上，未见顶，其上被甲丕拉组角度不整合。其岩性主要为深灰色粉晶、泥晶灰岩夹少量的灰色砂岩、粉砂岩。为一套浅海相灰岩。岩性、层位稳定，相变不大，化石丰富，具有良好的对比性。

(1) 剖面描述

青海省杂多县结扎乡二叠纪诺日巴尕日保组及九十道班组实测地层剖面(Ⅷ003P7)(图2-16)。剖面坐标同诺日巴尕日保组(Ⅷ003P7)(图2-13)剖面描述。

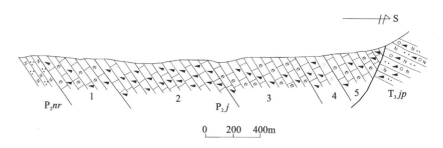

图2-16 青海省杂多县结扎乡二叠纪诺日巴尕日保组(P_2nr)及九十道班组(P_2j)实测地层剖面(Ⅷ003P7)

甲丕拉组(T_3jp)：灰紫色厚层状含砾粗粒岩屑长石砂岩
～～～～～～～ 角度不整合 ～～～～～～～

九十道班组(P_2j)　　　　　（未见顶）　　　　　　厚度＞1351.61m

5. 灰色块层状粉晶含生物碎屑灰岩　　　　　　　　　　　283.83m
4. 灰色薄层状亮晶砂屑灰岩夹灰色厚层状粉晶含鲕粒生物碎屑灰岩，产苔藓虫 *Stenopora* sp. indet　144.36m
3. 深灰色块层状生物碎屑粉晶薄层碎屑灰岩，产䗴 *Pseudofusulina vulgaris*,*Megasphaerica torigama*　335.99m
2. 灰色块层状粉亮晶含白云石化碎屑灰岩　　　　　　　　440.27m
1. 浅灰色厚—块层状粉晶含生物碎屑薄层灰岩　　　　　　147.16m

——————— 整合 ———————

下伏地层：诺日巴尕日保组(P_2nr)　灰色中层状细粒长石石英砂岩

(2) 地层综述

主要分布在纳日贡玛—子曲以南的东脚涌—东莫涌、扎青乡地区。分布面积1351.61km²，控制最大厚度大于1351.61m。根据剖面和路线资料，本组岩性在区内横向岩性变化不大，空间上受断层围限，呈断块体产于断裂带中，总体呈南西-北东向的单斜产出，岩层产状50°～60°，而在纳日贡玛东南一带，总体呈南西-北东向的向斜产出，岩层产状20°～40°，地貌上灰岩漂浮在山顶之上。由于出露面积局限，纵、横向变化不大，本组岩石基本上未见有重结晶现象，仅在断裂带附近及岩石内部见受构造挤压导致的局部碎裂现象，因此变质程度轻微，岩石类型为内碎屑、生物碎屑灰岩，并见有少量砂屑、鲕粒灰岩，局部夹有少量中基性火山岩。结合本组岩石中产有丰富的䗴、腕足类、珊瑚等生物化石，可见其沉积环境属稳定滨浅海—陆棚海的高能环境。

(3) 微量元素特征

九十道班组微量元素见表2-6。微量元素除Sr、Pb含量高出维氏值的1倍外，其他元素含量均低，将Sr、Pb值与涂费值比较，Mn含量接近碳酸盐岩平均值，Sr含量则高出2～3倍，但其在岩石中变化系数较小，因而反映其富Pb而不利于局部集中。

表2-6 九十道班组岩石微量元素表（$w_B/10^{-6}$）

岩性	样品数	Cu	Pb	Zn	Cr	Ni	Co	V	Ca	Ti	Mn	Ba	Sr
微生物灰岩	10	17	55	25	11	6	2.4	13	2.3	530	868	78	808
碎屑灰岩	11	14	54	24	13	10	3	20	4	680	900	100	800
维氏值(1962)		47	16	83	83	58	18	90	2900	4500	1000	6500	340

（4）沉积环境分析

九十道班组整合在诺日巴尕日保组之上，其上被结扎群或沱沱河组所不整合，在测区内岩性为灰黑色—灰色厚层状灰岩、灰黑色—深灰色生物碎屑灰岩、灰色碎屑灰岩、砂屑灰岩夹少量中层状细粒长石石英砂岩和粉砂岩。灰岩中多见有硅质条带或结核，其中有大量的䗴化石和海百合碎片，砂屑灰岩和砂岩夹层中见有斜层理。反映出海水不深的浅海相沉积环境。

（5）时代讨论

在九十道班组中见有大量的化石。䗴：*Neoschwangerina craticulifera*(Schwager)，*Neoschwangerina megaspherica* Deprat，*Verbeekina heimi* Thompson，*Yabeina inouyei* Deprat，*Parafusulina yunnanica*，*Pseudofusulina gruperaensis*(Thompson)，*Parafusulina vulgaris*(Schellwien)，*Parafusulina upchra* Sheng，*Yangchinia compressa*(Ozawa)，*Chalaroschwangerina* sp.；腕足类：*Dictyoclistus* cf. *semireticulatus*(Mattin)，*Enteletes* sp.，*Orthotetina* sp.；菊石：*Epadrites timornsis* var. *involutus*(Haniel)，珊瑚：*Liangshanophyllum* sp.，*Wentzelellla* sp. 在这些化石中，*Neoschwagerina craticulifera* (Schwager)为中二叠世中晚期的标准分子。将九十道班组归为中二叠世是比较适宜的。

（三）早中二叠世尕笛考组（$P_{1-2}gd$）

青海省第二区调队（1982）创名尕笛考组于杂多县尕笛考。原指："自下而上分为碎屑岩段为一套紫红色硬砂岩、石英砂岩、粉砂岩、泥岩粘土岩夹砾岩、不纯灰岩和火山岩；其上部碳酸盐岩段为一套灰—灰黑色角砾灰岩、生物灰岩，局部夹燧石条带及结核灰岩。未见底，与上覆扎格涌组为整合接触。"1970年青海省区测队称"下二叠统"。1982年青海省第二区调队命名尕笛考组和扎格涌组，前者自下而上分为碎屑岩段和碳酸盐岩段，后者自下而上分为碎屑岩夹火山岩段和碳酸盐岩段，同时认为这两个组分别代表栖霞期、茅口期地层。在《青海省岩石地层》中认为扎格涌组为尕笛考组的同物异名，建议停用扎格涌组，并赋予尕笛考组新的涵义：分布于唐古拉山北坡位于甲丕拉组之下地层体，由灰绿色、紫红色及杂色火山碎屑岩、火山岩夹灰岩及碎屑岩组成，含䗴及腕足类化石，未见底，其顶有时被甲丕拉组不整合覆盖。

尕笛考组成带分布于测区龙玛能、纳日贡玛及子曲一带，分布面积330km²，控制最大厚度1614.37m。依据地质特征、与开心岭群诺日巴尕日保组和九十道班组断层接触及岛弧型火山岩岩石化学特征，区别于开心岭群诺日巴尕日保组。该地层与石炭纪杂多群呈断层接触、与早中二叠世开心岭群诺日巴尕日保组和九十道班组呈断层接触，其上被晚三叠世结扎群甲丕拉组不整合覆盖。岩性为灰绿色安山岩、安山玄武岩、玄武岩、中基性—中酸性火山碎屑岩夹灰岩及砂岩、粉砂岩。

1. 剖面描述

青海省杂多县结扎乡贡纳涌早中二叠世尕笛考组实测地层剖面（Ⅷ003P4）（图2-17）。起点坐标：东经95°50′18″，北纬33°06′09″，海拔4829m；终点坐标：东经95°53′15″，北纬33°07′03″，海拔4674m。

中二叠世诺日巴尕日保组（P_2nr）：浅灰褐色—灰绿色安山质晶屑沉凝灰岩夹深灰色层状泥质灰岩

══════════ 断层 ══════════

早中二叠世尕笛考组（$P_{1-2}gd$） 　　　　　　　　　　　　　　　　　　　　　　厚度＞1614.37m

23. 灰色厚层状流纹质凝灰熔岩　　　　　　　　　　　　　　　　　　　　　　　　　13.48m

22. 灰绿色巨厚层状复成分火山角砾岩　　　　　　　　　　　　　　　　　　　　　　13.49m

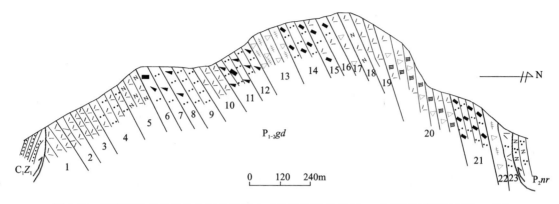

图 2-17　青海省杂多县结扎乡贡纳涌早中二叠世尕笛考组($P_{1-2}gd$)实测地层剖面（Ⅷ003P4）

21. 灰绿色巨厚层状晶屑玻屑凝灰岩	183.53m
20. 灰色流纹质角砾熔岩	294.97m
19. 灰—浅灰绿色流纹岩	78.66m
18. 浅灰绿色霏细岩	51.32m
17. 灰褐色流纹质火山角砾岩	4.67m
16. 灰色流纹质晶屑玻屑凝灰熔岩	18.66m
15. 灰色厚层状流纹质浆屑玻屑凝灰岩	14.04m
14. 灰色厚层状流纹玻屑浆屑凝灰岩	126.19m
13. 灰绿色巨厚层状复成分火山角砾岩	123.45m
12. 灰绿色巨厚层状岩屑玻屑凝灰岩	41.74m
11. 灰绿色中—薄层状晶屑玻屑凝灰岩	69.52m
10. 灰绿—浅灰绿色流纹英安岩	57.59m
9. 灰—灰绿色厚—巨厚层状凝灰岩	66.57m
8. 灰色中—薄层状碳酸盐化玻屑凝灰岩	32.1m
7. 灰绿色中层状晶屑玻屑凝灰岩	4.57m
6. 灰绿色中—薄层状晶屑玻屑凝灰岩	27.43m
5. 灰—灰绿色厚—巨厚层状霏细岩	85.98m
4. 灰色流纹岩夹灰色巨厚层状流纹质凝灰熔岩	164.46m
3. 灰色流纹英安岩	68.63m
2. 灰色流纹岩	31.75m
1. 灰黄色—浅灰褐色流纹英安岩	41.57m

========断层========

石炭纪杂多群碎屑岩组（C_1Z_1）：其岩性为砂岩、板岩、粉砂岩，产腕足类

2. 地层综述

该套地层在测区内呈北西-南东向展布。1∶20万区调与开心岭群九十道班组、诺日巴尕日保组整合接触，局部结扎群甲丕拉组不整合其上。本次工作追索该套地层与开心岭群九十道班组、诺日巴尕日保组存在明显的断层接触关系，众根涌一带的局部强变形带上为韧性剪切带接触，发育糜棱面理，旋转碎斑。

在龙玛能—纳日贡玛—众根涌—日阿吉卡一带则以熔岩为主，夹有火山角砾岩和碎屑岩及灰岩。岩性灰绿色安山岩、安山玄武岩、玄武岩、中基性—中酸性火山碎屑岩夹灰岩及砂岩、粉砂岩，厚度约大于2000m。

在地错—子吉赛一带则以火山凝灰岩为主夹有少量的熔岩，碎屑岩夹层少见或不见。岩性为安山岩、流纹质凝灰岩、流纹英安岩、凝灰岩、晶屑玻屑凝灰岩、霏细岩、火山角砾岩及砂岩、粉砂岩，厚度大于1614.37m。

该火山岩地层在测区呈北西-南东向带状分布，岩石化学、岩石地球化学反映出钙碱性岛弧火山岩特征。

3. 沉积环境分析

尕笛考组岩石类型复杂，整体为火山岩夹火山碎屑岩。火山岩类中有喷溢的熔岩，也有喷发的火山碎屑岩。岩石组合在横向上变化明显。

尕笛考组岩石通常以灰绿色为主，其灰岩夹层的出现反映出为水下喷发的环境，据岩石化学研究认为是岛弧带的产物。

4. 时代讨论

从产于尕笛考组灰岩夹层中的化石来分析其形成时代是比较可靠和可行的。在灰岩夹层中产有腕足类：*Liosotella cylinrica*（Ustriski），*Orthotichia morganina*（Derby）和䗴：*Misellina claudiae*（Deprat），*Pseudofusulina* sp.。这些化石为早二叠世的重要分子。由于在剖面所采化石集中在中下部，其上部厚度较大，不能排除中二叠世的可能。另在四川省巴塘波格西和当结真拉一带，出露一套以基性火山岩为主夹灰岩，灰岩中含䗴、腕足类、珊瑚等化石地层，可与尕笛考组对比。

1997年，《四川省岩石地层》一书将其划分为冈达概组，时代归为二叠纪，该套地层与本区尕笛考组岩性组广泛对比，因此将这套地层归为早—中二叠世是合理的。

岩石特征和岩石化学元素等特征见本书中火山岩部分。

二、晚二叠世—早三叠世火山岩组（P_3T_1h）

该地层为本次工作新厘定建立的组级非正式岩石地层单位，《青海省岩石地层》中没有其踪迹。1∶20万杂多县幅区调划分出一套晚二叠世火山岩组主要岩性为灰绿—灰紫色玄武岩、安山岩及中基性火山角砾岩、角砾凝灰岩夹少量流纹岩地层，但未做进一步的工作。本次野外调查认为这套火山岩组合存在且横向岩性较为稳定，岩性以中基性火山熔岩为主夹有中基性火山碎屑岩，具陆相火山岩特征，底部存在不整合接触关系，盖在早中二叠世开心岭群诺日巴尕日保组、九十道班组之上，其上被晚三叠世结扎群甲丕拉组角度不整合覆盖。设计中划归晚二叠世建立了非正式地层单位火山岩组。

区域上在晚二叠世地层中普遍有火山熔岩和火山碎屑岩出现，如昌都一带的妥坝组中夹安山岩。在测区分布于特龙赛—巴纳赛、然者尕哇切吉—吉拉涌一带。与下伏诺日巴尕日保组为不整合接触，其上被结扎群不整合覆盖。

本书中建立一个非正式的填图单元即晚二叠世—早三叠世火山岩组（P_3T_1h）。仅分布于测区的然者尕哇切吉—尕少木那赛一带。岩石组合是灰绿—灰紫色玄武岩、安山岩及中基性火山角砾岩、角砾凝灰岩夹少量流纹岩。时代依据是这套地层被上、下两个不整合限定。

1. 剖面描述

青海省杂多县扎青乡特龙赛晚二叠世—早三叠世火山岩组实测地层剖面（Ⅷ003P12）（图2-18）。起点坐标：东经95°07′03″，北纬33°15′30″，海拔4608m；终点坐标：东经95°06′07″，北纬33°14′15″，海拔4463m。

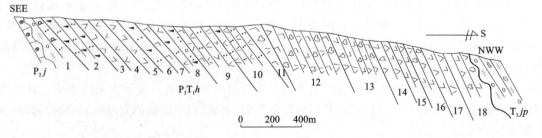

图2-18 青海省杂多县扎青乡特龙赛晚二叠世—早三叠世火山岩组（P_3T_1h）实测地层剖面（Ⅷ003P12）

上覆地层：晚三叠世结扎群甲丕拉组（T_3jp）　紫红色厚层状复成分中砾岩夹紫红色中层状中细粒长石石英砂岩

~~~~~~~~~~~~~ 角度不整合 ~~~~~~~~~~~~~

火山岩组（P_3T_1h）　　　　　　　　　　　　　　　　　　　　　　　　　　　　厚度＞1732.24m

18. 灰紫色强蚀变杏仁状橄榄玄武岩	101.73m
17. 灰紫色强蚀变橄榄玄武岩	108.42m
16. 灰紫色强蚀变杏仁状橄榄玄武岩	70.22m
15. 浅灰绿色蚀变橄榄玄武岩	53.69m
14. 灰紫色强蚀变杏仁状橄榄玄武岩	69.92m
13. 灰紫色蚀变杏仁状橄榄玄武岩	251.33m
12. 灰色强蚀变杏仁状橄榄玄武岩	244.54m
11. 浅灰绿色强蚀变杏仁状橄榄玄武岩	78.68m
10. 浅灰紫色基性岩屑晶屑凝灰岩	178.35m
9. 浅灰绿色蚀变橄榄玄武岩夹灰紫色蚀变流纹质玻屑凝灰岩	159.41m
8. 灰紫色蚀变流纹质玻屑凝灰岩夹紫红色中层状粗粉砂岩屑砂岩，局部夹紫红色中层状细砾岩	84.79m
7. 浅灰绿色蚀变橄榄粗玄武岩夹浅灰色蚀变玄武岩	11.04m
6. 中—厚层状蚀变基性岩屑凝灰岩	25.87m
5. 灰绿色强蚀变杏仁状橄榄玄武岩夹浅灰绿色蚀变杏仁状安山岩	22.0m
4. 浅灰绿色碳酸盐化安山岩	41.23m
3. 灰绿色强蚀变多斑状橄榄玄武岩	48.73m
2. 浅灰绿色强蚀变含角砾中基性晶屑岩屑凝灰岩	132.55m
1. 紫红色中—厚层状复成分砾岩夹中层状细粒长石石英砂岩，局部夹紫红色薄层状沉凝灰岩	49.74m

~~~~~~~~~~~~~ 角度不整合 ~~~~~~~~~~~~~

中二叠世开心岭群九十道班组（P_2j）：灰色中—厚层状含生物碎屑泥晶灰岩

2. 地层综述

区内分布局限，呈不大的块体，仅见于特龙赛、尕哇切吉一带，周边角度不整合接触在开心岭群诺日巴尕日保组、九十道班组之上（图2-19a），其上被结扎群甲丕拉组呈角度不整合接触（图2-19b），局部断层接触，分布面积38km²，控制厚度大于1732.24m，其岩性由灰绿色、灰紫色强蚀变杏仁状橄榄玄武岩、变杏仁状安山岩，碳酸盐化安山岩，基性岩屑凝灰岩，流纹质玻屑凝灰岩，火山角砾岩夹有正常沉积的灰紫色中—厚层状中细粒长石石英夹层。

强蚀变橄榄玄武岩：呈灰绿色，多斑状结构，基质具间隐结构，杏仁状构造。岩石由斑晶和基质组成。斑晶60%，由拉长石、普通辉石组成，绿泥石、绿帘石交代。基质由拉长石、基性磁铁矿组成，40%左右。斑晶60%：橄榄石3%、拉长石55%、普通辉石2%；基质40%：拉长石25%、玻璃12%、基性磁铁矿2%、杏仁体5%。杏仁体大小相近，呈不规则外形，其间被绿泥石交代，不甚均匀分布。

杏仁状安山岩：灰绿色，斑状结构，基质具交织结构，杏仁构造。岩石由斑晶和基质两部分组成，其中斑晶由斜长石和普通辉石组成，粒径一般在0.32～4mm之间，其中斜长石占17%，普通辉石占3%；基质由粒径为0.05～0.3mm的斜长石（74%）、绿帘石（14%）、绿泥石（6%）及褐铁矿化磁铁矿（6%）组成。岩石中的杏仁体占5%，由次生绿泥石、绿帘石和方解石充填气孔形成，多呈不规则状外形。

蚀变玄武岩：呈灰绿色，斑状结构，基质填间结构，块状构造。局部玄武岩与凝灰岩呈互层出露。岩石由斑晶和基质组成。斑晶由斜长石（44%）和普通辉石（11%）组成，基质由斜长石（20%）、辉石（15%）及铁质（10%）组成。斜长石呈半自形粒状和0.03mm×0.11mm的条带微晶杂乱分布，已绢云母化。

英安岩：呈灰白色或浅灰色，斑状结构，基质具微粒镶嵌结构和隐晶结构。岩石由斑晶和基质两部分组成。其中斑晶由更长石（23%）和石英（15%）组成，更长石已绢云母化，粒径为0.95mm×0.28mm，

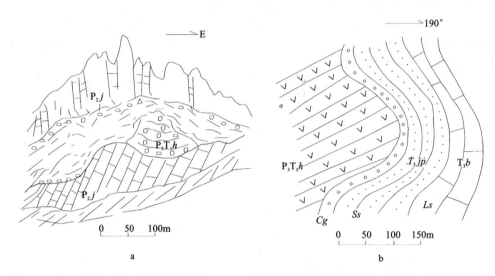

图 2-19　晚二叠世—早三叠世火山岩组（P_3T_1h）与开心岭群九十道班组（P_2j）角度不整合关系（a）、
晚三叠世结扎群甲丕拉组（T_3jp）角度不整合关系（b）素描图

测得 An=17，为更长石，石英具熔蚀的外形。基质由小于 0.01mm 的隐晶-微粒状长英质（45%）、钾长石微晶（10%）、绢云母（4%）以及少量氧化铁组成。副矿物有微粒磁铁矿、磷灰石和锆石，锆石和磷灰石呈细小的包裹体分布于斑晶中。

晶屑岩屑凝灰岩：呈灰绿色或浅紫色，具凝灰结构，岩石由斑晶、凝灰质及胶结物三部分组成。岩屑 25%～30%，为安山玄武岩岩屑，具斑状结构，基质具填间结构。岩屑由斑晶和基质组成，斑晶由辉石和绿泥石化斜长石组成，凝灰质 40%～53%，以小于 2mm 的安山玄武岩岩屑为主，斜长石晶屑次之，见少量绿泥石化辉石晶屑。胶结物 22%～30% 均由隐晶质的绿泥石、绿帘石、硅质及铁质组成。

岩石中杏仁、气孔分布不均匀，具明显的喷发韵律层（图 2-20）玄武岩中发育气孔及杏仁构造，火山岩的颜色均属灰—灰褐色，局部见有褐红色，反映了绿底红顶的特点，属陆相火山喷溢相—爆发相的产物。

该火山地层由 4 个爆发—喷发溢流旋回性火山韵律组成，中间存在一次喷发间断期，其中 1—5 层为沉积—爆发—喷发溢流，6—7 层为爆发—喷发溢流，8—9 层为爆发—喷发溢流，此间存在一次喷发间断沉积期，10—18 层为爆发—喷发溢流，喷发溢流时间较长，单层熔岩成韵律层（图 2-21）。岩石化学反映高钾碱性火山岩特征，详见火山岩部分。

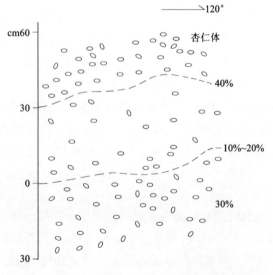

图 2-20　火山岩中杏仁、气孔分布喷发韵律素描图

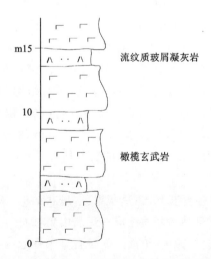

图 2-21　基性—中性火山岩喷发韵律层图

3. 沉积环境

根据剖面分析,地层层序自下而上反映出由基性—中性的旋回喷发沉积的特点,从火山喷发韵律变化来看,岩性以喷溢相的基性熔岩类为主,爆发相的角砾凝灰岩次之,夹有部分灰绿色正常沉积岩,成层性一般,层系清楚,相变迅速,红顶绿底醒目,柱状节理发育,根据火山岩化学分析、地球化学特征判断,属碱性火山岩,具有陆相喷发的特点,为陆内裂谷构造环境(详见火山岩部分)。

4. 区域地层对比及时代讨论

区域上在西昆仑地区1:25万区域地质调查发现晚二叠世地层角度不整合在中二叠世地层之上,至少说明测区早中二叠世开心岭群与晚二叠世—早三叠世火山岩组之间的角度不整合在区域上还是有分布,但未见大面积出露。该角度不整合在该地区具有重要地质意义,代表西金乌兰—金沙江结合带构造旋回结束。

该套地层与下部中二叠世开心岭群诺日巴尕日保组、九十道班组呈角度不整合接触,其上被晚三叠世结扎群甲丕拉组角度不整合覆盖,其形成时间在晚二叠世至早三叠世,由于同位素测年未能成线,无法确定具体形成时间。

第四节 三叠纪地层

测区三叠纪地层分布广泛,由三叠纪查涌蛇绿混杂岩、早中三叠世结隆组、三叠纪巴颜喀拉山群、晚三叠世巴塘群及结扎群组成。巴颜喀拉山群、巴塘群和结隆组、结扎群分属巴颜喀拉山地层分区、西金乌兰—金沙江地层分区、羌北—昌都地层分区。

一、早中三叠世地层

测区早中三叠世地层只分布在测区查涌一带的格仁、康巴让赛、日啊日曲一带,由三叠纪查涌蛇绿混杂岩、早中三叠世结隆组组成。

(一)三叠纪查涌蛇绿混杂岩(Tch)

本次工作新发现建立的构造岩石地层填图单位,1:20万区调、《青海省区域地质志》归入晚三叠世巴塘群。本次工作依据地质构造单元及填图单位的划分需要,新建立的该岩石地层单位,区域上系指苟鲁山克措、登俄涌曲、玉树断裂以北,西金乌兰湖、治多、歇武一线以南的玉树—中甸地层分区,北侧与巴颜喀拉山群毗连。

1959年南水北调地质大队在通天河边一套中浅变质岩系命名为通天河群,时代归入早古生代。1983年青海省第二区调队在玉树幅进行1:20万区调建立柯南群,岩性为一套浅—中变质的碎屑岩和火山岩、碳酸盐岩,厚度可达8189m,分布在通天河两岸,跨越青、川两省。可分为3个岩组:下部碎屑岩组,厚度1330~3305m;中部火山岩、碳酸盐岩组,厚1777~1846m;上部碎屑岩组,厚645~3038m。受区域动力变质作用达绿片岩相。

本次新建立的查涌蛇绿混杂岩(Tch)为《青海省岩石地层》建立的通天河蛇绿混杂岩的组成部分,它代表了测区内区域上甘孜—理塘结合带的物质组分。进一步划分为3个非正式组级构造岩石地层单位,即查涌蛇绿岩(Tchop)、格仁火山岩(Tchva)、达龙砂岩(Tchd)。

1. 剖面描述

(1)青海省治多县多彩乡聂恰曲查涌蛇绿混杂岩达龙砂岩实测地层剖面(Ⅷ003P8)(图2-22)。

起点坐标:东经95°22′20″,北纬33°56′11″,海拔4943m;终点坐标:东经96°20′20″,北纬33°53′44″,海拔4464m。

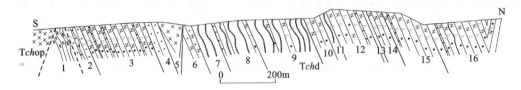

图2-22 青海省治多县多彩乡聂恰曲查涌蛇绿混杂岩(Tchop)、达龙砂岩(Tchd)实测地层剖面(Ⅷ003P8)

达龙砂岩(Tchd) 厚度＞1110.04m

16. 灰色中—厚层轻变质不等粒长石岩屑杂砂岩夹深灰色薄层板岩(向斜核部) 140.98m
15. 灰色中厚层片理化细粒长石岩屑砂岩夹灰色薄层绢云母千枚岩 127.40m
14. 灰色薄层微粒状石英岩夹灰色薄层钙质板岩 46.24m
13. 灰色糜棱岩化中厚层(碎裂)石英岩 7.71m
12. 灰色中厚层变质不等粒长石岩屑砂岩 80.79m
11. 灰色薄层绢云母千枚状片岩 28.37m
10. 黄灰色中厚层片理化粒—中粒长石岩屑砂岩 40.49m
9. 灰色薄层硅质粘土质板岩 189.39m
8. 浅灰色含黄铁矿薄层绢云母千枚岩夹灰—灰白色板状硅质岩 111.95m
7. 浅灰色薄层绢云母千枚状片岩 42.63m
6. 灰色中厚层变质细粒岩屑长石砂岩 14.21m
5. 灰—灰绿色强蚀变辉石岩(构造岩块)
4. 灰色中—厚层变质粉砂质粘土岩 35.58m
3. 灰色薄—中层片理化细粒长石岩屑杂砂岩 205.47m
2. 灰色薄层片理化细粒长石岩屑杂砂岩夹灰色薄层板岩 38.83m

═══════════ = 构造界面(片理化带) = ═══════════

1. 深灰色薄层绿泥石化片岩、云母石英片岩(构造岩块) 45.14m

═══════════ = 构造界面(片理化带) = ═══════════

查涌蛇绿岩(Tchop):层状辉长岩

(2) 青海省治多县多彩乡查涌蛇绿混杂岩实测地层构造剖面(Ⅷ003P9)(图2-23)。

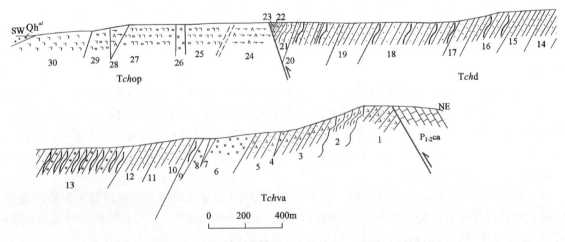

图2-23 青海省治多县多彩乡查涌蛇绿混杂岩实测地层构造剖面(Ⅷ003P9)

起点坐标:东经95°22′20″,北纬33°56′11″,海拔4943m;终点坐标:东经96°20′20″,北纬33°53′44″,海拔4464m。

查涌蛇绿岩（Tchop）

30. 灰绿色全绿泥石化、阳起石化玄武岩（第四系洪冲积物覆盖）
29. 灰绿色枕状玄武岩
28. 灰绿色全绿泥石化、阳起石化辉石岩（构造岩块）
27. 灰绿色枕状玄武岩
26. 灰绿色片理化、强阳起石化、绿泥石化辉绿岩墙
25. 灰绿色阳起石化枕状玄武岩

========= 构造片理 =========

24. 灰绿色全绿泥石化、阳起石化橄榄辉石岩

========= 断层 =========

达龙砂岩（Tchd）　　　　　　　　　　　　　　　　　　厚度＞1932.21m

23. 灰色细粒含砾岩屑砂岩夹深灰色粉砂质板岩	4.31m
22. 灰色片理化细粒长石石英砂岩夹深灰色粉砂质板岩	36.66m
21. 灰色绿泥绢云片岩（构造岩块）	76.03m
20. 深灰色厚层状粉砂岩、粉砂质板岩夹灰色厚层状细粒石英砂岩及灰色薄层状灰岩	293.48m
19. 浅灰色中层状细粒石英砂岩	143.08m
18. 灰色中—厚层状中粒石英砂岩夹深灰色粉砂质板岩	384.80m
17. 灰色中—厚层状中粒岩屑石英砂岩	83.28m
16. 灰色中层状岩屑石英砂岩夹灰绿色粉砂质板岩	180.31m
15. 灰色中层状岩屑石英砂岩夹灰色中—厚层状含砾粗砂岩	123.77m
14. 灰色块层状粗粒石英砂岩	149.01m
13. 深灰色钙质板岩夹灰色薄层状硅质岩	263.57m
12. 灰色块层状粗粒石英砂岩	166.14m
11. 灰色绢云石英片岩夹深灰色绢云绿泥片岩（构造岩块）	9.82m
10. 灰色中—厚层状中粒岩屑石英砂岩	18.67m

========= 断层 =========

格仁火山岩（Tchva）　　　　　　　　　　　　　　　　　厚度＞619.57m

9. 灰色绢云母绿泥片岩	18.48m
8. 灰绿色中细粒辉长岩（构造岩块）	42.44m
7. 浅灰绿色片理化凝灰岩	14.51m
6. 灰绿色细粒辉长岩（构造岩块）	107.03m
5. 灰绿色片理化凝灰岩	56.40m
4. 灰绿色辉长岩（构造岩块）	6.63m
3. 浅灰绿色片理化凝灰岩夹暗灰绿色片理化安山岩透镜	167.41m
2. 灰绿色绿泥片岩（安山岩）	72.89m
1. 浅灰绿色片理化凝灰岩夹灰绿色片理化玄武安山岩	134.14m

========= 断层 =========

早中二叠世俄巴达动灰岩（P$_{1-2}$ca）

2. 地层划分和沉积环境分析

（1）达龙砂岩（Tchd）

本岩组呈北西-南东向分布在日啊日曲、查涌、达龙、当江乡一线。与查涌蛇绿岩（Tchop）、格仁火山岩（Tchva）及早中二叠世俄巴达动灰岩（P$_{1-2}$ca）呈断层或片理化带构造界面接触，北侧与三叠纪巴颜喀拉山群呈断层接触，南侧与多彩蛇绿混杂岩（CPd）呈断层接触。控制厚度大于1110.04m。

该地层由北至南岩层厚度变化明显，岩石组合由砂岩、粉砂岩及板岩组成。靠近陆缘的方向地层岩层厚度为厚—巨厚层状，砂岩单层厚50～200cm，粉砂岩、泥质板岩厚20～40cm，变形较弱（图版Ⅰ-1），其基本层序反映退积型层序特征（图2-24a）。而靠近俯冲带一侧，地层中岩层厚度为中—厚层

状,砂岩单层厚5～50cm,粉砂岩、泥质板岩单层厚2～100cm,变形较强,发育轴面南西倾斜的紧闭褶皱(图2-24b,图版Ⅰ-2)。

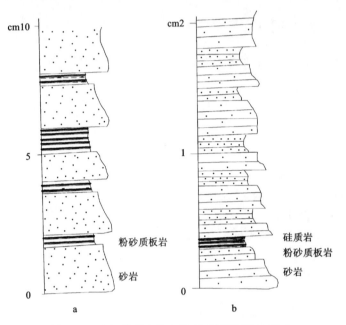

图2-24 达龙砂岩中基本层序素描图(Ⅷ003P9)

岩石组合为灰色中厚层泥钙质板岩、板岩、浅紫红色(含砾)粗—中粗粒长石石英砂岩夹灰红色粉砂岩、页岩及火山岩。岩石的水平层理发育。砂岩中见有粒序层理和底部的冲刷面,粉砂岩中有平行层理和少量的包卷层理构造,板岩中为水平层理,反映出深海—半深海相环境。

由图2-25反映出,各样粒度分布范围较窄,大部分在2ϕ～4ϕ间,表现为两条直线段,截点在4ϕ～4.8ϕ,个别具冲刷回流现象,跳跃组分在77%～85%之间,次为悬浮组分,无牵引总体,平均值为2.500 83ϕ～3.401 67ϕ,偏度值在0.160 64～0.526 99之间,表现为不对称负偏态,峰态极窄,偏差值大部分在0.7左右,具较好分选性,显示滨海—半深海相砂的特点。

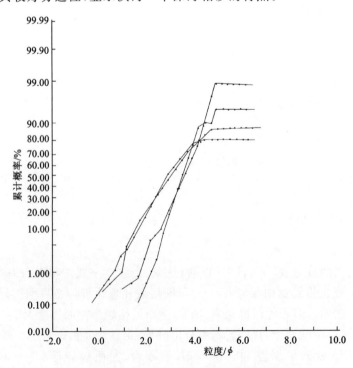

图2-25 达龙砂岩粒度分布累计概率曲线图

(2) 格仁火山岩（Tchva）

该火山岩主要分布在测区查涌的格仁、康巴让赛、日啊日曲一带，其岩性灰绿色安山岩、火山角砾岩、中酸性凝灰熔岩及微晶灰岩夹灰色厚—中薄层状变岩屑长石砂岩、千枚状板岩、长石砂岩、岩屑砂岩。与下伏下组碎屑岩组呈断层接触，控制厚度大于 619.57m。

安山岩：岩石为灰绿色，变余斑状结构、变余交织结构，片状构造。斑晶主要为斜长石，其次为角闪石，含量一般为 15%～25%，粒径一般为 0.5～2mm。基质主要由斜长石、绢云母、次闪石、绿泥石、绿帘石组成，其次有部分碳酸盐岩。斜长石被绿泥石、碳酸盐、绢云母交代，仅见残体。矿物排列具方向性，斑晶具破碎现象。

火山角砾岩：岩石为灰绿色，斑状结构和火山角砾结构，基质具交织—微粒结构。熔岩组分主要由斜长石、黝帘石、阳起石组成，此外还有少量石英、绿泥石、钛磁铁矿及后期石英细脉，有部分斜长石呈斑晶出现。熔岩成分为安山岩，熔岩含量约 70%。火山角砾与熔岩成分一致，角砾大小为 5～20mm，含量 30%。熔岩与火山角砾界线不清楚。

火山岩岩石化学、地球化学（见火山岩部分）反映为岛弧火山岩特征。

(3) 查涌蛇绿岩（Tchop）

查涌蛇绿岩见第三章蛇绿岩部分描述。

3. 时代讨论

测区在达龙砂岩（Tchd）中获得双壳化石（Ⅷ003ZDH15-1）*Posidonia gemmellaroi*（Lorenzo）格玛海螂蛤；（Ⅷ003ZDH201-1）*Minetrigonia qinghaiensis* Ching et Lu 青海美三角蛤，*Placunopsis* sp. 拟窗蛤，*Pleuromya* sp. 胁海螂蛤。时代为晚三叠世早期。

另外在该蛇绿混杂岩南侧发育晚三叠世早期花岗岩，是蛇绿混杂岩带俯冲期的一套弧花岗岩，与达龙砂岩（Tchd）、格仁火山岩（Tchva）为同期构造作用的产物，其 U-Pb 同位素等时线年龄为 214.8±8Ma，也可代表该达龙砂岩（Tchd）、格仁火山岩（Tchva）的形成时代。

依据以上年龄、岩石组合、构造演化特征，其形成时代为晚三叠世早期较适宜。

（二）结隆组（$T_{1-2}j$）

青海省第二区调队（1981）在玉树地区创名结隆群。原始定义指："一套以灰色为主、轻变质的滨海—浅海相碎屑岩-碳酸盐岩系。在昌拉松多结扎群不整合其上，在泅钦、桑知阿考地区与中、上泥盆统及前泥盆系亦不整合，出露面积为 200km²。产较丰富的菊石、双壳类、珊瑚化石。其时代为中二叠世"。结隆群创名不久，叶士达、杨通士（1982）在《青海玉树地区中三叠统的划分与对比》一文中未采用结隆群，而将该套地层的下部以碎屑岩为主的命名为格隆组属 Anisian 期；上部的碳酸盐岩命名为本扑陇组，属 Ladiniian 期。青海省第二区调队（1983）在《1:20 万上拉秀幅区域地质调查报告》中，未用格隆组和本扑陇组，仍用结隆群（包括所称格隆组的碎屑岩组和本扑陇组的碳酸盐岩组），此后结隆群被广泛应用。1982—1984 年，陈国隆、陈楚震等组成的课题组，赴玉树地区对该套地层进行专题研究，其成果于 1990 年发表于《青海玉树地区三叠纪及古生物群》一文中，他们认为北面格隆—本扑陇一带与南面桑知阿考一带的安徽三叠纪地层在沉积类型及沉积相上存在差异，于是将结隆群只限于巴塘区，并且不包括本扑陇组（碳酸盐岩组）。《青海省岩石地层》同意陈国隆、陈楚震等的意见且认为该群再分的可能性极微，降群为组。定义为："灰色（粘）板岩夹灰岩和砂岩，下部灰岩较多。未见顶、底，含头足类等化石"。仅在测区角龙牙赛一带呈断块分布，向东北延伸出图，其主体在东临的玉树县幅中。岩性为灰色板岩、砂岩夹灰岩、砾岩。本书采用结隆组（$T_{1-2}j$）。

另外在当江乡伯切一带原三叠纪巴塘群地层中解体出一套灰紫色碎屑岩和灰色碳酸盐岩地层，其岩石组合特征明显与三叠纪巴塘群存在差异，本次工作在该地层中采集到早中三叠世腕足类化石归入结隆组（$T_{1-2}j$），并进一步划分为下部砂岩段（$T_{1-2}j^1$）和上部灰岩段（$T_{1-2}j^2$）。

1. 剖面描述

(1) 青海省治多县当江乡伯切三叠纪巴塘群上碎屑岩组实测地层剖面(Ⅷ003P10)(图2-26)。

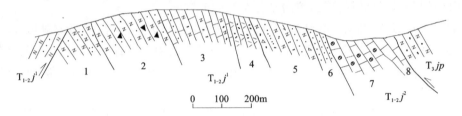

图2-26 青海省治多县当江乡伯切三叠纪巴塘群上碎屑岩组实测地层剖面(Ⅷ003P10)

结扎群甲丕拉组(T_3jp):灰色、灰紫色碎裂砂岩

================ 断层 ================

结隆组上段($T_{1-2}j^2$) 厚度＞206.16m

8. 灰—深灰色中厚层状粉亮晶含生物藻砂屑灰岩夹灰色中层状生物碎屑灰岩　　54.85m
7. 灰—深灰色厚层状含粉砂泥灰岩夹灰绿色片理化钙质粉砂岩　　151.31m

================ 整合 ================

结隆组下段($T_{1-2}j^1$) 厚度＞590.07m

6. 暗紫色中—厚层状粉砂岩夹灰绿色厚层含泥钙质板岩　　42.91m
5. 紫红色中厚层状细粒长石岩屑砂岩夹灰色中厚层状粉砂岩　　120.76m
4. 暗紫色中厚层状英安质岩屑晶屑凝灰岩　　54.85m
3. 灰色中厚层状粉亮晶含生物碎屑藻砂屑灰岩夹少量深灰色中层状生物碎屑灰岩夹灰绿色砂岩　　151.30m
2. 紫红色细粒长石岩屑砂岩　　179.07m
1. 紫红色中厚层状细粒长石岩屑砂岩夹浅灰绿色中—厚层状细粒长石石英砂岩　　42.10m

================ 断层 ================

结隆组下段($T_{1-2}j^1$):紫红—浅灰绿色中厚层状长石石英砂岩

(2) 测区仅在角龙牙赛一带由于该套地层出露很差而无法测制剖面,因此利用1∶20万上拉秀幅在本扑陇—格陇所测剖面来描述。

结隆组($T_{1-2}j$) 厚度＞1420.4m

7. 灰色粉砂质板岩、长石变砂岩夹灰岩(向斜核部)　　375.6m
6. 灰色含粉砂质板岩,产头足类化石 *Paraceratites* sp.　　259.6m
5. 浅灰绿—灰色中细粒长石石英变砂岩、长石变砂岩夹粉砂质板岩　　82.2m
4. 灰色含粉砂千枚状板岩夹大理岩,产双壳类化石 *Halobia* sp.　　239.9m
3. 灰色灰岩与板岩互层,产头足类化石 *Balatonites* sp., *Cuccoceras* sp., *Lonooborditoides* sp., *Actochordiceras* sp.　　248.6m
2. 灰色泥质板岩　　167.8m
1. 灰色灰岩夹粉砂质板岩(断层破坏下部地层出露不全)　　＞46.7m

2. 地层综述

区内在三叠纪巴塘群新发现的结隆组地层与三叠纪巴塘群和结扎群地层均呈断层接触,分布面积200km²,控制最大厚度大于796.23m。

下段:岩性为紫红色、暗紫色中厚层状细粒长石岩屑砂岩、粉砂岩夹灰—深灰色中—厚层状粉亮晶含生物碎屑藻砂屑灰岩、英安质岩屑晶屑凝灰岩夹灰岩。

上段:岩性为灰白色厚—块层状亮晶含生物碎屑藻砂屑灰岩。砂岩中水平层理特别发育,由于受构造改造影响,广泛发育一组向南倾斜的密集劈理,在粉砂岩中已完全置换层理。

分布于测区东南角赛银龙一带的结隆组，主体向东延出图外。测区内南侧与结扎群波里拉组断层接触，西北侧分别被晚三叠世结扎群甲丕拉组和古近纪—新近纪雅西措组角度不整合接触覆盖，分布面积约 2.5km²。其岩性为灰色粉砂质板岩、千枚状粉砂质板岩、灰色中—薄层状砂质灰岩、泥晶灰岩、灰—浅灰色中层状变中—细粒长石石英砂岩，其中板岩中水平层理发育，并含黄铁矿晶体。测区内由于露头极差未发现化石时代依据。在东侧1∶20万玉树幅产丰富的中三叠世头足类及双壳类化石。

3. 沉积环境

基本层序：下段总体为紫红色、暗紫色中厚层状细粒长石岩屑砂岩、粉砂岩组成层序，其中砂岩中以厚度、颜色变化组成基本层序(图2-27a)，反映出气候环境、海水交替变迁的沉积环境特征。上段为大套灰岩，水平层理特别发育，由灰岩和粉砂岩组成基本层序(图2-27b)，反映出浅海环境化石较少，门类单调，以半浮游型的头足类为主，属特提斯区生物群，化石多发现在层面上，具异地埋藏特点，这些特征表明该组沉积属还原低能的半深海沉积环境。

本组岩性单调、颜色单一，层理清楚，层位稳定，以具有水平层理、斜层理和含黄铁矿晶体的灰色粉砂质板岩为主，夹有灰岩、砂质灰岩和砂岩，粉砂质板岩中在侵蚀面上发育10%～20%的泥质粉砂岩泥砾(图2-28)0.5～4cm，反映出相对动荡的沉积环境。

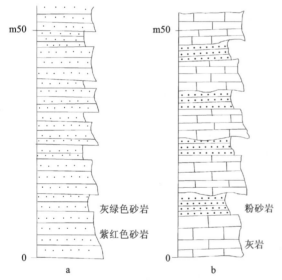

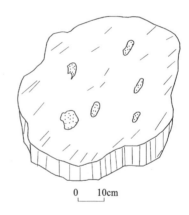

图 2-27 结隆组砂岩、灰岩中基本层序素描图(Ⅷ003P10)　　图 2-28 结隆组砂岩顶面泥砾素描图(Ⅷ003P12)

粒度分析(图2-29)中，粒度普遍偏细，平均值为3.369 17ϕ～4.204 17ϕ，跳跃组分大部分大于62%，少部分在33%左右，次为悬浮总体，未见牵引组分，区间范围较宽，多在2ϕ～5ϕ之间，细截点4ϕ或更大，砂粒分选佳，具海滨砂的特点，LD2-1和LD4-1两样偏度值在−0.053 19～0.214 76之间，偏态近对称，LD20-1样则微弱的正偏态，峰态很窄或极窄，显示沉积物的不均一混合。

微量元素：结隆群地层中碎屑岩的微量元素含量见表2-7。碎屑岩中Cu、Ni、Ti、Mn、Ba元素低于地壳丰度值，其他元素基本一致。

表2-7　诺日巴尕日保组地层中碎屑岩和灰岩的微量元素含量表(w_B/10^{-6})

岩性	样品数	Cu	Pb	Zn	Cr	La	Mo	Ni	Zr	Yb	Co	Y	V	Be	Ti	Mn	Ba	Sr
岩屑砂岩	5	14	11	11	400	200	10	30	250	3	17	17	95	300	2000	600	300	160
粉砂岩	10	20	40	16	300	100		20	170	3	16	20	100	400	3000	700	400	180
板岩	15	30	19	80	270	100		25	120	1	15	22	18	400	3000	700	400	170

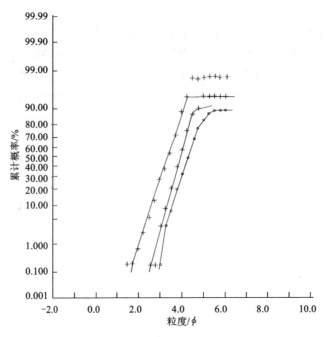

图 2-29 诺日巴尕日保组粒度分布累计概率曲线图

4. 区域地层对比及时代讨论

分布于测区东南角赛银龙一带的结隆组,主体向东延出图外,为层型剖面的延伸部分,产丰富的头足类及双壳类化石,其中头足类有 *Longoborditides* sp.,*Paraceratites* sp.,*Voritesfalcatus* sp.,*Japonites yushuensis*,*J.* sp.,*Balatonites gracilis*,*B. disparicostatus*,*B.* sp.,*Xizangemsis Cuceoeras cuccene*,*C. taramellii*,*C.* sp.,*Acrochordiceras* cf. *carolinae*,*Beyrchites* sp.,*Cymnoeoceras* sp.,*Lsculites* cf. *meduoensis*;双壳类:*Halobia* sp.,该套地层中产 *Paraceratite* sp. 和双壳类 *Hallobia* sp.,从其面貌上看,为 Ladinian *Japonitis yushusnsis*,*Baltonitis gracilis*,*B. disparicos tatus*,*Xizangemsis*,*Acrochodicera* cf. *carolinae* 常见于阿尔卑斯、波兰、匈牙利、日本、加拿大及我国云南、贵州、四川、西藏和青海南部等地区 Anisian—Ladinian 期地层中,但多见于 Anisian 期,因此,结隆组的时代为中三叠世。

新厘定的结隆组 1:20 万治多县幅区调归入晚三叠纪巴塘群。1:50 万青海省数字地质图归入三叠纪结隆组,但均缺少时代依据。本次工作在该地层中发现早中三叠世的 *Parahalobia* sp.(拟海燕蛤)、*Claraia* sp.(克氏蛤)腕足类化石,将其厘定为结隆组。分析认为其地层层序特征与结隆组可对比,其时代为早中三叠世。

西藏境内该地层时代为早中三叠世,与测区结隆组具有可对比性。通过本次工作发现早三叠世化石分子,反映出青海南部的中三叠世结隆组,其沉积时代跨越早三叠世。

二、中晚三叠世地层

中晚三叠世地层是在测区内分布最广泛的地层,占地层总面积的 70% 左右。南北跨越巴颜喀拉山地层分区、西金乌兰—金沙江地层分区、唐古拉—昌都地层分区。由北至南由三叠纪巴颜喀拉山群、巴塘群、结扎群组成。

(一)三叠纪巴颜喀拉山群(TB)

北京地质学院(1961)在玛多—竹节寺一带将全由泥砂质碎屑岩组成的地层建立为巴颜喀拉山群,时代属石炭纪。青海省区测队(1970)在 1:100 万玉树幅(I-47)区域地质调查报告书及 1:100 万温泉幅(I-47)区域地质调查报告书中予以修订,提出分布于西起可可西里,东至巴颜喀拉山主体,几乎全由三叠系组成的类复理石碎屑岩称巴颜喀拉山群,作为本区三叠系的地方名称,以上、中、下巴颜喀拉山群分别表示上、中、下统。1991年青海省地质矿产局在《青海省区域地质志》中将上、中、下巴颜喀拉山群修改为上、中、下亚群。在《青海省岩石地层》(1997)中采用1970年青海省区测队修订后巴颜喀拉山群,并定义为:"指分布于可可西里—巴颜喀拉地区的一套厚度巨大的,几乎全由砂板岩组成的地层,难见顶、底,偶见不整合于布青山群之上、年宝组之下。化石稀少,属种单调,主要由双壳类、腕足类和头足类等组成"。进而依据砂、板岩的组合特点和相对位置,建立了下部砂岩板岩组、中部砂岩组、上部板岩组、顶部砂岩夹板岩组4个非正式组。

测区内巴颜喀拉山群仅在东北角治多县城—恰曲下游—登额曲一带,其主体位于图外。本次工作在充分收集前人资料的基础上,参照图外巴颜喀拉山群划分,根据岩性组合方式、接触关系、岩性与岩相特点、延展性及可填图性等对比,并参照《青海省岩石地层》(1997)的划分方案,将测区内出露的巴颜喀拉山群划分为砂岩组($T_{2-3}B$)、板岩组砂岩与板岩互层段(T_3B),相当于《青海省岩石地层》建立的中部砂岩组,上部板岩组非正式组,时代为中晚三叠世。

1. 剖面描述

青海省治多县当江乡登额曲中晚三叠世巴颜喀拉山群砂岩组($T_{2-3}B$)、板岩组砂岩与板岩互层段(T_3B)修(实)测地层剖面(Ⅷ003P14)(图2-30)。该剖面由修测的部分1:20万区调巴颜喀拉山群剖面和实测的部分巴颜喀拉山群地层剖面组成完整的巴颜喀拉山群剖面。剖面位置起点坐标:东经96°01′59″,北纬33°47′58″,海拔4015m;终点坐标:东经96°01′59″,北纬33°48′59″,海拔4218m。

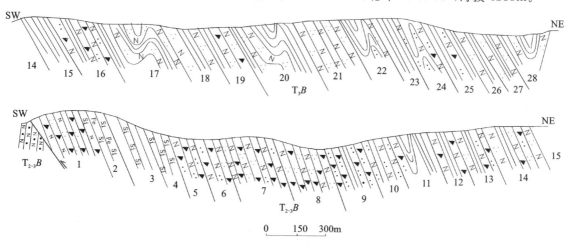

图2-30 治多县当江乡登额曲中晚三叠世巴颜喀拉山群砂岩组($T_{2-3}B$)、
板岩组砂岩与板岩互层段(T_3B)修(实)测地层剖面(Ⅷ003P14)

板岩组砂岩与板岩互层段(T_3B)   (未见顶)   厚度>2417.17m

28. 灰色中厚层状细粒长石石英砂岩与深灰色粉砂质板岩互层(向斜核部)   47.09m
27. 灰色中层状中细粒长石石英砂岩夹深灰色粉砂质板岩   126.65m
26. 深灰色薄层状细粒长石石英砂岩与深灰色粉砂质板岩互层   101.60m
25. 深灰色薄—中层状粉砂质板岩夹灰色中细粒长石岩屑砂岩   85.86m
24. 灰色厚层状中粗粒岩屑长石砂岩   89.26m
23. 深灰色钙质粉砂质板岩   39.88m
22. 黄褐色薄层状细粒长石石英砂岩与深灰色粉砂质板岩互层   104.66m
21. 灰色薄层状中细粒长石石英砂岩   38.25m
20. 灰色粉砂质板岩夹灰色薄层状细粒长石石英砂岩   335.03m
19. 灰色薄层状中细粒岩屑长石石英砂岩夹灰—深灰色粉砂质板岩   244.67m
18. 灰色薄层状中细粒长石石英砂岩与灰绿色粉砂质板岩互层   242.67m
17. 深灰色薄—中层状中细粒长石石英砂岩与深灰色粉砂质板岩互层   448.97m

16. 深灰色薄层状中细粒岩屑石石英砂岩夹深灰色粉砂质板岩互层	261.40m
15. 深灰色粉砂质板岩夹岩屑长石砂岩	251.18m
砂岩组（$T_{2-3}B$）	**厚度＞2959.61m**
14. 灰色中—厚层状含粉砂细粒长石砂岩夹浅灰色薄层状中粒岩屑砂岩及粉砂质板岩	367.46m
13. 灰色厚层状中粒长石砂岩夹灰色中层状中粒岩屑长石砂岩及深灰色薄层粉砂岩	116.02m
12. 灰色中—厚层状细粒岩屑长石砂岩夹灰色薄层钙质粉砂岩及粉砂质板岩	231.03m
11. 灰色中层状细粒长石石英砂岩夹少量灰—深灰色粉砂质板岩	198.71m
10. 灰色中层状中粒岩屑长石砂岩夹灰色薄层状细粒长石砂岩及深灰色粉砂质板岩	140.87m
9. 深灰色中—厚层状粗粒岩屑砂岩夹少量深灰色粉砂质板岩	384.79m
8. 灰色薄层状中粗粒岩屑长石石英砂岩	460.84m
7. 深灰色中—厚层状中粗粒岩屑石英砂岩	114.60m
6. 深灰色薄层状中粗粒岩屑长石砂岩	126.86m
5. 黄褐色中层状中细粒长石岩屑砂岩	148.82m
4. 褐黑色条带状含磁铁矿硅质岩	115.31m
3. 灰绿色铁质泥质粉砂岩，局部夹少量薄层硅质岩	27.52m
2. 暗灰色绿色薄层含磁铁矿硅质岩	248.76m
1. 深灰色薄层中细粒长石岩屑石英砂岩	278.02m

（未见底）

════════ 断层 ════════

砂岩组（$T_{2-3}B$）：灰色薄层状中粗粒岩屑长石石英砂岩

2. 地层综述

区内巴颜喀拉山群未见顶、底，根据剖面、路线资料划分为砂岩组（$T_{2-3}B$）和板岩组板岩与砂岩互层段（T_3B），二者整合接触，在治多县南与查涌蛇绿岩呈断层接触，其上被新近纪曲果组角度不整合覆盖，分布面积约789km²，控制最大厚度5275.38～7458.27m。

（1）砂岩组（$T_{2-3}B$）

该组出露局限，主要分布于图区北东角的通天河两岸，呈条带状组成复背斜的核部或展布于断裂带之间，古近纪—新近纪不整合其上，区内分布面积约330km²，向上与板岩夹砂岩组整合接触，未见底，控制最大厚度2959.61m，岩性主要为灰色—浅灰绿色中细粒长石石英砂岩、岩屑长石石英砂岩、岩屑石英砂岩、含黄铁矿中细粒长石石英砂岩、粉砂岩、粉砂质板岩及硅质岩。砂岩发育变形层理及重荷模构造，常见砂岩中含板岩砾屑，岩石中层间褶皱发育，板岩中发育水平层理，并含钙质结核，含植物碎片，北邻曲麻莱县幅，通天河南岸相当该套地层中尚采有植物：*Neocalamites* sp.，遗迹：*Cnondrittes furcatus* (Brongniart)，*Helminthopsis yushuensis* Yang，1990年中国科学院可可西里综合科学考察队在西金乌兰湖北该地层中采获牙形刺，主要有：*Gladigondolella tethydis*，*Neogondolella mombergensis*，*N. franisfa*等，2001年，青海省地质调查院1:25万可可西里湖幅区域地质调查时，在相当该套地层中采获遗迹化石，主要有 *Phycosiphon incertum*，*Planolites montanus*，*Gordira minor*，*Chondrites* sp.；植物 *Calamites* sp.，孢粉 *Acathotrileles* sp.，*Duplexisporites* sp.，*Annulispora folliculosa*等。

该组未见底，与上述板岩组板岩夹砂岩段整合接触（图2-31）。与上覆大量粉砂质板岩、泥质板岩的出现，作为上覆地层的底界。

（2）板岩组砂岩板岩互层段（T_3B）

该组主要分布在通天河南北两岸，地层走向与区域主干构造线方向一致，呈北西-南东带状展布，分别向北西-南东延入邻区，岩组内褶皱、断裂构造、节理、劈理等甚为发育，组成复式向斜构造，板岩常风化成页片状、针棒状，与下伏地层砂岩组整合接触，新近纪曲果组不整合其上，控制厚度大于2417.17m，分布面积仅50km²，其岩性组合为灰色中—厚层状中—细粒长石岩屑砂岩、中—厚层状细粒长石石英砂岩、灰色厚层状粗粒岩屑砂岩、灰色中厚层状细粒岩屑长石砂岩、灰色中层状细粒钙质长石砂岩、粉砂与深灰色粉砂质板岩、泥质板岩和钙质板岩互层,岩石中普遍含有黄铁矿晶体,砂岩中发育平行层理,并且具有火焰构造。砂岩中见有波痕,层面上见有沟模、槽模构造(图 2-32)。砂岩单层厚度一般在 10~30cm,板岩中水平层理发育,含泥砂质及钙质结核。1:20 万区调在本测区东北角聂卡曾采获六射珊瑚化石:Montlivaltia sp.。

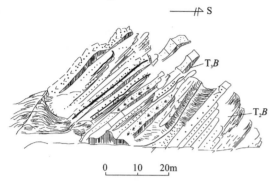
图 2-31 巴颜喀拉山群砂岩组与板岩组整合接触素描图

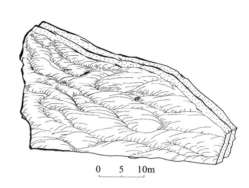
图 2-32 巴颜喀拉山群砂岩组砂岩层面上冲刷构造素描图

3. 基本层序特征

(1) 砂岩组($T_{2-3}B$)

本组上部的基本层序是由变中细粒岩屑砂岩和粉砂质板岩的自旋回性沉积序列构成,变砂岩中发育大量的龟背石、不对称波痕、冲刷泥砾、平行层理,为旋回性基本层序(图 2-33a);下部的基本层序是由变中—细粒长石石英岩屑砂岩、变余矿物粉砂岩和粉砂质板岩的自旋回性沉积层序构成,变砂岩中发育不对称波痕,底层面上有重荷模、沟模构造,粉砂岩中有平行层理,板岩中发育波状纹层理,是旋回性基本层序(图 2-33b),古流向发育,一般从 120°~270°。

发育浊积岩的鲍马序列:底部以冲刷面为界的砂岩通常有正向的粒序层理;向上为具有平行层理、包卷层理(较少)的细—粉砂岩;再向上为具有水平层理的泥岩(已变质为板岩)。岩石中所含黄铁矿晶体一般粒径为 0.5mm~1cm,岩石层理发育,单层一般厚 2~10cm,最厚可达 20~50cm,页岩的页理也较发育。岩石中普遍含钙质成分,粒度越细的岩石含钙质成分越高,反映出为半深海的浊积岩沉积(图 2-34)。本岩段在横向上变化不大,主要表现为黄铁矿含量有所增减,页岩、板岩夹层增加或减少。

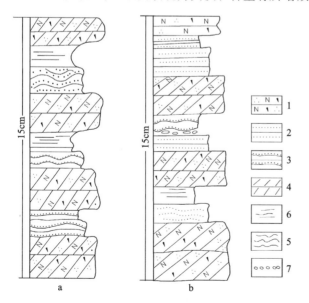

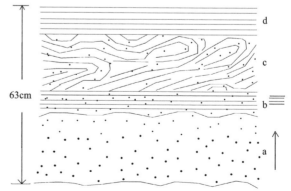

图 2-33 巴颜喀拉山群中三叠世砂岩组(T_2B)基本层序图
1.岩屑长石石英砂岩;2.粉砂岩;3.粉砂质板岩;
4.交错层理;5.平行层理;6.波状层理;7.泥砾

图 2-34 当江巴颜喀拉山群砂岩中鲍马序列素描图
a.粒序层理;b.水平层理;c.包卷层理;d.板岩

(2) 板岩组砂岩板岩互层段(T_3B)

基本层序是岩屑砂岩、粉砂岩、粉砂质板岩的自旋回性沉积层序构成(图2-35)岩屑砂岩底层面上见有印模构造,如重荷模、沟模及火焰状构造,同时在发育小型斜层理、小型丘状层理、包卷层理(图2-36),粉砂质板岩中发育平行层理、波状层理,见有植物碎屑,但生物遗迹化石稀少,代表了沉积过程中不同阶段的层序特征,是由不同粒级的岩石单层叠置而成,它反映了沉积物多阶段持续时空的变化,所形成的厚度及基本层序显然有所不同,总之该套碎屑岩的基本层序是一系列自下而上的由粗变细的自旋回性层序向叠覆构成的高一级旋回性对称性层序。在单一的砂岩层上发育不完整的鲍马序列。

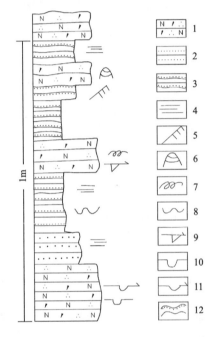

图2-35 巴颜喀拉山群板岩组中基本层序素描图
1.岩屑长石砂岩;2.粉砂岩;3.粉砂质板岩;
4.水平层理;5.水波流层理;6.丘状交错层理;7.包卷层理;
8.变形层理;9.沟模;10.重荷模构造;11.槽模;12.波状层理

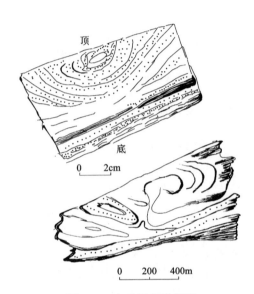

图2-36 包卷层理素描图

4. 沉积环境

(1) 砂岩组($T_{2-3}B$)

巴颜喀拉山群砂岩组岩石总体呈灰—灰绿色,岩石粒度较细,发育完整的鲍马序列,发育冲刷印模构造,平行层理,具明显的远洋浊积岩沉积特征,反映出半深海—深海相沉积环境,同时在沉积过程中,有微弱的中酸性火山喷发活动。

根据5个样品的粒度分析,浊积岩中杂砂岩类中值粒度(Ma)为$1.19\phi \sim 4\phi$(平均为1.8ϕ),平均粒度(Mz)为$1.14\phi \sim 3\phi$(平均为1.79ϕ),几种粒度非常相近,表明浊积岩以中粒砂岩为主,标准偏差$\delta_i=0.6\sim 1$(平均为0.81),说明分选程度中等,偏度系数SK=0.26~0.095(平均为0.006),表明频率曲线形态以近对称为主,峰状(尖度)KL=8~1.5(平均为0.01),反映频率曲线属中等型(近正态)。根据萨胡(sahu,1964)的成因环境判断函数公式计算,Y=5.2515~7.9783(平均

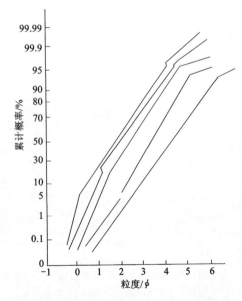

图2-37 巴颜喀拉山群砂岩组粒度分布累计概率曲线图

为6.433)均小于9.8433。在概率累计曲线图上(图2-37),岩屑砂岩类悬浮总体含量一般约90%,拖运总体含量约10%,二者截点一般在0.20φ左右,斜率在1.5左右,由此可见,在浊流沉积过程中,水流活动有明显变化,即由高速的密度流转变为具拖运组分的牵引流,水动力较大,说明沉积环境为半深海相,古水流在295°~340°之间,表明属浊流沉积环境。

本组所含生物稀少,区域上产遗迹化石反映深水环境下的遗迹组合,为Nereites遗迹相,见有成员 *Phycosiphon incertum*,*Planalites montanus* 等。

(2) 板岩组砂岩板岩互层段(T_3B)

根据路线与剖面资料,普遍见有变形层理、包卷层理和重荷模构造、沟模构造,剖面结构呈单调的二组元互层,常具鲍马序列中C段及C—E段,未发现有代表A段的递变序列及代表上部水流动态产物的B段(发育平行层理)出露。显示了本组浊流沉积的特点明显。

在巴颜喀拉盆地南缘沿通天河南部发现了以 *Halobia* 为代表的较多的双壳类、六射珊瑚等化石及保存较好的孢粉组合,遗迹化石中常见属 *Helminthopsis*,*Helminthoida*,*Megagrapton*,*Chondrites* 等是Seilacher(1963)划分的 *Nereites* 相中的重要分子,与上述化石共生产出,反映其可能主要代表斜坡环境。

本组浊积岩为典型的海陆源碎屑浊流沉积,岩石结构多为不等粒、细中粒等,成分复杂,以石英、斜长石为主,含少量钾长石,岩屑包括变砂岩、

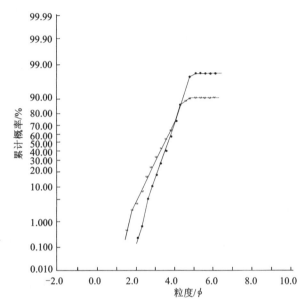

图2-38 巴颜喀拉山群板岩组砂岩板岩互层段粒度分布累计概率曲线图

千枚岩、板岩、酸性熔岩、中基性熔岩、灰岩和绢云石英片岩,偶见电气石、锆石、磷灰石,不透明矿物,其物源区显示陆缘造山带的岩石组合。

根据剖面中2个粒度分析结果所做粒度概率分布(图2-38),表明在巴颜喀拉山群中均见有与典型浊积岩粒度概率图相类似的图形,浊积岩概率分布图表现为悬浮总体大,粒度区间斜率低,分选差,有的还存在一个跳跃总体,粒度更粗,分选性稍好,而浊流颈部后的本体、尾体形成的平行纹层理及波纹层理,具牵引流的某些特征,根据B. K. sahu(1964)环境判别公式:$Y_{(冲积浊流)}=0.7215MZ-0.4303\delta_y+6.7233KL+5.2927KG$,标算<9.8433为浊流沉积。

综上所述,三叠纪沉积环境属于活动性陆缘带半深海相的沉积环境。

5. 微量元素特征

巴颜喀拉山群砂岩组微量元素特征见表2-8。不同岩类的微量元素平均值与地壳丰度值(维氏值)相对比,岩屑砂岩中Pb、As、Bi高出维氏值,其中Bi高于维氏值33倍;板岩中As、Sb、Bi高出维氏值,其中Bi高出30倍,其他元素在各类岩中较低或偏低于维氏值。部分高值元素反映了它们局部呈集中分布,大部分元素均呈分散状态出现。

表2-8 巴颜喀拉山群砂岩组微量元素表($w_B/10^{-6}$)

岩类	样品数	Au	Ag	Pb	Sn	Cu	Zn	As	Sb	Bi	W	Mo
岩屑砂岩	30	0.004	0.047	17	1.7	7	44	3	0.21	0.08	1.34	0.41
粉砂岩	10	0.0052	0.05	13	2.2	24	89	2.8	0.12	0.3	1.7	0.64
板岩	8	0.0094	0.069	14	1.7	27	70	23	0.96	0.27	1.7	1.46
维氏值(1962)		0.034	0.07	16	25	47	83	1.7	0.5	0.009	13	11

巴颜喀拉山群板岩组砂岩与板岩互层段微量元素特征见表2-9。由表可知,砂岩与板岩互层组中不同岩类的微量元素平均值与泰勒值的地壳丰度值比较,砂岩、板岩中的Pb、Cr、Au显示不同程度的高出泰勒值,其他元素均较低或偏低于泰勒值。砂岩、板岩中的Mn,粉砂岩、砂岩中的Sr高出泰勒值,其他元素在各类岩中均较低或偏低于泰勒值。

表2-9 巴颜喀拉山群板岩组砂岩与板岩互层段微量元素表($w_B/10^{-6}$)

岩性	样品数	Cu	Pb	Cr	Ni	Co	V	Au	Ti	Mn	Ya	Sr
砂岩	14	14.35	23	130	18	10	72	1.18	3313	1000	25	500
板岩	16	15	25	150	23	10	53	1.24	3485	1500	25	400
粉砂岩	10	25	15	100	40	23	86	0.4	929	750	30	540
泰勒值(1964)		55	12.5	100	75	25	135	0.43	5700	950	33	475

6. 时代讨论

巴颜喀拉山群地层岩性简单,颜色单调,褶皱紧密,生物贫乏。测区内1:20万治多县幅区调在巴颜喀拉山群砂岩组中,只采集到2块六射珊瑚化石,经鉴定为:*Montlivaltia* sp.。东邻1:25万玉树幅区调中在相当该套地层中采获的古生物化石有孢粉 *Duplexisporites*,*Annulispora*;牙形刺 *Geadigondolella tethydis*,*Neogondolella mommbergensis* 组合,常见于北美、欧洲和我国云南、贵州、青藏高原中三叠世地层中,其中 *Geadigondolella tethydis* 为 Anisian 期代表分子;*Neogondolelle mombergensis* 为 Ladinian 期代表分子。因此,砂岩组中的时代应为中三叠世—晚三叠世 Camian 期是无疑的。

巴颜喀拉山群砂岩与板岩互层段未发现化石,但在图外1990年青海省区调综合地质大队在测区东北角外50m的布考曾采获双壳类:*Plagiostoma nuitoense*,*Unionites rapezoidalis*,*Palaeocardita rhomboidalis*,*Halobia* sp.;布曲上游日阿通获遗迹化石:*Palahelicorhaphe* sp.,*Lachrgmatichnus* sp.,1993年青海省区调综合地质大队在测区北东角延出4km的叶格一带采获双壳类、珊瑚和遗迹化石,*Montlivaltia norica* Frech Mcf.,*Halobia yunnanensis*,*Arcmya* cf.。此外,青海省地质调查院(2001)在可可西里地区相当该套地层中采获丰富的双壳类主要有:*Myophoria*(*costaoria*)*mansuyi*,*Plagiostoma* sp.,*Placunopsis remuensis*;孢粉主要有:*Cyathidites minor*,*Conrerrlcosis*,*Porites* sp.;遗迹化石:*Cnondrites* sp.,*Phycosiphon incertum*,*Megagrapton irregulare*,*Planolites montanus* 等。

区域上相当此层曾发现下列化石:*Halobia yunnanesisi*,*Anodontophora* sp.,*Nuculana* sp.,*Montlivaltia*(*Costatoria*)sp.,*Podozamites* sp.,*Placunopsis renuensis* 为晚三叠世生物群重要成员,其中 *Halobia yunnanensis* 为 Norian 期的重要分子,见于我国云南、贵州、川西、藏东以及青海南部玉树地区,也见于越南、老挝、帝汶岛和马来西亚等地,*Myophoria*(*Costatoria*)*mansuyi*,*Placunopsis yemuensis* 常见于欧洲阿尔卑斯地区,我国云南、贵州、川西、藏东以及青海南部玉树地区同期地层中,孢粉 *Cyathidites minor*,*Conrerrucosis porites* 为我国北方区第二组合的成员,指示时代为三叠纪,繁盛时期为晚三叠世,由此可见,板岩组砂岩与板岩互层段的时代应为晚三叠世 Norian 期沉积。

(二)晚三叠世巴塘群(T_3Bt)

青海省区测队(1970)在1:100万玉树幅(I-47)区域地质调查报告书中,依据玉树藏族自治州巴塘乡出露较好的一套晚三叠世地层创名巴塘群。由下部碎屑岩、上部火山岩和碳酸盐岩两个组组成。同年又在上述报告书中将其划分为下部碎屑岩、中部火山岩(碳酸盐岩)和上部碎屑岩,即此,成为巴塘群三分方案的基础。青海省地层编写小组(1980)取消巴塘群,统归结扎群。青海省地研所编图组(1981)保留巴塘群,并仍沿用上述三分方案。青海省第二区调队(1986)在1:20万治多县幅(I-46-[24])区域地质调查报告书中认为上部碎屑岩之上还有一套碳酸盐岩,据此将巴塘群四分。赵荣理(1982)又将巴塘群五分,但未推广引用。青海省第二区调队(1986)在1:20万玉树县幅(I-47-[26])区域地质调查报告书中,将通天河两岸的晚三叠世地层命名为克南群,并分为下部碎屑岩、中部火山岩夹碳酸盐岩和上部碎屑岩3个岩组,将巴塘群限制在玉树—相古大断裂以南。陈国隆、陈楚震(1990)恢复原始巴塘群的分布范围,并持三分观点。青海省地矿局(1991)在《青海省区域地质志》中,将巴塘群(未分)限制在唐古拉山东北缘,而将克南群(未分)划分为玉树—中甸地层分区。在《青海省岩石地层》中沿用巴塘群,维持原始巴塘群的分布范围,且暂按三分方案(非正式)。并定义为:"指分布于西金乌兰湖—玉树地区,由碎屑岩、火山岩和碳酸盐岩组成的地层。未见底,难见顶,局部见与风火山群等不整合接触。含双壳类、头足类和腕足类等化石"。同时暂选用青海省区测队(1970)测制的治多县多彩乡—罗江曲剖面为本群的选定层型(创名时未指定层型)。

该群呈北西西向展布于日啊日曲—多彩曲—聂卡曲中游—征莫涌—松莫涌一线,出露宽度较大,约5km左右,东西两端分别延入邻幅。

据岩性组合方式、所处层位、延展性及可填图性,并参照《青海省岩石地层》(1997)的划分方案,将其分为碎屑岩组(T_3Bt_1)、火山岩组(T_3Bt_2)、碳酸盐岩组(T_3Bt_3)组级岩石地层单位。该地层现指分布于通天河蛇绿混杂岩带以南,晚三叠世结扎群以北的一套灰紫色、灰色碎屑岩、灰色碳酸盐岩岩石地层。

1. 剖面描述

(1) 青海省治多县多彩乡聂恰曲晚三叠世巴塘群修测地层剖面(Ⅷ003P15)(图2-39)。

剖面起点坐标:东经95°35′54″,北纬33°39′21″,海拔4313m;终点坐标:东经95°23′49″,北纬33°36′52″,海拔4583m。该剖面为《青海省岩石地层》中厘定的晚三叠世巴塘群选层型剖面的野外32—41层。

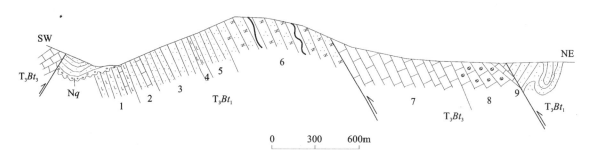

图2-39 青海省治多县多彩乡聂恰曲晚三叠世巴塘群修测地层剖面(Ⅷ003P15)

碎屑岩组(T_3Bt_1):深灰色中厚层状细粒石英砂岩夹灰黑色板岩

================= 断层 =================

碳酸盐岩组(T_3Bt_3)	厚度>1149.44m
9.灰色中厚层状灰岩	17.08m
8.灰色块厚层状生物碎屑灰岩	352.24m
7.灰色块厚层状角砾状、竹叶状灰岩	780.12m

================= 断层 =================

碎屑岩组(T_3Bt_1)	厚度>1896.15m
6.深灰色中厚层状细粒长石石英砂岩夹灰黑色粉砂质炭质板岩	836.96m
5.深灰色粉砂岩夹灰色中厚层状细粒石英砂岩	222.56m
4.深灰色钙质粉砂岩	92.67m
3.深灰色粉砂岩夹灰色中厚层状细粒石英砂岩	494.12m
2.深灰色石英砂岩夹灰白色角砾状碎屑灰岩。产腕足类:*Caucasorhynchia* sp.,双壳类:*Placunopsis* sp.	125.45m
1.深灰色中厚层状细粒砂岩夹灰白色生物碎屑灰岩	>19.89m

～～～～～ 角度不整合 ～～～～～

新近纪曲果组（Nq）：砖红色砾岩

(2) 青海省治多县多彩乡松赛弄晚三叠世巴塘群火山岩组实测地层剖面（Ⅷ003P11）（图2-40）。

剖面起点坐标：东经95°09′33″，北纬33°50′01″，海拔4567m；终点坐标：东经95°06′52″，北纬33°48′44″，海拔4872m。

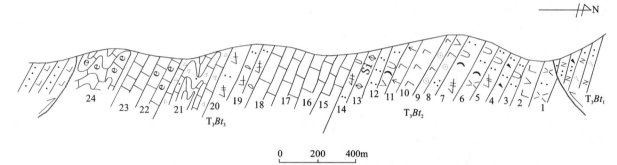

图2-40 青海省治多县多彩乡松赛弄晚三叠世巴塘群火山岩组实测地层剖面（Ⅷ003P11）

碳酸盐岩组（T_3Bt_3） 　　　　　　　　　　　　　　　　　　　　　　　　　　　　厚度＞1580.75m

24. 灰色中—厚层状亮晶含生物碎屑砾屑灰岩夹灰色中层状细晶白云岩	95.00m
23. 灰色灰岩	60.00m
22. 灰色中—厚层状泥晶含生物碎屑砾灰岩夹少量灰色中层菱铁矿化粉亮晶砂岩灰岩	73.66m
21. 灰白色砾屑灰岩	205.89m
20. 中—厚层状英安质复屑熔结凝灰岩、中层状英安质浆屑熔结凝灰岩	57.36m
19. 中—厚层状英安质玻屑熔结凝灰岩夹灰色薄层状英安质复屑熔结凝灰岩	231.29m
18. 厚层状含生物碎屑硅质条带灰岩夹灰色中层状灰岩	263.34m
17. 层状含生物碎屑泥晶灰岩夹灰色层状泥晶灰岩，产腕足类：Weiyuanela sp., Unionite sp., Arestes cf. rothpletzi Welter	138.58m
16. 层状硅质条带灰岩夹灰色中层状粉亮晶含生物碎屑砾屑灰岩	222.15m
15. 层状海面骨针泥晶灰岩	233.48m

～～～～～ 角度不整合 ～～～～～

火山岩组（T_3Bt_2） 　　　　　　　　　　　　　　　　　　　　　　　　　　　　厚度＞1033.81m

14. 中层状英安质复屑熔结凝灰岩夹少量灰岩及中层状泥晶灰岩	29.45m
13. 中层状凝灰岩夹灰色薄层状白云石化含放射虫硅质岩	83.67m
12. 薄—中层状凝灰岩夹灰绿色中层状流纹质复屑熔结凝灰岩	197.29m
11. 蚀变橄榄玄武岩夹少量薄层状硅质岩	27.95m
10. 蚀变粗玄武岩	139.63m
9. 绿色杏仁状玄武岩	51.91m
8. 灰绿色中—厚层状杏仁状含石英玄武安山岩	76.70m
7. 薄—中层状英安质复屑熔结凝灰岩	103.10m
6. 厚层状流纹质复屑熔结凝灰岩	81.26m
5. 中—厚层英安质复屑熔结凝灰岩夹灰绿色中层状流纹质晶屑玻屑熔结凝灰岩	57.74m
4. 薄—中层状英安质流纹玻屑凝灰岩	87.31m
3. 薄—中层状粉晶砂屑凝灰熔岩	11.8m
2. 玄武安山岩	78.0m
1. 英安流纹质玻屑凝灰岩	8.0m

========== 断层 ==========

碎屑岩组（T_3Bt_1）：其岩性为灰色中—薄层状中细粒长石岩屑砂岩夹灰色中层状泥晶灰岩

2. 地层综述

(1) 碎屑岩组（T_3Bt_1）

本岩组主要分布在更直涌—聂恰曲—征毛涌一线,另外在吓俄贡玛一带也有分布,控制厚度1705.89m。岩石组合为灰色中厚层细粒石英砂岩、泥钙质板岩、板岩及长石石英砂岩、粉砂岩。在层序上,见有砂岩—粉砂岩—板岩的沉积韵律较明显,砂岩中见有粒序层理和底部的冲刷面,粉砂岩中有平行层理和少量的包卷层理构造,板岩中为水平层理。反映出深海—半深海相的浊流沉积形成的鲍马序列。地层中含黄铁矿晶粒,其粒径为 2mm×2mm。粉砂岩局部有片理化现象。可见厚度大于 1896.15m,含双壳类:*Halobia yunnanensis*,*H.* cf. *convesa*,*H. anliangbaensis*,*H. superba*,*H. rugosa*,*H.* cf. *yunnanensis*,*H.* cf. *conveezsa*,*H. austriaca*,*Cardium*（*Tulongcardium*）*xizangense*,*Krumbeckia timorensis*;菊石:*Profrachyceras* sp.,*Trachyceras* cf. *aon*,腕足类:*Aulacothyris* sp.;植物:*Clathropteris mongugaica*,*Neocalamites* sp. 等。

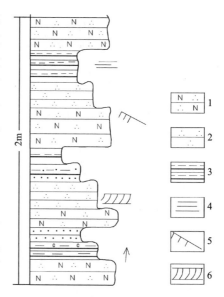

图 2-41 巴塘群碎屑岩组基本层序图
1. 长石砂岩;2. 石英砂岩;3. 泥钙质板岩;
4. 水平层理;5. 板状交错层理;6. 小波痕层理

其岩性及岩性组合在纵横向变化不大,层理清楚,层位稳定,延展性尚好,自下而上由粗向细逐渐过渡,该岩组中基本层序等资料搜集较为丰富,其特征描述如下:其层序由粗粒级长石石英砂岩—细粒级石英砂岩—泥钙质板岩组成自旋回性沉积层序(图2-41),在砂岩层的顶面上发育冲刷泥砾,不对称波痕;底部有重荷模构造,槽模、沟模沉积构造,板岩中水平纹层理发育,层面平整光滑,其中在单一的粗砂岩中见有粒序层理。依据波痕测的古流向为120°～270°。

(2) 火山岩组（T_3Bt_2）

该岩组出露局限,呈窄条带状展布于日啊谷—扎茶也改等地,分别与上、下伏地层整合接触,大部分呈断层接触,局部新近纪曲果组不整合其上,控制厚度大于1033.81m。其岩性主要为玄武岩、安山玄武岩、流纹质凝灰熔岩、流纹质角砾凝灰熔岩、英安质玻屑晶屑凝灰熔岩、杏仁状玄武岩夹火山碎屑岩、硅质岩、泥晶灰岩、长石砂岩。岩性岩相变化大,在亚者然木尕地区火山岩占绝对优势,而向东切饿一带火山岩逐渐减少,碎屑岩组合明显增加。在达生贡卡一带见有枕状构造,岩枕直径30～80cm,最大为150cm,具冷凝边,边缘杏仁气孔构造发育。该火山岩在P11剖面中见有灰绿色放射虫硅质岩,镜下见有20%的结晶放射虫微古化石,无法鉴定时代。

该岩组火山岩以中基性熔岩为主,碎屑岩以富长石为特征,化石较少,区域上仅在下部层位上采有珊瑚:*Pinacophyllum* sp.,*Margaosmilia* sp.;海百合:*Cyclocyclicus* sp.;牙形刺:*Epigondolella postera*（Koxur et Mostles）,*E. abneptis spatultus*（Hayashi）。

(3) 碳酸盐岩组（T_3Bt_3）

本岩组分布于多彩群地—吓玛岗群及俄巴达动—加及科一带,控制厚度大于1580.75m。呈断块体产于断裂带中,局部与下部火山岩组（T_3Bt_2）呈整合接触,但大部分为断层接触。其岩性由灰、灰白色中厚层泥晶灰岩、碎裂块状灰岩夹少量灰黑色薄层灰岩、暗绿色安山岩、中基性熔岩、深灰色砂岩、板岩组成,反映为滨—浅海相碳酸盐岩台地相—台地前缘斜坡相"类礁灰岩",该段化石丰富,门类众多。

双壳类:*Halobia disperseinsecta* Kittl,*H. qinghaiensis* Lu,*H. lineatoides* Chen et Lu,*H.* cf. *yananidongensis* Chen,*H. superbescens* Kittl,*H.* cf. *superbescens* Kittl,*Cuneigevillia gigantean* Chen,*Sehafhaeutlia* sp.;腕足类:*Oxycolpella robinsoni* Dagys,*Rhaetnopsis laballa usualis* Sun,Ching et Ye,*Pentagona* Ching,Sun et Ye,*Yulonella bolilaensis* Sun,*Rimerhynchopsis jielongensis*,*Omolonella* cf. *omolocensis* Moisseiev,*O. cephaloformis*,*Zhidothyris carinata* Ching,Sun et Ye,*Excavatorhynchia diltoidea* Ching,Sun et Ye,*Caucasorhycchia yushuensis*;菊石:*Arcestes* cf. *parvogaleaius* Mojs;有孔

虫: *Angulodisce scommunis* Kristan, *Diplotremina altoconica* Kristan-Tollnaan, *Agathammina parafusiformis* Salaj, Borza et Samuuel, *Aulotorius simuosus* Weynschenk, *A. oberhauseri* Salj, *A. bulbus* He, *Dnotaxis birmanica bronnimznn* Whittaker et Zzninetti, *Palaeomilliolina iranica* Zaninetti, *P.* sp., *Variostoma crassum* Keistan-Tollnann, *V.* sp., *Endothyra* sp., *Ebadouxi aninettit* Bronnimann, *Pragsoconulus* sp., *Trocholina* sp., *Ammobaculites raditadtensis* Krietam-Tillmann, *Krikoumbilica* sp.; 牙形刺: *Epigondolella postera* (Koxur et Mostler), *E. abneptis spatultus* (Hayashi), *Neogondolella naviculla* (Huckriedr); 珊瑚: *Margarosmilia* sp., *M.* ex. gr. *xieteni* (Klipsteri) 等。

3. 微量元素地球化学特征

巴塘群微量元素含量统计见表 2-10。由表中可知,巴塘群中不同岩类的微量元素平均值与泰勒值的地壳丰度比较,砂岩、粉砂岩中 Zr、Cr 显示了不同程度地高出泰勒值,其他元素均较低或偏低于泰勒值,其中 Cr 高出 3 倍;灰岩中 Pb、Zn、Cr、Mn、Zr 高出泰勒值;安山岩中 Pb、Cr、Ti 高出泰勒值,其中 Cr 高出 3 倍;英安岩、凝灰熔岩中除了 Pb、Cr 高出 2～3 倍外,其他元素在各岩类中均较低或偏低于泰勒值,各岩类中部分高值元素表明元素局部呈集中分布,大量低值元素呈分散状态存在。

表 2-10 巴塘群微量元素含量统计表 ($w_B/10^{-6}$)

岩 性	样品数	Cu	Pb	Zn	Cr	Ni	Co	V	Ca	Ti	Mn	Zr
粉砂岩	40	14	16	17	400	22	10	90	11	2000	600	170
板岩	30	20	16	40	300	30	14	80	12	3000	700	100
灰岩	15	30	19	80	270	40	10	35	17	3000	1000	190
玄武岩	10	4	9	5	20	12	23	190	13	510	1000	120
安山岩	5	50	13	70	400	16	11	80	15	6000	850	120
英安岩	3	25	20	30	160	5	4	50	13	3000	800	190
凝灰岩	17	8	20	30	200	16	4	50	13	1800	450	120
砂岩	49	14	11	17	400	3.5	15	61	11	2000	600	250
泰勒值(1964)		55	12.5	70	100	75	25	135	2500	5700	950	160

4. 沉积环境

(1) 建造与生物特征

巴塘群岩性岩相复杂,碎屑岩组、火山岩组相变明显,主体为碎屑岩、中酸—中基性火山岩建造,含海相动物化石并见少量遗迹化石产出,说明为海相沉积,且局部地段新发现放射虫硅质岩,可能海水较深。中部中基性火山岩夹碎屑岩建造,火山活动强烈,地壳极不稳定,从其下部层位所产珊瑚、海百合茎来看,仍系海相沉积产物,上部碳酸盐岩组碳酸盐岩建造,岩性不均一,富含腕足类、珊瑚、双壳类、菊石、腹足类等海相生物化石,表明系滨浅海环境,但环境不稳定,水动力强,能量高,从而形成了局部存在的生物碎屑及砾状灰岩。

(2) 砂岩特征

分析统计巴塘群砂岩的构架颗粒砂特征并做砂岩 Q-F-R_2 三角图(图 2-42),可见巴塘群的砂岩具如下特征:砂岩的构架颗粒磨圆度较差(次棱角—棱角状),分

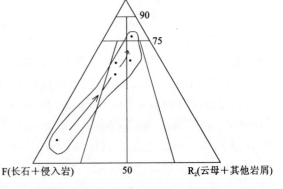

图 2-42 巴塘群砂岩 Q-F-R_2 三角图

选性一般,重矿物主要为锆石、电气石,以岩屑长石砂岩、长石砂岩为主,长石含量一般 15%~26%,最高达 80%,表明巴塘群砂岩物源区搬运坡度大,具有快速沉积的特征。

(3) Zr/Y 与 Sr/Ba 比值特征

由巴塘群 Zr/Y-t 与 Sr/Ba-t 相关图(图 2-43)可看出 Zr/Y 比值与 Sr/Ba 比值均小于 1,说明盆地水体成岩期受到明显的淡水掺入影响,而砂岩、灰岩的 Zr/Y 比值差异较大,砂岩曲线反映出从早到晚水体深浅的微小变异特征,水体总体较浅,对比相应的 Sr/Ba 比值曲线可知晚期气候更趋炎热,蒸发量大于降水量。

火山岩组岩石化学特征反映出岛弧型火山岩特征,详见火山岩部分。

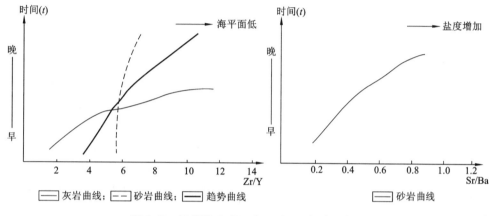

图 2-43 巴塘群 Zr/Y-t 与 Sr/Ba-t 相关示意图

5. 时代讨论

在碎屑岩组中产有化石,腕足类:*Caucasorhynchia* sp.,*Rhaetina comlumnaris* Ching,Sun et Ye,*Rhaetina* cf. *taurica* Moisseiev,*Halorella* cf. *amphitoma*(Bronn);双壳类:*Halobia* sp.,*Halobia talauana* Wanner,*Halobia yandongensis* Chen,*Halobia superbescens* Kittl,*Cuspidaria* cf. *alpis ciricae* Bittner,*Placunopsis* sp.,*Minetrigonia qinghaiensis* Chen et Lu,*Pleuromya* sp.。

火山岩岩组中产化石,腕足类:*Zhidothyris* sp.,*Arcosarina* cf. *foliacea* Ching,Sun et Ye,*Koninckina* sp.,*Oxycolpella wenquanensis* Sun,Ching et Ye,*Sanqiaothyris asymmetro* Ching,Sun et Ye,*Oxycolpella robinsoni* Dagys,*Oxycolpella zhidoensis* Sun,Ching et Ye,*Arcosarina* cf. *pentagona* Ching,Sun et Ye,*Koninckina* sp.,*Koninckina* cf. *alata* Bittner,*Rhaelinopsis* sp.;双壳类:*Palaeocardita* sp.,*Halobia styriaca*(Mojsisovics),*Halobia* cf. *convexa* Chen,*Halobia pluriradiata* Reed,*Halobia superbescens* Kittl,*Halobia baqingensis* Chen et Lu,*Posidonia* sp.,*Posidoia wengensis* Wissmann,*Palaeoneilo elliptica*(Goldfuss),*Cuspidaria* sp.,*Myophoria* (*Costatoria*)sp.,*Plagiostoma* sp.,*Pergamidia* sp.,*Pergamidia eumenea* Bittner,*Pinna* cf. *yunnanensis* Chen,*Unionites* sp.,*Mytilus* sp.,*Sichuania difformis* Chen,*Krumbeckiella timorensiformis*(Krumbeck);头足类:*Placites oldhami* Mojsisovics,*Pinacoceras* sp.,*Paratibetites* sp.,*Cladiscites* sp.,*Protrachyceras* sp.,*Arcestes* sp.,*Pseudosirenites* sp.,*Trachyceras* sp.;珊瑚:*Thecosmilia* sp.;腹足类:*Heterocosmia* sp.。

在碳酸盐岩组中产有腕足类:*Rhaetinopsis*? sp.,*Rhaetinopsis ovata* Yang et Xu,*Lunaria dorsata* Ching,Sun et Ye,*Aulacothyris* sp.,*Adygella* sp.,*Yidunella yunnanensis*(Ching et Fang),*Yidunella pentagona* Ching,Sun et Ye,*Sinuplicorhynchia* sp.,*Oxycolpella oxycolpos*(Emmrich);珊瑚:*Thecosmilia* sp.,*Montlivaltia* sp.,*Elysastrea* sp.;腹足类:*Loxonema* sp.,*Chemnitzia* sp.;双壳类:*Pteria angusta*(Saurin),*Neomegalodon*(N.) cf. *Krumbeckiella* sp.,*Plagiostoma*? sp.,*Cardium* sp.;菊石:*Paratibetites* sp.;海百合茎:*Cyclocyclicus* sp.。

其中腕足类：Rhaetinopsis pentagonalis Ching, Oxycolpella elongata Ching et Fang, Amphiclina sp., Arcestes sp.；珊瑚：Montlivaltia norica Frech, Thecosmilia sinensis Liao et Li, Pinacophyllum sp.；双壳类：Pteria angusta (Saurin), Neomegalodon (N.) sp.；菊石：Paratibetites sp.。沉积时代为晚三叠世 Carnia—Norian 期。

据上述化石成果分析认为，测区巴塘群碎屑岩组、碳酸盐岩组沉积时代为晚三叠世 Carnia-Norian 期。

(三) 晚三叠世结扎群 (T_3J)

结扎群由青海省区测队 (1970) 创名。原始定义指："分布于唐古拉山地区，主要由一套滨海至浅海沉积的碎屑岩、碳酸盐岩等组成"，分为紫红色碎屑岩组、下石灰岩组、灰色碎屑岩组和上石灰岩组"四个岩组"。以角度及平行不整合于二叠系之上，多不见顶，局部可见与侏罗系、白垩系和第三系不整合接触。青海省区测队在创名结扎群的同时，又在1:100万玉树幅区域地质调查报告中认为在本区不存在上石灰岩组，于是将结扎群由上而下划分为紫红色碎屑岩组、碳酸盐岩组和含煤碎屑岩组3个岩组。

《青海省岩石地层》保留结扎群名称，时代下延至中三叠世。并定义为：指分布于唐古拉—昌都地区，超覆于古生代地层或早、中三叠世地层之上，整合于察雅群或不整合于雁石坪群等新地层之下的，由碎屑岩和碳酸盐岩夹少量火山岩组成的地层。上部含煤，富含双壳类、腕足类、头足类和植物等化石。

测区结扎群从老到新由甲丕拉组、波里拉组和巴贡组组成，之间呈整合接触。占测区总面积的25%，主要分布在测区中南部的口前曲、昂欠涌曲、子吉赛广大地区。区内不整合在下伏石炭纪杂多群、二叠纪开心岭群、尕笛考组之上，其上局部被第三纪地层覆盖，北侧与晚三叠世的巴塘群断层接触。

1. 甲丕拉组 (T_3jp)

由四川省第三区测队 (1974) 根据西藏昌都甲丕拉山剖面创建甲丕拉组。马福宝 (1984) 将其延入我省的该套地层命名为东茅陇组。陈国隆、陈楚震 (1990) 将马福宝等的东茅组下部层位改为东茅群，其上的碎屑岩称结扎群A组。《青海省岩石地层》首次引进甲丕拉组，建义停用东茅陇组及东茅群。同时沿用西藏地层清理组给予本组的定义："主要指超覆于妥坝组页岩、粉砂岩地层及夏牙村组之上的一套红色碎屑岩地层体。层型剖面外局部夹安山岩、石灰岩等，顶界

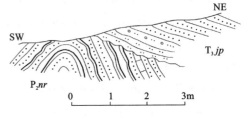

图 2-44 晚三叠世甲丕拉组与二叠世地层角度不整合关系素描图

与波里拉组石灰岩地层整合接触，含双壳类、腕足类等。地质时代为中、晚三叠世"。并指定我省玉树藏族自治州上拉秀东茅陇剖面1—38层为本组的次层型。

该组在区内分布于口前曲上游—昂欠涌曲—子切曲、格群涌—雅可—宗根阿尼、托吉涌—东角涌、扎格涌—子曲、巴彦涌莫海—巴俄卡、查纪永池—比唐普巴等地，呈北西—北西西向短带状展布。测区内广泛与下伏石炭纪杂多群、中二叠世开心岭群呈广泛的角度不整合关系，与上覆波里拉组呈整合接触 (图2-44)，厚度大于220.75m。底界以复成分砾岩不整合为界，顶界以碎屑岩的消失为界，大套灰岩的出现为界，与波里拉组整合接触。

(1) 剖面描述

青海省杂多县结扎乡格玛晚三叠世甲丕拉组及波里拉组实测地层剖面 (Ⅷ003P5) (图2-45)。起点坐标：东经 95°52′40″，北纬 33°07′58″，海拔 4750m；终点坐标：东经 95°52′58″，北纬 33°08′02″，海拔 4955m。

波里拉组（T_3b）：灰色中层状泥晶灰岩夹灰色薄层状岩屑长石砂岩

———————— 整合 ————————

甲丕拉组（T_3jp） 　　　　　　　　　　　　　　　　　　　　　　　　　　厚度＞220.75m

13. 灰绿色中厚层状中细粒岩屑长石砂岩夹灰色中层状泥晶灰岩　　　　　22.97m
12. 灰绿色中层状中粒岩屑砂岩夹灰紫色中层状岩屑长石砂岩　　　　　　36.79m
11. 灰紫色中厚层状中粒岩屑长石砂岩　　　　　　　　　　　　　　　　50.02m
10. 灰黄色厚层状中粒岩屑长石砂岩　　　　　　　　　　　　　　　　　9.70m
9. 灰紫色薄—中层状中粒岩屑砂岩夹灰绿色薄—中层状中粒岩屑长石砂岩　35.91m
8. 灰紫色薄—中层状岩屑长石砂岩　　　　　　　　　　　　　　　　　4.90m
7. 灰绿色厚层状中粒岩屑长石砂岩　　　　　　　　　　　　　　　　　11.43m
6. 灰紫色中—厚层状中—粗粒岩屑长石砂岩夹灰紫色薄层状细粒长石石英砂岩　18.15m
5. 灰绿色厚层状粗粒岩屑砂岩　　　　　　　　　　　　　　　　　　　4.42m
4. 灰紫色中厚层状中粒岩屑长石砂岩夹灰紫色中层状细粒长石石英砂岩　　20.82m
3. 灰绿色中层状中粒岩屑长石砂岩　　　　　　　　　　　　　　　　　1.81m
2. 灰紫色中层状中粒岩屑长石砂岩　　　　　　　　　　　　　　　　　2.33m
1. 灰绿色厚层状复成分砾岩　　　　　　　　　　　　　　　　　　　　1.55m

～～～～～ 角度不整合 ～～～～～

诺日巴尕日保组（P_2nr）：深灰色薄层状粉砂岩夹灰色薄层状中粒岩屑长石砂岩

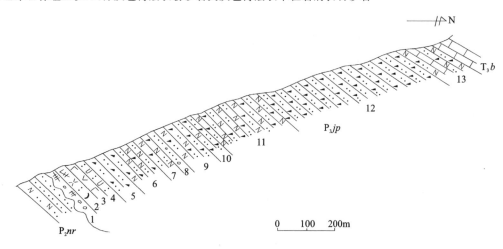

图 2-45　青海省杂多县结扎乡格玛晚三叠世甲丕拉组及波里拉组实测地层剖面（Ⅷ003P5）

（2）地层综述

岩性组合为灰紫色厚层中细粒岩屑石英砂岩、岩屑长石砂岩夹巨厚层复成分砾岩、含砾粗砂岩、长石石英砂岩、泥质粉砂岩及微晶灰岩透镜体，局部夹中基性火山角砾岩，砂岩内见有被侵蚀面分隔开的槽型交错层理，交错层理方位表明古水流方向朝南。表明从下部滨岸河流相，向上逐步过渡为浅海相复陆屑碎屑沉积。该岩组岩性在横向上变化较大，从达约麻—洼里涌向西砾岩不发育，紫色砂岩与下伏早二叠世诺日巴尕日保组有不同层位接触。颜色有紫色、灰色、灰绿色及黄褐色，自下往上颜色由紫色至杂色。岩石粒度较细，主要为粉砂岩、泥岩，灰岩夹层增多，砾岩偶尔可见。所采化石主要有腕足类和双壳类。从肖错格玛往南西方向底砾岩增多，为紫红色复成分砾岩，呈厚层状，砾石成分有硅质岩、砂岩，还有灰岩，多呈次圆—次棱角状，分选性差，大小混杂，砾径最大者为13cm，最小者为2cm，一般为4～5cm。胶结物为钙质、泥质，呈孔隙式胶结。这层底砾岩出露宽度约40m，不整合于二叠系开心岭群的不同层位上。该岩组在格玛龙以东其岩性为紫红色中粒长石石英砂岩、硬砂质石英砂岩、粗粉砂岩，其中夹有含角砾的砂岩及灰岩，岩石粒度较粗，产有植物化石和海相双壳类化石。总之，该岩组从南东向北西，颜色由较单一的紫红色逐渐变化为杂色，岩石由砾岩、砂岩、粉砂岩逐渐变为砂岩、泥岩及灰岩，且钙质成分增多,岩石粒度由粗变细;出露宽度由窄变宽。

(3) 基本层序特征

甲丕拉组地层层序自下而上由粗变细的韵律清楚,即下部以粗碎屑为主,向上逐渐过渡到泥钙质成分及细碎屑成分为主,其层序属海进序列。基本层序中主要由含砾砂岩、岩屑砂岩、粉砂岩构成自旋回性沉积序列(图 2-46),砂岩中发育波状交错层理、平行层理,粉砂岩中常见小型交错层理、平行层理、豆状交错层理、水平层理、沙纹交错层理等,最有特点的层理构造为脉状、波状及透镜状层理,反映沉积时的水动力不强,仅有微弱的底流活动,就其基本层序沿走向对比,具有较好的相似性,层位稳定,延展性尚好。

(4) 微量元素特征

结扎群甲丕拉组微量元素含量见表 2-11。由表可知,结扎群甲丕拉组各岩类所有元素背景值均低于维氏值,仅在粉砂岩中的 Cu、Pb、Cr、Mn,岩屑砂岩、含砾粗砂岩中的 Cr 高出维氏值,其他元素均低于维氏值,由于各自背景值低,而局部集中成矿的可能性较差,表明这些元素在相应岩石中分布不均一,说明甲丕拉组相变不大,但有关岩石在空间上变化较大。

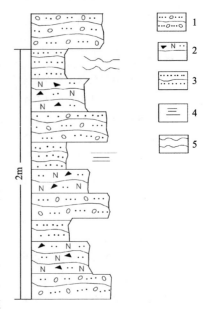

图 2-46 甲丕拉组基本层序图
1. 含砾粗砂岩;2. 岩屑砂岩;
3. 粉砂岩;4. 平行层理;5. 波状层理

表 2-11 结扎群甲丕拉组微量元素含量表($w_B/10^{-6}$)

岩性	样品数	Cu	Pb	Zn	Cr	Ni	Co	V	Ca	Ti	Mn	Ba	Sr
粉砂岩	6	120	80	70	200	30	11	90	14	3000	1200	400	160
岩屑砂岩	10	20	10	80	200	20	10	70	10	3000	800	500	200
含砾粗砂岩	20	10	10	70	200	15	5	4	5	1600	900	50	150
维氏值(1962)		47	16	83	83	58	18	90	2500	4500	1000	6500	340

(5) 沉积环境

该组碎屑岩岩石颜色多具紫红色、暗紫色、紫色、杂色,岩层常见交错层理、斜层理、水平层理、波状层理、脉状层理,并且在层面上有时可见到波痕,反映为海水较浅动荡环境。根据基本层序、剖面结构、生物面貌及地层纵向上反映由粗变细特征,属海进退积序列。沉积环境为早期气候干燥炎热,晚期气候潮湿环境,为正常滨—浅海相沉积环境。

在该组粒度分析(图 2-47)中,3 件粒度分析样反映出砂岩粒度明显偏细,其粒度平均值在 3.108 33φ～4.1775φ 间,分布区段较窄,以跳跃组分为主,占 80% 以上,最高达 90%,次为悬浮组分,无牵引组分,标准偏差在 0.550 21～0.655 53 之间,显示较好的分选性,具海滨砂岩特点,偏度极细,峰态很窄。沉积概率曲线图显示两个线段,斜率偏陡,截点在 4φ～4.7φ。

(6) 时代讨论

甲丕拉组不整合于早中二叠世诺日巴尕日保组、九十道班组之上,其上整合有含大量晚三叠世腕足类的波里拉组。在这套地层中产有植物化石:*Equisetites rogersii* Schimper,*Equisetites arenaceus* (Jaeger) Schenk;双壳类:*Halobia* sp.,*Halobia talauana* Wanner,*Halobia yandongensis* Chen,*Halobia superbescens* Kittl,*Cuspidaria* cf. *alpis*

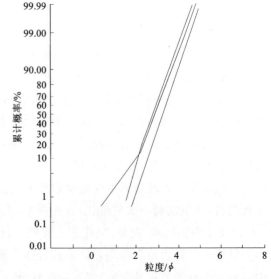

图 2-47 甲丕拉组砂岩粒度分布累计概率曲线图

ciricae Bittner，*Myophorigonia gemaensis* Chen et Lu。时代属晚三叠世早期。

2. 波里拉组（T_3b）

由四川省第三区测队（1974）依据西藏察雅县波里拉剖面创名波里拉组。马福宝等（1984）将波里拉延至唐古拉，相当于青海省习称结扎群的碳酸盐岩组命名为肖恰错组。在《青海省岩石地层》中首次引进波里拉组，建议停用同物异名的肖恰错组，同时沿用西藏地层清理组的定义："主要指夹持于下伏地层甲丕拉组红色碎屑岩与上覆地层巴贡组含煤碎屑岩之间的一套石灰岩地层体，上、下界线均为整合接触。含丰富的双壳类、腕足类、菊石等。分布于昌都、类乌齐、察雅、江达、安多、土门格拉及青海省唐古拉山地区"。并指定马福宝等（1974）测制的杂多县结扎乡肖恰错剖面为此层型。

该组在区内多能达—俄孟能、多彩扎根—索保查牙—龙玛日—驳穷日、查日涌曲—然也涌曲、高涌、哇力涌—格冲加叶—挤懈尔浦麻等地。以甲丕拉组碎屑岩的消失，大套灰岩的出现为底界，整合在甲丕拉组之上，以大套灰岩的消失为顶界与上覆巴贡组整合接触。控制厚度大于 1789.98m。

（1）剖面描述

青海省杂多县结扎乡肖错格玛晚三叠世甲丕拉组及波里拉组实测地层剖面（Ⅷ003P3）（图 2-48）。起点坐标：东经 95°50′12″，北纬 33°11′08″，海拔 4637m；终点坐标：东经 95°51′54″，北纬 33°12′07″，海拔 4843m。该剖面野外露头良好，底部与甲丕拉组深灰色钙质粉砂岩、灰色长石砂岩整合接触，其上被沱沱河组不整合覆盖。

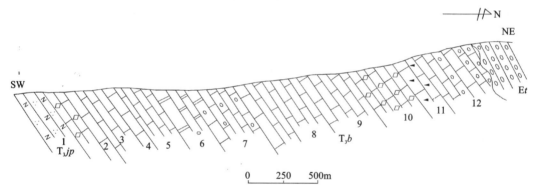

图 2-48　青海省杂多县结扎乡肖错格玛晚三叠世甲丕拉组（T_3jp）及波里拉组（T_3b）实测地层剖面（Ⅷ003P3）

沱沱河组（Et）：灰红色厚层状灰质砾岩

～～～～～ 角度不整合 ～～～～～

波里拉组（T_3b）	厚度＞1789.98m
12. 灰色厚层状灰质砾岩夹灰色中层状灰岩	196.88m
11. 灰色中层状砂屑灰岩	85.09m
10. 浅灰色中层状结晶灰岩	145.55m
9. 灰色薄—中层状灰岩	169.67m
8. 浅灰色块层状灰岩	698.16m
7. 灰色厚层状灰质细砾岩	114.11m
6. 浅灰色厚层状角砾状灰岩夹浅灰色厚层状白云质灰岩	100.48m
5. 浅灰色厚—块层状灰岩	82.85m
4. 浅灰色厚层状灰岩	18.44m
3. 浅灰色块层状灰岩	80.53m
2. 浅灰色中—厚层状角砾状灰岩	32.27m
1. 灰色中—厚层状结晶灰岩	65.95m

～～～～～ 角度不整合 ～～～～～

甲丕拉组（T_3jp）：深灰色薄层状钙质粉砂岩夹灰色薄层状中细粒长石砂岩

(2) 地层综述

该地层与下部甲丕拉组、上部巴贡组均呈整合接触。最大控制厚度1789.98m。其岩性组合为灰黄、青灰、深灰色含生物泥晶灰岩、亮晶灰岩、白云质生物灰岩、灰质白云岩夹灰—紫红色岩屑长石砂岩，局部地段见有石膏和安山岩及中基性凝灰岩。

该组中砂岩的长石含量普遍较高，在6%~35%之间，石英含量47%~75%，岩屑含量15%~18%，岩屑有粘土岩、绢云母千枚岩、变质粉砂岩、流纹岩、安山岩、玄武岩、蚀变玻屑凝灰岩，岩屑成分种类与甲丕拉组相似。

测区内在口前曲以灰色、浅灰白色泥晶、亮晶生物碎屑灰岩为主，在布曲一带夹安山岩及中基性凝灰岩。本岩组在横向上变化不大，以块层状岩层为主，产状稳定。本组化石丰富，反映为浅海相的沉积环境。

(3) 沉积环境

根据岩性特征、生物群面貌，显示该组为碳酸盐岩台地—陆表海沉积环境，表明当时地壳稳定，水动力较强，日照充足，水体浅而温暖，非常适合各种海洋生物的生存和繁衍。

(4) 微量元素特征

波里拉组微量元素特征见表2-12。波里拉组中不同岩类的微量元素平均值与维氏值的地壳丰度相比较，灰岩、白云质灰岩中Pb、Zn、Zr显示不同程度的高出维氏值，其他元素均较低或偏低于维氏值。

表2-12　结扎群波里拉组微量元素特征表($w_B/10^{-6}$)

岩性	样品数	Cu	Pb	Zn	Cr	Ni	Co	V	Ca	Ti	Mn	Ba	Sr	Zr	Be
白云质灰岩	11	6	18	85	70	4	10	10	500	700	700	160	400	200	2
灰岩	10	8	18	80	15	12	10	30	11	350	700	200	400	200	1
灰质砾岩	5	10	10	40	200	15	5	40	5	1600	900	50	150	100	1
维氏值(1962)		55	12.5	70	100	75	25	135	2500	5700	950	425	475	165	3

(5) 时代讨论

本组化石丰富，主要有珊瑚：*Montlivatia* sp.，*M. norica* Frech，*Thecosimilia* sp.，*Montlivatia noric* Frech；腕足类：*Cubanothyris* sp.，*Rhaetinopsis ovata* Yang et Xu，*Koninckina* sp.，*Caucasorhynchia* sp.，*Qxycolpella* sp.；双壳类：*Paramegalodus* sp.，*Megalodon* sp.，*Halobia* sp.，*H. plurirodiata* Reed，*Paramegalodus eupalliatum* (Frech)，*Neomegalodon* cf. *boeckni* (Hoernes)；腹足类：*Gradiella* aff. *semigradota* (Kiffl)；海百合等。沉积时代为晚三叠世Carnian—Norian期。

3. 巴贡组(T_3bg)

由李璞等(1951)将察雅巴贡的含煤砂、页岩地层体称巴贡煤系，时代为侏罗纪。斯行健等(1966)将巴贡煤系改为巴贡群。西藏地质大队(1966—1967)将巴贡群划分为下部阿堵拉组和上部夺盖拉组，时代归于晚三叠世。四川省第三区测队(1974)将巴贡群改为巴贡组，作为上三叠统最上一个岩组，将阿堵拉组改为阿堵拉段、夺盖拉组改为夺盖拉段。四川地层清理时，因二者界线不明确，不再划分段，统称巴贡组。马福宝等(1984)将察雅的巴贡组向北延入青海省内即为结扎群含煤碎屑岩命名为加登达组。陈国隆等(1990)又将其命名为格玛组。在《青海省岩石地层》(1997)中首次引用巴贡组，并沿用西藏地层清理组重新修订巴贡组的定义"指整合于波里拉组石灰岩之下的一套含煤碎屑岩地层体，产植物、孢粉等化石。顶界与察雅群红色碎屑岩连续沉积，底界与波里拉组灰岩整合接触"。同时青海省区测队(1970)创名的土门格拉群也归属巴贡组。并建议停用巴贡组同物异名的加登达组和格玛组，指定青海省区测队(1970)测制的囊谦县大苏莽(毛庄)剖面为青海省巴贡组的层型剖面。

该组在区内主要分布在众根涌—然也涌曲，子曲下游少量出露，分布面积约50km²，厚度达2234.26m。以波里拉组灰岩的消失，大套碎屑岩的出现为底界与下伏波里拉组整合接触，其上被白垩纪风火山群不整合覆盖，未见顶。

(1) 剖面描述

青海省杂多县扎青乡众根涌晚三叠世巴贡组修测地层剖面(图2-49)，该剖面为1:20万杂多县幅区调资料，剖面终点断层为本次工作修测内容。

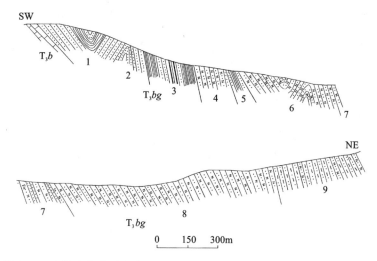

图 2-49 青海省杂多县扎青乡众根涌晚三叠世巴贡组(T_3bg)修测地层剖面

早中二叠世九十道班组：灰色灰岩

========== 断层 ==========

巴贡组(T_3bg)　　　　　　　　（未见顶）　　　　　　　　　　　厚度＞2234.26m

9. 浅灰色中厚层状中细粒长石石英砂岩夹煤线。产化石：*Hoernesia xizangensis* Zhang，*Cardium*(*Tulongocardium*) cf. *submartini* J. Chen，*Unionites* sp.　　　　　　18.87m

8. 暗灰色中—薄层状泥质石英粉砂岩夹细粒长石石英砂岩。产化石：*Cardium* (*Tulongocardium*) cf. *submartini* J. Chen，*Unionites*? *Emeinsis* Chen et Zhang　　　421.26m

7. 灰色薄层板状粉砂岩下部夹泥砂质石英砂岩结核及菱铁矿结核产植物化石碎片　　1026.34m

6. 暗灰色薄层状铁质长石石英粉砂岩夹薄层细粒石英砂岩　　　　　　　　　　152.88m

5. 灰色薄—中厚层粉砂、细砂岩。产化石：*Halobia* sp.，*Cardium* (*Tulongocardium*) sp.　　178.57m

4. 暗灰色薄层状粉砂岩夹页岩、薄层石英砂岩　　　　　　　　　　　　　　　　57.30m

3. 褐灰色中厚层状中粒长石石英砂岩。产双壳类化石及植物化石碎片 *Posidonia* sp.　158.31m

2. 暗灰色页岩、粉砂岩夹石英砂岩、煤层、炭质页岩。产植物化石：*Hyrcanopteris sevanensis* Kryshtofovich et Prynada，*Hyrcanopteris* cf. *sinensis* Li et Tsao，*Pterophyllum* cf. *jaegeri* Brongniart，*Otozamites* sp.，*Clathropteris meniscioides* Brongniart　　　　　　　51.25m

1. 灰、暗灰色薄—中厚层状中细粒石英砂岩、粉砂岩互层。产植物化石：*Thaumatopteris brauniana* Popp，*Pterophyllum* cf. *jaegeri* Brongniart，*Clathropteris meniscioides* Brongniart，*Danaeopsis fecunda* Halle，*Anomozamites* sp.，*Pterophyllum minutum* Li et Tsao　　　169.56m

========== 整合 ==========

下伏地层波里拉组(T_3b)：灰—灰白色块层状生物介壳灰岩

(2) 地层划分和沉积环境分析

本岩组与下伏波里拉组呈整合接触，与二叠纪开心岭群、尕笛考组呈断层接触。巴贡组的岩石组合主要由长石石英砂岩、石英砂岩、粉砂岩、炭质页岩夹灰岩透镜体及煤层组成。其中产大量动、植物化石，岩组出露厚度可达2234.26m。在众根涌与然也涌之间，本岩组为一套含煤碎屑岩系，其中含可采煤层。其他地区未见煤层存在。见有砂岩—粉砂岩—页岩的沉积韵律。岩层局部见有波痕构造，为一套海—陆交替相含煤碎屑岩沉积组合。多属滨海沼泽环境,局部为潮坪泻湖环境。

(3) 地层微量元素

结扎群巴贡组微量元素特征见表2-13。由表可知,结扎群巴贡组各岩类所有元素背景值均低于维氏值,碎屑岩中Cr高出维氏值,其他元素均低于维氏值,由于各自背景值低而局部集中成矿,表明这些元素在相应岩石中分布不均一,进而说明甲丕拉组相变不大,但有关岩石在空间上仍有变异。

表2-13 结扎群巴贡组微量元素含量统计表($w_B/10^{-6}$)

岩性	样品数	Cu	Pb	Zn	Cr	Ni	Co	V	Ga	Ti	Mn	Ba	Sr	Zr	Be	Y
白云岩	11	6	—	—	70	4	—	10		500	700	—	160	—	—	—
灰岩	111	8	18	—	15	12	10	30	11	350	700	200	400			13
页岩	3	20	20	60	150	30	10	90	18	3000	400	400	100	200	2	10
粉砂岩	100	20	20	80	200	30	11	90	14	3000	1200	400	160	200	2	20
砂岩	82	20	10		200	20	10	70	10	3000	800	500	200	240	1	20
砾岩	2	10	10	—	200	15	5	40	5	1600	900	50	150	100	1	10
维氏值(1962)		55	12.5	70	100	75	25	135		2500	5700	950	425	475	165	3	30

(4) 区域对比及时代讨论

测区巴贡组地层在该地区分布较广,与在《青海省岩石地层》中选取的囊谦县大苏莽次层型剖面可直接对比。在巴贡组中灰岩夹层中产有双壳类化石:*Halobia* sp.,*Cardium*(*Tulongocardium*) sp.;丰富多彩的植物化石:*Hyrcanopteris sevanensis* Kryshtofovich et Prynada,*Hyrcanopteris* cf. *sinensis* Li et Tsao,*Pterophyllum* cf. *jaegeri* Brongniart,*Otozamites* sp.,*Clathropteris meniscioides*,Brongniart,*Anomozamites* sp.,*Pterophyllum minutum* Li et Tsao,多属于南方型的 *Dictyophylllum-Clathropteris* 组合。反映出该组为 Norian 期的沉积。

三、三叠纪古生物地层及年代地层

测区三叠纪地层可划分为早中三叠世结隆组、三叠纪巴颜喀拉山群、晚三叠世巴塘群及结扎群(甲丕拉组、波里拉组与巴贡组)。除早中三叠世结隆组、三叠纪巴颜喀拉山群古生物化石较少外,其余晚三叠世巴塘群及结扎群各岩组中产大量的古生物化石,其中晚三叠世巴塘群及结扎群(甲丕拉组、波里拉组)产大量的腕足类、双壳类化石,而结扎群巴贡组中产大量的双壳类、植物类化石。测区三叠纪生物组合及总体面貌如下。

(一) 三叠纪古生物组合特征

1. 早中三叠世结隆组古生物组合特征

早中三叠世古生物主要分布于结隆组中,测区内为该组主体西延部分,古生物化石相对较少,主要分布在图幅东侧的1:25万玉树幅,产丰富的头足类及双壳类化石。

区内见有 *Parahalobia* sp.(拟海燕蛤),*Claraia* sp.(克氏蛤)腕足化石,为早三叠世和中晚三叠世的化石分子。

测区以东外围地区中有头足类:*Longoborditites* sp.,*Paraceratites* sp.,*Voritesfalcatus* sp.,*Japonites yushuensis*,*J.* sp.,*Balatonites gracilis*,*B. disparicostatus*,*B. xizangensis*,*B.* sp.,*Cuceoeras* cuccene, *C. taramellii*, *C.* sp., *Acrochordiceras* cf. *carolinae*, *Beyrchites* sp., *Cymnoeoceras* sp., *Lsculites* cf. *meduoensis*；双壳类：*Halobia* sp.。

其中区内 *Claraia* sp.（克氏蛤）腕足化石为早三叠世的标准化石分子，分布于青海南祁连下环仓组中部。时代为 Indian 中期，相当于《青海省岩石地层》建立的 *Claraia aurita* 顶峰带。

测区以东的头足类 *Paraceratite* sp. 和双壳类 *Hallobia* sp. 常见于阿尔卑斯、波兰、匈牙利、日本、加拿大及我国云南、贵州、四川、西藏和青海南部等地区 Anisian—Ladinian 期地层中，但多见于 Anisian 期，时代为中三叠世。

因此，结隆组的年代地层单位为早中三叠世 Indian 中期—Anisian 期较适宜。

2. 三叠纪巴颜喀拉山群古生物组合特征

巴颜喀拉山群地层岩性简单，颜色单调，褶皱紧密，生物贫乏。测区内1:20万区调在巴颜喀拉山群板岩组中，只采集到 *Montlivaltia* sp.（六射珊瑚）化石，东邻1:25万玉树幅获得 *Duplexisporites*, *Annulispora*, *Gladigondolella tethydis Neogondolella mommbergensis* 孢粉组合古生物化石。

青海省区调综合地质大队在测区北东角延出4km的叶格一带采获双壳类、珊瑚和遗迹化石。*Montlivaltia norica* Frech, *Halobia yunnanensis*，其中 *Halobia yunnanensis* 为 Norian 期的一种重要分子，见于我国云南、贵州、川西、藏东以及青海南部玉树地区，也见于越南、老挝、帝汶岛和马来西亚等地，时代为晚三叠世 Norian 期。

3. 巴塘群古生物组合特征

（1）碎屑岩组

腕足类：*Rhaetinopsis* sp., *Rhaetinopsis ovata* Yang et Xu, *Lunaria dorsata* Ching, Sun et Ye, *Aulacothyris* sp., *Adygella* sp., *Yidunella yunnanensis*(Ching et Fang), *Yidunella pentagona* Ching, Sun et Ye, *Sinuplicorhynchia* sp., *Oxycolpella oxycolpos*(Emmrich)；双壳类：*Krumbeckiella* sp., *Plagiostoma* sp., *Cardium* sp., 头足类：*Arcestes* sp.；珊瑚：*Thecosmilia* sp., *Montlivaltia* sp., *Elysastrea* sp.；腹足类：*Loxonema* sp., *Chemnitzia* sp.。

（2）火山岩组

腕足类：*Caucasorhynchia* sp., *Rhaetina comlumnaris* Ching, Sun et Ye, *Rhaetina* cf. *Laurica* Moisseiev, *Halorella* cf. *amphitoma*(Bronn), *Mentzeliopsis* sp.；双壳类：*Halobia* sp., *Halobia talauana* Wanner, *Halobia yandongensis* Chen, *Halobia superbescens* Kittl, *Cuspidaria* cf. *alpisciricae* Bittner, *Placunopsis* sp., *Minetrigonia qinghaiensis* Chen et Lu, *Pleuromya* sp.；珊瑚：*Montlivaltia* sp.；腹足类：*Cullitomaria* sp.。

（3）碳酸盐岩组

腕足类：*Zhidothyris* sp., *Arcosarina* cf. *foliacea* Ching, Sun et Ye, *Koninckina* sp., *Oxycolpella wenquanensis* Sun, Ching et Ye, *Sanqiaothyris asymmetro* Ching, Sun et Ye, *Oxycolpella robinsoni* Dagys, *Oxycolpella zhidoensis* Sun, Ching et Ye, *Arcosarina* cf. *pentagona* Ching, Sun et Ye, *Koninkna* sp., *Koninkna* cf. *alata* Bittner, *Rhaetinopsis* sp., *Rhaetinopsis* cf. *zadoensis* Ching, Sun et Ye, *Sacothyris sinosa*(Ching et Fang), *Thaetina* sp., *Aequspiriferina* sp., *Aequspiriferina qinghaiensis* Sun, Ching et Ye, *Timorhynchia sulcata* Ching, Sun et Ye, *Yidunella* sp., *Yidunella* cf. *magna* Ching, Sun et Ye, *Lepismatina* sp., *Mentzelia* sp., *Mentzeliopsis* sp., *Mentzeliopsis* cf. *meridialis* Dagys；双壳类：*Palaeocardita* sp., *Halobia styriaca*(Mojsisovics), *Halobia* cf. *convexa* Chen, *Halobia pluriradiata* Reed, *Halobia superbescens* Kittl, *Halobia baqingensis* Chen et Lu, *Posidonia* sp., *Posidonia wengensis* Wissmann, *Palaeoneilo elliptica*(Goldfuss), *Cuspidaria* sp., *Myophoria*(*Costatoria*) sp., *Cassianella* sp., *Avicula* cf. *cassiana* Bittner, *Plagiostoma* sp., *Pergamidia* sp., *Pergamidia eumenea* Bittner, *Unionites* sp., *Mytilus* sp., *Sichuania difformis* Chen, *Krumbeckiella timorensiformis* (Krumbeck); 头足类: *Placites oldhami*, *Mojsisovics*, *Pinacoceras* sp., *Paratibetites* sp., *Cladiscites* sp., *Protrachyceras* sp., *Arcestes* sp., *Pseudosirenites* sp., *Trachyceras* sp.; 珊瑚: *Thecosmilia* sp., *Montlivaltia* sp., *Montlivaltia* cf. *norica* Frech; 腹足类: *Heterososmia* sp.。

总之，根据上述化石组合，巴塘群的时代应为晚三叠世。各岩组都产大量化石。根据腕足类、双壳类、头足类的多数分子都是卡尼阶与诺利阶的常见分子，还有部分是这两个阶的标准分子，且未见到瑞替阶的标准分子。所以，巴塘群年代地层单位属卡尼阶—诺利阶。

4. 结扎群古生物组合特征

(1) 甲丕拉组古生物组合特征

双壳类: *Trigonodus* sp., *Trigonodus carniolicus* Waagen, *Costatoria* sp., *Placunopsis*? sp., *Posidonia* sp., *Palaeoneilo* sp., *Myophoria* sp., *Myophoria* (*Costatoria*) *verbeekieurta* Reed, *Schafhaeutlia* sp., *Lopha* sp., *Halobia* sp., *Halobia styriaca* (Mojsisovics), *Halobia superbescens* Kittl, *Halobia* cf. *austriaca* (Mojsisovics), *Posidonia* sp., *Myophoria* (*Costatoria*) cf. *inaequicostata* Klipstein, *Myophoria* (*Costatoria*) *goldfussi* (Alberti), *Unionites* sp., *Protostrea* sp., *Pachycardia subrugosa* Vukhuc, *Unionites* sp., *Unionites griesbachi* (Bittner), *Heminajas* sp., *Myophorigonia gemaensis* Chen et Lu, *Myophorigonia* sp., *Myophoriopis* sp., *Coslatoria* sp., *Modiolus* sp., *Polaeoneilo* sp., "*Gervillia*" cf. *shaniorum* Healey, *Placunopsis* sp., *Trigonodus* sp., *Trigonodus carniolicus* Waagen, *Minelrigonia qinghaiensis* Chen et Lu, *Danella* sp., *Lopha* sp.; 腕足类: *Amphiclina* sp., *Rhaetinopsis ovata* Yang et Xu, *Rhaetinopsis zadoensis* Ching, Sun et Ye, *Zeilleria lingulata* Ching, Sun et Ye, *Oxycolpella wenquanensis* Sun, Ching et Ye; 头足类: *Placites* sp.; 植物: *Neocalamites* sp., *Equisetites arenaceus* Jaeger.。

其中 *Halobia* cf. *styriaca* (Mojsisovics), *Halobia* cf. *ausiriaca* (Mojsisovics), *Trigonodus carniolicus* Waagen, *Myophoria* (*Costatoria*) cf. *inaequicostata* Klipstein 等是卡尼阶的标准分子。甲丕拉组年代地层单位属卡尼阶。

(2) 波里拉组古生物组合特征

双壳类: *Halobia* sp., *Halobia* cf. *styriaca* (Mojsisovics), *subrugosa* J. Chen, *Posidonia* sp., *Amonotis denkoensis* Lu, *Bakevellia* sp., *Neomegalodon* sp., *Neomegalodon* (*Rossiodus*) cf. *columbella* (Hoernes), *Pergamidia* sp., *Pergamidia eumenea* Bittner, *Unionites* sp., *Pachycardia* sp., *Cardium* (*Tulongocardium*) cf. *martini* Boettger, *Chlamys* sp.; 腕足类: *Eoseptaliphoria* sp., *Caucasorhynchia* sp., *Caucasorhynchia kunensis* Dagys, *Laballa* sp., *Laballa suessi* (Winkler), *Koninckina* sp., *Koninckina* cf. *Elegantula* (Bittner), *Koninckina gigantea* Sun, Ching et Ye, *Oxycolpella* sp., *Oxycolpella rectimarginata* Sun, Ching et Ye, *Oxycolpella zhidoensis* Ching, Sun et Ye, *Oxycolpella* cf. *elongata* Ching et Fang, *Adygella* sp., *Spiriferina* sp., *Rhaetinopsis* sp., *Rhaetinapsis ovata* Yang et Xu, *Rhaetinopsis zadoensis* Ching, Sun et Ye, *Amphiclina* sp., *Neoretzia* sp., *Neoreptzia superbescens* (Bittner), *Yidunella* sp., *Yidunella yunnanensis* (Ching et Fang), *Yidunella pentagona* Ching, Sun et Ye, *Triadispira* sp., *Sacothyris sinosa* (Ching et Fang), *Aequspiriferina qinghaiensis* Sun, Ching et Ye, *Zhidothyris carinata* Ching, Sun et Ye, *Anadyrella moquensis* Ching, Sun et Ye, *Amphiclina intermedia* Bittner, *Septamphiclina qinghaiensis* Ching et Fang, *Cubanothyris corpulentus* Dagys, *Saccorhynchia xiangdaica* Ching, Sun et Ye; 头足类: *Gymnofoceras*? sp.; 六射珊瑚: *Thecosmilia* sp., *Montlivaltia* sp., *Complexastraea* sp., *Craspedophyllia* sp.; 腹足类: *Neritidae*。

(3) 巴贡组古生物组合特征

植物：*Hyrcanopteris* cf. *sinensis* Li et Tsao, *Hyrcanopteris sevanensis* Kryshtofovich et Prynada, *Thaumatopteris brauniana* Popp, *Pterophyllum* cf. *jaegeri* Brongniart, *Pterophyllum* sp., *Pterophyllum minutum* Li et Tsao, *Pterophyllum angustum* (Braun) Gothan, *Clathropteris meniscioides* Brongniart, *Otozamites* sp., *Danaeopsis fecunda* Halle, *Anomozamites* sp.；双壳类：*Halobia* sp., *Halobia* cf. *austriaca* Mojsisovics, *Posidonia* sp., *Cardium*(*Tulongocardium*) sp., *Cardium*(*Tulongocardium*) cf. *submartini* J. Chen, *Unionites* sp., *Unionites emeienisis* Chen et Zhang, *Hoernesia xizangensis* Zhang。

巴贡组都产大量化石。其中有许多诺利阶的标准分子，例如 *Hyrcanopteris* cf. *sinensis* Li et Tsao, *Pterophyllum* cf. *jaegeri* Brongniart, *Hyrcanopteris sevanensis* Kryshtofovich et Prynadad, *Cardium*(*Tulongocardium*) cf. *submartini* J. Chen, *Hoernesia* Zhang, *Pergamidia eumenea* Bittner, *Sacothyris sinosa* (Ching et Fang), *Anadyrella maquensis* Ching, Sun et Ye, *Caucasorhynchia* sp., *Koninckina* cf. *alata* Bittner, *Septamphiclina qinghaiensis* Ching et Fang, *Laballa suessi* (Winkler), *Neoretzia superbescens* (Bittner)等。巴贡组年代地层单位属诺利阶。

（二）三叠纪生物地层及年代地层划分

1. 早中三叠世古生物地层及年代地层划分

该地层位于测区一带的唐古拉地区，三叠纪古生物化石只分布在中、晚三叠世地层中，其中以晚三叠世地层中最为发育，早三叠世古生物未见。

早三叠世古生物本次工作在测区结隆组中新发现 *Claraia* sp.（克氏蛤）腕足化石，依据《青海省岩石地层》中对青海省三叠纪古生物地层单位划分方案，属 *Claraia aurita* 顶峰带年代地层单位为中Indian阶。

中三叠世古生物在图幅外以西分布在结隆组中，以头足类 *Paraceratite* sp. 常见，分布在阿尔卑斯、波兰、匈牙利、日本、加拿大及我国云南、贵州、四川、西藏和青海南部等地区 Anisian—Ladinian 阶地层中，但多见于 Anisian 期。

2. 晚三叠世古生物地层及年代地层划分

测区内晚三叠世古生物化石区内比较发育，主要分布在巴塘群及结扎群中，巴颜喀拉山群地层中稀少，主要有双壳类、腕足类及部分植物化石。依据《青海省岩石地层》对测区晚三叠世古生物地层，巴塘群及结扎群中古生物化石划分如下（表 2-14，图 2-50）。

表 2-14　测区晚三叠世古生物地层及年代地层特征表

岩石地层单位			古生物地层单位			年代地层单位	
			双壳类	腕足类	植物		
结扎群	巴贡组	碳酸盐岩组	*Neomegalodon-Cardium*(*Tulongocardium*)-*Pergamidia* 组合	*Oxycolpella-Rhaetinopsis* 组合 *Koninckina-Yidunella-Zeilleria lingulata* 组合	*Hyrcanopteris-sinensis-Clathropteris* 组合带 *Neocalamites* sp. 层	Norian	三叠系
	波里拉组	火山岩组					
	甲丕拉组	碎屑岩组				Carnian	
	结隆组					Anisian Ladinian	

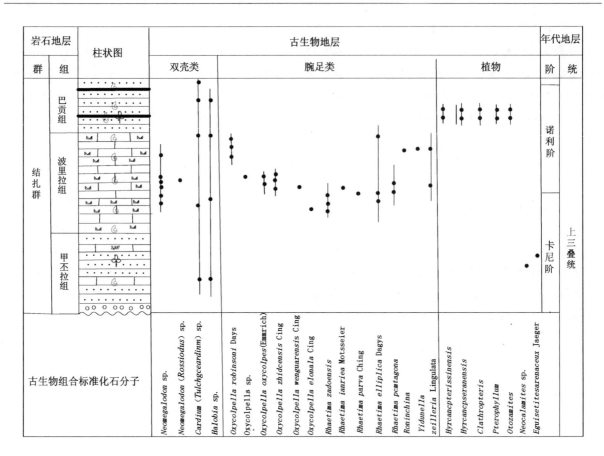

图 2-50 测区晚三叠世岩石地层与古生物地层及年代地层划分示意图

（1）双壳类

晚三叠世双壳类化石主要分布于巴塘群及结扎群甲丕拉组、波里拉组中，结扎群巴贡组中相对较少，根据化石分子及其组合特征及《青海省岩石地层》三叠纪古生物地层，区内晚三叠世双壳类可划分 1 个古生物组合。

该古生物组合分布在测区青海省杂多县结扎乡肖恰错晚三叠世波里拉组实测剖面中的 8—18 层的深灰色生物介壳灰岩、生物碎屑灰岩及白云质灰岩中，剖面共 18 层。青海省杂多县扎青乡众根涌晚三叠世巴贡组实测剖面中 5—9 层的深灰色石英砂岩、粉砂岩及页岩中，层位位于其中上部（图 2-50），路线中该组合在波里拉组中广泛产出。巴塘群碳酸盐岩组灰岩中分布许多该组合的古生物化石，在剖面上相对稀少。

古生物组合：*Zhidothyris* sp.，*Arcosarina* cf. *foliacea* Ching，Sun et Ye，*Koninckina* sp.，*Sanqiaothyris asymmetro* Ching et Ye，*Arcosarina* cf. *pentagona* Ching，Sun et Ye，*Neomegalodon* sp.，*Neomegalodon* (*Rossiodus*) cf. *columbella* (Hoernes)，*Pergamidia* sp.，*pergamidia eumenea* Bittner，*Unionites* sp.，*Pachycardia* sp.，*Cardium* (*Tulongocardium*) cf. *martini* Boettger，*Chlamys* sp.。

该生物组合以 *Neomegalodon* 出现为标志，晚期为 *Cardium*，与沙金庚、陈楚震、祁良志（1990）划分的 *Neomegalodon* 带和饶荣标等在三江地区（1987）划分的 *Indopecten himalayensis uariecostatus-Burmesia liata-Pergamidia eumenea* 组合属于同一化石层位，化石面貌在属种及丰度方面基本与测区一致。组合带时代为晚三叠世 Norian 阶。

另外在结扎群甲丕拉组和巴塘群火山岩组中见有 *Palaeoneilo* sp.，*Schafhaeutlia* sp.，*Unionites* sp.，*Unionites griesbachi* (Bittner)等晚三叠世 Carnian 期—早 Norian 期的生物组合化石层位，由于剖面层位不清，无法建立古生物地层单位。

(2) 腕足类

晚三叠世腕足类化石主要分布于巴塘群及结扎群甲丕拉组、波里拉组中,结扎群巴贡组中相对较少,根据化石分子及其组合特征及《青海省岩石地层》三叠纪古生物地层,区内晚三叠世腕足类可划分两个古生物组合。

Oxycolpella-Rhaetinopsis 组合。该组合分布在测区内青海省杂多县结扎乡肖恰错晚三叠世波里拉组实测剖面中的3—18层的深灰色生物介壳灰岩、生物碎屑灰岩及白云质灰岩中,层厚1434.56m(图2-50),在路线中该组合还分布在甲丕拉组地层中。巴塘群碎屑岩组和碳酸盐岩组粉砂岩、灰岩中分布许多该组合的古生物化石,在剖面上相对稀少,无法具体进行进一步划分。

主要古生物有:*Amphiclina* sp.,*Rhaetinopsis ovata* Yang et Xu,*Rhaetinopsis zadoensis* Ching,Sun et Ye,*Zeilleria lingulata* Ching,Sun et Ye,*Oxycolpella wenquanensis* Sun,Ching et Ye,*Rhaetinopsis* sp.,*Aulacothyris* sp.,*Adygella* sp. *Yidunella yunnanensis*(Ching et Fang),*Yidunella pentagona* Ching,Sun et Ye,*Sinuplicorhynchia* sp.,*Oxycolpella oxycolpos*(Emmrich)。

区域上该生物组合与三叠纪专题组(1979)划分的 *Rhaetinopsis* 带;饶荣标等在三江地区(1987)划分的 *Oxycolpella oxycolpos-Rhaetinopsis ovata* 组合属于同一化石层位,化石面貌在属种及丰度方面基本与测区一致。组合带时代为晚三叠世Carnian阶。

Koninckina-Yidunella-Zeilleria lingulata 组合。该组合分布在测区内青海省杂多县结扎乡肖恰错晚三叠世波里拉组实测剖面中8层的灰色白云质灰岩中,层厚100.77m(图2-50),路线中该组合在波里拉组中广泛产出。巴塘群碳酸盐岩组灰岩中分布许多该组合的古生物化石,在剖面上相对稀少,位于青海省治多县多彩乡吓俄贡玛晚三叠世巴塘群实测剖面碳酸盐岩组的上部层位。

该组合带分布在结扎群波里拉组和巴塘群碳酸盐岩组灰色泥晶生物碎屑灰岩、亮晶含生物灰岩中,主要古生物有:*Zhidothyris* sp.,*Arcosarina* cf. *foliacea* Ching,Sun et Ye,*Koninckina* sp.,*Sanqiaothyris asymmetro* Ching et Ye,*Arcosarina* cf. *Pentagona* Ching,Sun et Ye,*Koninchina* cf. *alata* Bittner,Ching,Sun et Ye,*Sacothyris sinosa*(Ching et Fang),*Thaetina* sp.,*Aequspiriferina* sp.,*Aequspiriferina qinghaiensis* Sun,Ching et Ye,*Timorhynchia sulcata* Ching,Sun et Ye,*Yidunella* sp.,*Yidunella* cf. *magna* Ching,Sun et Ye,*Lepismatina* sp.,*Mentzelia* sp.,*Mentzeliopsis* sp.,*Mentzeliopsis* cf. *meridialis* Dagys,*Eoseptaliphoria* sp.,*Caucasorhynchia* sp.,*Aucasorhynchia kunensis* Dagys,*Laballa* sp.,*Laballa suessi*(Winkler),*Koninckina* sp.,*Koninckina* cf. *elegantula*(Bittner),*Koninckina* cf. *gigantea* Sun,Ching et Ye,*Koninckina* cf. *alata* Bittner,*Oxycolpella* sp.,*Yidunella* sp.,*Yidunella yunnanensis*(Ching et Fang),*Yidunella pentagona* Ching,Sun et Ye,*Triadispira* sp.,*Sacothyris sinosa*(Ching et Fang),*Aequspiriferina qinghaiensis* Sun,Ching et Ye,*Zhidothyris carinata* Ching,Sun et Ye,*Anadyrella moquensis* Ching,Sun et Ye,*Amphiclina intermedia* Bittner,*Septamphiclina qinghaiensis* Ching et Fang,*Cubanothyris corpulentus* Dagys,*Saccorhynchia xiangdaica* Ching,Sun et Ye。

上述化石组合及特征分子如 *Yidunella yunnanensis*,*Yidunella pentagona*,*Koninckina gigantean*,*Zeilleria* cf. *lingulata* 常见于云南、贵州等中国南方一带,地质年代显示为晚三叠世中晚期,相当于Carnian—Norian期。

Koninckina-Yidunella-Zeilleria lingulata 组合向西可与沱沱河地区该组合对比,属于同一化石层位,化石面貌在属种及丰度方面基本与测区一致。

(3) 植物类

测区内三叠纪植物化石主要产于结扎群甲丕拉组与巴贡组之中,根据剖面与路线地质的调查,依据在测区康特金—苟鲁措一带苟鲁山克措组采有植物化石及地层分布建立两个植物组合。

Neocalamites sp.层。该层古生物分布在测区内青海省治多县当江乡众打尔它晚三叠世甲丕拉组、

波里拉组实测剖面中的中上部层位7层灰色石英粉砂岩和12层灰黑色粉砂岩中。剖面共分12层,总厚1138.44m,出现该古生物层的层厚635.97m。

该层的主要分子有:*Neocalamites* sp.,*Equisetites arenaceus* Jaeger 为节类属种,是卡尼阶的标准分子,地层的时代为晚三叠世 Carnian 阶。

Hyrcanopteris sinensis-Clathropteris 组合带。该组合带(图2-50)古生物分布在测区内青海省杂多县扎青乡众根涌晚三叠世巴贡组实测剖面中的1—2层的深灰色石英砂岩、粉砂岩及页岩中,层厚220.81m。

该带的主要分子有:*Hyrcanopteris* cf. *sinensis* Li et Tsao,*Hyrrcanopteris sevanensis* Kryshtofovich et Prynada,*Thaumatopteris brauniana* Popp,*Pterophyllum* cf. *jaegeri* Brongniart,*Pterophyllun* sp.,*Pterophyllun minutum* Li et Tsao,*Pterophyllum angustum* (Braun) Gothan,*Clathropteris meniscioides* Brongniart,*Otozamites* sp.,*Danaeopsis fecunda* Halle,*Anomozamites* sp.。该植物组合带以裸子植物门的苏铁纲类最为丰富,有 *Pterophyllum*,*Anomozamites* sp.,*Otozamites*;裸子植物门的种子蕨纲亦较丰富,以 *Hyrcanopteris sinensis* 为主。

1:25万乌兰乌拉幅(2003)、1:25万沱沱河幅、曲柔尕卡幅(2005)在测区西部的乌兰乌拉、沱沱河幅地区分布的苟鲁山克措组中建立了 *Hyrcanopteris sevanensis-Clathropteris* 组合带,与测区结扎群巴贡组中植物化石属于同一化石层位,化石面貌在属种及丰度方面基本与测区一致。组合带时代为晚三叠世 Norian 期。

第五节 侏罗纪地层

测区侏罗纪地层很少,仅分布在测区南部地区,出露地层为雁石坪群雀莫错组、布曲组、夏里组3个岩石地层单位。

詹灿惠、韦思槐(1957)创名"雁石坪岩系",分上岩系温泉层、雁塔层;中岩系上灰岩层、上碎屑岩层;下岩系下灰岩层、下碎屑岩层。顾知微(1962)将詹灿惠等的下岩系划为雁石坪群,中岩系创名多洛金群,上岩系温泉层部分地层创名江夏组。地质部石油局综合研究队青藏分队(1966)将该套地层创名唐古拉山群。同时由下向上创名温泉组(相当詹灿惠等的下岩系),安多组(相当詹灿惠等的中岩系的上灰岩及上岩系的雁塔层),雪山组(相当詹灿惠等的温泉层)。青海省区测队(1970)沿用雁石坪群由下向上包括:下砂岩段、下灰岩段、上砂岩段、上灰岩段,时代归中晚侏罗世。青海省地研所编图组(1981)沿用雁石坪群一名由下向上划分为:碎屑岩组,碳酸盐岩碎屑岩组,碎屑岩组,时代归中侏罗世。蒋忠惕(1983)又将其称为唐古拉群,由下而上划分为温泉组羌姆勒曲组、雪山组,地质时代归中侏罗世—早白垩世。青海省区调综合地质大队(1978)将其由下而上创名为:雀莫错组、玛托组、温泉组、夏里组、索瓦组、扎窝茸组,时代归中晚侏罗世。杨遵仪、阴家润(1988)将中侏罗世地层称为雁石坪群。在《青海省区域地质志》(1991)中将晚侏罗世地层创名吉日群组,将雁石坪群限制在中侏罗世。在《青海省岩石地层》(1997)中沿用雁石坪群,并重新定义为:指不整合于结扎群及其以前地层之上,为一套碎屑岩夹灰岩,下部局部地区夹火山岩组成的地层,上未见顶。由下而上由雀莫错组、布曲组、夏里组、索瓦组、雪山组合并而成。各组之间均为整合接触,产双壳类、腕足类、腹足类、菊石、孢粉等化石。地质时代总体为中晚侏罗世。建议停用同物异名的且属年代地层单位的唐古拉群、吉日群。

雁石坪群分布于测区西南角一带,主体沉积中心在测区西南部出图幅外的广大地区,测区内只在图幅西南角色旺涌曲一带有少量出露,面积不足300km²,由于风化覆盖,露头极差。另外在测区中部昂欠涌曲一带本次工作新发现不足2km²的含有大量侏罗纪化石的灰岩地层,呈断块分布在晚三叠世结扎群地层中。该套地层测区内只出露雀莫错组、布曲组、夏里组3个岩石地层单位。

1. 剖面描述

除夏里组露头相对较好外,雀莫错组、布曲组大部分被覆盖,露头极差。区内雀莫错组角度不整合(推测)在石炭纪杂多群之上,夏里组与古近纪—新近纪地层、石炭纪地层呈断层接触。雀莫错组、布曲组剖面采用调查区杂多县幅青海省杂多县结多乡解青能中—晚侏罗世地层实测剖面(Ⅷ004P3),夏里组剖面选择测区外(联测调查区内)南2km的青海省杂多县阿多乡侏罗纪雀莫错组—古近纪曲果组实测地层剖面(Ⅷ004P1)。

(1) 青海省杂多县阿多乡侏罗纪雁石坪群雀莫错组实测地层剖面(Ⅷ004P1)(图2-51)。

该剖面未见底,其上被新近纪曲果组角度不整合覆盖。起点坐标:东经94°39′49″,北纬32°55′00″;终点坐标:东经94°40′16″,北纬32°55′45″。

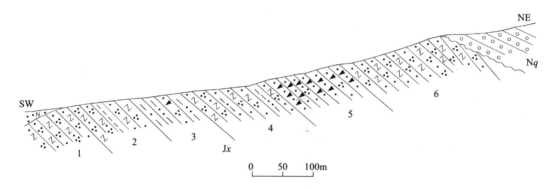

图2-51 青海省杂多县阿多乡侏罗纪雁石坪群雀莫错组实测地层剖面(Ⅷ004P1)

曲果组(Nq):砖红色块层状中砾复成分砾岩
———— 角度不整合 ————

夏里组(Jx) 厚度>1211.41m

6. 灰紫色中厚层状细粒长石石英砂岩夹灰紫色中—厚层状泥质粉砂岩　318.83m
5. 灰紫色中厚层状细粒长石石英夹灰紫色薄层状粉砂岩　106.84m
4. 灰紫色厚层状中细粒岩屑石英砂岩夹灰紫色薄—中层状粉砂岩　158.2m
3. 灰紫色厚层状中细粒石英砂岩　256.55m
2. 灰紫色厚层状中细粒长石石英砂岩夹灰紫色中厚层状粉砂岩　410.62m
1. 灰紫色中层状泥质粉砂岩与灰紫色中厚层状泥岩互层　30.77m

(未见底)

(2) 青海省杂多县结多乡解青能中—晚侏罗世雁石坪群实测地层剖面(Ⅷ004P3)(图2-52)。

该剖面起点坐标:东经94°39′49″,北纬32°55′00″;终点坐标:东经94°40′16″,北纬32°55′45″。

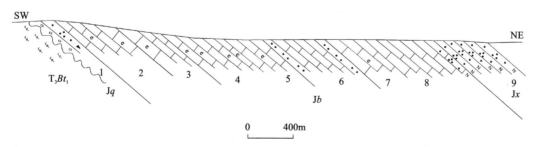

图2-52 青海省杂多县结多乡解青能中—晚侏罗世雁石坪群实测地层剖面(Ⅷ004P3)

夏里组(Jx)

9. 灰紫色中层细粒长石石英砂岩夹灰绿色中厚层状细粒长石石英砂岩　122.58m
———— 整合 ————

布曲组(Jb) 厚度＞595.88m
8. 深灰色中层状微晶灰岩 139.02m
7. 深灰色中层状微晶灰岩夹深灰色中层状生物碎屑灰岩 67.44m
6. 深灰色中层状微晶灰岩夹深灰色中层状粉砂岩 106.14m
5. 深灰色中层状微晶灰岩夹灰色中层状生物介壳灰岩 62.22m
4. 深灰色中—薄层状微晶灰岩夹深灰色中层状生物碎屑灰岩及灰色鲕粒灰岩 76.05m
3. 深灰色中层状生物介壳灰岩夹灰色中—薄层状微晶灰岩 42.88m
2. 深灰色中—薄层状微晶灰岩夹灰色中层状生物介壳灰岩 101.93m
——————————————— 整合 ———————————————
雀莫错组(Jq)
1. 紫红色厚层状中细粒岩屑石英砂岩夹灰紫色复成分砾岩 29.25m
～～～～～～～～～ 角度不整合 ～～～～～～～～～
晚三叠世巴塘群火山岩组(T_3Bt_1)：灰紫色流纹英安岩

2. 地层划分和沉积环境分析

（1）雀莫错组(Jq)

由青海省区调综合地质大队(1987)创名雀莫错组于格尔木市唐古拉山雀莫错西南7km。在《青海省岩石地层》(1997)中沿用雀莫错组一名，并修订雀莫错组的定义为"指不整合结扎群及其以前地层之上，整合于布曲组之下的以紫色、灰紫色及灰色为主的复成分砾岩，含砾砂岩、石英砂岩、粉砂岩夹少量灰岩、铁质砂岩组成地层体。岩石类型比较复杂，是一个由粗变细的地层序列。顶界以布曲组灰岩的始现为界。产丰富双壳类和腕足类等化石。"指定正层型为青海省区调综合地质大队(1987)测制的格尔木市唐古拉山乡雀莫错东剖面1—24层。为一套灰、灰绿、灰紫色岩屑石英砂岩，岩屑砂岩夹灰紫色砾岩，含砾粗砂岩及粉砂岩。

测区内只在图幅西南角色旺涌曲一带有少量出露，面积不足10km^2，厚度大于29.25 m。由于覆盖，露头极差。岩石由紫红色钙质石英砂岩，石英粉砂岩，长石石英砂岩夹泥质粉砂岩残积物组成，与下伏杂多群呈角度不整合接触(图2-53)，其上与布曲组整合接触。砾岩砾石成分以灰岩、砂岩为主，花岗岩、板岩次之。与下伏地层下石炭统岩性相一致，反映其物质来源具近源陆屑的特征。砾石为浑圆状，次棱角状，分选性比较好，砾石直径一般为2～10cm，最大砾石直径25cm，砾石约占75％，胶结物占25％，成分以泥砂质为主，呈孔隙式接触。反映近岸滨海相沉积。

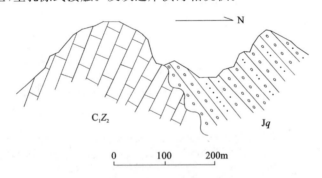

图2-53 解曲雁石坪群雀莫错组与杂多群角度不整合接触素描图

（2）布曲组(Jb)

白生海(1989)在唐古拉乡布曲创名布曲组。原指一套浅海相碳酸盐岩沉积。在《青海省岩石地层》(1997)中建议停用上述各名称，仍以布曲组称之，其修定涵义是："指整合于雀莫错组之上、夏里组之下的一套以碳酸盐岩为主夹少许粉砂岩组成的地层体。产有丰富的双壳类、腕足类及少量海胆、菊石、鹦鹉螺等化石。上线以灰岩的消失为界，下线以灰岩的始现为界"。并指正层型为白生海(1989)重测的雁石坪剖面34—37层。

测区内只在图幅西南角色旺涌曲一带有少量出露,面积不足10km²,厚度估计大于20m。剖面反映主要为浅灰—深灰色以较稳定的含生物碎屑不纯灰岩、微晶灰岩、泥灰岩为主夹有紫红色及灰黄色的泥钙质粉砂岩、长石石英砂岩。从路线观察看测区内只见少量的灰色微晶灰岩、泥灰岩孤立露头和转石。灰岩中采集到 Thecosmilia sp. 剑鞘珊瑚,Complexastraea sp. 环星珊瑚和 Radulopccten sp. 刮具海扇,Oscillopha sp. 波形棱蛎,时代为中侏罗世。

上述情况表明沉积环境不稳定,厚度变化大,属滨海—浅海相沉积。

(3) 夏里组(Jx)

由青海省区调综合地质大队(1987)创名夏里组于格尔木市唐古拉山乡雀莫错西夏里山。在《青海省岩石地层》(1997)中沿用此名,并定义为:"指整合于布曲组碳酸盐岩组合之上,索瓦组碳酸盐岩与细碎屑岩互层组合之下,一套杂色细碎屑岩夹少量灰岩和石膏层组合而成的地层序列。该组岩性在宏观上,多以灰绿色、紫红色碎屑岩交互组成。产双壳类、腕足类、遗迹化石及植物茎干和碎片。上线以夏里组厚层—巨厚层状粉砂岩的顶层面为界,下线以布曲组厚层状灰岩始现为界"。指定正层型为青海省区调综合地质大队(1987)测制的雁石坪剖面38—49层。

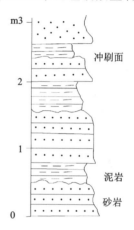

图2-54 夏里组砂岩层基本层序

测区内只在图幅西南角色旺涌曲一带有少量出露,面积不足280km²,厚度大于1211.41m。该组在区内岩性组合为紫色、灰色、灰绿色长石砂岩,粉砂岩,泥岩,由砂岩、粉砂质泥岩组成韵律型基本层序(图2-54)。此组合基本可以与正层型剖面对比,为一套潮坪—三角洲相碎屑岩沉积,沉积时代推测为中侏罗世。综上所述,岩石粒度粗细变化明显,层理清楚,单层厚度比较稳定。中细粒砂岩中尚见层间砾岩,粉砂岩中夹灰岩。层间砾岩的产出,可能与海水进退频繁有关。该岩组由北而南和由东而西,厚度逐渐增大,说明海水有向西南退去之势,显示清楚的海退序列。

该岩组岩性在纵、横向上基本稳定,但厚度各地有差异。在石英砂岩和粉砂岩中见多处铜矿化现象,并见两处铜矿化点。在砂岩中普遍发育交错层理,并见到波痕。局部地段砂岩中见砂质球状同生结核,呈浑圆及椭圆状,大者20cm×30cm,个别达50cm。砂岩中常见浅灰绿色砂质及钙质团块。泥质粉砂岩中夹钙质结核,大小2cm×5cm,说明沉积时水动力条件动荡。上述特征应属滨海相沉积。

3. 微量元素特征

由于基岩光谱中分析的13种元素的结果表明绝大多数元素值低于克拉克值,而锌元素大多数低于测试灵敏度,只有Cr、Sr、Zr 3种元素略高于克拉克值。因而只对Cu、Pb、Cr、Ni 4种元素进行了统计(表2-15)。

表2-15 雁石坪群中微量元素统计表($w_B/10^{-6}$)

	岩组\岩性	统计个数	Cu	Pb	Cr	Ni
岩组	夏里组	21	13	13	158	33
	布曲组	22	34	15	139	17
	雀莫错组	25	19	17	256	23
岩性	石英砂岩	39	22	15	219	18
	粉砂岩、粉砂质泥岩	13	37	18	194	26
	泥灰岩、不纯灰岩	18	12	15	116	18

4. 时代讨论

测区内在昂欠涌曲上游雁石坪群布曲组中采有珊瑚、双壳类化石，经中国科学院南京地质古生物研究所鉴定为 *Thecosmilia* sp. 剑鞘珊瑚，*Complexastraea* sp. 环星珊瑚（样品号 Ⅷ003ZDH1252-1）和 *Radulopccten* sp. 刮具海扇，*Oscillopha* sp. 波形棱蛎（样品号 Ⅷ003H323-1），其形成时代为中—晚侏罗世。

另外在测区南部的杂多县幅雁石坪群布曲组、夏里组地层中广泛出露发育双壳类、腕足类等化石，其中的腕足类 *Burmirhynchia flabillis* Ching, Sun et Ye，*Burmirhynehia nyainrongensis* Ching, Sun et Ye，以及双壳类 *Camplonectes*(*Camptochlamys*) *yanshipingensis* Wen 是中侏罗世常见的分子；布曲组中所产的大量双壳类化石多属于 *Camptonectes auritus-Pteroperna costatula* 组合，如：*Camptonectes* (*Camptochlamys*) *yanshipingensis* Wen，*Camptonectes* (*Camptonectes*) *rugosus* Wen，*Camptonectes* (*Camptonectes*) cf. *lens* (Sowerby)，*Camptonectes concentrica* (Sowerby)，*Pholadomya socialis qinghaiensis* Wen；夏里组中产有双壳类：*Anisocadia* (Antiquicyprina)，*Mactromya* sp.。所有这些化石反映出这套地层是中侏罗世的沉积，所以将这套地层归于中—晚侏罗世。

第六节 古近纪—新近纪地层

测区古近纪—新近纪地层分布较广泛，可划分为沱沱河组、雅西措组、查保玛组和曲果组 4 个正式的岩石地层单位。沱沱河组、雅西措组为连续沉积，曲果组平行不整合在雅西措组之上，与查保玛组未见接触关系。

一、沱沱河组（Et）

青海省区调综合地质大队（1989）创名"沱沱河群"于格尔木市唐古拉乡沱沱河。在《青海省岩石地层》（1997）一书中降群为组，并将其定义修定为："指不整合于结扎群之上（区域上不整合于巴塘群、巴颜喀拉群之上），整合于雅西措组之下一套由砖红色、紫红色、黄褐色复成分砾岩、含砾粗砂岩、砂岩、粉砂岩，局部夹泥岩、灰岩组合成的地层序列。顶以雅西措组灰岩的始现与其为界。产介形类、轮藻、孢粉等化石"。指定正层型为青海省区调综合地质大队（1989）测制的格尔木市唐古拉山乡阿布日阿加宰剖面 1—5 层。

测区沱沱河组分布在巴切—打尔它—雅可、乃让查依玛、教青涌、俄益赛—国独赛、扎青乡周围、东补涌—龙青能等地，以北西西向条带状展布为主，少为短带状或团块状。与下伏前古近纪地层（结扎群、风火山群及雁石坪群等）均为不整合接触，与上覆雅西措组为连续过渡关系。为一套以冲、洪积为主兼湖相沉积。

1. 剖面描述

青海省杂多县扎青乡格桑村格青涌古近纪沱沱河组、古近纪—新近纪雅西措组实测地层剖面（Ⅷ003P1）（图 2-55）。起点坐标：东经 94°42′34″，北纬 33°15′10″；终点坐标：东经 94°42′23″，北纬 33°14′52″。

雅西措组（ENy）：浅灰白色中层状微晶砂屑灰岩、含白云石泥晶灰岩夹砖红色中—厚层状泥岩

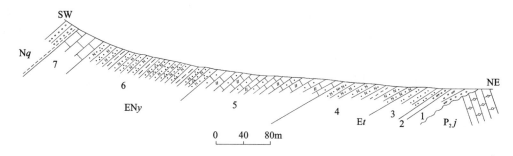

图 2-55　青海省杂多县扎青乡格桑村格青涌古近纪沱沱河组、古近纪—新近纪雅西措组实测地层剖面(Ⅷ003P1)

——————— 整合 ———————

沱沱河组（Et）　　　　　　　　　　　　　　　　　　　　　　　　　　　　　厚度 85.67m

4. 砖红色薄层状细粒长石砂岩夹砖红色厚层状泥岩、灰黄色薄层状中粒岩屑砂岩　　　71.43m
3. 砖红色厚层状细砂质粉砂岩夹砖红色薄层状粉砂岩　　　　　　　　　　　　　　　8.89m
2. 砖红色薄—中层状钙砂质复成分砾岩夹砖红色薄—中层状含砾粗砂岩　　　　　　　0.67m
1. 砖红色厚层状复成分砾岩　　　　　　　　　　　　　　　　　　　　　　　　　　4.68m

～～～～～～～ 角度不整合 ～～～～～～～

九十道班组（P$_2$j）：深灰色厚层状亮晶灰岩

2. 地层综述

该岩组岩石组合下部为紫红色厚—块层状的砾岩夹砂岩，上部为紫红色厚—块层状夹中层状中细粒石英砂岩夹复成分砾岩和含砾粗砂岩，偶夹不纯灰岩透镜体。从下而上显示由粗到细的变化韵律。层厚稳定，砾岩单层厚50~80cm，最厚达130cm。

复成分砾岩：岩石具特征的砾状结构，孔隙式胶结。砾石含量30%~70%，砾石成分复杂，包括种类繁多的砂岩、灰岩及火山岩。砾石多呈圆状—次圆状。分选性普遍较差，砾级与砂级混杂，最大砾径20~40cm。胶结物占5%~20%，其成分以方解石为主，少量铁质。

砂岩类：以岩屑长石砂岩为主。紫红色、砖红、紫灰色，不等粒或含砾不等粒砂状结构，部分为中细粒砂状结构，碎屑占70%~90%，其中长石占10%~25%、岩屑占20%~30%、石英占50%~60%，岩屑由熔岩、凝灰岩、灰岩、砂岩、粉砂岩、泥岩、变砂岩等组成。

岩屑长石砂岩：紫红色、灰紫色，粉砂—细粒砂状结构。碎屑占70%~85%。其成分主要为石英(50%)、长石(30%)、岩屑(15%~20%)，岩屑包括酸性、中基性熔岩、凝灰岩、灰岩、砂岩、千枚岩、变砂岩、泥岩等，碎屑粒度在0.06~0.25mm之间。

泥岩类：该类岩石极少见，主要为砂质泥岩。岩石呈紫红色具砂泥质结构。由泥晶矿物及砂碎屑(25%)组成，含少量铁质。其中碎屑包括石英、长石及少量岩屑，粘土矿物呈显微鳞片状，砂碎屑呈次棱角状，分选性差，粒度为0.01~0.5mm，不均匀掺杂于粘土矿物之中。

3. 沉积环境分析

沱沱河组基本层序(图2-56)：下部为复成分砾岩夹紫红色岩屑砂岩，复成分砾岩呈块层状，单层厚大于50~150cm，略呈粒序层理构造，砂岩中普遍具平行层理、斜层理构造。该层序显示出湖相三角洲及冲洪积河道沉积体系。上部的泥质粉砂岩单层一般厚20~40cm，发育水平层理构造。从层序中可以识别出河道相、冲洪积平原与滨—浅湖相沉积，表现出水体逐渐加深的过程。

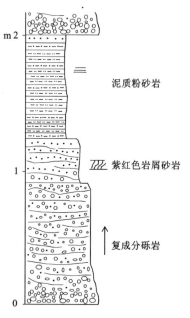

图 2-56　沱沱河组基本层序图

该岩组在不同沉积盆地的变化,表现在岩性上,反映在砾岩砾石成分因地各异,这与沉积盆地物质来源(蚀源区母岩岩性)有关。沉积厚度上,在各盆地出露厚度差异较大,厚度差异可能与各盆地沉降幅度及古地貌有一定关系。在盆地中多沿盆地边缘分布,以北西西向条带状展布为主,少数为短带状或团块状。与下伏前古近纪地层(结扎群、风火山群及雁石坪群等)均为不整合接触,与上覆雅西措组为连续过渡关系。其沉积环境为一套冲、洪积河湖相沉积。

4. 时代讨论

沱沱河组在南部杂多县幅以明显的角度不整合不整合于白垩纪地层之上,岩层产状平缓,层理清晰,其上与雅西措组整合接触。

在南部杂多县幅拉加涌上游泗青能一带沱沱河组上部所采孢粉鉴定成果反映孢粉组合以裸子植物花粉占优势(61.4%),是一种以单调的云杉($Piceae$)为主,次为无口器粉($Phaperturopollenites$),麻黄($Ephedripites$),而蕨类植物占组合的18.6%,以水龙骨科(Polypodiaceae)为主,次为凤尾蕨($Pterisisporites$),三角孢($Deltoidospora$)。被子植物以栎粉($Ouereus$)较多,有刺忍冬粉、棒粉、漆树及个别棕榈等。孢粉组合面貌与西藏伦坡拉盆地牛堡组上段相似。时代确定为晚渐新世至中新世早期。

二、雅西措组(ENy)

青海省区调综合地质大队(1989)创名"雅西措群"于格尔木市唐古拉乡雅西措。其原始定义:"指分别整合于五道梁群之下,沱沱河群之上代表渐新世灰白色、浅灰色碳酸盐岩及紫红色砂岩为主,夹石膏岩层、泥灰岩、含石膏粘土岩层组成的地层。产轮藻、介形类和孢粉化石"。在《青海省岩石地层》(1997)中降群为组,并修定为:"指分别整合于沱沱河组之上、五道梁组之下一套以碳酸盐岩为主,局部夹紫红色砂岩、灰质粘土岩及锌银铁矿组合而成的地层体。区域上多数地区未见顶。在曲麻莱县玛吾当扎与羌塘组呈不整合接触。顶以石膏层的出现与五道梁组分界,底以整合(局部为不整合)面或碳酸盐岩的始现与沱沱河组或其以前的地层分隔。产介形类、轮藻等化石"。

雅西措组区内分布很少,只出露在托吉涌两侧附近,多呈北西西向短轴状展布,与下伏沱沱河组整合接触,其上与新近纪曲果组平行不整合接触,分布面积35km²。主要岩性为泥灰岩、粉砂岩夹泥晶灰岩和泥质石膏层,夹有紫红色、砖红色长石岩屑砂岩、岩屑石英砂岩、长石石英砂岩夹灰绿色凝灰岩、泥晶灰岩、复成分砾岩、泥岩、粉砂岩,为一套河湖相沉积。

1. 剖面描述

青海省杂多县扎青乡格桑村格青涌古近纪—新近纪沱沱河组、雅西措组实测地层剖面(Ⅷ003P1)(图2-55)。

新近纪曲果组(Nq):灰色厚—巨厚层状砾岩

—————— 平行不整合 ——————

雅西措组(ENy)   **厚度 270.63m**

7.浅灰白色中—厚层状泥晶灰岩,产介形虫、螺等化石   37.63m

6.灰黄色中—薄层状细粒长石石英砂岩夹砖红色中层状泥岩   127.82m

5.浅灰白色中层状微晶砂屑灰岩、含白云石泥晶灰岩夹砖红色中—厚层状泥岩   105.18m

——————— 整合 ———————

沱沱河组(Et):砖红色薄层状长石砂岩夹砖红色厚层状泥岩、灰黄色薄层状中粒岩屑砂岩

2. 地层划分和沉积环境分析

该岩组以橘黄色为特征,主要岩性为泥灰岩、粉砂岩夹泥晶灰岩,夹有紫红色、砖红色长石岩屑砂岩、岩屑石英砂岩、长石石英砂岩夹灰绿色凝灰岩、泥晶灰岩、复成分砾岩、泥岩、粉砂岩。波痕、泥裂较常见。

泥晶灰岩、微晶灰岩：呈灰绿色、浅灰、灰紫色等，分别具有特征的泥晶结构、粉屑—砂屑结构、微晶结构等。岩石成分主要为方解石，个别含陆源碎屑，碎屑由石英、长石和岩屑等组成，多呈棱角状。粒屑包括砂屑、粉屑、团粒及生物屑等，均由泥晶方解石组成。基质也由泥晶方解石组成，呈基底—孔隙式胶结类型。

在解青能—查加能一带沿走向夹有青灰色泥质粉砂岩，局部偶夹砾岩，各盆地沿走向出露宽度不一，岩性在纵向上变化不显著。灰岩主要分布于雅西措组之中，包括泥晶灰岩、微晶灰岩等，呈灰绿色、浅灰、灰紫色等，分别具有特征的泥晶结构、粉屑—砂屑结构、微晶结构等。岩石成分主要为方解石，个别含陆源碎屑，碎屑由石英、长石和岩屑等组成，多呈棱角状。粒屑包括砂屑、粉屑、团粒及生物屑等，均由泥晶方解石组成。基质也由泥晶方解石组成，呈基底—孔隙式胶结类型，发育水平纹层理，为粒度向上变细的湖侵退积型层序，反映出是以河湖相沉积为主兼洪积相沉积。

3. 区域对比与时代讨论

雅西措组在测区各新生代盆地内均有分布，多呈北西西向短带状展布，与下伏沱沱河组整合接触，其上被新近纪曲果组平行不整合接触。其岩性组合为紫红色、砖红色长石岩屑砂岩、岩屑石英砂岩、长石石英砂岩夹灰绿色凝灰岩、泥晶灰岩、复成分砾岩、泥岩、粉砂岩，为一套以河湖相沉积为主兼洪积相沉积。该组可与沱沱河地区的层型剖面进行对比，区内只出露下部层位地层。

4. 时代讨论

剖面上采有介形虫碎片，无法鉴定。在测区南部杂多县幅该地层中采有孢粉组合以裸子植物花粉占绝对优势 91.6％，其中以松属为主，单束松粉（*Abietineaepollenites* sp.）加双束松粉（*Pinuspollenites* sp.）占 71％，其次为铁杉粉（*Tsugaepollenites* sp.）、云杉粉（*Pieeaepollenites* sp.），少量雪松杉、油杉、罗汉松粉，个别见到麻黄粉；蕨类植物孢子占孢粉组合总数的 2.3％，仅见到少量凤尾蕨孢（*Pterisisporites* sp.），偶见三角孢（*Deltoidospora* sp.）；被子植物花粉占孢粉组合总数的 6％，以草本植物藜粉（*Chenopodipollis* sp.）、拟白刺粉（*Nitrariadites* sp.）、青海粉（*Qinghaipollis* sp.）、三沟粉（*Labitricolpites* sp.）为主，偶见楝粉、菊粉。据上述组合特征，应为松科—铁杉粉—凤尾蕨孢组合，属于针叶林—森林草植被。可与柴达木盆地上干柴沟—下油沙山组的松科—麻黄粉组合，西宁—民和盆地谢家组上部的榆粉属-栎粉属-云杉粉组合大致进行对比，因此将测区这套地层的时代归属于渐新世—中新世是比较合适的。

三、查保玛组（ENc）

朱夏（1957）在唐古拉山、可可西里查保玛逊创建"查保玛逊岩系。"指："上新世陆相喷出的中—中基性火山岩和碎屑岩沉积。"青海省区测队（1970）将下部火山岩称为下岩组，上部碎屑岩称为上岩组。1980 年青海省地矿局地层编写小组在《西北地区区域地层表——青海省分册》一书中改称查保玛群。苟金（1992）沿用查保玛群，把碎屑岩组称为曲果组。在《青海省岩石地层》中降群为组，称查保玛组。并定义为：不整合于沱沱河组及其以前地层上，曲果组或羌塘组之下的一套中—中基性火山岩地层。

该组分布在测区西南部查日弄到昂欠涌之间，出露面积约 65km²。主要是一套陆相中—酸性火山岩系。火山岩明显地不整合于上三叠统结扎群各岩组之上（图 2-57），并被喜马拉雅早期的色的日似斑状花岗岩及控巴俄仁石英正长岩所侵入。火山岩主要分布在赛迪拉到让查日一带。由于后期剥蚀作用，火山岩呈规模不

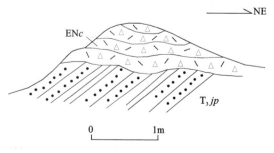

图 2-57 赛迪拉查保玛组与下伏地层不整合素描图

等的残留"顶垂"不整合于结扎群之上。在迪拉亿一带出露最全、厚度最大。

1. 剖面描述

青海省治多县多彩乡迪拉亿中新世—始新世查保玛组修测地层剖面（Ⅷ003P17）(图2-58)。

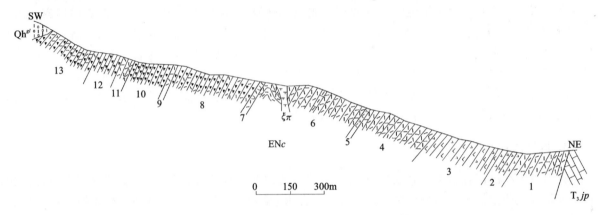

图2-58 青海省治多县多彩乡迪拉亿中新世—始新世查保玛组修测地层剖面（Ⅷ003P17）

查保玛组（ENc） 厚度＞1821.69m

13. 灰绿色安山质火山角砾岩（上覆现代冰川） 174.68m
12. 浅灰色含石英安山岩 87.12m
11. 浅灰色流纹岩 28.12m
10. 浅灰绿色安山质角砾熔岩 96.91m
9. 灰白色流纹岩 17.91m
8. 灰绿色安山质火山角砾岩 382.52m
7. 灰绿色英安质凝灰熔岩 17.60m
6. 浅灰白色流纹岩夹1层厚约2m的灰色泥灰岩透镜体 275.88m
5. 灰色安山玄武岩 6.51m
4. 浅灰红色流纹岩 247.19m
3. 灰绿色杏仁状安山玄武岩 267.40m
2. 灰绿色安山岩 78.6m
1. 灰绿色流纹岩 161.25m

—————— 平行不整合 ——————

结扎群甲丕拉组（T_3jp）：灰色中层状灰岩

2. 地层综述

该地层在赛迪拉一带出露最厚，总厚度大于1821.69m，其他地区厚度较小，局部地区只残留很少的该地层残积物。主要岩石类型有流纹岩、安山岩、安山玄武岩、安山质角砾熔岩，其次为英安质凝灰熔岩和少量凝灰岩及极少的珍珠岩。整个火山岩系岩性变化不大。

火山岩以灰紫色、褐色为主，此外尚有灰绿色、灰白色。岩石中气孔构造和杏仁构造十分发育。杏仁、气孔呈带状集中分布，并有管状孔洞存在。流纹岩中流动构造较为普遍。除剖面上见到1层约2m厚的泥灰岩夹层外，火山岩系中基本无正常沉积夹层，更无海相沉积夹层存在。火山岩层不具水下喷出所特有的枕状构造。火山熔岩中具有陆相熔岩所特有球状构造，如珍珠岩的珍珠构造。

流纹岩：岩石为浅肉红色或灰白色，斑状结构，基质具交织结构或微粒状结构，流纹构造。斑晶主要为钠长石、钾长石、石英，含量约9%，斑晶粒径为0.1～0.5mm。基质为长石、石英及少量绢云母、粘土矿物、副矿物。斑晶中斜长石半自形—他形板柱状，牌号为23，属更长石，局部可见被石英交代，钾长石具卡氏双晶，为正长石、石英他形粒状。

安山岩：灰白—灰色，斑状结构，基质具微粒结构及胶质结构。斑晶主要为斜长石及少量石英、黑云母。斜长石半自形。板柱状，牌号为23～30，属更中长石，具绢云母化。黑云母完全被碳酸盐和白云母交代，斑晶含量一般为11%～15%，斑岩粒径一般为0.5～2mm。基质由斜长石、石英及少量绢云母、碳酸盐组成，粒径一般为0.01～0.3mm。

安山玄武岩：灰色，斑状结构，基质具交织—间片、间粒结构，块状构造或杏仁状构造。斑晶由斜长石及少量暗色矿物组成。斜长石呈半自形板柱状，牌号为31，属中长石，局部可见碳酸盐化和绢云母化。斑晶含量约20%，粒径一般为1～2mm。基质由斜长石、绿泥石、磁铁矿、碳酸盐组成。斜长石牌号为26，属更长石。

火山角砾岩：灰绿或褐铁灰色，角砾成分主要为安山岩，局部见有流纹岩及沉积岩角砾。角砾直径一般为2～8mm，分选性不好，呈次棱角状。胶结物主要由长石、石英晶屑和火山灰组成，胶结类型主要为孔隙式。

3. 时代讨论

火山岩系明显地不整合于结扎群各岩组之上，故其形成时间应晚于晚三叠世。另外，侵入火山岩系中的色的日似斑状花岗岩体根据同位素资料为77Ma（取3个同位素年龄值41.8Ma、29.3Ma、77Ma中最大者），而火山岩系与花岗岩体之间副矿物类型、微量元素含量特征及矿化特征都很相似，故认为二者为同源同期不同序次的岩浆活动的产物，只是时间上略有先后。根据上述资料，我们现暂认为火山岩的时代确定为渐新世—中新世为宜。还有待同位素测年样的分析结果来确定。

四、曲果组（Nq）

曲果组名称的由来尚待查证。苟金（1993）沿用曲果组一名，代表查香结德地区的一套砂砾岩组。《青海省岩石地层》沿用此名，并定义为："指分布于唐古拉山地区，分别不整合于羌塘组之下，五道梁组或其以前地层之上的一套由紫红、灰紫、灰—灰白色砾岩、含砾砂岩、砂岩夹粉砂岩、泥岩，局部夹菱铁矿组合成的地层序列。产介形类、轮藻、腹足类及孢粉等化石"。指定选层型为青海省区调综合地质大队（1990）测制治多县查香结德剖面1—8层。

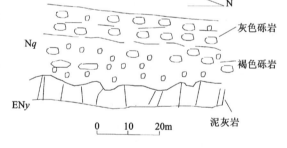

图2-59 曲果组与雅西措组不整合素描图（Ⅷ003P1）

该组广泛分布于柱改迪赛、仔日麻、查涌、治多县周围、通天河两岸、当江及吉曲—阿班优涌等地，在测区西南角汪涌曲。不整合在二叠纪开心岭群、三叠纪巴颜喀拉山群、巴塘群、结扎群、侏罗纪雁史坪群之上，与古近纪—新近纪雅西措组平行不整合接触（图2-59），其岩性主要是紫红色—橘红色砾岩、含砾砂岩、砂岩、粉砂岩组成。属山麓—河流相沉积。

1. 剖面描述

青海省治多县多彩乡半前弄中新世曲果组1∶20万区调报告编测地层剖面（图2-60）。

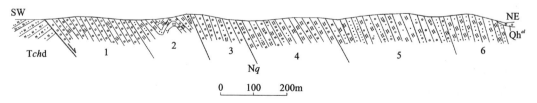

图2-60 青海省治多县多彩乡半前弄中新世曲果组1∶20万区调报告编测地层剖面

上覆地层：第四系洪积层（Qh^{al}）

曲果组（Nq)　　　　　　　　　　　　　　　　　　　　　　　　　　　　厚度＞1097.63m

6. 灰紫—黄褐色细粒长石石英砂岩　　　　　　　　　　　　　　　　　　　143.93m

5. 灰紫—紫色含细砾砂质石英细砂岩夹粉砂岩　　　　　　　　　　　　　　314.85m

4. 灰紫—紫红色含砾中粒长石石英砂岩夹石英粗粉砂岩组成　　　　　　　　224.85m

3. 灰紫色砾岩夹薄层含砾中细粒长石石英硬砂岩　　　　　　　　　　　　　134.07m

2. 灰紫色含砾中细—中粗粒长石石英砂岩夹砾岩　　　　　　　　　　　　　　51.18m

1. 灰紫色中粒砾岩夹含砾中粒长石砂质石英砂岩　　　　　　　　　　　　　228.75m

=============断层=============

查涌蛇绿混杂岩达龙砂岩（Tchd）：灰色长石石英砂岩

2. 地层综述

测区曲果组地层主要分布在治多—多彩盆地和通天河盆地中，其次分布在治多—多彩盆地以南的断裂带中。分布面积660km²，控制最大厚度1097.63m。

治多—多彩盆地主要地层分布区靠近山边，主要为砾岩、含砾石砂岩、粉砂岩。而多彩一带为厚—块层状砾岩为主，砾石成分复杂，局部夹石膏层。

通天河一带的岩层主要为砾岩、含砾石砂岩，砾石成分相对较单一。

岩石组合为灰紫色复成分砾岩、紫红色厚层状钙质长石石英砂岩及泥质粉砂岩。在砾岩中砾石约占70%～80%、泥砂杂基20%～30%，基底式—接触式支撑，砂质胶结，砾石具定向排列构造，砾石磨圆度极好，呈滚圆形，分选性中等，砾石成分以灰色砂岩、紫红色砂岩为主，少量火山岩、脉石英、石英片岩等。砂岩类主要为岩屑石英砂岩，呈细粒砂状结构、孔隙式胶结，岩石由填隙物和碎屑组成，碎屑颗粒主要为石英、长石、岩屑，填隙物以钙质为主，含少量铁质，斜层理、交错层理发育，层面上见波痕构造。

底砾岩和层间砾岩相比，砾石直径前者大后者小，层理前者不清楚后者清楚，磨圆度前者为次圆—次棱角状，而后者为次圆—圆状。区内该套地层出露岩石组合简单，纵横向变化不大。在纵向上自上而下表现出砾岩砾度由中砾—粗砾—中砾的渐变关系，砂岩夹层中，下部石英、长石含量较高，往上则逐渐减少，而岩屑含量明显增多。

3. 沉积环境分析

该套地层是干旱条件下的山间盆地或断陷盆地中的沉积，岩石中碎屑成分与下伏地层的岩性关系密切。地层中由粗到细的沉积韵律十分清楚，下部以砾岩为主夹含砾砂岩，向上变细。顶部以细砂岩为主。砾岩中砾石以砂岩为主，其次是硅质岩、火山岩等。粒度分选较差，但磨圆较好。胶结物以钙质、铁质、砂质为主。地层横向上岩性变化不显著，但厚度变化较大。在治多西一带，地层中局部夹石膏层。

从图2-61可以看出反映砾岩—砂岩—砾岩的韵律型基本层序特征。该层序中砾岩单层厚50～100cm不等，砾石分选性中等，磨圆度好，反映扇中水道沉积环境；砂岩单层厚度约15～30cm、发育平行层理、交错层理。总体显示出快速堆积状态下的山麓相环境。

4. 时代探讨

这套地层无法进一步划分。在勒仁摘曲一带，地层中的灰岩透镜体产腹足类化石：*Galba* sp.，*Succinea* sp.，*Planorbis* sp. 等。地层在岩性上与区域上古近系—新近系相当，所以我们将地层定为中新统—上新统，据接触关系及区域对比，将其沉积时代归为上新世。

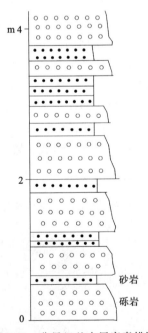

图2-61 曲果组基本层序素描图

第七节 第四纪地层

区内第四纪地层分布于聂恰曲、昂爪三角曲、托吉曲等沟谷中,总面积约占测区总面积的2%。按成因类型划分:冲积、冰碛及沼泽堆积等,其集中形成于中晚更新世及全新世。中更新世在海拔较高的沟谷及山脊一带,堆积了厚度较大的冰碛砾石层;晚更新世早期继承了中更新世寒冷气候特征,在测区西南部沟谷及其支沟上游一带,堆积冰积、冰水堆积物,中晚期各大沟谷中堆积厚度较大的冲积物,进入全新世时期,测区附近气候多变,早期在晚更新世向冰期后,又进入了一次冰期阶段,堆积了一套以灰—灰黄色泥砾为主的冰碛层;中晚期气候变缓,雨量充沛,区内沿沟谷中堆积了以砂砾石层为主的冲积层,并在山间凹地中有以淤泥为主的沼泽堆积(表2-16),测区在长江水系与澜沧江水系分水岭的纳日贡玛南坡发育中更新世冰川堆积、晚更新世冰川堆积、冰水堆积及全新世现代冰川堆积(表2-17,图2-62)。

表2-16 第四纪地层划分一览表

地质年代		代号	堆积物特征	成因类型	地貌特征
第四纪	全新世	Qh^{al}	砂砾石,间夹粗、细砂透镜体	冲积	低阶地、河漫滩及冲积平原
		Qh^{h}	亚砂土、淤泥,局地厚度较大	沼泽堆积	沼泽洼地、沼泽湿地及山间盆地
		Qh^{gl}	灰—灰黄色泥砾	冰川堆积	现代冰川
	晚更新世	Qp_3^{al}	砂砾石	冲积	冲积平原、高阶地及台地
		Qp_3^{fgl}	泥质砂砾石间夹泥质透镜体	冰水堆积	冰水阶地及冰水平原
		Qp_3^{gl}	泥砾及巨大漂砾,砾石成分复杂	冰川堆积	侧碛垄、中碛垄、终碛垄、冰蚀槽谷
	中更新世	Qp_2^{gl}	泥砾及巨大漂砾,砾石成分复杂	冰川堆积	现代冰川退缩区边缘、冰蚀湖泊、冰蚀洼地

表2-17 测区第四纪冰期划分一览表

地质年代		测区				区域	
纪	世	冰期划分		堆积物特征	测年结果	羊八井	昆仑山
第四纪	全新世	新冰期	Qh^{gl}	现代冰川			小冰期
	晚更新世	晚期冰碛	Qp_3^{gl}	冰蚀槽谷、冰斗	36.78±1.73ka	躺兵错冰期	木头山冰期
		冰水期	Qp_3^{fgl}	冰水阶地及冰水平原	57.20±1.89 ka 76.43±4.77ka		
		早期冰碛	Qp_3^{gl}	侧碛垄、中碛垄、终碛垄	94.45±2.08 ka 94.12±6.95ka 129.76±6.10 ka 122.16±4.14 ka	海龙冰期	西大滩冰期
	中更新世	冰碛	Qp_2^{gl}	冰碛垄		羊八井冰期	纳赤台冰期

一、中更新世地层

区内中更新世地层只有冰川堆积Qp_2^{gl},分布于托吉曲中游两侧一带,海拔高度在5200～5500m,总面积约7km²。冰碛物一般构成冰碛缓立、冰碛垄等,部分地带冰碛物被后期冲蚀改造,砾级粗大的砾石沿沟谷分布。

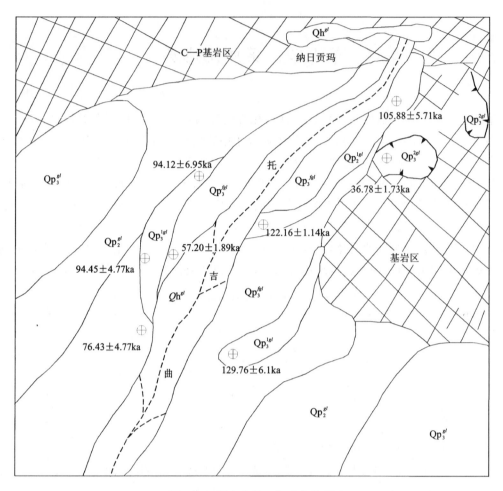

图 2-62 托吉曲第四纪冰积堆积

冰碛物由漂砾、砾石、砂及粘土组成。漂砾成分为灰色花岗岩、花岗闪长岩、灰绿色砂岩等，砾径最大 1.8m，呈长条状，长 1.2m，宽 40m，浑圆状者砾径一般在 0.8～1.4m 之间，其中花岗岩多为次圆状，局部见有冰蚀凹坑，砂岩漂砾多呈次棱角状，漂砾含量占整个堆积物体积含量约 55%。砾石成分以砂岩为主，砾径 11～30cm，含量约 25%。分选性差，多呈棱角状，与粘土、砂质等构成基质充填于由巨大砾石构成的空隙之间。冰碛前锋砾石多呈次圆状—次棱角状，地势低缓，冰碛堆积后缘砾石磨圆度差，以次棱角状者为主，羊背石发育，地势较高。该冰期影响较广，在整个青藏高原地区均有其堆积，由于测年数据不理想，依据分布位置、高度及地质特征，估计与昆仑山地区纳赤台冰期和藏北地区羊八井冰期相当。

二、晚更新世地层

晚更新世地层依据成因类型可划分为冰积（Qp_3^{gl}）、冰水堆积（Qp_3^{fgl}）和冲积（Qp_3^{al}）。冰积（Qp_3^{gl}）、冰水堆积（Qp_3^{fgl}）分布在测区纳日贡玛高山西南侧的昂瓜涌区和托吉曲一带的河流两侧，冲积主要分布在扎曲上游、昂欠涌曲、口前曲、聂恰曲流域的河流阶地中。

1. 冰积（Qp_3^{gl}）

该期的冰积物在区内分布较广，主要分布于昂爪涌曲、托吉曲一带，牙曲沟两侧也有小面积出露，总面积约 200km²，厚度在各地也有所不同，在托吉曲一带厚 30～70m，而在昂爪三角曲一带厚度在 60～110m 之间。冰积物往往构成巨大的冰积垄、冰蚀谷及冰积湖等。

冰积物由漂砾、砾石、砂、泥等组成。漂砾成分为灰色的片麻状花岗岩、花岗闪长岩、灰绿色砂岩等，砾径最大1.6m，长条状，长1.6m，宽80m，浑圆状者砾径一般在1.2~2.4m之间，其中片麻花岗岩，多为次圆状，局部见有冰蚀凹坑，砂岩漂砾多呈次棱角状，漂砾含量占整个堆积物体积含量的约45%。砾石成分以砂岩为主，砾径10~40cm，含量约35%。分选性差，多呈棱角状，与粘土、砂质等构成基质充填于由巨大砾石构成的空隙之间。冰碛前锋砾石多呈次圆状—次棱角状，地势低缓，冰碛堆积后缘砾石磨圆度差，以次棱角状者为主，羊背石发育，地势较高。

测区晚更新世冰积，依据测年成果、地质分布特征，可划分为早晚二期冰碛，地貌上分布在不同的高度（图2-63）。

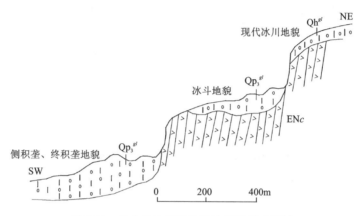

图2-63 托吉曲冰川地貌及冰碛堆积素描图

早期冰碛：分布在昂欠涌曲、托吉曲两侧，形成侧碛垄、中碛垄、终碛垄地貌及残留冰积层。位于中更新世冰积与晚更新世晚期冰碛之间。热释光年龄94.12±6.95ka、94.45±2.08ka、129.76±6.10ka、105.88±5.71ka、122.16±4.14ka。区域上与东昆仑山地区的西大滩冰期和西藏羊八井地区的海龙冰期形成的时代、堆积特征、地貌特征等均可对比。

晚期冰碛：局部分布在昂欠涌曲、托吉曲两侧纳日贡玛高山的冰斗、冰蚀槽谷中。热释光年龄36.78±1.73ka。区域上与东昆仑山地区的木头山冰期和西藏羊八井地区的躺兵错冰期形成的时代、堆积特征、地貌特征等均可对比。

2. 冰水堆积（Qp_3^{fgl}）

冰水堆积物（Qp_3^{fgl}）在区内仅出露于昂爪三角曲北侧一带，覆盖于中更新世冰碛物之上，地貌上形成冰水扇，垄岗状丘陵、冰水高平台地及冰水河等景观，堆积物海拔在5200~5400m，分布面积约21km²，厚约35m。堆积物为灰—灰黄色泥质砂砾岩，由砂土、泥和砾石杂乱堆积而成，内部不显层理或层理不清，砾石约占50%~60%，砾石成分单一，主要为石英片岩，次为大理岩，砾径不一，大者28cm，小者0.5cm，一般为2~6cm，砾石磨圆度差，以棱角状为主，次为次棱角状，分选性差。泥砂物质充填于砾石空隙之间。热释光测定的年龄值为57.20±1.89ka，76.43±4.77ka，为晚更新世产物。区域上与东昆仑山、藏北地区该期冰积物，从其形成的时代、堆积特征、地貌特征等均可对比。

3. 冲积层（Qp_3^{al}）

冲积层分布广泛，沿阿日曲等各大河谷分布，晚更新世的冲积层，主要由砂砾石层、河砾石层组成，构成了Ⅲ—Ⅵ级基底阶地。

砾石层：由砾石、砂、粘土等组成。砾石含量50%~70%，成分为砂岩、火山岩、花岗岩、硅质岩。磨圆度一般，多为次棱角状—次圆状，分选性中等，砾径（40cm×30cm）~（30cm×20cm）者占90%，50cm×30cm者占5%，20cm×10cm者占5%。砾石间被泥砾物质充填，堆积较紧密，砾石层内部有粗糙的层理，层与层之间往往有冲刷面存在。单层厚在20~40cm之间。

砂砾石层：由砾石、砂、亚砂土等组成。砾石含量在 40%～60% 之间，成分为砂岩、泥岩、花岗岩、脉石英等。磨圆度一般，以次圆状者为主，砂砾石层内部砾石之间有一定的分选性，部分地段相同砾径的砾石往往集中成层分布，砾石大者 50cm×30cm，一般为 (5cm×3cm)～(2cm×1cm)。砂、亚砂土充填于砾石空隙之间，堆积较紧密。

杂多县幅在相同层位中 7 件孢粉样经地矿部水文地质工程地质研究所分析研究，其中有大量孢粉存在，有针叶植物花粉松属及灌木柽柳科等 15 个科属。计为松属（Pinus）、云杉属（Picea）、漆树属（Rhus）、柽柳属（Tamaricaceae）、白刺属（Nitraria）、麻黄属（Ephedra）、木犀科（Oleaceae）、蒿属（Artemisia）、藜科（Chenopodiaceae）、禾本科（Gramineae）、毛茛科（Rananculaceae）、豆科（Leguminosae）、茄科（Solamaceae）、唇形科（Labiatae）、小檗科（Berberidaceae）等。这种孢粉组合反映出荒漠草原—草原植被景观，是气候寒冷、干旱条件的植物组合特征。

邻幅中在相同层位中的 6 件热释光年龄在 119.77±8.48～52.09±3.32ka 之间，其堆积时代为晚更新世。

三、全新世地层

全新世沉积区内各大沟谷及其支沟和山间凹地分布，在不同构造地貌区沉积物类型差异较大。按成因类型划分有冲积（Qh^{al}）、现代冰川及冰川堆积（Qh^{gl}）和沼泽堆积（Qh^{f}）。

1. 冲积（Qh^{al}）

冲积层主要分布在河谷中的河床、河漫滩及Ⅰ、Ⅱ级阶地之上。在多彩曲、聂恰曲、昂欠涌曲、东帝涌曲、等额曲、通天河等较大河流的河谷中发育较好。

（1）现代河床相及河漫滩相堆积

测区内河床相堆积较河漫滩相堆积一般更发育一些。少数河流，如昂欠涌曲上游，河床相、河漫滩相都很发育。在昂欠涌曲上游，河床宽约 200～500m，河漫滩宽约 400～900m，河漫滩多位于河床的一侧。河床相主要为含砂的砾石层。砾石成分复杂，磨圆一般较好，但粒度分选中等。河漫滩相是含砾砂层，局部夹有较薄的淤泥层。其厚度一般为 4～10m。许多较小河流中，冲积层与洪积层多混杂在一起，无法区分。

（2）阶地堆积

一般河流阶地都不发育。且多数为Ⅰ、Ⅱ级阶地，Ⅲ级阶地只残留在极小范围。Ⅰ、Ⅱ级阶地主要由河床相砾石层与河漫滩相砂层组成。但多数阶地由冲积层与洪积层混杂堆积而成。阶地不具有"二元结构"。阶地高度一般为一米至十余米。阶地面倾角一般较大，多数 3°～5°（图 2-64）。

2. 现代冰川及冰川堆积（Qh^{gl}）

测区山岳冰川只分布在纳日贡玛，分布面积 10km²，分布在海拔 5500～5600m 以上的山区终年覆盖着冰层，冰层厚度一般为数米至数十米，少数超过百米。冰川地形，如猪背脊、角峰、冰斗，冰川"U"型谷及悬谷则分布更广。相应的冰川堆积在测区也有分布。但在大多数情况下，冰碛与冲积—洪积层混杂，不易明显区分。仅测区西部查日弄、穷日弄、昂欠色的曲、昂欠涌上游等地保留有较典型的冰碛层。主要有冰川侧碛、底碛及冰川沉积。

图 2-64 砾石层内部特征素描图

冰川侧碛：主要分布在冰川"U"型谷的两侧，成为 10～20m 高的冰川侧碛堤。主要由泥、砂及不同粒径的砾石组成。不同粒度的物质混杂在一起，没有分选与磨圆。巨大的冰川漂砾直径可达 1～5m。

砾石成分随地而异,在查日弄、穷日弄及迪拉亿一带,砾石主要以似斑状花岗岩及各种火山岩为主。

冰川底碛:主要分布于冰川谷地的源头附近,这是由于冰川刨蚀作用,地面起伏不平。冰川底碛物质呈蛇形、丘形分布在这里。主要由不同粒级的碎屑物混杂在一起,碎屑物主要来自附近的岩石。

冰川沉积:主要指冰舌前缘的冰川湖中的细粒碎屑物的沉积,主要是细砂与淤泥。

冰碛物常占据托吉曲、能桑撒、昂欠色的曲、查日弄、穷日弄、托吉涌、众根涌曲等4500～5000m的高海拔高山顶部形成冰帽冰川的地貌景观,形成的冰舌绕山体呈放射状,而沿托吉涌、众根涌曲、布当涌曲等河谷区则可见侧碛垄、终碛垄、中碛垄、冰蚀槽谷、蛇形丘等垄岗状冰川遗迹,局地可见冰蚀湖、冰蚀洼地等,其岩性以灰—灰黄色泥砾为主,不显层理,砾石分选及磨圆均较差。砾石表面可见冰川擦痕及压坑等现象。

根据1974年TM遥感图像和2002年ETM遥感图像分析,测区长江与澜沧江水系分水岭纳日贡玛的第四纪全新世冰川,在此28年的演化过程中,冰川退缩了5km。

3. 沼泽堆积(Qh^f)

沼泽堆积在测区内零星点缀,仅在昂爪涌曲上游及局部等地的山间盆地、山前坡麓地带分布,其主要接受基岩裂隙水、冰雪消融水补给。地下水在山前坡麓地带以泉、泄出带等形式泄出补给地表,发育沼泽湿地,土壤层较厚,植被相对茂盛。沉积物以黑色粉砂质淤泥为主及腐殖土、砂、砾石组成。近边部厚1～2m,在中部淤泥层可能厚度达5～20m,部分沼泽因气候变化而干涸退化。

第三章 岩浆岩

第一节 概 述

测区位于青藏高原腹地，唐古拉山北坡，大地构造位置属特提斯—喜马拉雅构造域的东段，从元古代以来，经历了漫长的构造演化历史，地质构造复杂，岩浆活动发育。测区内构造单元分布以通天河复合蛇绿混杂岩带为界，由北向南划分为巴颜喀拉双向边缘前陆盆地和杂多晚古生代—中生代活动陆缘。三个大地构造单元内物质建造组成、火山岩浆活动、变质变形特点各具特色。由于多期造山事件的影响，测区岩浆活动频繁，印支期、燕山期、喜马拉雅期均有规模不等的岩浆活动，尤以标志着特提斯构造演化阶段的印支期岩浆岩事件最为强烈；测区岩石类型齐全，从超镁铁质花岗岩到镁铁质岩花岗岩，从中基性火山岩到中酸性火山岩均有发育；但分布较零星，出露面积不大，约 492.46km^2，占测区面积的 0.03% 左右(图 3-1)。

造山带岩浆岩的调查与研究是造山带大陆动力学过程的示踪剂和重塑造山带形成、演化历程的主要途径之一，必须为"阐明造山带的组成、结构与形成、演化"这一根本目的服务。20 世纪 90 年代以来的国内 1:5 万填图采用同源岩浆演化的侵入体—超侵入体方法，而国外则运用"岩套"进行填图。随着地壳深熔、底侵、拆沉、伸展垮塌作用和岩浆混合等造山带岩浆作用新理论的不断推出，人们对造山带岩浆的起源及其侵位机制的认识逐渐深入，并越来越深刻地意识到造山带 1:25 万填图过程中，岩浆岩的研究应包括更多复杂的内容，只有紧密围绕造山带的形成演化这一主线进行，才能更深刻地揭示构造环境与岩浆作用的内在联系，以及岩浆形成的机制，合理地反映岩浆作用的特征。

测区的岩浆岩以火山岩为主，侵入岩次之。其中蛇绿岩分布在通天河蛇绿混杂岩带中。本书采用造山带构造岩浆岩带划分，以同一岩石类型为单元进行叙述。并依据测区岩浆岩的分布及大地构造背景，将测区的岩浆岩划分为巴颜喀拉构造岩浆岩带、通天河构造岩浆岩带、杂多构造岩浆岩带。其中巴颜喀拉构造岩浆岩带分布在测区巴颜喀拉双向边缘前陆盆地，由晚三叠世中酸性侵入岩构成；通天河构造岩浆岩带分布在通天河复合蛇绿构造混杂岩带内，由晚三叠世、晚侏罗世中酸性侵入岩，二叠纪、三叠纪火山岩、蛇绿岩组成；杂多构造岩浆岩带分布在测区羌北—昌都地块，由石炭纪、二叠纪、三叠纪、古近纪—新近纪的中酸性侵入岩、火山岩及二叠纪、侏罗纪基性—超基性岩构成。在各构造岩浆岩带中，以构造岩浆事件为主线，以侵入岩野外地质产状、岩石组合为基础，建立起区内花岗岩的构造—岩浆演化期次，探讨岩浆与构造的内在联系。

对于测区分布的火山岩采用岩石地层单位表示，即地层代号表示；基性岩呈岩脉和小岩株分布。运用"时代+岩性"进行描述，如中晚侏罗世辉长岩，代号记为 $J_{2-3}\upsilon$。蛇绿混杂岩中的各组合采用构造岩片的划分原则，同样运用"时代+岩性"对不同期次蛇绿岩的不同岩石类型进行描述，如多彩蛇绿岩组合中的辉长岩，代号记为 $CP\upsilon$。

在对花岗岩进行研究时，依据岩浆岩分布的构造侵入体及其大地构造背景的不同，将展布于相同或相似的构造部位，生成于一定地质构造阶段的具有岩浆成因和演化联系的(反映一定的地球动力学环境)一套岩石组合归并为同一期构造岩浆演化期次，期次采用该期岩浆岩主要侵位形成的时期表示。在同一期构造岩浆演化期次中，不同的侵入体岩石类型(或岩石组合类型)分别建立填图单位，并借用单

第三章 岩浆岩

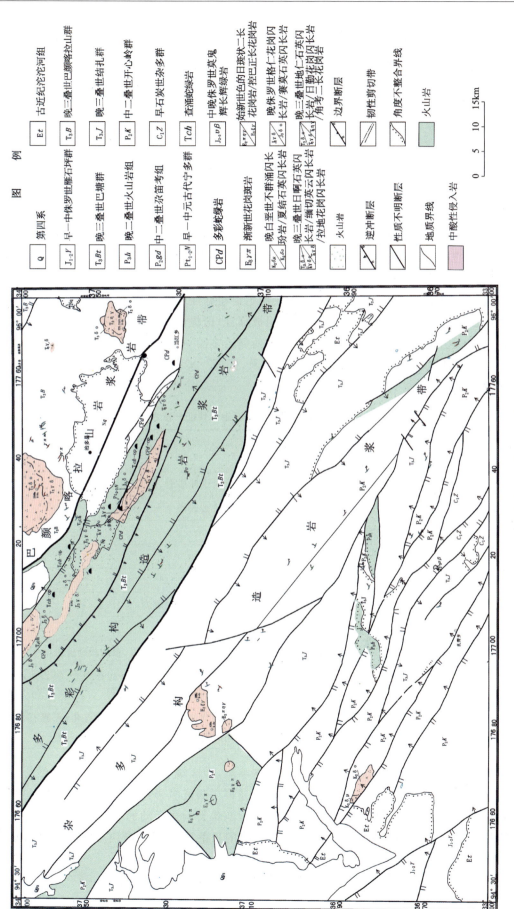

图 3-1 岩浆岩分布图

元的名称,对空间上分布在同一岩石区,并受同一构造活动事件控制的同一岩石类型或岩性单一,并不表现出同源岩浆演化特点的侵入体进行表示,用"时代+岩性代号"表示同一期的同一岩石类型即岩石单元,名称采用出露地区的地理名称+岩性表示,如:巴颜喀拉构造岩浆岩带中的晚三叠世角考花岗闪长岩的代号为 $T_3\gamma\delta$。下面将按照基性—超基性岩类、中酸性侵入岩、火山岩、脉岩等岩石类型,依据岩浆演化时限进行叙述,由于测区蛇绿岩是本次工作新发现的重要地质成果,将作独立一节进行叙述。

第二节 通天河蛇绿岩

测区蛇绿岩是本次工作首次新发现的重要地质成果,严格受区域性深大断裂的控制,呈北西-南东向或近东西向展布,分布在测区日啊日曲、查涌、多彩乡、当江荣及当江乡一带,区内长 100km,宽 20km。北东侧与巴颜喀拉双向边缘前陆盆地中三叠纪巴颜喀拉群断层接触,南西侧与北羌塘—昌都地块中晚三叠世巴塘群断层接触。

该蛇绿岩 1:20 万治多县幅区域地质调查中仅确定出超基性岩和辉长岩、辉绿岩多处,并将枕状构造极其发育的玄武岩全部当作晚三叠世巴塘群的组成部分,但提供了蛇绿岩研究的信息。该区蛇绿岩位于《青海省岩石地层》建立的通天河蛇绿混杂岩的西侧治多县一带,故采用正式命名的通天河蛇绿岩构造岩石单位,并依据分布特征、地质产状和形成时限,可进一步划分为查涌蛇绿岩和多彩蛇绿岩(表3-1),二者呈断层接触。

表 3-1 测区蛇绿混杂岩岩石组合特征一览表

大地构造属性		形成时代	岩石类型	代号	岩性特征	形成环境
通天河蛇绿岩	查涌蛇绿岩(甘孜—理塘带)	P_3—T_3	深海沉积岩	TSi	灰色、灰紫色放射虫硅质岩、灰紫色硅质粘土岩	洋中脊构造环境
			火山岩	Tβ	枕状玄武岩、块状玄武岩	
			基性岩墙	T$\beta\mu$	辉绿岩、辉绿玢岩	
			镁铁质岩系	Tv	辉长岩、辉长辉绿岩	
			超镁铁质岩系	Tψ	蚀变橄榄辉石岩	
	多彩蛇绿岩(西金乌兰—金沙江带)	C—P_2	深海沉积岩	CPSi	紫红色、灰褐色含放射虫硅质岩	大洋性岛弧的弧后裂解
			火山岩	CPβ	深灰色蚀变玄武岩、绿泥片岩	
			基性岩墙	CP$\beta\mu$	灰黑色蚀变辉绿岩、蚀变辉绿玢岩、眼球状糜棱岩	
			镁铁质岩系	CPv	灰黑色糜棱岩化辉长岩、辉长岩、阳起石片岩、斜长角闪片岩、条纹状眼球状斜长角闪质糜棱岩	
			超镁铁质岩系	CPσ	强滑石化、蛇纹石化辉石橄榄岩,全绿帘石化、阳起石化辉石岩,蚀变角闪石岩和角闪片岩	

多彩蛇绿岩呈构造岩块产出,组分较齐全,但出露零星,为区域上西金乌兰—金沙江结合带的组成部分,分布在多彩—当江—聂恰曲一带,并呈构造岩块分布在测区多彩蛇绿混杂岩亚带中,与围岩一起受到后期构造的强烈改造,岩石面貌已改造一新,因受后期各类构造运动的破坏,蛇绿岩各组分之间均以构造界面接触,其原始层位已完全被改造,均以不连续的长条状、透镜状断块产出,形成现今的蛇绿混杂岩特征,在聂恰曲一带最为典型。

查涌蛇绿岩组分较齐全,出露较完整,是蛇绿岩研究的良好场所,为区域上甘孜—理塘结合带的组成部分;分布在查涌—康巴让赛一带,分布较集中,蛇绿岩组分较齐全,原始层位的改造较小,尤其在查涌出露有较完整蛇绿岩岩石组合。

一、多彩蛇绿岩

多彩蛇绿岩呈构造岩块产出，出露面积一般较小，岩石组合较齐全，主要有超镁铁质岩、镁铁质岩、玄武岩、硅质岩及辉绿岩。蛇绿岩组分均与围岩呈构造接触关系。蛇绿岩各类组分的岩石均呈构造透镜分布，受强烈的剪切变形作用，片理化构造发育，部分形成绿泥片岩，在片理化岩石中间的弱变形域可见变质变形较弱的蛇绿岩原岩组分出现。

1. 地质特征

多彩蛇绿岩位于测区通天河构造岩浆岩带中，总体呈北西-南东向带状展布，分布于征毛涌、缅切、聂恰曲、日啊日曲一带。与绿片岩相碎屑岩、片理化火山岩变质岩系混杂产出。该蛇绿岩岩石类型较为复杂，从强滑石化、蛇纹石化辉石橄榄岩、片理化辉石岩、阳起石片岩（辉石岩）、糜棱岩化辉长岩、角闪片岩（辉长岩）、斜长角闪岩（辉长岩）、帘石化、纤闪石化辉长岩到强绢云母化、纤闪石化辉长辉绿岩、绿泥片岩（玄武岩）、阳起石化杏仁状玄武岩和深海沉积物放射虫硅质岩等构成了较为完整的蛇绿岩组合。由于受后期侵入体或构造破坏，导致其原始层序多不完整，相对来说以辉长杂岩体出露面积较大，形态亦较完整，构成蛇绿岩的主体。

各蛇绿岩的组分，在空间上具有较为密切的共生组合关系，其形态多受区域构造线的控制。蛇绿岩内各不同岩石之间均以构造界面接触，整个地质体均经受了不同的变质变形作用的改造，尤以变质辉石橄榄岩类变质变形程度最为强烈，且其中广泛发育韧性剪切带，岩石以糜棱岩化或糜棱岩形式产出。在聂恰曲一带超镁铁质岩类、辉长岩、玄武岩、硅质岩等均呈构造透镜状与早中元古代宁多岩群的片麻岩、多彩蛇绿混杂岩的当江荣火山岩、龙切杂砂岩之间为韧性断层关系接触。蛇绿岩组分多以糜棱岩化或糜棱岩形式产出，呈(3～50)m×(6～100)m的构造透镜与区域性片理协调一致，辉石岩、辉长岩及辉绿岩透镜边部岩石成条纹状眼球状斜长角闪质糜棱岩、角闪片岩，核部出现绿帘石阳起石化辉长岩、阳起石岩等。玄武岩类大多变质形成绿泥片岩，仅在弱变形域出现阳起石化杏仁状玄武岩；放射虫硅质岩呈透镜状分布在绿泥片岩中，多数已变质形成灰白色石英岩，成分纯净，在弱变形地带可见块状分布的放射虫硅质岩。多彩蛇绿岩地层剖面见图2-9。

2. 岩石组合及其特征

（1）超镁铁质岩类：多彩蛇绿岩中主要岩石类型，仅在纳穷一带少量呈透镜状产出于多彩蛇绿混杂岩亚带中。岩性为强滑石化蛇纹石化辉石橄榄岩、全绿帘石化阳起石化辉石岩。其中辉石橄榄岩未发现两种辉石共生的变质橄榄岩，岩石化学成分反映出变质橄榄岩特征，因此其类型应为Boudier和Niccolas(1985)所划分的方辉橄榄岩亚类，与Moores等(1971)、Coleman(1977)提出的蛇绿岩层序中的变质橄榄岩相当。

宏观上变质橄榄岩与围岩是构造冷侵位接触，边部具有强烈片理化、糜棱岩化和碎裂结构。构造碎块的存在及蛇纹岩的错动滑痕，滑动面上有一层具滑感的黄绿色蜡状薄壳等都是其构造冷侵位的证据。

强滑石化蛇纹石化辉石橄榄岩：暗绿色—墨绿色，蚀变包橄结构，块状构造，矿物成分橄榄石及其假象80%～92%，含钛普通辉石及其假象8%～18%，磁铁矿等金属矿物1%。岩石蚀变强烈，其中橄榄石绝大多数被蛇纹石或蛇纹石及滑石集合体取代。部分沿橄榄石的不规则裂隙发育蛇纹石化，并析出他形粒状磁铁矿，形成网状结构，橄榄石粒径0.31～1.79mm间，可能为镁橄榄石。普通辉石被蛇纹石和纤闪石交代，呈交代残留状出现在橄榄石假象之间，在普通辉石的大晶体中包含着橄榄石假象显示包橄结构的特征。金属矿物呈自形粒状，0.012～0.22mm，呈浸染状分布在岩石中。

全绿帘石化阳起石化辉石岩：灰绿色，柱粒状变晶结构，块状构造，部分呈片状构造，矿物成分：辉石及其假象84%～90%,斜长石及假象9%～15%,不透明金属矿物1%。岩石中辉石基本上被阳起石全部交代,阳起石呈浅绿色,呈粒状或柱状变晶,晶内发育波状或不规则块状消光变形结构,多富集成粒状轮廓,其间含杂乱分布的绿泥石、钠长石的细小晶体,部分阳起石的排列具定向性,并显示S-C组构特征。斜长石被绿帘石所交代,绿帘石的集合体呈柱状或粒状轮廓,并具波状消光变形结构。

(2) 超镁铁质—镁铁质岩类:构成本区蛇绿岩的主体,包括灰绿色蚀变角闪石岩和角闪片岩(辉石岩透镜体边部的强片理化产物)、阳起石化辉长岩及阳起石片岩、斜长角闪片岩、条纹状眼球状斜长角闪质糜棱岩(辉长岩透镜体边部的强片理化产物)。中细粒辉长岩是区内蛇绿混杂岩带中最常见的岩石类型,它们构成蛇绿混杂岩的主体,不仅出露面积较大,而且形态也相对完整,中间常有结构完整的辉长岩。

野外发现各蛇绿岩岩块之间均呈韧性断层关系接触,并与古—中元古代宁多岩群、多彩蛇绿混杂岩中的当江荣火山岩、龙切杂砂岩混杂产出,岩石组合与Mooers等(1971)、Coleman(1977)提出的蛇绿岩层序中的镁铁质岩相当。

蚀变角闪岩:暗绿色,中粒半自形粒状柱状变晶结构,块状构造。部分片状构造,矿物成分包括角闪石98%,尖晶石2%。岩石中大部分角闪石呈半自形柱状或粒状,少数呈集合体拉长状,长轴排列方向与片理的延伸方向一致,单晶中发育波状消光变形结构。部分岩石中普通角闪石全部定向构成明显的片理,成为角闪片岩。

辉长岩:为测区蛇绿岩的主体,岩体或透镜体边部岩石片理化发育或具有韧性变形而成为阳起石片岩、斜长角闪片岩、条纹状眼球状斜长角闪质糜棱岩或糜棱岩化辉长岩。岩石总体外貌呈灰绿色—深灰色,辉长结构、嵌晶含长结构,块状构造,矿物成分:斜长石43%～52%,普通角闪石13%～40%,辉石及其假象47%～54%,辉石多被绿色角闪石或阳起石所替代,斜长石部分蚀变为绢云母、碳酸盐岩、黝帘石、次闪石、绿泥石等。岩石普遍具糜棱岩化,糜棱面理走向北西-南东,局部近东西向。副矿物主要有磁铁矿、锆石、榍石等。

(3) 基性岩墙:与该套蛇绿岩相关的基性岩墙为辉绿岩,大多数岩石具韧性变质变形成为条纹状眼球状斜长角闪质糜棱岩,均呈透镜状分布,广泛发育于细粒辉长岩、通天河蛇绿混杂岩中。岩石为灰绿色—深灰色,辉绿岩为变余辉绿结构,辉绿玢岩具变余斑状结构,基质具有辉绿结构,多呈片状构造、条纹状构造,部分为块状构造,二者矿物成分相差无几,都由辉石(45%～53%)、拉长石(46%～54%)及黑云母(1%)组成,少量的磷灰石、榍石,矿物蚀变强烈,辉石基本上被角闪石或阳起石交代,阳起石集合体呈充填状分布在柱状斜长石构成的间隙中,显示辉绿结构特征。透镜体边部岩石糜棱岩化强烈,岩石发育强烈的糜棱结构,条纹状眼球状构造,10%～20%的碎斑为角闪石集合体,为辉石矿物的蚀变产物,呈边界光滑的眼球状,两端分布有重结晶角闪石组成的结晶尾而构成"σ"型碎斑系,部分眼球被基质中的碎粒化普通角闪石连接呈"串珠"状呈定向排列。

(4) 火山熔岩:作为蛇绿岩组分之一的基性火山岩,经受较强的变质变形作用已混杂到多彩蛇绿混杂岩中而难以识别,由于后期变质、变形程度的非均一性造成其现今面貌各不相同,可识别的是与蛇绿岩组分共处一室的玄武岩和变质成的绿泥片岩,与蛇绿岩各岩块之间均以韧性断层关系接触。

阳起石化杏仁状玄武岩:灰绿色,斑状结构,基质具填间结构,块状构造、杏仁状构造。斑晶含量5%,其中斜长石3%,辉石假象2%±,基质73%～80%,由斜长石25%～30%;绿泥石6%,粒状辉石假象10%;阳起石30%、榍石1%组成。岩石蚀变强烈,阳起石化、绿泥石化、帘石化发育。

绿泥片岩:灰绿色,鳞片变晶结构,片状构造。岩石由鳞片状绿泥石(97%)和粒状的绿帘石(3%)组成,成分均一。

(5) 放射虫硅质岩:呈构造透镜状分布,受后期构造的改造,长轴方向与区域构造线方向一致。岩性为青灰色放射虫硅质岩,部分变质成灰白色石英岩。

放射虫硅质岩:青灰色、灰紫色、薄—中层状,隐晶质—显微粒状结构。矿物粒径0.09～0.16mm,矿物成分主要由石英和纤维状玉髓(98%),有机质和其他杂质(2%),少量碳酸盐矿物组成。岩石中含放射虫化石遗迹，结构构造由于重结晶作用已不存在。岩石受后期的变质重结晶作用影响形成灰白色石英岩。

3. 岩石化学特征

该蛇绿岩各类岩石的岩石化学分析见表 3-2。

表 3-2 多彩蛇绿岩组合各类岩石岩石化学成分表(w_B/%)

岩性	样品号	SiO_2	TiO_2	Al_2O_3	Fe_2O_3	FeO	MnO	MgO	CaO	Na_2O	K_2O	P_2O_5	H_2O^+	Los	Σ
CPSi	GS57-5	64.18	0.04	0.38	1.82	0.25	0.14	0.27	18.28	0.10	0.05	0.02	0.31	14.04	99.88
	P2GS18-2	93.68	0.18	2.24	0.09	0.67	0.02	0.91	0.82	0.34	0.48	0.03	0.45	0.38	100.29
CPβ	GS941-2	40.56	0.75	13.26	1.42	4.68	0.13	6.20	14.81	3.32	1.09	0.13	2.70	10.65	99.70
	GS346-3	49.65	1.55	13.42	4.11	8.38	0.21	6.90	9.80	2.61	0.21	0.14	2.80	0.06	99.84
	P2GS34-1	45.66	1.23	12.99	2.59	8.83	0.17	12.57	10.81	1.33	0.23	0.12	1.71	1.15	99.39
CPβμ	P2GS17-1	50.65	1.00	14.50	3.84	6.58	0.18	7.91	9.12	2.15	0.99	0.11	1.65	1.02	99.71
	P2GS26-1	53.95	1.47	14.32	1.91	8.71	0.16	5.67	6.88	4.46	0.27	0.19	0.35	1.21	99.55
	P2GS31-1	51.15	1.44	14.78	2.52	8.57	0.20	6.42	9.76	1.98	0.60	0.15	1.20	1.44	100.21
	P2GS36-1	50.57	1.37	14.52	1.40	10.12	0.20	6.58	8.44	3.01	0.47	0.12	1.71	1.12	99.63
CPν	GS694-1	49.00	2.87	13.85	2.31	11.02	0.20	4.96	10.57	2.88	0.30	0.18	1.53	0.10	99.78
	P8GS6-1	47.75	2.44	13.14	2.55	10.10	0.20	5.29	10.56	2.37	0.33	0.38	2.95	1.71	99.78
	GS345-3	47.14	0.95	14.40	1.93	7.27	0.18	8.19	12.45	1.98	0.29	0.09	3.07	1.88	99.82
	GS346-1	46.77	1.52	15.54	2.80	7.00	0.20	6.78	12.15	2.34	0.40	0.31	3.15	0.42	99.76
	GS346-2	50.98	1.94	13.47	3.32	8.62	0.22	6.19	7.10	2.71	0.19	0.23	2.68	0.06	99.84
	P2GS23-1	47.70	0.97	11.83	2.47	7.99	0.17	14.48	9.66	1.66	0.29	0.02	1.21	1.15	99.60
CPψ	GS941-1	44.13	0.85	17.61	3.24	5.21	0.14	11.21	9.08	1.69	0.91	0.07	4.17	1.25	99.56
CPσ	P2GS18-1	41.52	0.54	7.92	3.22	6.47	0.14	23.04	7.71	0.05	0.16	0.06	5.36	3.53	99.72
	GS941b	40.78	0.59	10.76	1.86	7.76	0.14	23.35	6.49	0.09	0.14	0.07	5.69	2.52	100.24
	GS941a	38.60	0.57	9.58	4.72	6.34	0.16	26.26	3.83	0.07	0.25	0.06	8.17	1.54	100.15

(1) 超镁铁质岩石：主要包括变质辉石橄榄岩、辉石岩等。其中辉石橄榄岩的 SiO_2(38.6%~41.52%)、Fe_2O_3(1.86%~4.72%)、MgO(23.04%~26.26%)的含量略低于蛇绿岩中同类型岩石，TiO_2(0.54%~0.59%)、FeO(6.34%~7.76%)、MnO(0.14%~0.16%)略低；辉石岩的 SiO_2(44.13%)、FeO(5.21%)、MnO(1.69%)、MgO(11.21%)含量略低，Fe_2O_3(3.24%)相对略高于蛇绿岩中同类型岩石。在 Al_2O_3-CaO-MgO 三角图解上橄榄岩类、辉石岩类投影于超镁铁堆积岩区域内(图 3-2)。

(2) 镁铁质岩类岩石：岩石类型有角闪辉长岩、辉长岩、糜棱岩化辉长岩等。辉长岩中 SiO_2 含量 46.77%~50.98%、Na_2O 含量 1.66%~2.88%、K_2O 含量 1.05%~2.69%，与同类型岩石相比，含量较低；MgO 含量(4.96%~14.48%)、Al_2O_3 含量(11.83%~15.1%)略高于蛇绿岩中同类型岩石；TiO_2 含量较高，多数在 1.52%~2.87%，仅两个为 0.95%~0.97%。在 Al_2O_3-CaO-MgO 三角图解上辉长岩类多投影于镁铁堆积岩区域内(图 3-2)。岩石挥发组分含量高，说明岩体就位后较长时期，处于封闭环境中。

(3) 基性岩墙：SiO_2(50.65%~53.95%)、TiO_2(1%~1.47%)、CaO(6.88%~9.76%)含量略丰，Na_2O(1.98%~4.46%)的含量略低，MgO(4.37%~7.91%)、K_2O(0.27%~0.99%)含量略高，总的化学成分特征与玄武岩化学成分近似。在 Al_2O_3-CaO-MgO 三角图解上投影于镁铁堆积岩区及其上方(图 3-2)。

(4) 火山岩：玄武岩的 SiO_2（40.56%～50.15%）、TiO_2（0.75%～1.55%）、FeO（4.68%～8.83%）、MgO（6.2%～12.57%），具低 K_2O（0.21%～1.63%）、Fe_2O_3（1.42%～4.11%），高 MgO（5.77%～12.97%）、Na_2O（1.33%～4.81%）、CaO（3.81%～14.81%）为特征，属低钾系列；Al_2O_3 与 SiO_2 大致呈正相关关系，而 Fe_2O_3+FeO、CaO、MgO 与 SiO_2 则大致呈负相关关系；TiO_2 相对较高，与过渡型洋脊玄武岩相似。在 Al_2O_3-CaO-MgO 三角图解（图 3-2）上投影于镁铁堆积岩区及其周围，在 AFM 图解中投至拉斑玄武岩区（图 3-3）。

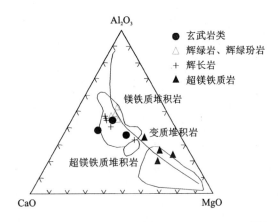 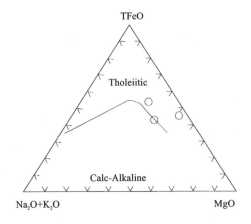

图 3-2 早二叠世蛇绿岩组分的 Al_2O_3-CaO-MgO 图解　　图 3-3 玄武岩的 AFM 图解

(5) 放射虫硅质岩：SiO_2 含量特高为 64.18%～93.68%，$FeO+MgO$ 为 0.52%～1.58%，K_2O+Na_2O 为 0.15%～0.82%，K_2O/Na_2O 为 0.5～1.41，大致表明沉积盆地为大洋盆地的产物。Al_2O_3 含量较低（0.38%～2.24%），FeO/MnO 值为 1.8～33，FeO 远大于 MnO，说明在深海还原环境中成岩。

从多彩蛇绿岩的 Al_2O_3-CaO-MgO 三角图解可以看出，区内的蛇绿岩岩石从橄榄岩、辉石岩、辉长岩－玄武岩、辉绿岩成分演化具有明显的递变趋势，显示出一定的亲源性；蛇绿岩体中超镁铁质岩石 Al_2O_3 含量较低，在 SiO_2-Al_2O_3 图解（图略）上均投影于贫铝质区域内。$Na_2O=0.5\%～1.69\%$，K_2O 大部分含量极低，介于 0.14%～0.91% 之间，应为贫碱岩石。

4. 地球化学特征

1) 稀土元素特征

多彩蛇绿岩套中的各岩石侵入体稀土元素分析数值及有关参数见表 3-3，从中可以看出如下特征。

表 3-3　多彩蛇绿岩稀土元素含量表（$w_B/10^{-6}$）

岩性	样品号	La	Ce	Pr	Nd	Sm	Eu	Gd	Tb	Dy	Ho	Er	Tm	Yb	Lu	Y	ΣREE
CPSi	3XT57-5	4.92	7.04	1.30	4.16	1.06	0.12	1.10	0.21	1.46	0.34	1.03	0.16	1.06	0.16	11.80	35.92
	3P2XT18-2	8.03	11.59	2.03	6.07	1.27	0.13	0.99	0.16	0.94	0.19	0.55	0.09	0.61	0.10	4.03	36.78
CPβ	3XT941-2	6.60	15.34	2.43	9.77	2.83	0.89	3.11	0.57	3.60	0.76	2.19	0.33	2.04	0.31	19.85	70.62
	3XT346-3	3.20	10.08	1.74	9.31	2.88	1.22	4.51	0.85	5.47	1.13	3.28	0.52	3.13	0.47	28.93	76.72
	3P2XT34-1	4.77	11.84	2.05	10.07	3.23	1.20	3.76	0.65	3.87	0.78	1.97	0.29	1.71	0.25	17.45	63.86
CPβμ	3P2XT17-1	5.85	12.00	1.78	8.06	2.73	1.01	3.44	0.67	3.90	0.83	2.28	0.35	2.23	0.33	18.84	64.30
	3P2XT26-1	14.24	27.28	4.01	17.07	5.02	1.65	6.60	1.08	7.63	1.59	4.56	0.72	4.45	0.65	35.14	131.69
	3P2XT31-1	8.43	17.34	2.60	11.82	3.57	1.22	4.68	0.83	5.49	1.18	3.10	0.51	3.10	0.45	27.70	92.05
	3P2XT36-1	7.66	18.53	2.67	11.68	3.71	1.35	5.28	0.95	6.12	1.31	3.71	0.58	3.64	0.54	31.71	99.44

续表 3-3

岩性	样品号	La	Ce	Pr	Nd	Sm	Eu	Gd	Tb	Dy	Ho	Er	Tm	Yb	Lu	Y	ΣREE
CPv	3XT694-1	11.00	25.18	3.96	18.18	5.24	1.92	6.15	1.02	6.18	1.17	3.06	0.48	2.89	0.45	26.84	113.72
	3XT345-3	2.80	6.41	1.08	5.50	2.07	0.92	3.00	0.56	3.73	0.77	2.22	0.35	2.04	0.31	19.10	50.86
	3XT346-2	7.38	19.17	3.25	15.28	4.90	1.79	6.41	1.10	7.10	1.53	4.14	0.67	4.07	0.61	35.49	112.89
	3XT346-1	7.37	16.50	2.61	11.82	3.27	1.43	3.57	0.60	3.50	0.71	1.86	0.28	1.65	0.25	19.00	74.42
	3P2XT23-1	3.45	8.50	1.54	7.27	2.35	0.99	3.01	0.51	3.06	0.68	1.82	0.28	1.74	0.25	14.93	50.38
CPψ	3XT941-1	2.33	7.11	1.19	5.45	1.98	0.84	2.36	0.49	3.44	0.68	1.94	0.32	1.98	0.34	16.46	46.91
CPσ	3P2XT18-1	2.31	4.70	0.85	3.94	1.38	0.45	1.70	0.29	1.83	0.36	0.96	0.15	0.95	0.14	7.71	27.72
	3XT941b	1.58	4.11	0.68	3.42	1.28	0.51	1.52	0.29	1.98	0.43	1.27	0.20	1.29	0.21	11.80	30.57
	3XT941a	1.65	4.45	0.76	3.62	1.27	0.49	1.50	0.30	2.07	0.44	1.34	0.21	1.26	0.21	10.89	30.46

注：样品由武汉综合岩矿测试中心测试。

(1) 区内辉石橄榄岩：区内辉石橄榄岩的稀土总量 ΣREE（包括 Y）为 $27.72\times10^{-6}\sim30.57\times10^{-6}$，辉石岩的 ΣREE（包括 Y）为 46.91×10^{-6}，岩石 LREE/HREE 值为 $1.61\sim2.14$，轻重稀土分馏不明显，δEu=$0.9\sim1.19$。总体而言，该区超镁铁质岩石的稀土总量比世界其他地区蛇绿岩中的同类型岩石及下地幔的稀土总量值高，Eu 不具异常—正异常；轻重稀土分馏不明显，岩石的 $(La/Yb)_N$ 为 $0.79\sim1.64$，稀土配分曲线总体呈平坦型（图 3-4）。

(2) 镁铁质岩石：辉长岩 ΣREE 的稀土总量（包括 Y）介于 $50.38\times10^{-6}\sim113.72\times10^{-6}$ 之间，轻重稀土比值为 $1.45\sim3.06$，说明轻重稀土具有初步的分馏，δEu=$0.97\sim1.27$，铕无异常或略呈正异常；岩石的 $(La/Yb)_N$ 为 $1.22\sim2.57$，岩石稀土配分模式为近平坦型或略右倾斜曲线（图 3-5），与典型蛇绿岩中同类型岩石的稀土配分模式曲线基本一致。

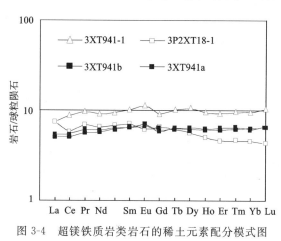

图 3-4 超镁铁质岩类岩石的稀土元素配分模式图

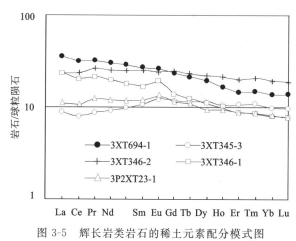

图 3-5 辉长岩类岩石的稀土元素配分模式图

(3) 基性岩墙：辉绿玢岩 ΣREE=$64.3\times10^{-6}\sim131.96\times10^{-6}$，LREE/HREE=$2.06\sim2.54$，显示弱的轻稀土富集，$\delta$Eu=$0.88\sim1.01$，岩石不具铕异常，岩石的 $(La/Yb)_N$ 为 $1.42\sim2.16$，稀土配分模式曲线为略显右倾的平滑曲线图（图 3-6）。

(4) 火山岩：玄武岩 ΣREE=$63.86\times10^{-6}\sim101.17\times10^{-6}$，高于世界其他地区蛇绿岩中熔岩的稀土总量，LREE/HREE=$1.47\sim5.76$，显示轻稀土富集，δEu=$0.91\sim1.1$，岩石基本不具铕异常，其 $(La/Yb)_N$ 为 $0.69\sim2.18$，其稀土配分模式为近平坦型曲线（图 3-7），与大洋玄武岩稀土曲线特征基本一致。

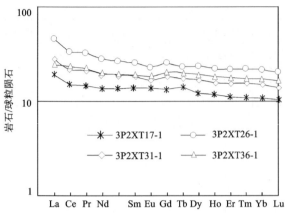

图 3-6 辉绿岩类岩石的稀土元素配分模式图

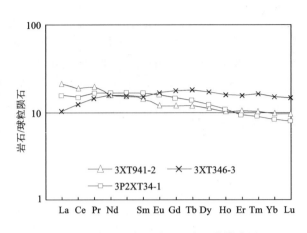

图 3-7 玄武岩类的稀土元素配分模式图

(5) 放射虫硅质岩：ΣREE 为 $35.92\times10^{-6}\sim36.78\times10^{-6}$，稀土总量较高，LREE/HREE＝$3.37\sim8.02$，显示轻稀土富集，$\delta$Eu＝0.34，岩石具明显的铕异常，岩石的$(La/Yb)_N$为 $3.13\sim8.88$ 其稀土配分型式属轻稀土富集型(图 3-8)。

2) 微量元素特征

多彩蛇绿岩套各岩石类型的微量元素分析数据见表 3-4，从中可以看出，和世界其他地区蛇绿岩各岩石微量元素丰度值相比，区内蛇绿混杂岩超镁铁质岩的微量元素组合及含量在不同的岩石类型中基本相似，说明物质来源相同。与维氏同类岩石比较，Zr、Y、V、Mn、Co、P、Cu 元素含量低，Sr、Cr、Li、Be、Ti、Ni、Mo、Zn、Sn、Nb、Rb 等元素含量高于维氏同类岩石世界平均值，Ba、U、Au、Ag、Pb 元素高度富集。其微量元素比值蛛网图曲线特征(图 3-9)与典型蛇绿岩同类岩石曲线特征类似。

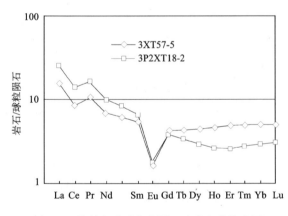

图 3-8 放射虫硅质岩的稀土元素配分模式图

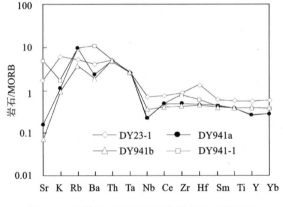

图 3-9 超镁铁质岩类岩石的微量元素蛛网图

表 3-4 多彩蛇绿岩微量元素含量表($w_B/10^{-6}$)

岩性	样品号	Li	Be	Sc	Ga	Th	Sr	Ba	Co	Cr	Ni	Cu	Zn	Rb	Hf	Te	Zr	Ta
CPSi	DY57-5	0.9	1.13	0.41	1.3	0.22	32.1	592	0.88	14.6	0.23	9.9	8.60	3.7	<0.5	0.087	12.1	0.3
	DY18-2	2.7	0.25	2.6	2.0	4.2	14	54	5.5	98	55.0	6.5	13.0	4.8	5.5	0.15	218.0	<0.5
CPβ	DY941-2	15.0	1.00	27.0	5.7	1.0	63	99	22.0	171	107.0	61.0	52.0	13.0	2.5	0.07	95.0	<0.5
	DY346-3	12.1	0.33	49.0	16.6	0.4	112	39	45.7	221.0	66.7	78.2	141.0	6.0	2.6	<0.05	82.7	0.3
	DY34-1	8.4	1.50	34.0	20.0	1.0	125	88	64.0	764	337.0	95.0	100.0	7.5	3.4	0.13	119	<0.5

续表 3-4

岩性	样品号	Li	Be	Sc	Ga	Th	Sr	Ba	Co	Cr	Ni	Cu	Zn	Rb	Hf	Te	Zr	Ta
CPβμ	P2DY17-1	19.0	1.20	41.0	16.0	1.5	179	165	37.0	399	74.0	71.0	82.0	70.0	2.2	0.06	77.0	<0.5
	DY18-1	5.5	0.78	22.0	7.6	1.0	40	67	70.0	2024	773.0	42.0	79.0	13.0	1.2	0.13	64.0	<0.5
	DY26-1	4.2	2.10	36.0	18.0	4.8	180	220	34.0	106	45.0	54.0	86.0	13.0	4.6	0.10	154.0	<0.5
	DY31-1	13.0	1.90	41.0	14.0	2.6	129	105	37.0	84	52.0	56.0	132.0	21.0	4.2	0.13	141.0	0.5
	DY36-1	13.0	1.80	32.0	18.0	1.9	196	118	40.0	155	48.0	116.0	94.0	22.0	3.2	<0.05	88.0	0.5
CPν	DY694-1	11.8	1.44	63.8	27.6	2.7	253	94.6	44.7	76	20.6	44.3	137.0	14.5	3.5	40.05	133.0	0.3
	DY345-3	20.1	0.24	50.0	16.4	<0.1	156	80.6	41.2	597	155.0	102.0	70.0	30.0	1.3	<0.05	54.4	0.24
	DY346-1	16.9	0.18	49.7	15.3	<0.1	196	235	42.0	177	87.3	181.0	73.0	8.2	2.4	<0.05	55.0	0.3
	DY346-2	16.9	0.28	53.1	16.8	<0.1	139	149	43.2	177	88.3	194.0	70.4	5.6	2.0	<0.05	58.5	0.3
CPψ	DY23-1	8.8	1.50	33.0	14.0	<1.0	203	82	59.0	780	364.0	94.0	83.0	10.0	3.1	0.07	76.0	<0.5
CPσ	DY941a	28.0	0.60	28.0	6.9	<1.0	18	44	85.0	1916	837.0	42.0	74.0	18.3	1.1	<0.05	43.0	<0.5
	DY941b	11.0	0.60	28.0	5.9	<1.0	8.3	37	86.0	1675	778.0	58.0	66.0	7.5	1.1	<0.05	38.0	<0.5
	DY941-1	55.0	1.00	38.0	19.0	<1.0	578	210	45.0	208	182.0	67.0	56.0	18.0	1.4	0.07	64.0	<0.5

注:样品由武汉综合岩矿测试中心测试。

辉长岩、辉绿玢岩 Ba、Zr、Y、Sr、V、Mn、Ti、Co、Ni、P、Mo、Cu、Zn、Sn、Nb、Rb 等元素含量低于维氏基性岩平均值,U、Cr、Li、Be、Pb、Au、Ag 元素高于维氏同类岩平均值,其微量元素比值蛛网图曲线特征除个别与洋中脊玄武岩特征接近外,大多与岛弧玄武岩的分布型式(图 3-10、图 3-11)相近。

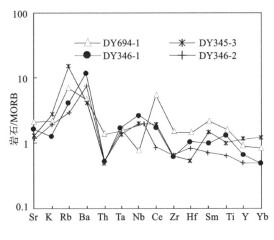
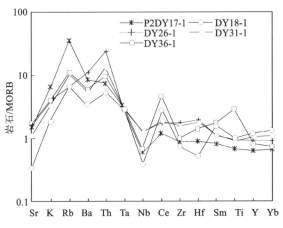

图 3-10　辉长岩类岩石的微量元素蛛网图　　图 3-11　辉绿岩类岩石的微量元素蛛网图

区内蛇绿岩中玄武岩的微量元素组合与辉长岩基本一致,其微量元素比值蛛网图曲线特征与洋中脊玄武岩微量元素曲线特征类似,以 Rb、Ta、Th 等元素的明显富集和 Y、Yb 的轻微亏损为特征,部分样品具有明显的 Nb、Zr 等元素的亏损特征(图 3-12),显示岛弧玄武岩的特征。

区内硅质岩的微量元素蛛网图见图 3-13,两块硅质岩的 SiO 含量不同,微量元素的含量和蛛网图的型式明显不同,显示沉积过程中外来物质的混杂程度不一致,岩石的 U/Th 比值为 0.12～6.5,在 U-Th 关系图上位于古热水喷溢沉积区边缘,表明其受到了热水影响。

5. 蛇绿岩的形成时代

多彩蛇绿岩为海西期东期构造运动的产物,在区域上同一构造带内据已获得巴音查乌马辉长岩的 Rb-Sr 等时线年龄为 266±41Ma(苟金,1990),证明其形成于晚古生代早二叠世。另据可可西里资料辉长岩基性岩墙的年龄在 345.69±0.91Ma($^{39}Ar/^{40}Ar$)构造热事件年龄,于多处发现中二叠世深海放射虫,并发现侵入于晚泥盆世地层中的基性岩墙群,因此蛇绿岩时代为从早石炭世开始持续到二叠纪。

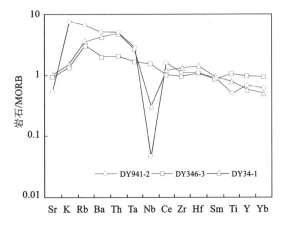

图 3-12 玄武岩类岩石的微量元素蛛网图

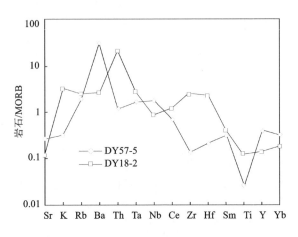

图 3-13 放射虫硅质岩的微量元素蛛网图

本次区域地质调查在蚀变辉石橄榄岩中取全岩 Sm-Nd 等时线测年样,在辉绿岩中取单矿物 Sm-Nd 等时线测年样,由国土资源部中南矿产资源监督检测中心测试,但未能成线,并未获得任何有意义的 Sm-Nd 模式年龄,但有两个辉长岩样品(JD339-4、JD339-6)的模式年龄 T_{CHUR} 分别为 412±8Ma、409±10Ma,286±8Ma、385±11Ma,为本期蛇绿岩的形成提供一定信息。在糜棱岩化辉长岩中辉石的 Ar-Ar 同位素年龄为 148.1±1.3Ma,显示后期的燕山期叠加热事件。

本次区调在当江以北获得 *Pseudoalbaillella fusiformis*(纺锤形假阿尔拜虫)和 *Pseudoalbaillella* spp.(假阿尔拜虫众多未定种)的放射虫化石,经中国科学院南京地质古生物研究所鉴定,其时代为 P_1—P_2,以上各种情况反映出蛇绿岩的时代为早二叠世。测区发现的放射虫与区域上西金乌兰湖、金沙江地区发现的放射虫硅质岩,其化石分子相同,为早—中二叠世的放射虫组合。

因此将本区蛇绿岩的时代确定为石炭纪—早二叠世。其中裂解在早石炭纪,晚石炭世—早二叠世洋壳达到顶峰。

6. 构造环境判别

区内多彩蛇绿岩岩石类型比较齐全,从超镁铁岩—镁铁堆积岩—基性岩墙—玄武岩—放射虫硅质岩等岩石均有出露,从岩石学、岩石化学及地球化学等特征均表明其相互关系是密切的。蛇绿岩形成环境利用其中的玄武岩组分的 FeO/MgO-TiO_2 图(图略)判定,其玄武岩均投影在洋岛玄武岩的范围,在 SiO_2-(Fe)/MgO 变异图(图略)中,岩石投入 TH 系列区域,其中有点落入大洋拉斑玄武岩区与岛弧拉斑玄武岩区,靠近岛弧拉斑玄武岩区。在 TiO_2-P_2O_5 相关图(图略)中显示岩石投影点落入洋脊玄武岩区。区内部分火山岩的稀土元素配分型式为右倾斜的轻稀土富集型,与岛弧钙碱性玄武岩的稀土配分模式接近;另一部分稀土元素的配分型式近平坦型,和 N 型洋中脊拉斑玄武岩稀土元素配分型式接近。在 TiO_2-10MnO-10P_2O_5(图 3-14)、TFeO-MgO-Al_2O_3 图解(图 3-15)中辉长岩和玄武岩均落入洋中脊区和大洋岛屿区的界线附近。从以上探讨结合本次蛇绿岩组分的岩石地球化学特征,多彩蛇绿岩中的基性组分并非产在大洋脊,而是具有富集洋岛的构造特点,表明多彩蛇绿岩可能是在大洋岛弧的弧后裂解过程中形成的。

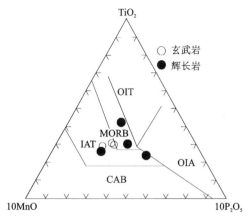
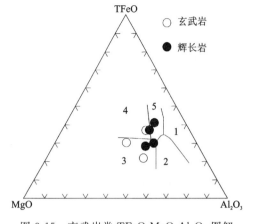

图 3-14　玄武岩类 TiO_2-10MnO-$10P_2O_5$ 相关图

OIT. 大洋岛屿拉斑玄武岩；MORB. 洋中脊玄武岩；
IAT. 岛弧拉斑玄武岩；CAB. 钙碱性玄武岩；
OIA. 大洋岛屿碱性玄武岩

图 3-15　玄武岩类 TFeO-MgO-Al_2O_3 图解

1. 岛弧扩张中心火山岩；2. 造山带火山岩；
3. 洋中脊火山岩；4. 洋岛火山岩；5. 大陆火山岩

二、查涌蛇绿岩

1. 地质特征

查涌蛇绿岩分布在查涌—康巴让赛一带，分布较集中，蛇绿岩组分较齐全，原始层位的改造较小，尤其在查涌出露较完整蛇绿岩岩石组合。蛇绿岩呈构造块体分布于晚三叠世巴塘群中，呈 NW-SE 向带状分布，蛇绿岩呈构造岩块产出，出露面积一般较大，岩石组合较齐全，分布较为集中，岩石类型主要有镁铁质岩、辉绿岩墙群、枕状玄武岩、硅质岩。蛇绿岩组分均与围岩呈构造接触关系。其中镁铁质岩主要岩性为绿泥石化橄榄辉石岩、辉长岩，其中在聂恰曲分布的辉长岩出露有暗色矿物辉石和浅色矿物斜长石组成的成分变化层状辉长岩（图3-16，图版Ⅲ-8），层厚 10～30cm；由粗粒辉长岩、细粒辉长岩组成的结构变化层状辉长岩（图 3-17，图版Ⅲ-7），层厚 50～200cm。辉绿岩呈岩墙状，宽 5～10m，长 15～25m，向 340°方向延展，辉长岩中见有由不同成分和粒度的辉长岩组成的"层状"特征。枕状玄武岩普遍具有枕状构造（图 3-18，图版Ⅲ-5），由紧密堆积的岩枕组成。单个岩枕直径一般 10～15cm，最大可达 1.5m，小者 3～5cm，所

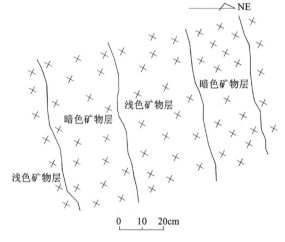

图 3-16　多彩蛇绿岩中层状辉长岩
（据Ⅷ003P2 剖面）

有岩枕均有 1～5cm 的细粒化边（细碧岩），并具放射状裂纹，岩枕间为燧石充填。硅质岩呈构造透镜状出现在片理化玄武岩及板岩层中，可见有紫红色、灰色和灰白色 3 种，在镜下紫红色硅质岩中可见有 12%～20% 的放射虫，放射虫硅质岩产于玛塔群一带，呈夹层状分布于板岩层中。由于受后期侵入体或构造的破坏，导致其原始层序多不完整，在蛇绿岩中相互之间均为构造片理接触，在接触带附近岩石有弱片理化构造，在玄武岩中尤为发育，相对来说以枕状玄武岩的出露面积较大，形态亦较为完整，构成蛇绿混杂岩体的主体。根据区域资料和该区蛇绿岩组分的产出特点，该蛇绿岩组合为区域上甘孜—理塘带的蛇绿岩组合。

蛇绿岩的组分，在空间上具有较为密切的共生组合关系（图 3-19），形态多受区域构造线的控制。蛇绿岩均以构造界面接触，整个地质体均经受了不同的变质变形作用的改造，尤以变质辉石岩类变质变形程度最为强烈，宏观上呈大小不一的透镜状产出，总体沿 NW 方向延伸，岩体边部片理发育，内部则发育宽窄不一的间隔性片理。在区域上，该蛇绿岩各单元之间及其与周围地质体多为断裂构造接触，断

裂构造以北西向(该组构造控制了蛇绿岩产出)为主,各组断裂构造均以脆韧性为特征,糜棱岩化作用强烈且明显。

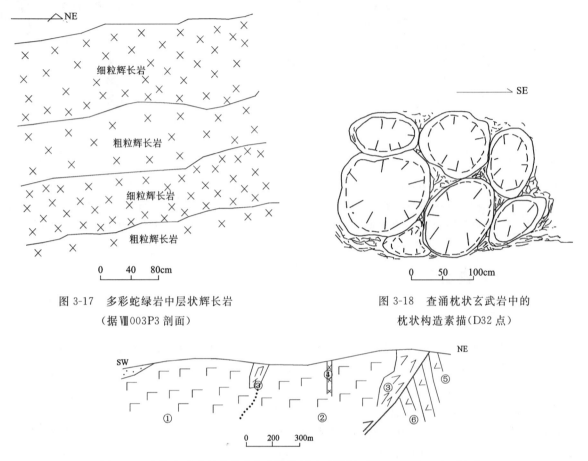

图 3-17 多彩蛇绿岩中层状辉长岩
（据Ⅷ003P3 剖面）

图 3-18 查涌枕状玄武岩中的
枕状构造素描(D32 点)

图 3-19 青海省治多县多彩乡北查涌蛇绿岩地层剖面图 （据Ⅷ003P9 剖面）
①块状玄武岩;②枕状玄武岩;③橄榄辉石岩;④基性岩墙;⑤辉长岩;⑥岛弧型火山岩

2. 岩石组合及其特征

1) 超镁铁质—镁铁质岩类

(1) 蚀变橄榄辉石岩:灰黑色,蚀变网环、网格结构,变余半自形粒状结构,纤维变晶结构,块状构造。矿物成分有辉石79%,橄榄石20%,其他少量。橄榄石及辉石均呈半自形粒状假象,多被细小的蛇纹石、阳起石及部分次闪石、绿泥石交代。

(2) 辉长岩、层状辉长岩:呈灰绿色—深灰色,辉长结构、嵌晶含长结构,块状构造。矿物成分为拉长石45%~49%,普通角闪石13%~20%,辉石30%~48%,磁铁矿1%,少量磷灰石。普通辉石呈较粗大的半自形粒状晶,为含钛的普通辉石,已蚀变具次闪石化、绿泥石化等蚀变。普通角闪石呈半自形粒状不规则粒状,常被次闪石部分或大部分交代。斜长石呈自形柱状,均被微晶状帘石集合体交代、取代,仅以假象存在。副矿物主要有磁铁矿、锆石、榍石等。

(3) 辉绿辉长岩:呈翠绿色,具嵌晶含长结构、辉绿辉长结构,块状构造。主要矿物为斜长石55%~70%、辉石10%~30%、角闪石5%、黑云母等及少量不透明矿物磁铁矿、钛铁矿、榍石等。斜长石呈板粒状晶体构成格架,辉石充填空隙中,也可见板条状斜长石晶体嵌于颗粒粗大的他形辉石中,二次蚀变强烈,主要形成粘土矿物及帘石。辉石中有时可见橄榄石嵌晶。黑云母含量较少,有的蚀变为绿泥石,角闪石为普通角闪石,受不同程度的次闪石化,有时呈辉石反应边出现。次生矿物次闪石呈长柱状、放射状集合体,葡萄石、绿泥石呈集合体团块出现。

2）基性岩墙

与该套蛇绿岩相关的基性岩墙为辉绿玢岩和辉绿岩，岩墙走向以北西-南东为主，倾角近直立，脉体宽5~10m不等，广泛发育于细粒辉长岩、玄武岩等蛇绿岩岩石之中。

（1）辉绿岩：风化面为灰绿褐色，新鲜面灰绿色，块状构造。辉绿结构、含长石嵌晶结构，块状构造，主要由斜长石55%~58%、普通辉石42%~45%组成，另有少量榍石、磷灰石等。斜长石呈半自形板柱状，An=14~20，常又被帘石和绢云母所交代。普通辉石呈不规则粒状，并被阳起石及部分绿泥石交代，分布于斜长石构成的空隙间显示辉绿结构，而在粗大辉石中又嵌有斜长石半自形板条，构成含长嵌晶结构。

（2）辉绿玢岩：为灰绿色—深灰色，具变余斑状结构，基质具有辉绿结构，块状构造。由辉石20%~30%、拉长石70%~80%组成，少量的角闪石、葡萄石、方解石，矿物蚀变强烈，以帘石化、纤闪石化、绿泥石化、方解石化为常见。

3）火山熔岩

火山熔岩主要为枕状玄武岩、块状玄武岩组成，分布在查涌一带，出露长约17km，宽约1.5km，岩石中枕状构造发育，单个岩枕直径一般10~15cm，最大可达1.5m，小者3~5cm，所有岩枕均有1~5cm的冷凝边，并具放射状裂纹，岩枕间为燧石或安山质充填。在切根茸一带的玄武安山岩中枕状构造发育，单个岩枕直径长50~100cm，宽20~50cm，所有岩枕均有较明显的冷却外壳，从岩枕中心向四周有不规则的放射状裂纹，表面似龟裂纹状，层位稳定，少有夹层。

枕状玄武岩：灰绿色，变余斑状结构，初碎斑状结构，基质为纤状变晶结构或变余间粒结构，枕状构造。斑晶含量7%~22%，主要为斜长石和辉石假象，已被绿泥石、绿帘石及碳酸盐岩交代，仅保留少量残余，暗色矿物斑晶保留辉石假象。基质主要由次生纤状阳起石、绿泥石、绿帘石和少量斜长石组成，局部斜长石形成放射状颗粒形成变余球粒结构。部分岩石中发育杏仁状构造，杏仁为绿泥石。部分玄武岩中发育间隔片理化带使岩石具片理化构造，并有部分岩石变质形成绿泥片岩。

块状玄武岩：灰绿色，变余少斑结构，基质具玻晶交织结构、微晶结构，块状构造或枕状构造，部分具杏仁状构造、片状构造。岩石的斑晶含量2%~6%，为斜长石，An=27为更长石，粒径0.3~1.4mm，多已钠长石化与绿帘石化，仅保留原矿物的假象；偶见少量的辉石假象，被石英、方解石和阳起石的集合体取代，仅保留八边形断面轮廓。基质主要由斜长石微晶和后期形成的钠长石、绿泥石、方解石和少量石英组成，多呈半定向分布。

4）硅质岩

硅质岩：灰色、紫红色，薄—中层状，隐晶质—显微粒状结构，矿物成分有石英70%~98%、绢云母3%~8%、有机质和其他杂质1%。岩石中石英呈他形粒状晶，粒径0.01~0.03mm。部分岩石中含放射虫20%±，断面形态呈椭圆状，长径在0.092~0.22mm间，由隐晶状石英组成，不显任何内部结构，分布均匀，在含绢云母较多的石英质薄层中含量较多，放射虫无法鉴定时代。

3. 岩石化学特征

查涌蛇绿岩组合中各类岩石的岩石化学测试结果见表3-5。

（1）超镁铁质岩石：主要为蚀变橄榄辉石岩，岩石的SiO_2(43.46%)略低于蛇绿岩中同类型岩石；Al_2O_3(9.26%)、Na_2O(0.08%)、K_2O(0.17%)远低于蛇绿岩中同类型岩石；MgO(21.98%)高于蛇绿岩中同类型岩石；在Al_2O_3-CaO-MgO三角图解上（图3-20）投影于变质橄榄岩类。

（2）镁铁质岩类岩石：岩石类型有辉长岩、辉长辉绿岩。岩石中SiO_2含量46.46%~49.51%、K_2O含量0.45%~0.46%，与同类型岩石相比，含量较低；MgO含量8.22%~11.45%，TiO_2含量0.78%~1.45%，Al_2O_3含量12.73%~13.61%略高于蛇绿岩中同类型岩石。在Al_2O_3-CaO-MgO图解中辉长岩类多投影于镁铁堆积岩区域内。

表 3-5 查涌蛇绿岩组合各类岩石岩石化学成分表（w_B/%）

岩性	样品号	SiO_2	TiO_2	Al_2O_3	Fe_2O_3	FeO	MnO	MgO	CaO	Na_2O	K_2O	P_2O_5	H_2O^+	Los	Σ
T_3Si	3GS31-1	90.12	0.18	3.73	0	1.60	0.09	1.36	0.40	0.04	1.09	0.03	0.86	0.25	99.75
	3GS46-1	91.15	0.10	2.43	0.20	1.92	0.11	1.34	0.52	0.06	0.50	0.01	1.25	0.29	99.88
$T_3\beta$	3GS32-2	54.11	1.49	12.56	0.92	8.75	0.10	6.09	7.35	4.43	0.33	0.22	1.50	1.93	99.78
	3P9GS9-1	41.39	1.22	10.41	2.14	11.62	0.19	17.56	7.54	0.34	0.08	0.13	6.81	0.16	99.59
	3GS47-1	46.61	0.92	10.68	2.67	8.75	0.19	12.94	10.81	1.82	0.18	0.10	3.66	0.49	99.82
	3GS46-4	46.04	1.12	16.77	3.62	5.62	0.15	8.70	10.67	1.87	0.65	0.14	4.31	0.16	99.82
$T_3\beta\mu$	3P9GS14-1	47.15	1.74	14.43	3.03	9.57	0.22	5.61	11.52	2.21	0.82	0.24	3.07	0.16	99.77
	3P9GS10-1	45.15	2.00	16.28	2.58	9.72	0.20	6.01	8.49	3.32	0.30	0.19	4.41	1.14	99.79
	3P9GS12-1	49.51	0.78	13.59	2.46	6.90	0.17	9.02	11.05	1.85	0.66	0.12	3.50	0.13	99.74
$T_3\upsilon$	3GS32-4	48.14	1.03	12.73	1.97	7.68	0.15	11.45	8.54	2.97	0.40	0.12	4.13	0.49	99.80
	3P9GS35-2	46.46	1.45	13.61	2.99	9.25	0.17	8.22	10.76	3.14	0.45	0.14	2.53	0.59	99.76
$T_3\psi$	3GS32-3	43.46	0.80	9.26	1.92	8.42	0.14	21.98	6.49	0.08	0.17	0.08	5.90	1.37	100.07

（3）基性岩墙：岩石类型有辉绿岩和辉绿玢岩，岩石的 SiO_2（45.14%～47.15%）、TiO_2（1.74%～2%）、CaO（8.49%～11.52%）含量略丰，Na_2O（2.21%～3.32%）的含量略低，MgO（5.61%～6.01%），总的化学成分特征与玄武岩化学成分近似。在 Al_2O_3-CaO-MgO 三角图解上投影于镁铁堆积岩区及其上方。

（4）基性火山岩：本区玄武岩、安山岩的 SiO_2 含量变化范围在 41.39%～54.11%之间，Na_2O+K_2O 在 0.42%～4.76%之间，Al_2O_3 为 10.41%～16.77%，这个含量接近密德尔摩斯特（Middlemost）的分类标准，属于亚碱质拉斑玄武岩类，在 Na_2O+K_2O-SiO_2 图（图略）中，其投影点落于亚碱性系列区，在 AFM 图中投影点落于拉斑玄武岩区（图 3-21）。岩石中 K_2O 含量较低，属低钾系列；Na_2O+K_2O 和 Al_2O_3 与 SiO_2 大致呈正相关关系，而 Fe_2O_3+FeO、CaO、MgO 与 SiO_2 则大致呈负相关关系；TiO_2 相对较高，与过渡型洋脊玄武岩相似。

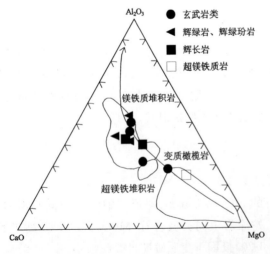

图 3-20 查涌蛇绿岩的 Al_2O_3-CaO-MgO 图解

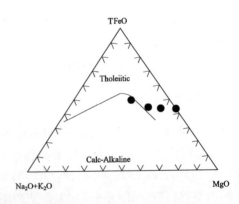

图 3-21 玄武岩的 AFM 图解

（5）放射虫硅质岩：SiO_2 含量特高为 90.12%～92.15%，K_2O+Na_2O 为 0.56%～1.13%，K_2O/Na_2O 为 8.33%～27.15%，大致表明沉积盆地为大洋盆地的产物。Al_2O_3 含量较低（2.43%～3.73%），FeO/MnO 值为 18，FeO 远大于 MnO，且 Fe_2O_3 为 0，说明在深海还原环境中成岩。

在蛇绿岩的 Al_2O_3-CaO-MgO 三角图解（图 3-20）中，区内的查涌蛇绿岩岩石从辉石岩、辉长岩-玄武岩、辉绿岩，成分演化具有明显的递变趋势，显示出一定的亲源性。

4. 地球化学特征

1）稀土元素特征

查涌蛇绿岩稀土元素分析数值及特征参数值见表 3-6、表 3-7，从中可以看出如下特征。

表 3-6 查涌蛇绿岩中各类岩石的稀土元素含量表（$w_B/10^{-6}$）

岩性	样品号	La	Ce	Pr	Nd	Sm	Eu	Gd	Tb	Dy	Ho	Er	Tm	Yb	Lu	Y	ΣREE
T_3Si	3XT31-1	2.61	6.15	0.79	2.72	0.63	0.14	0.65	0.10	0.59	0.13	0.36	0.06	0.39	0.07	3.25	18.64
	3XT46-1	17.63	71.86	4.21	14.54	2.72	0.45	2.02	0.30	1.48	0.29	0.80	0.14	0.93	0.15	6.14	123.66
$T_3\beta$	3XT32-2	7.56	16.24	2.75	12.16	3.64	1.34	4.49	0.73	4.60	0.93	2.49	0.38	2.12	0.30	20.99	80.72
	3P9XT9-1	4.48	12.21	1.81	9.64	2.89	0.99	3.31	0.59	3.43	0.67	1.73	0.26	1.58	0.23	17.17	60.99
	3XT47-1	3.60	8.44	1.60	7.07	2.42	0.94	3.05	0.56	3.33	0.67	1.84	0.28	1.62	0.24	15.77	51.43
	3XT46-4	4.74	11.52	1.89	9.04	3.22	1.20	4.13	0.72	4.65	1.00	2.70	0.41	2.51	0.40	23.16	71.29
$T_3\beta\mu$	3P9XT14-1	21.25	44.22	6.14	24.36	5.30	1.74	5.15	0.86	5.16	1.02	2.72	0.43	2.58	0.37	24.52	145.82
	3P9XT10-1	7.97	19.10	3.05	14.36	4.32	1.47	4.72	0.80	4.72	0.89	2.34	0.36	2.09	0.30	20.54	87.03
	3P9XT12-1	11.34	21.61	2.92	10.91	2.70	0.87	3.03	0.54	3.48	0.72	2.02	0.33	1.98	0.29	17.63	80.37
$T_3\upsilon$	3XT32-4	4.13	9.23	1.66	7.58	2.48	0.88	3.16	0.55	3.34	0.69	1.81	0.27	1.69	0.24	15.35	53.06
	3P9XT35-2	5.00	13.33	2.19	11.18	3.37	1.24	4.01	0.68	4.01	0.76	2.04	0.30	1.74	0.24	20.93	71.02
$T_3\psi$	3XT32-3	1.54	4.16	0.72	3.89	1.47	0.59	1.88	0.31	2.06	0.41	1.06	0.16	0.91	0.13	9.29	28.58

注：样品由武汉综合岩矿测试中心测试。

表 3-7 查涌蛇绿岩各组分稀土元素特征参数值表

岩性	样品号	LREE/HREE	La/Yb	La/Sm	Sm/Nd	Gd/Yb	$(La/Yb)_N$	$(La/Sm)_N$	$(Gd/Yb)_N$	δEu	δCe
T_3Si	3XT31-1	5.55	6.69	4.14	0.23	1.67	4.51	2.61	1.34	0.66	1.02
	3XT46-1	18.23	18.96	6.48	0.19	2.17	12.78	4.08	1.75	0.56	1.95
$T_3\beta$	3XT32-2	2.72	3.57	2.08	0.30	2.12	2.40	1.31	1.71	1.01	0.86
	3P9XT9-1	2.71	2.84	1.55	0.30	2.09	1.91	0.98	1.69	0.98	1.03
	3XT47-1	2.08	2.22	1.49	0.34	1.88	1.50	0.94	1.52	1.06	0.84
	3XT46-4	1.91	1.89	1.47	0.36	1.65	1.27	0.93	1.33	1.01	0.93
$T_3\beta\mu$	3P9XT14-1	5.63	8.24	4.01	0.22	2.00	5.55	2.52	1.61	1.01	0.92
	3P9XT10-1	3.10	3.81	1.84	0.30	2.26	2.57	1.16	1.82	0.99	0.93
	3P9XT12-1	4.06	5.73	4.20	0.25	1.53	3.86	2.64	1.23	0.93	0.88
$T_3\upsilon$	3XT32-4	2.21	2.44	1.67	0.33	1.87	1.65	1.05	1.51	0.96	0.85
	3P9XT35-2	2.63	2.87	1.48	0.30	2.30	1.94	0.93	1.86	1.03	0.97
$T_3\psi$	3XT32-3	1.79	1.69	1.05	0.38	2.07	1.14	0.66	1.67	1.08	0.95

注：样品由武汉综合岩矿测试中心测试。

（1）区内变质橄榄辉石岩的稀土总量（包括 Y）为 28.58×10^{-6}，岩石 LREE/HREE 为 1.79，轻重稀土分馏不明显，δEu=1.08。总体而言，该区超镁铁质岩石的稀土总量比世界其他地区蛇绿岩中的同类型岩石及下地幔的稀土总量值高,Eu 存在正异常;轻重稀土分馏不明显,稀土配分曲线总体呈轻稀土亏损更显著的中间突起型(图3-22)。

(2) 镁铁质岩石:辉长岩的稀土总量介于 $53.06×10^{-6}\sim 87.03×10^{-6}$ 之间,轻重稀土比值 LREE/HREE 为 $2.63\sim 4.06$,说明轻重稀土具有初步的分馏,$\delta Eu=0.93\sim 1.03$,铕基本无异常;岩石稀土配分模式为略右倾斜的水平曲线(图3-22),与典型蛇绿岩中同类型岩石的稀土配分模式曲线基本一致。

(3) 基性岩墙:辉绿玢岩 $\sum REE=87.03×10^{-6}\sim 145.82×10^{-6}$,LREE/HREE $=3.1\sim 5.63$,显示轻稀土富集,$\delta Eu=0.99\sim 1.01$,岩石不具铕异常,稀土配分模式曲线为略显右倾的平滑曲线图(图3-23)。

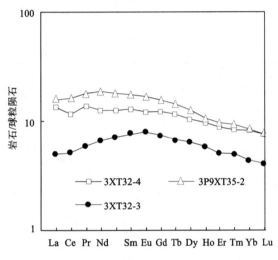

图3-22 镁铁质—超镁铁质岩的稀土元素配分模式图

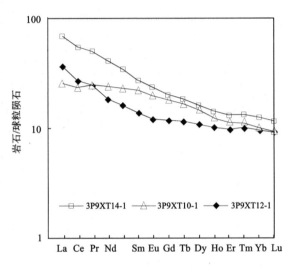

图3-23 辉绿岩类的稀土元素配分模式图

(4) 火山岩:玄武岩 $\sum REE=51.43×10^{-6}\sim 71.29×10^{-6}$,玄武安山岩 $\sum REE=80.72×10^{-6}$,略高于玄武岩稀土总量,LREE/HREE $=1.91\sim 2.08$,显示轻稀土富集,$\delta Eu=0.98\sim 1.01$,岩石不具铕异常,其稀土配分模式为近平坦型曲线(图3-24),与大洋玄武岩稀土曲线特征基本一致,玄武安山岩稀土特征具岛弧安山岩特征。

(5) 放射虫硅质岩:$\sum REE$ 为 $18.64×10^{-6}\sim 123.66×10^{-6}$,两块岩石的稀土元素含量不同,但稀土元素特点和配分型式一致,LREE/HREE $=5.55\sim 18.23$,轻重稀土分馏较明显,Ce 呈正异常,$\delta Ce=1.02\sim 1.95$,其稀土配分型式与抱球虫属的外骨骼稀土配分型式相当(图3-25),具生物成因和热水成因特征。

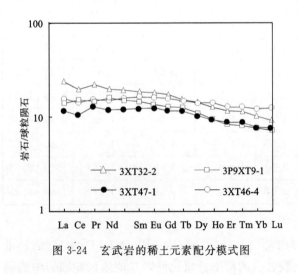

图3-24 玄武岩的稀土元素配分模式图

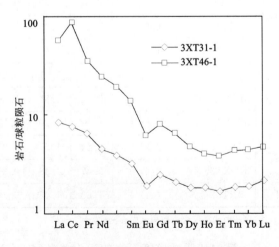

图3-25 硅质岩的稀土元素配分模式图

2) 微量元素特征

区内晚三叠世蛇绿岩各组分的微量元素含量见表 3-8。

表 3-8 查涌蛇绿岩组合中各类岩石的微量元素含量表（$w_B/10^{-6}$）

岩性	送样品号	Li	Be	Sc	Ga	Th	Sr	Ba	Co	Cr	Ni	Cu	Rb	Hf	Zr	Ta	Nb
T_3Si	DY31-1	22.0	3.10	36.0	20.0	3.30	145	227.0	42.0	101.0	62.0	182.0	35.0	5.8	217.0	1.50	20.0
	DY46-1	16.8	0.19	2.0	2.7	0.65	14.3	43.2	14.0	15.1	27.7	1.1	13.6	0.5	18.5	0.30	5.5
$T_3\beta$	DY33-2	13.0	1.60	42.0	12.0	0.60	79	73.0	39.0	173.0	122.0	122.0	13.0	3.1	111.0	<0.50	4.2
	DY9-1	38.8	0.52	29.4	17.6	0.90	44	465.0	107.0	1340.0	1019.0	227.0	3.4	2.1	73.0	0.30	6.9
	DY47-1	50.5	0.25	34.8	15.2	0.20	117	41.0	68.8	1044.0	682.0	1.1	5.9	1.6	54.0	0.30	5.6
	DY46-4	25.8	0.40	46.6	15.6	0.26	307	104.0	44.8	380.0	147.0	59.4	13.0	2.5	72.6	1.09	13.7
$T_3\beta$	DY14-1	16.4	1.10	37.9	19.6	2.60	304	491.0	49.8	42.4	80.2	160.0	25.7	3.5	126.0	1.18	20.1
	DY10-1	37.6	1.22	36.5	24.6	1.00	308	193.0	42.2	125.0	90.8	21.9	29.6	2.4	105.0	0.49	11.0
	DY12-1	41.2	0.67	49.3	15.7	2.60	150	273.0	49.9	614.0	174.0	6.5	25.9	2.1	75.3	0.41	11.0
$T_3\upsilon$	DY32-4	39.0	0.29	38.6	12.9	0.14	377	49.6	53.6	687.0	282.0	3.2	36.5	2.1	62.7	0.30	5.9
	DY35-2	23.3	0.35	36.7	20.3	0.43	297	68.8	58.6	408.0	234.0	34.2	10.0	2.5	81.9	0.30	6.8
$T_3\psi$	DY32-3	30.0	1.10	30.0	11.0	<1.00	29	50.0	84	1686.0	1086.0	90.0	7.5	2.1	68.0	<0.50	1.2

注：样品由武汉综合岩矿测试中心测试。

和世界其他地区蛇绿岩各岩石微量元素丰度值相比，区内蛇绿混杂岩超镁铁质岩的微量元素组合及含量在不同的岩石类型中基本相似，说明物质来源相同。与维氏同类岩石比较，Zr、Y、V、Mn、Co、P、Cu 元素含量低，Sr、Cr、Li、Be、Ti、Ni、Mo、Zn、Sn、Nb、Rb 等元素含量高于维氏同类岩石世界平均值，Ba、U、Au、Ag、Pb 元素高度富集（图 3-26）。

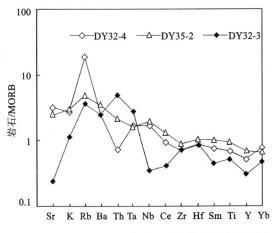

图 3-26 镁铁质—超镁铁质岩类的微量元素蛛网图

镁铁质岩 Ba、Zr、Y、Sr、V、Mn、Ti、Co、Ni、P、Mo、Cu、Zn、Sn、Nb、Rb 等元素含量低于维氏基性岩平均值，U、Cr、Li、Be、Pb、Au、Ag 元素高于维氏同类岩平均值，其微量元素比值蛛网图曲线特征（图 3-26）除个别与洋中脊玄武岩特征接近外，大多为岛弧玄武岩的分布型式。

查涌蛇绿岩中的辉绿玢岩和玄武岩、玄武安山岩的微量元素组合和特征基本一致；其微量元素比值蛛网图曲线特征与洋中脊玄武岩微量元素特征类似（图 3-27、图 3-28）。以 Rb、Ta、Th 等元素的明显富集和 Y、Yb 的轻微亏损为特征，具有过渡型洋中脊的特征。

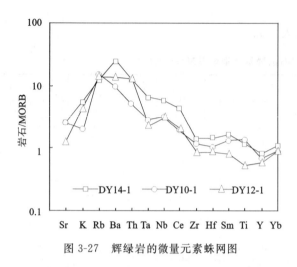

图 3-27 辉绿岩的微量元素蛛网图

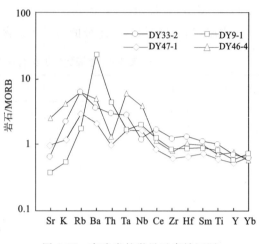

图 3-28 玄武岩的微量元素蛛网图

硅质岩的微量元素蛛网图见图 3-29,两块硅质岩微量元素的含量和蛛网图的型式相近,Ce、Zr、Hf、Yb 等不一致性显示沉积过程中外来物质的混杂程度不一致。

5. 蛇绿岩的形成时代

本次区域地质调查在玄武岩中已取单颗粒锆石 U-Pb 同位素样,在辉绿岩中已取全岩 Sm-Nd 同位素样,由国土资源部中南矿产资源监督检测中心测试,但未能成线,并未获得任何有意义的 Sm-Nd 模式年龄。并在灰—紫红色硅质岩中已发现放射虫,但未能鉴定出有意义的结果。但蛇绿岩全部呈构造块体分布于晚三叠世巴塘群中,蛇绿岩的原始结构保留较

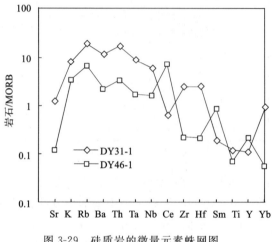

图 3-29 硅质岩的微量元素蛛网图

好,辉长岩中见有由不同成分和粒度的辉长岩组成的"层状"特征,枕状玄武岩普遍具有枕状构造,未见有明显的片理化构造,赋存位置、构造变形特点和岩石化学特征与早二叠世蛇绿岩具有明显不同的特点,且在 1:20 万区域地质调查时有发现过晚三叠世的放射虫的记录。区域上甘孜—理塘蛇绿岩的形成时代自南向北其形成年龄有逐渐变新的特点,在北带的温泉理塘一带的紫红色硅质岩中发现有 *Triassocampe* sp.,*Triassocampe* cf. *nova* Yao 等晚三叠世早期的放射虫,表明甘孜一带洋盆形成时代为晚三叠世早期,与本带属同一构造带。依据测区发现的晚二叠世—早三叠世陆相碱性火山岩角度不整合在早中二叠世开心岭群上的构造事件的地质特征,故将该蛇绿岩组合的形成时代归为早三叠世—晚三叠世早期。

6. 构造环境判别

该区蛇绿岩是甘孜—理塘洋扩张的这一构造演化过程中的产物,表现在 Al_2O_3-CaO-MgO 图解(图略)中,橄榄辉石岩属超镁铁质岩,辉长岩为镁铁质岩,玄武岩为大洋拉斑玄武岩系列,在 TiO_2-K_2O-P_2O_5 图解(图略)中辉石岩、辉长岩类岩石多落入 OT 区,反映了这些岩石是在大洋裂谷扩张环境形成的产物,与当时地质构造环境一致。

枕状玄武岩与辉绿岩的化学成分极为相似,两者在 AFM 图上的分布区近于完全重叠,均位于辉石岩成分区的上方且表现出拉斑玄武岩浆的演化趋势,而且它们的稀土、微量元素的分配曲线亦十分接近,说明蛇绿岩组合的同源性。

区内部分火山岩的稀土元素配分型式为近平坦型,和 N 型洋中脊拉斑玄武岩和岛弧拉斑玄武岩稀土元素配分型式接近。

蛇绿岩中放射虫硅质岩 δCe=1.02~1.95,与大洋中脊强 Ce 负异常有着明显区别(Murray,1993),而与大陆边缘环境下的硅质岩 δCe 值相当。稀土配分型式介于洋壳型深海硅质岩与抱球虫属的外骨骼稀土配分型式之间,具热水成因和生物成因特征。

在蛇绿岩组合中玄武岩和辉长岩在 $TiO_2-P_2O_5$ 相关图解(图略)和 $TiO_2-K_2O-P_2O_5$ 图解(图略)中投点均落入洋中脊玄武岩区,在 $TFeO-MgO-Al_2O_3$ 图解(图 3-30)中基本上投入 3 区(洋中脊及大洋底部)及 3 区和 4 区(大洋岛屿)的界线附近。

综上所述,晚三叠世查涌蛇绿岩为洋中脊扩张的产物。

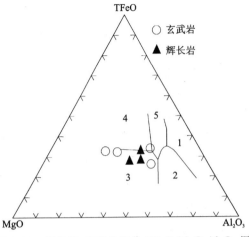

图 3-30 辉长岩、玄武岩组分 $TFeO-MgO-Al_2O_3$ 图
1.岛弧扩张中心火山岩;2.造山带火山岩;
3.洋中脊火山岩;4.洋岛火山岩;5.大陆火山岩

第三节 基性—超基性岩

测区基性—超基性岩除前面叙述的蛇绿岩组分外,其余的分布规模不大,但分布面广,且主要集中于通天河蛇绿混杂岩带以外的杂多晚古生代—中生代活动陆缘带内,另有部分呈脉状侵入到晚三叠世巴塘群中(见岩脉部分)。在杂多晚古生代—中生代活动陆缘带有 2 个辉长辉绿岩岩株和一些区域性岩脉侵入,根据侵入的地质特征和同位素年龄,将其归为中—晚侏罗世(表 3-9)。并命名为中晚侏罗世莫鬼辉长辉绿岩体($J_{2-3}\nu\beta$)。

表 3-9 基性—超基性侵入体一览表

时代	基性岩体	代号	岩性	数量	地层接触关系	同位素
中—晚侏罗世 J_{2-3}	莫鬼辉长辉绿岩体	$J_{2-3}\nu\beta$	辉长辉绿岩	2 个	侵入于晚三叠世结扎群碎屑岩之中	167Ma/(U-Pb)(邻区)

中晚侏罗世莫鬼辉长辉绿岩体($J_{2-3}\nu\beta$)分布在测区君乃涌沟脑莫鬼等地,呈岩脉状侵入,总体呈东西向带状展布,与区域构造线的方向一致。该类岩体数目较少,分布面局限,呈岩株、岩脉分布。主要岩石类型为辉长辉绿岩、辉绿玢岩等,共有 2 个岩体,总面积为 0.5km²。

1. 地质特征

辉长辉绿岩岩株分布于测区的杂多县北部君乃涌沟脑莫鬼一带,出露面积为 0.5km²,呈椭圆状侵入于晚三叠世结扎群碎屑岩之中,二者界线弯曲,围岩具硅化、角岩化热蚀变现象,岩体边部具同化混染和褪色现象。岩石类型为辉长辉绿岩,另外在附近子曲等地有辉绿岩、辉绿玢岩岩脉侵入到晚三叠世结扎群、早中二叠世开心岭群地层中,宽度 25m,延伸长 45~60m,呈 NNW 走向分布。

2. 岩相学特征

(1) 辉长辉绿岩:灰绿色,辉绿辉长结构、斑状结构,块状构造。主要矿物为斜长石 56%~60%、辉石 10%~30%、黑云母 10%~15%等及少量不透明矿物磁铁矿、钛铁矿、榍石等。斜长石呈板粒状晶体构成格架,辉石充填空隙中,也可见板条状斜长石晶体嵌于颗粒粗大的他形辉石中,岩石碳酸盐岩化、绢云母化和粘土化。

(2) 辉绿岩:灰色色调,细粒辉绿结构,块状构造。岩石由 An10~15 的更长石(77%),辉石

（22%），金属矿物（1%）及少量的磷灰石、绿帘石、葡萄石组成。更长石多呈半自形柱状晶，个别呈板状晶，长径在 0.40~2.42mm 之间，具较强的粘土化，伴帘石化或绢云母化。辉石为透辉石，具绿帘石化，粒径相对更长石小，晶内含更长石嵌晶。

（3）辉绿玢岩：灰绿色，斑状结构，基质具辉绿结构，块状构造。斑晶为长石，含量 15%~48%，自形板状，具环带结构，属拉长石，具轻微的碳酸盐化、帘石化，并伴有粘土化，部分岩石中有少量橄榄石假象，含量 1%~2%，橄榄石全被绿泥石交代。基质有斜长石（50%~25%）、含钛普通辉 10%~15%、橄榄石（4%）、微粒磁铁矿（3%）及微粒状绿泥石碳酸盐、帘石和榍石（总计 20%）组成。含钛普通辉石充填分布在斜长石构成的间隙中，自形板条状微晶斜长石呈不规则状，略具定向排列，在其空隙间充填着含钛普通辉石、蚀变矿物绿泥石等，构成明显的辉绿结构特征，并有碳酸盐、磁铁矿、帘石及榍石微粒分布。

3. 岩石化学特征

本期辉绿岩、辉绿辉长岩的分析成果见表 3-10。岩石的 SiO_2 的含量分别为：47.69%、50.44%，据 SiO_2 含量 2 个样品均属基性岩范畴，该类岩石与北京西山辉绿岩的岩石化学平均值相比其 SiO_2 含量基本一致，TiO_2、FeO、MnO、CaO、Na_2O 均高于北京西山辉绿岩，其他氧化物低于北京西山辉绿岩。Na_2O+K_2O 总量也比北京西山辉绿岩略高。

岩石的里特曼指数为 4.08，且 $K_2O<Na_2O$ 说明该类基性岩为钙碱性系列属太平洋型，在 AFM 图中投影发现，两件样品均落于钙碱性岩区，固结指数 SI 最大为 28.37，长英指数 FL 最大为 42.99，说明岩浆分离结晶作用程度中等到差。

4. 稀土元素特征

稀土元素含量及特征参数值见表 3-10。从表上看基性岩的稀土总量最低为 148.4×10^{-6}（包括 Y），轻、重稀土总量比值 5.98，表明为轻稀土富集型。δEu 值分别为 1.05。在稀土配分模式图（图 3-31）上，曲线均为右倾斜的光滑曲线，无铕异常。

表 3-10 中晚侏罗世莫鬼辉绿辉长岩体的岩石地球化学数据表

岩石化学成分 ($w_B/\%$)													
样品号	SiO_2	TiO_2	Al_2O_3	Fe_2O_3	FeO	MnO	MgO	CaO	Na_2O	K_2O	P_2O_5	H_2O^+	Los	Total
3GS1847-1	50.44	1.64	16.39	2.51	6.08	0.16	5.60	7.36	3.64	1.91	0.41	3.57	0.06	99.77
3P6GS11-1	48.02	2.36	17.66	6.91	4.57	0.29	4.95	6.71	3.58	1.23	0.25	3.13	0.13	99.79
2GS4713-2	47.69	0.84	16.97	2.10	5.03	0.22	8.69	4.06	5.05	0.64	0.33	5.60	2.76	99.98

稀土元素含量 ($w_B/10^{-6}$)														
样品号	La	Ce	Pr	Nd	Sm	Eu	Gd	Tb	Dy	Ho	Er	Tm	Yb	Lu	Y	ΣREE
3P6XT11-1	11.97	28.69	4.28	20.34	5.02	1.76	5.43	0.85	5.06	0.99	2.69	0.42	2.44	0.36	23.79	114.09
3XT1847-1	24	46.79	6.09	23.38	4.87	1.72	5.05	0.81	4.89	0.98	2.69	0.43	2.65	0.38	23.67	148.4

稀土元素特征参数值										
样品号	LREE/HREE	La/Yb	La/Sm	Sm/Nd	Gd/Yb	$(La/Yb)_N$	$(La/Sm)_N$	$(Gd/Yb)_N$	δEu	ΔEu*	δCe
3XT1847-1	5.98	9.06	4.93	0.21	1.91	6.11	3.10	1.54	1.05	1.06	0.91
3P6XT11-1	3.95	4.91	2.38	0.25	2.23	3.31	1.50	1.80	1.03	1.03	0.96

微量元素含量 ($w_B/10^{-6}$)																	
样品号	Li	Be	Sc	Ga	Th	Sr	Ba	Co	Cr	Ni	Pb	Rb	Hf	Zr	Ta	Ce	Yb	Nb	Sm	Nd
DY1847-1	56.2	1.57	32.6	18.1	3.3	610	290	34.2	111	45.6	3	50.7	5.0	189	0.69	58.5	4.0	18.9	5.5	26.2
P6DY11-1	32.2	0.80	35.1	15.6	1.0	533	206	33.3	58	43.1	28	17.0	4.1	123	0.58	39.8	3.9	16.3	5.7	23.0

注：2GS4713-2 引自 1:20 万杂多县幅区域地质调查报告，其他样品由武汉综合岩矿测试中心测试。

5. 微量元素特征

该类基性岩的微量元素含量见表3-10,辉绿玢岩的 Ba、Hf、Sc、Cr、Co、Ni、V、Zn、Ti 等元素含量较高,其他元素均接近或低于泰勒值(图3-32)。

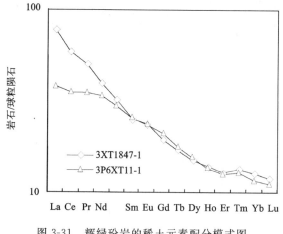

图3-31 辉绿玢岩的稀土元素配分模式图

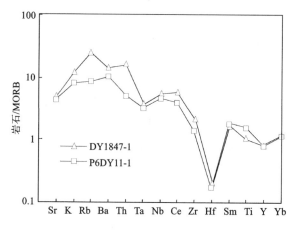

图3-32 辉绿玢岩的微量元素蛛网图

6. 侵位时代探讨

辉长辉绿岩岩株呈椭圆状侵入于晚三叠世结扎群碎屑岩之中,而且本区三叠纪地层中有较多的辉绿岩、辉绿玢岩侵入,在相邻的沱沱河幅中在扎尼日多卡一带的辉绿岩中取得167Ma的锆石U-Pb同位素年龄值,故将本期岩浆活动确定为中—晚侏罗世。

7. 构造环境分析

该类岩体的岩石化学反映,基性岩的岩石类型为钙碱性岩,在 TiO_2-$10MnO$-$10P_2O_5$ 图(图略)上投影于 MORB 区及附近的 CAB 区,在 TFeO-MgO-Al_2O_3 图解(图略)上投影于3区(闭合边缘区)和1区(扩张边缘区),说明测区基性岩的形成环境较复杂,主体可能为伸展期形成的。微量元素中 Cr、Co、Ni、V 各元素较高,说明该类岩体物源较深。

第四节 中酸性侵入岩

测区中酸性侵入岩分布相对较少,在巴颜喀拉构造岩浆岩带、当江—多彩构造岩浆岩带、杂多构造岩浆岩带中均有分布,其中在巴颜喀拉构造岩浆岩带、通天河构造岩浆岩带分布较集中。巴颜喀拉构造岩浆岩带中中酸性侵入岩仅分布在测区北东的巴颜喀拉双向边缘前陆盆地,由印支期的晚三叠世花岗岩岩石组合构成;通天河构造岩浆岩带中中酸性侵入岩主要分布在通天河蛇绿构造混杂岩带内,除有印支期晚三叠世花岗岩的片麻状花岗岩外,另有解体出燕山期次的花岗岩;而杂多构造岩浆岩带中中酸性侵入岩分布在杂多晚古生代—中生代活动陆缘,燕山期和喜马拉雅期的花岗岩体均有出露,且分布零星,但由于喜马拉雅期中酸性侵入体显著的成矿作用而引人注目。

通过野外岩石特征的对比、室内测试数据的研究和前人资料的分析,将测区显生宙以来大大小小共46个中酸性侵入岩岩体,分属3个构造岩浆岩带,由13个单元组成(表3-11)。由于不同侵入体具有不同的构造岩浆期次,不同时期、不同特点构造岩浆活动,故按照不同的构造岩浆区进行描述。

表 3-11 测区中酸性侵入岩构造岩浆期次及划分一览表

地质时代		松潘—甘孜地块		通天河复合蛇绿混杂岩带		羌北—昌都地块	
		巴颜喀拉构造岩浆岩带		通天河构造岩浆岩带		杂多构造岩浆带	
		单元名称	代号	单元名称	代号	单元名称	代号
新生代	渐新世 E_3					纳日贡玛花岗斑岩	$E_3\gamma\pi$
	始新世 E_2					控巴俄仁正长花岗岩	$E_2\xi\gamma$
						色的日斑状二长花岗岩	$E_2\pi\eta\gamma$
中生代	晚白垩世 K_2					不群涌闪长玢岩	$K_2\delta\mu$
						夏结能石英闪长岩	$K_2\delta o$
	晚侏罗世 J_3			格仁花岗闪长岩	$J_3\gamma\delta$		
				赛莫涌石英闪长岩	$J_3\delta o$		
	晚三叠世 T_3	角考斑状二长花岗岩	$T_3\eta\gamma$	拉地贡玛花岗闪长岩	$T_3\gamma\delta$		
		日勤花岗闪长岩	$T_3\gamma\delta$	缅切英云闪长岩	$T_3\gamma\delta o$		
		地仁石英闪长岩	$T_3\delta o$	日啊日曲石英闪长岩	$T_3\delta o$		

一、巴颜喀拉构造岩浆岩带中酸性侵入岩

巴颜喀拉构造岩浆岩区中酸性侵入岩较发育，由晚三叠世花岗岩组成，岩石类型较单一，呈岩株状侵入于晚三叠世巴颜喀拉山群地层中，出露面积达 $147km^2$。

1. 地质特征

该花岗岩出露在图区北侧的巴颜喀拉山群中，集中分布在地仁、角考和日勤一带，其中地仁、角考、日勤一带的岩体呈小岩基、岩株产出。

下面分别对 3 个各自独立分布的花岗岩岩体叙述如下。

地仁岩基呈小岩基产出，出露面积 $120km^2$，岩体向北延伸出图幅区。岩体与围岩的接触面一般较陡，多呈外侵，在岩体的外接触带上，砂板岩经受不同程度的角岩化、硅化，热接触变质带的宽度达 $300\sim400m$。岩体边部有较多的围岩（砂岩、板岩）捕房体，其规模一般为几平方米至数十平方米不等，最大者可达 $0.5km^2$ 以上。主要由中细粒石英闪长岩和花岗闪长岩组成，中部为石英闪长岩，花岗闪长岩在岩体的边部围绕石英闪长岩分布，二者之间呈明显的脉动侵入接触关系，岩体内部有宽度 $5\sim20m$ 的花岗斑岩、二长斑岩的酸性岩脉侵入。

角考小岩株平面形态为不规则的椭圆形，出露面积 $25km^2$。岩体由中细粒花岗闪长岩和斑状二长花岗岩两个结构演化的侵入体组成，二者呈明显的脉动侵入接触，其中中细粒石英闪长岩分布在复式岩体的东、西和北侧边部，呈较小的不规则状；斑状二长花岗岩分布在复式岩体的中心核部，呈规模较大的浑圆状岩株。两个侵入体的岩性比较均匀，且含少量闪长质包体。岩体与围岩的接触界面向外倾斜，倾角 $65°\sim80°$。外接触带砂板岩具明显的角岩化，发育有红柱石角岩、角岩化砂岩。在岩体和围岩中有大量的花岗岩脉和细晶岩脉发育。岩体主要有斑状二长花岗岩组成，周围有不规则状的中细粒石英闪长岩体，局部地段在二长花岗岩和石英闪长岩之间有宽 $100\sim250m$ 的中细粒花岗闪长岩，三者之间呈明显的脉动接触关系，但由于花岗闪长岩的分布有限，在图面上无法填出，暂不在图面上表示出来。

日勤小岩体为一近椭圆状的岩株，出露面积约 $2km^2$，外接触带中围岩已强烈角岩化，角岩化带宽 $200m$。岩体主体为花岗闪长岩，北部边缘出露宽约 $100m$ 的石英闪长岩，二者之间为脉动接触关系。岩体蚀变较强，特别在中心部位普遍云英岩化。

依据测区分布地区的岩基、岩株地质分布、岩石特征，从老到新可以划分为 3 个单元：地仁石英闪长

岩($T_3\delta o$)、日勤花岗闪长岩($T_3\gamma\delta$)、角考斑状二长花岗岩($T_3\pi\eta\gamma$),其中在地仁岩基中地仁石英闪长岩与日勤花岗闪长岩之间呈涌动接触,在角考地区角考斑状二长花岗岩($T_3\pi\eta\gamma$)与地仁石英闪长岩($T_3\delta o$)为明显的脉动接触关系(图3-33)。其中以地仁石英闪长岩的石英闪长岩出露最广泛,构成了地仁岩基主体。从该期次各侵入体的空间展布来看,岩体侵入于晚三叠世巴颜喀拉山群中,在平面上呈椭圆状、不规则半圆形。各单元特征见表3-12。

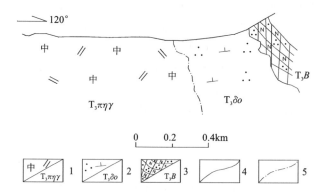

图 3-33　治多县角考晚三叠世石贡闪长岩—二长花岗岩修编剖面图
(据 1:100 万治多县幅报告)
1.斑状二长花岗岩;2.石英闪长岩;3.巴颜喀拉山群的角岩化长石石英砂岩夹红柱石角岩;4.侵入接触关系;5.脉动接触关系

表 3-12　晚三叠世花岗岩岩石特征一览表

单元名称	岩石名称	结构	构造		主要矿物成分及特征	含量(%)
角考斑状二长花岗岩($T_3\eta\gamma$)	肉红色斑状二长花岗岩	似斑状结构,基质中粒花岗结构,斑晶1~5cm,基质1~5mm	块状构造	斜长石	半自形板状,An=27~36,发育聚片双晶和环带结构,多具绢云母化、高岭土化,部分含少量锆石包体	30~45
				钾长石	微斜长石和条纹长石,半自形板状,格子双晶发育,多高岭土化	25~35
				石英	他形粒状,多熔蚀成港湾状,见波状消光	20~25
				黑云母	褐色多色性,绿泥石化	5~10
				副矿物	磷灰石、锆石	微量
日勤花岗闪长岩($T_3\gamma\delta$)	灰白色中细粒花岗闪长岩	中细粒花岗结构,粒径0.5~5mm	块状构造	斜长石	为更—中长石,An=35~44,半自形板状,具聚片双晶和环带结构,局部绢云母化、高岭土化	40~55
				钾长石	条纹长石,微斜长石,他形板粒状,见格子双晶和条纹状构造,局部高岭土化	10~28
				石英	他形粒状,充填于斜长石之间,波状消光	20~25
				角闪石	角闪石,褐绿色,半自形粒柱状,绿泥石化	5~10
				黑云母	黑云母鳞片状,褐色多色性	5~10
				副矿物	磁铁矿、褐帘石、磷灰石、楣石和锆石	微量
地仁石英闪长岩($T_3\delta o$)	深灰色—灰绿色石英闪长岩	细粒半自形粒状结构,粒径0.3~2.4mm	块状构造	斜长石	半自形板状,An=33~49,聚片双晶和环带结构发育,核心已绢云母化,局部被钾长石交代具蠕英结构	50~68
				钾长石	正长石,他形粒状,填隙状均匀分布,交代斜长石	0~8
				石英	他形粒状,充填于斜长石之间,见波状消光	10~15
				角闪石	半自形柱状,呈集合体出现,核部偶见辉石残晶	10~18
				黑云母	鳞片状,部分交代角闪石,被绿泥石、绿帘石交代	12~20
				副矿物	磷灰石、锆石和磁铁矿	微量

2. 岩相学特征

晚三叠世花岗岩各单元的岩石学特征见表3-12。本期次各单元均属一期结构，块状构造，矿物特征基本相同。其中石英呈他形粒状，偶见毕姆纹；碱性长石主要为微斜长石，常见格子双晶，少量条纹长石；斜长石呈半自形柱粒状，聚片双晶细而密，环带构造发育，均为中—更长石；黑云母呈分散的不规则片状晶，多色性、吸收性明显，有绿泥石化、绿帘石化。在石英闪长岩和花岗闪长岩中有较多的角闪石和黑云母，在部分石英闪长岩中有含量5%～18%的辉石为辉石闪长岩。

上述矿物的含量表现了一定的岩浆演化规律：从早期侵入体向晚期侵入体，岩石色率由灰白色到肉红色，随着石英的增多，钾长石含量及粒度增大；而暗色矿物的含量减少，特别是角闪石从自形晶出现到晶形较差含量变少到基本尚不含；斜长石牌号减小，构成一个成分演化期次，并显示出向富碱方向的演化趋势。表明该期次的花岗岩为同源岩浆，具有向富碱、贫铁镁方向的演化趋势。

3. 岩石化学与地球化学特征

（1）岩石化学

晚三叠世花岗岩岩石化学分析数据及有关参数见表3-13。从地仁石英闪长岩到角考斑状二长花岗岩，SiO_2含量逐渐增加，分别介于57.01%～61.09%，61.14%～68.93%，68.74%～76.96%之间，均属于中酸性岩的范畴；Al_2O_3的含量变化不大，略有降低，含钾量逐渐增高。但从地仁石英闪长岩、日勤花岗闪长岩的$CaO+Na_2O+K_2O>Al_2O_3>Na_2O+K_2O$，到角考斑状二长花岗岩的$Al_2O_3 \geqslant CaO+Na_2O+K_2O$，铝过饱和指数ASI从<1逐渐变化到ASI$\geqslant$1，从偏铝质岩石逐渐变化为过铝质岩石，里特曼指数$\sigma=0.56$～2.19，属于钙性—钙碱性岩系列；铁镁指数MF分别介于46.65～65.51，54.76～89.24，61.62～96.45之间，分异指数DI=33.53～49.45，59.63～77.8，70.55～86.46，均向晚期侵入体逐渐增高，固结指数SI=23.66～44.0，4～29.8，0.7～18.21，向晚期侵入体逐渐降低。表明岩体结晶分异程度一般。

表3-13 晚三叠世花岗岩岩石化学成分表（w_B/%）

单元	样品号	SiO_2	TiO_2	Al_2O_3	Fe_2O_3	FeO	MnO	MgO	CaO	Na_2O	K_2O	P_2O_5	H_2O^+	Los	Total
$T_3\delta o$	GS43	57.01	0.51	13.65	0.98	5.70	0.13	7.64	8.51	1.76	1.05	0.07	2.27	0.55	99.83
	2GS409-1	59.66	0.59	17.54	0.49	5.72	0.12	3.27	7.23	2.55	1.79	0.12	1.64	0.02	100.74
	2GS1809-1	61.39	0.58	14.74	0.80	4.93	0.11	5.07	6.87	2.28	1.97	0.10	1.28	0	100.12
	2GS1703-1	61.69	0.58	16.10	0	5.29	0.11	3.83	6.96	2.46	1.91	0.08	1.08	0	100.09
	2GS425-1	57.03	0.52	15.37	0.55	6.00	0.16	6.84	8.98	2.08	1.40	0.14	1.15		100.42
	GS703-1	58.54	0.58	14.74	0.74	5.70	0.13	6.17	7.76	1.97	1.43	0.08	1.84	0.13	99.81
$T_3\gamma\delta$	2GS107-1	62.88	0.57	14.88	0.51	4.53	0.12	3.64	6.05	2.35	3.00	0.11	1.52	0.70	100.85
	GS43-1	61.14	0.63	14.58	0.84	3.38	0.08	2.30	4.76	1.84	3.68	0.20	2.93	3.43	99.79
	2GS1671-1	63.25	0.51	14.02	0.80	5.58	0.15	4.67	5.85	2.25	2.37	0.11	0.96	0.10	100.62
	GS1842-1	64.27	0.67	14.24	0.60	4.25	0.11	3.38	6.09	1.96	1.92	0.11	1.49	0.76	99.83
	GS1843-1	64.41	0.67	14.88	0.66	4.28	0.11	3.14	5.38	2.18	2.75	0.10	1.20	0.06	99.82
	GS1266-1	66.70	0.63	14.45	0.67	3.78	0.10	2.38	4.45	2.09	3.18	0.12	1.21	0.06	99.82
	GS1266-2	66.58	0.65	14.32	0.51	3.85	0.11	2.81	4.61	2.10	2.72	0.12	1.11	0.33	99.82
	2GS860-1	67.53	0.51	14.52	0	4.10	0.08	2.54	5.19	2.36	2.19	0.15	0.80	0.20	100.17
	2GS285-1	64.69	0.68	15.22	0.23	4.31	0.07	2.39	5.29	2.40	2.65	0.11	1.07	0.50	99.61
	2GS1909-1	64.76	0.50	14.60	0.23	4.43	0.09	3.85	5.05	2.35	2.87	0.09	1.56	0.10	100.48
	2GS404-1	66.40	0.44	15.56	0.15	3.90	0.09	1.62	4.94	2.76	3.63	0.09	1.27	0	100.85
	2GS1696-1	68.93	0.20	15.69	0.95	2.45	0.05	0.41	3.39	3.24	3.21	0.13	0.91	0.23	99.79

续表 3-13

单元	样品号	SiO₂	TiO₂	Al₂O₃	Fe₂O₃	FeO	MnO	MgO	CaO	Na₂O	K₂O	P₂O₅	H₂O⁺	Los	Total
$T_3\eta\gamma$	GS1526-1	73.72	0.25	13.96	0.64	1.63	0.07	0.62	2.26	2.70	3.39	0.06	0.57	0.22	100.09
	GS704-1	68.74	0.54	14.01	0.49	2.85	0.07	2.08	3.80	2.12	3.88	0.10	0.95	0.20	99.83
	GS705-1	72.61	0.30	14.08	0.40	1.82	0.05	0.48	2.64	2.68	4.02	0.06	0.55	0.16	99.85
	2GS423-1	72.50	0.16	14.17	0	2.63	0.07	0.12	2.41	3.10	4.93	0.09	0.62	0	100.80
	2GS1712-1	72.98	0.18	14.02		2.93	0.05	0.27	1.75	2.97	3.66	0.06	0.52	0.45	99.84
	2GS1808	72.60	0.19	14.03	0.90	1.72	0.05	0.43	2.32	2.93	4.12	0.06	1.22	0	100.57
	2GS419	71.41	0.28	14.10	0.52	2.67	0.08	0.77	2.07	2.90	4.70	0.07	0.64	0.01	100.22
	2GS117	76.96	0.10	12.50	0.04	1.59	0.05	0.06	1.97	3.09	3.84	0.04	0.43	0	100.67

上述岩石化学的特点,符合同源岩浆结晶分离过程中向富酸碱、贫钙铁镁演化的规律。

在 SiO₂-ALK 图解(图略)中,所有的样品投影点均落入亚碱性系列;再投入 AFM 图解(图 3-34)和 SiO₂-(TFeO/MgO)图解(图略)中,均投影于钙碱性岩区,故岩石属钙碱性岩系列。

(2)微量元素

微量元素分析结果见表 3-14,结果显示 Cu、Pb、Sn、Co、Ni、Cr 等亲铁元素含量高于世界同类花岗岩,预示着很好的成矿条件;而强不相容元素中 K、Rb、Th 富集明显,Ba 的相对亏损,Ta、Nb、Ce、Sm、Hf 轻度富集或无异常、Y、Yb 强烈亏损。该期次微量元素蛛网图的分布形式与同碰撞花岗岩相近(图 3-35),反映出该期次花岗岩具有 I 型花岗岩的特征。晚期侵入体 Nb、Y、U、Th、K 等大离子亲石元素的富集,表明了岩浆演化过程中结晶分异作用的特点。

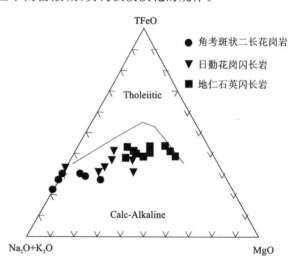

图 3-34 晚三叠世花岗岩的 AFM 图解

表 3-14 晚三叠世花岗岩微量元素含量表($w_B/10^{-6}$)

单元	样品号	Cu	Pb	Zn	Cr	Co	Ni	Rb	Sr	Ba	Zr	Hf	Nb	Ta	Th	U
$T_3\delta o$	DY43	8.8	10.6	69.2	477.0	33.1	145.0	51.0	130	150	86.5	3.0	7.3	0.30	3.7	0.65
	DY703-1	10.0	6.4	66.2	304.0	30.5	91.8	72.3	143	226	104.0	3.0	10.1	0.53	6.6	0.96
$T_3\gamma\delta$	DY1842-1	40.6	10.4	59.3	129.0	19.0	30.0	77.7	149	299	173.0	4.6	10.3	0.48	7.1	1.54
	DY1266-1	20.7	16.1	56.5	59.9	13.4	17.8	131	177	461	153.0	4.3	14.8	0.98	14.4	0.97
	DY1266-2	27.5	18.7	59.6	97.4	15.9	34.6	111.0	157	410	182.0	5.7	13.0	0.71	10.6	2.04
	DY1843-1	22.0	16.5	63.0	114.0	17.7	30.6	122.0	186	395	126.0	4.3	15.5	1.08	9.2	1.14
$T_3\eta\gamma$	DY704-1	3.2	20.3	41.5	68.8	11.1	15.4	150.0	121	390	195.0	5.4	12.6	0.88	17.6	2.18
	DY705-1	1.9	27.7	45.6	8.2	3.4	0.93	177.0	145	306	124.0	4.7	17.7	1.82	14.2	3.23
	DY1526-1	3.5	27.0	56.0	5.6	5.6	6.9	195.0	122	289	180.0	6.7	17.0	1.50	18.0	5.10

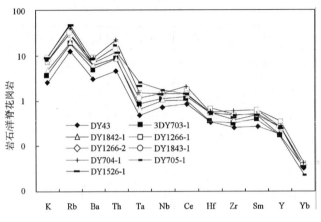

图 3-35　晚三叠世石英闪长岩—二长花岗岩的微量元素蛛网图

(3) 稀土元素

该花岗岩的稀土元素分析数据及其特征参数值见表 3-15。结果表明,花岗岩的稀土总量中等,$\sum$REE$=58.17\times10^{-6}\sim185.37\times10^{-6}$,与中上壳的平均值相当,且中晚期侵入体含量明显较高;岩石具有轻稀土富集的特点,轻重稀土分馏明显,LREE/HREE$=4.57\sim11.62$;稀土元素球粒陨石标准化曲线右倾,Eu 负异常较明显,δEu 分布于 $0.58\sim0.89$ 之间,地仁石英闪长岩单元侵入体铕负异常较弱,向晚期侵入体铕负异常增强;Ce 基本无异常,$(La/Yb)_N=2.18\sim51.13$,大部分集中在 $5\sim15$ 之间,各侵入体稀土配分曲线斜率基本一致(图 3-36、图 3-37);$(La/Sm)_N=2.75\sim5.07$,轻重稀土分馏一般。

上述特征表明该期次花岗岩为地壳重熔型的同源岩浆演化的花岗岩期次。

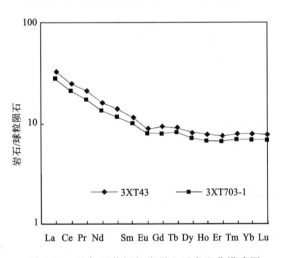

图 3-36　地仁石英闪长岩稀土元素配分模式图

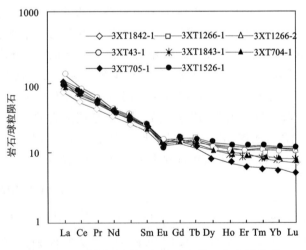

图 3-37　日勤花岗闪长岩、角考斑状二长花岗岩的稀土元素配分模式图

表 3-15　晚三叠世花岗岩稀土元素含量及特征参数值表($w_B/10^{-6}$)

单元	样品号	La	Ce	Pr	Nd	Sm	Eu	Gd	Tb	Dy	Ho	Er	Tm	Yb	Lu	Y	$\sum$REE
$T_3\delta o$	3XT43	9.85	20.00	2.52	9.62	2.25	0.64	2.41	0.43	2.60	0.55	1.58	0.25	1.64	0.25	13.10	67.69
	3XT703-1	8.68	16.83	2.13	8.02	1.94	0.58	2.04	0.38	2.24	0.47	1.36	0.22	1.42	0.22	11.64	58.17
$T_3\gamma\delta$	3XT1842-1	22.43	42.43	5.06	19.90	3.86	0.87	3.51	0.58	3.43	0.64	1.76	0.26	1.58	0.23	17.48	124.02
	3XT1266-1	27.69	54.89	6.64	24.42	5.17	0.96	4.81	0.81	4.55	0.89	2.40	0.39	2.46	0.36	24.06	160.50
	3XT1266-2	28.87	57.99	6.85	24.73	4.96	0.97	4.37	0.70	4.14	0.82	2.29	0.36	2.21	0.35	20.85	160.46
	3XT43-1	39.63	69.79	7.67	26.40	4.92	1.12	4.35	0.71	4.05	0.84	2.34	0.37	2.36	0.36	20.54	185.37
	3XT1843-1	31.15	59.38	6.83	23.41	4.57	0.95	3.90	0.64	3.58	0.70	1.98	0.29	1.78	0.26	17.52	156.94

续表 13-15

单元	样品号	La	Ce	Pr	Nd	Sm	Eu	Gd	Tb	Dy	Ho	Er	Tm	Yb	Lu	Y	ΣREE
$T_3\eta\gamma$	3XT704-1	33.45	63.06	7.13	25.05	4.73	0.79	3.85	0.62	3.44	0.68	1.80	0.28	1.69	0.23	16.95	163.75
	3XT705-1	28.18	54.36	6.13	22.76	4.50	0.82	3.53	0.55	2.75	0.51	1.34	0.19	1.19	0.16	12.08	139.05
	3XT1526-1	28.15	51.07	6.47	21.85	4.77	0.76	4.45	0.76	4.36	0.92	2.55	0.42	2.53	0.39	21.78	151.23

单元	样品号	LREE/HREE	La/Yb	La/Sm	Sm/Nd	Gd/Yb	$(La/Yb)_N$	$(La/Sm)_N$	$(Gd/Yb)_N$	δEu	δCe
$T_3\delta o$	3XT43	4.62	6.01	4.38	0.23	1.47	4.05	2.75	1.19	0.84	0.94
	3XT703-1	4.57	6.11	4.47	0.24	1.44	4.12	2.81	1.16	0.89	0.92
$T_3\gamma\delta$	3XT1842-1	7.89	14.20	5.81	0.19	2.22	9.57	3.66	1.79	0.71	0.92
	3XT1266-1	7.18	11.26	5.36	0.21	1.96	7.59	3.37	1.58	0.58	0.95
	3XT1266-2	8.16	13.06	5.82	0.20	1.98	8.81	3.66	1.60	0.62	0.96
	3XT43-1	9.77	16.94	8.05	0.19	1.86	11.42	5.07	1.50	0.73	0.91
	3XT1843-1	9.62	17.50	6.82	0.20	2.19	11.80	4.29	1.77	0.67	0.94
$T_3\eta\gamma$	3XT704-1	10.66	19.79	7.07	0.19	2.28	13.34	4.45	1.84	0.55	0.94
	3XT705-1	11.42	23.68	6.26	0.20	2.97	15.97	3.94	2.39	0.61	0.95
	3XT1526-1	6.90	11.13	5.90	0.22	1.76	7.50	3.71	1.42	0.50	0.88

4. 侵入体的侵位深度、剥蚀程度

该侵入体与围岩侵入接触关系明显，围岩多发生角岩化，热接触变质晕发育，并有岩枝贯入；侵入体边部具冷凝边，尤其在大岩基的边部更为发育，与围岩侵入界线十分清楚。各单元之间接触关系基本协调，大部分界线清楚，为脉动侵入接触关系。侵入体中所含闪长质同源包体呈星散状分布，不发育；发育后期岩脉（枝）。上述特征说明该期侵入体侵入深度较浅，岩体的剥蚀不深，属浅—中等剥蚀。

5. 侵入体组构特征及侵位机制探讨

晚三叠世花岗岩总体呈大型复式岩基和岩株出露于巴颜喀拉山构造区，侵入体的空间群居性较好，岩体平面形态多呈椭圆状、不规则状产出。从各侵入体的分布情况看，具有同心环状岩体的特点。早期的地仁石英闪长岩单元出露岩体多、面积大，分布于整个复式岩基的中央地仁—达考一带，晚期的日勤花岗闪长岩单元则分布于岩基的南北两侧，而且早期—中期侵入体分布较集中，而在平面上晚期侵入体各侵入体形态不一，呈条状、椭圆状、不规则状产出，形态及长轴方向受断裂控制。上述特征表明岩浆总体由中央向两侧侵位的特征。

各侵入体岩体内部线理、面理等定向组构不发育，与围岩接触界线清楚，界线不规则呈港湾状，并含较多的棱角状围岩捕虏体。而晚期侵入体的岩体内常见围岩的大型捕虏体，呈顶蚀体或残留体形式产出，岩体中细晶岩脉比较发育，围岩的热接触变质比较强烈。

综合以上特征分析，晚三叠世花岗岩侵入体的早期侵入体具强力就位特点，类似于气球膨胀式就位；而中—晚期侵入体则是一种被动的顶蚀和岩墙扩张兼具的侵位机制。

6. 岩体侵位时代

1:20万区调在测区石英闪长岩和斑状二长花岗岩中获得 204Ma、192Ma 和 126Ma 的黑云母 K-Ar 同位素年龄。

本次 1:25 万区调分别对晚三叠世花岗岩中的花岗闪长岩和斑状二长花岗岩岩体的样品,由国土资源部天津地质研究所测试单位进行了单颗粒锆石 U-Pb 法同位素年龄测定。其中角考斑状二长花岗岩(Ⅷ004 JD1526-1)中取两类不同结晶类型的锆石(表 3-16,图 3-38),一类锆石为浅棕黄色透明半自形中长—短柱状晶体,1—2 号点 $^{206}Pb/^{238}U$ 表面年龄统计权重平均值为 212.38±7.1Ma,代表了该期岩浆事件的时代;而另一类锆石为浅棕黄色透明自形中长状晶体,3—4 号点 $^{206}Pb/^{238}U$ 表面年龄值为 225.2±0.5Ma,可能为捕获地仁石英闪长岩侵入体中的锆石所致。日勤花岗闪长岩(Ⅷ004JD946a)中 3 颗锆石全为棕黄色透明短柱状(表 3-17,图 3-39),表面年龄非常一致,$^{206}Pb/^{238}U$ 表面年龄统计权重平均值为 196.8±0.3Ma,给出的年龄与斑状二长花岗岩的 U-Pb 年龄相比明显偏低,可能是受后期构造事件扰动导致年龄偏低。综合以上分析,晚三叠世花岗岩的侵位时代介于 210~225Ma 之间,并且从地仁石英闪长岩到角考斑状二长花岗岩依次变新。

表 3-16　角考斑状二长花岗岩的铀-铅法同位素地质年龄测定结果

点号	样品情况		质量分数		普通铅量	*同位素原子比率					表面年龄(Ma)		
	锆石类型及特征	质量(kg)	U (kg/g)	Pb (kg/g)	ng	$^{206}Pb/^{204}Pb$	$^{208}Pb/^{206}Pb$	$^{206}Pb/^{238}U$	$^{207}Pb/^{235}U$	$^{207}Pb/^{206}Pb$	$^{206}Pb/^{238}U$	$^{206}Pb/^{238}U$	$^{206}Pb/^{238}U$
1	浅棕黄色透明中长柱状	60	911	32	0.120	641	0.059 74	0.033 39 (9)	0.2345 (44)	0.050 93 (90)	211.7	213.9	237.8
2	浅黄色透明短柱状	50	851	30	0.083	683	0.068 47	0.033 58 (11)	0.2307 (92)	0.049 81 (187)	212.9	210.7	186.3
3	浅棕黄色透明短柱状	40	1385	51	0.098	669	0.050 46	0.035 52 (11)	0.2502 (66)	0.051 08 (128)	225	226.7	244.3
4	浅棕黄色透明中长柱状	40	1685	61	0.110	948	0.061 26	0.035 56 (11)	0.2429 (55)	0.049 54 (106)	225.3	220.8	173.4
测定结果:1—2 号点 $^{206}Pb/^{238}U$ 表面年龄统计权重平均值为 212.3±7.1Ma,3—4 号点 $^{206}Pb/^{238}U$ 表面年龄值为 225.2±0.5Ma													

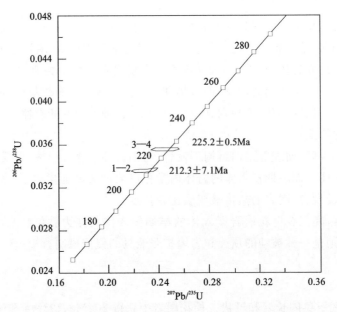

图 3-38　角考斑状二长花岗岩(JD1523)锆石 U-Pb 同位素年龄测定谐和图

表 3-17 日勤花岗闪长岩的铀-铅法同位素地质年龄测定结果

点号	样品情况		质量分数		普通铅量	* 同位素原子比率					表面年龄(Ma)		
	锆石类型及特征	质量(kg)	U(kg/g)	Pb(kg/g)	ng	$^{206}Pb/^{204}Pb$	$^{208}Pb/^{206}Pb$	$^{206}Pb/^{238}U$	$^{207}Pb/^{235}U$	$^{207}Pb/^{206}Pb$	$^{206}Pb/^{238}U$	$^{206}Pb/^{238}U$	$^{206}Pb/^{238}U$
1	浅棕黄色透明中长柱状	40	886	32	0.110	428	0.1058	0.030 97 (8)	0.214 2 (68)	0.050 17 (151)	196.6	197.1	202.8
2	浅黄色透明短柱状	40	1023	35	0.076	680	0.105	0.031 01 (8)	0.214 4 (71)	0.050 15 (156)	196.9	197.3	201.8
3	浅棕黄色透明短柱状	40	721	27	0.110	323	0.096 72	0.031 03 (32)	0.209 5 (92)	0.048 97 (201)	197	193.1	146.2

测定结果:1—3 号点 $^{206}Pb/^{238}U$ 表面年龄统计权重平均值为 196.8±0.3Ma

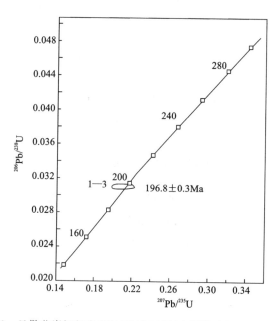

图 3-39 日勤花岗闪长岩(JD946)锆石 U-Pb 同位素年龄测定谐和图

7. 岩体成因类型分析及构造环境判别

晚三叠世花岗岩从早期侵入体开始,由石英闪长岩一直沿花岗闪长岩至二长花岗岩显示出成分演化特点,岩石化学特征显示为偏铝质—过铝质的钙碱性岩石系列。稀土总量中等,具有比较强的铕负异常,轻重稀土分馏明显;K、Rb、Th 强烈富集和 Ba、Y、Yb 等强烈亏损。上述特征表明该期次花岗岩为地壳重熔型花岗岩,其岩石类型相当于 Barbarlin(1999)分类中的 ACG 花岗岩(含角闪石钙碱性花岗岩类)。根据岩石中暗色矿物以黑云母为主,早—中期侵入体岩石中有角闪石等矿物,以及岩石由早期的偏铝质岩石逐渐过渡到过铝质岩石的特点,可以基本确定为 Maniar(1989)提出的花岗岩分类中的 CAG 花岗岩。利用其构造环境判别方法,在 SiO_2-K_2O 图解(图略)中所有点都投至非 OP 区,在 SiO_2-TFeO/(TFeO+MgO)图解(图略)和 MgO-TFeO 图解(图 3-40)中石英闪长岩和花岗闪长岩集中分布在 IAG+CAG+CCG 区,斑状二长花岗岩样点多投至 POG 区(后造山花岗岩),综上所述,石英闪长岩和花岗闪长岩为该期次中的主要岩石类型,确定为 CAG 型(大陆弧花岗岩类),而斑状二长花岗岩为POG 型(后造山花岗岩)。

在 Rb-Y+Nb 图解(图略)和 Y-Nb 图解(图略)中投影点均落入 VAG 区(火山弧花岗岩),在 R_1-

R_2图解(图3-41)中样点较为分散,石英闪长岩和花岗闪长岩集中分布在1、2区的界线附近(碰撞前花岗岩),角考斑状二长花岗岩样点多投至6区(同碰撞花岗岩),同样呈有规律的变化。因此结合区域认识,该期次的花岗岩是在巴颜喀拉构造带碰撞造山后期形成的花岗岩,晚期的二长花岗岩可能代表后造山期岩浆活动的产物。

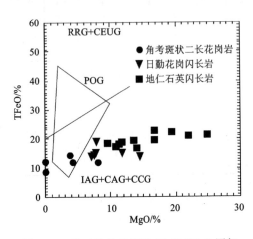

图3-40　晚三叠世花岗岩 MgO-TFeO 图解
IAG.岛弧型花岗岩;CAG.陆弧型花岗岩;
CCG.大陆碰撞型花岗岩;POG.造山期后花岗岩;RRG.裂谷花岗岩;
CEUG.陆内造陆运动隆起花岗岩类

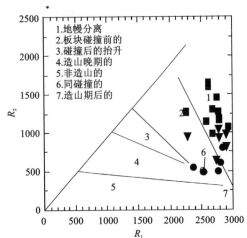

图3-41　晚三叠世花岗岩的 R_1-R_2 图解
● 角考斑状二长花岗岩;▼ 日勤花岗闪长岩;
■ 地仁石英闪长岩

二、通天河构造岩浆岩带中酸性侵入岩

通天河构造岩浆岩带中酸性侵入岩分布在测区通天河复合蛇绿混杂岩带内,由晚三叠世花岗岩和晚侏罗世花岗岩中酸性侵入岩组成,其中晚侏罗世花岗岩为新发现的岩石单位,岩石类型复杂,出露面积较大,呈 NW 向条带状分布在构造混杂岩带的北侧,二者之间呈超动侵入接触关系。

(一)晚三叠世花岗岩

1. 地质特征

该花岗岩主要分布在测区拉地贡玛、缅切、日啊日曲一带。区域上受构造混杂岩带内的 NW-SE 向区域断裂控制,呈长条带状分布,侵入体具有良好的群居性,成带延展性非常好。出露侵入体8个,面积约 227km²。岩石以透入性片麻理的普遍发育为特征。由于遭受不同时期的脆韧性构造变形和后期岩浆侵入的改造,岩体形态面目全非。

由于受到构造变形的改造,部分侵入体呈岩片状产出。但岩体的整体特征保存尚好,平面形态呈似椭圆状、长条带状,呈 NW-SE 向展布。

该花岗岩中缅切英云闪长岩、拉地贡玛花岗闪长岩侵入到石炭纪—早三叠世通天河蛇绿混杂岩和晚三叠世巴塘群中,虽然岩体边部片麻理产状与围岩片(麻)理产状协调一致,但侵入接触关系仍十分清楚。主要表现在:①岩体边部(即内接触带)含有较多的不规则状、棱角状围岩捕虏体,其大小不一,成分为片麻岩类及变火山岩类,其中以变火山岩居多,平行接触带及岩体的面理走向为定向分布;②侵入接触界线清楚,界面锯齿状、波状弯曲不平,一般外倾,倾角 50°～70°;③外接触带见有相关岩枝穿插在围岩中,围岩具明显的角岩化、硅化蚀变,烘烤现象明显,接触蚀变带宽 5～60cm。

在拉地俄玛—日啊日吉龙一带燕山期花岗闪长岩体超动侵入至日啊日曲片麻状花岗闪长岩中,岩体普遍发育片麻状构造,并具有糜棱岩化等明显的后期改造。其中含暗色闪长质细粒包体,一般(3×6) mm～(5×20)mm 大小,分布不均匀,呈长条状定向排列,并与岩体的面理产状一致,在日啊日曲片麻状花岗闪长岩中尤为发育。另外,具有较为强烈的蚀变、混染现象亦是该期次侵入体的一大特色,尤其是在日啊日曲等地,从石英闪长岩到花岗闪长岩均发育较为强烈的绿帘石化和钾质交代现象,岩体中各种后期侵入体的岩脉和区域性花岗质岩脉亦较为发育。

根据出露的岩石类型可进一步划分为3个单元,分别为:拉地贡玛花岗闪长岩($T_3\gamma\delta$)、缅切英云闪长岩($T_3\gamma\delta o$)、日啊日曲石英闪长岩($T_3\delta o$)。其中在聂恰曲一带可见拉地贡玛花岗闪长岩($T_3\gamma\delta$)与日啊日曲石英闪长岩($T_3\delta o$)呈脉动侵入接触,而缅切英云闪长岩与其他两个侵入体未见直接接触。

2. 岩石学特征

该花岗岩总体上均呈浅灰白色—浅灰绿色,岩石色率不超过10%,并以细粒半自形粒状结构、片麻状构造为其特征。岩石中多数造岩矿物均有不同程度的蚀变现象,如长石类矿物多具粘土、绢云母及含铁的高岭土化,以至于斜长石多为假晶,这种现象在接触带、构造破碎带更为明显,说明后期地质作用的非均一性。

日啊日曲石英闪长岩($T_3\delta o$):岩性为浅灰色片麻状中细粒石英闪长岩,浅灰—灰绿色,中细粒半自形粒状结构,糜棱结构,变余花岗结构,片麻状构造,为一期结构类型。可见角闪石双晶或变形双晶,以及斜长石变形双晶和聚片双晶弯曲现象。斜长石0.1~2mm,板状半自形,环带结构发育,为更长石,可见双晶弯曲、波状消光现象,含量55%;石英呈他形不规则状,波状、豆荚状消光,定向性排列,含量10%;黑云母被绿泥石化,含量8%;普通角闪石粒径为0.4~3.5mm,半自形,绿帘石化,偶含更长石包裹体,含量20%;绿帘石占2%~10%,有时呈细脉状穿插于岩石中;钾长石含量不等,最多可达5%;副矿物含量3%,以磷灰石、磁铁矿为主。

缅切英云闪长岩($T_3\gamma\delta o$):岩性为灰白色片麻状中细粒英云闪长岩,灰白色—浅灰绿色,糜棱结构,变余中细粒花岗结构,片麻状构造。岩石主要由石英(20%~25%)、斜长石(60%~70%)、钾长石(3%~10%)、角闪石(4%)、黑云母(5%~15%)组成。暗色矿物和条带状石英多定向分布,显示片麻理。斜长石呈半自形板状,聚片双晶发育,被钾长石交代成蠕虫结构,高岭土化、绢云母化;钾长石为正条纹长石,粒内有斜长石包体;石英呈带状、波状消光;黑云母多绿泥石化。副矿物有磷灰石、锆石、榍石和磁铁矿。

拉地贡玛花岗闪长岩($T_3\gamma\delta$):岩性为灰白色片麻状中细粒花岗闪长岩,灰白色,中细粒花岗结构、糜棱结构,块状、弱片麻状构造。岩石主要由石英(1~2mm,25%)、斜长石(2~3mm,40%~50%)、钾长石(15%~20%)、角闪石(5%~8%)、黑云母(2%~3%)、白云母(1%~2%)组成。斜长石以更长石为主,多呈板状半自形,个别他形粒状,具有强烈的粘土化和绿帘石化,聚片双晶、钠式双晶常见,双晶发生弯曲、膝折现象;钾长石呈他形晶,高岭土化,格子状双晶极不发育,为微斜长石;石英微细粒他形粒状,有时呈长柱状、带状、波状消光或镶嵌式消光显著,定向分布,矿物晶体长轴排列方向与黑云母片理排列方向一致;黑云母呈棕色,部分被绿泥石交代,定向排列,与角闪石和拉长的石英颗粒一起构成片麻状构造。副矿物以磁铁矿、锆石、磷灰石为主。

该期次花岗岩的矿物含量变化范围广,说明岩体中矿物的成分并不很均一,但主要矿物种类基本相同,如斜长石均为中—更长石,钾长石为微斜长石和微斜条纹长石,均含有角闪石暗色矿物等。从早期侵入体至晚期侵入体,随着石英的增多,钾长石、黑云母逐渐增高而角闪石明显减少,二者斜长石含量大致相当,前者略高,表明该期次的花岗岩具有同源岩浆演化的特点,总体上仍为向富碱、贫铁镁方向的演化。

3. 岩石化学特征

岩石化学分析数据见表3-18。各侵入体成分演化特征明显,SiO_2含量变化较大,分布范围53.78%~76.53%,Al_2O_3的含量为11.94%~18.76%;由日啊日曲石英闪长岩向缅切英云闪长岩、拉地贡玛花岗闪长岩,随着SiO_2含量的增加,Al_2O_3、$TFeO$、MgO、CaO含量递减,Na_2O、K_2O含量递增,岩石基本上富钠、贫钾。岩石介于过铝质岩石和偏铝质岩石的过渡区,大部分岩石$Al_2O_3>CaO+Na_2O+K_2O$,部分为$CaO+Na_2O+K_2O>Al_2O_3>Na_2O+K_2O$,铝过饱和指数$ASI=0.81$~1.21,基本上$ASI\approx 1$;里特曼指数为0.62~2,碱度率介于1.26~2.18之间,岩石属于钙碱性系列(图3-42)。固结指数$SI=$

10.95～41.68，分异指数 DI＝35.28～88.26，表明岩体结晶分异程度较高。

表 3-18 晚三叠世花岗岩岩石化学成分表（w_B/%）

单元	样品号	SiO_2	TiO_2	Al_2O_3	Fe_2O_3	FeO	MnO	MgO	CaO	Na_2O	K_2O	P_2O_5	H_2O^+	Los	Total
$T_3\gamma\delta$	GS1858-1	76.53	0.21	11.94	1.1	1.15	0.05	0.88	1.72	3.77	1.14	0.05	1.07	0.26	99.87
	2GS1329-1	68.51	0.44	15.54	0	5.44	0.1	1.24	3.93	4.13	0.35	0.11	1.04	0.08	100.91
	GS344-1	69.03	0.5	13.84	1.74	3.08	0.09	1.38	4.74	3.07	1.12	0.08	1.05	0.1	99.82
	2GS758-1	66.3	0.37	15.4	0.02	4.19	0.09	2.57	6.13	2.69	1.12	0.09	1.13	0	100.1
	2GS1368-1	70.17	0.32	14.76	0.44	3.6	0.05	0.77	2.16	4.89	0.78	0.08	1.56	0.4	99.98
$T_3\gamma\delta o$	2GS24-1	61.16	0.54	17.07	0.34	5.3	0.1	2.67	6.15	2.8	1.7	0.1	1.57	0.15	99.65
	2GS24-2	63.31	0.51	15.86	0.23	5.35	0.11	2.39	3.32	4.41	2.04	0.04	0	2.3	99.87
	2GS1223-1	63.71	0.43	16.62	0	5.13	0.14	2.23	6.22	2.81	1.8	0.1	0.98	0.01	100.18
	2GS1225-1	64.64	0.41	16.99	0	4.23	0.12	1.78	5.94	2.86	1.96	0.11	0.73	0.2	99.97
	P2GS4-1	66.27	0.55	14.49	3.02	2.63	0.09	2.34	3.47	3.05	1.27	0.11	1.82	0.62	99.73
	GS675-2	62.89	0.63	16.39	0.79	4.78	0.12	2.11	5.9	2.52	1.33	0.11	2.05	0.2	99.82
	GS693-2	64.83	0.53	15.49	0.71	3.75	0.09	2.8	5.54	2.28	2.33	0.09	1.29	0.1	99.83
	2GS1418-1	63.09	0.52	15.24	1.27	3.88	0.11	3.31	4.33	2.95	3.1	0.11	2.04	0.02	99.97
	2GS1967-1	64.94	0.39	16.18	0	4.89	0.1	2.68	5.41	2.57	2.01	0.09	1	0	100.26
	2GS1067-1	63.14	0.44	16.55	0.3	4.36	0.1	3.15	6.25	2.67	1.98	0.11	1.51	0	100.56
$T_3\delta o$	P2GS13-1	53.78	0.52	18.76	0.68	7.1	0.17	5.6	6.33	1.66	1.21	0.12	2.51	0.95	99.39
	GS1523-1	57.57	0.57	15.4	1.29	5.36	0.13	6.79	8.09	2.2	0.65	0.09	1.12	0.75	100.01

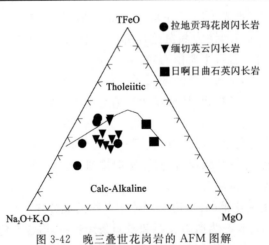

图 3-42 晚三叠世花岗岩的 AFM 图解

4. 地球化学特征

（1）微量元素特征

微量元素的含量见表 3-19。从中看出各侵入体微量元素含量与 ORG 相比，均具有亲石元素 Li、Ba、Nb、Be，亲铜元素 Cu 和铁族元素 Hf、Zr 相对贫化，而 Rb、Sr、Zn、Ag、Sn、Pb、Bi、Mo、Ba、Th 相对富集，Cr、Co、Ni、V、Ta 含量正常的特点。微量元素总体表现为 K、Rb、Th、Ba 等强不相容元素强烈富集，Ta、Nb、Ce、Zr、Hf、Sm 等元素一般富集，Ti、Y、Yb、Cr 等弱不相容元素亏损，其特征同标准的火山弧钙碱性花岗岩一致。从闪长岩往英云闪长岩至二长花岗岩方向，Pb、Be、Th、Ta、Nb 等大离子亲石元素有增加的趋势，而 Cr、Co、Ni 等则不断降低；微量元素含量总体有增高的趋势（图 3-43），说明存在一定岩浆演化关系。

表 3-19 晚三叠世花岗岩的微量元素、稀土元素含量及特征参数值表

单元	样品号	微量元素分析结果($w_B/10^{-6}$)														
		Cu	Pb	Zn	Cr	Co	Ni	Rb	Sr	Ba	Zr	Hf	Nb	Ta	Th	U
$T_3\gamma\delta$	DY1858-1	4.4	10.6	21.6	11.2	4.8	1.5	53.4	78.7	253	132	4.4	12.8	0.75	13.2	1.27
	DY344-1	5.5	7.0	50.7	19.2	10.2	5.7	38.3	162.0	360	100	3.4	8.0	0.22	3.5	0.15
$T_3\gamma\delta o$	3P2DY4-1	9.0	9.4	42.0	16.0	13.0	7.9	40.0	195.0	318	171	5.2	7.3	0.50	11.0	1.10
	3DY675-2	24.1	18.5	63.2	16.1	13.0	3.86	61.3	211.0	322	107	3.7	8.95	0.69	14.0	0.66
	DY693-2	10.4	14.2	56.6	73.7	14.4	24.4	98.3	211.0	337	113	3.7	13.1	0.96	7.9	1.14
$T_3\delta o$	DY13-1	11.0	7.3	76.0	83.0	27.0	22.0	59.0	181.0	331	78	2.4	3.3	0.50	3.4	<0.50
	DY1523-1	20.0	1.8	68.0	207.0	29.0	92.0	24.0	172.0	202	66	2.7	2.2	0.50	1.9	0.58

单元	样品号	稀土元素分析结果($w_B/10^{-6}$)														
		La	Ce	Pr	Nd	Sm	Eu	Gd	Tb	Dy	Ho	Er	Tm	Yb	Lu	Y	ΣREE
$T_3\gamma\delta$	3XT1858-1	17.05	31.13	3.79	13.61	2.68	0.55	2.53	0.41	2.67	0.57	1.72	0.28	2.03	0.32	13.95	93.29
	3XT344-1	13.15	26.29	3.22	13.18	3.42	0.89	3.90	0.69	4.13	0.88	2.46	0.39	2.65	0.41	21.61	97.27
$T_3\gamma\delta o$	3P2XT4-1	30.24	53.95	6.28	21.17	4.08	0.92	3.70	0.59	3.68	0.73	2.02	0.36	2.26	0.35	18.94	149.54
	3XT675-2	21.14	38.21	4.59	15.68	3.34	0.89	3.08	0.49	2.86	0.58	1.53	0.24	1.41	0.21	14.3	108.55
	3XT693-2	22.49	43.82	4.98	17.82	3.47	0.90	3.17	0.52	2.98	0.60	1.65	0.28	1.75	0.26	27.19	131.88
$T_3\delta o$	3P2XT13-1	12.51	22.77	2.95	11.10	2.53	0.78	2.38	0.37	2.18	0.50	1.36	0.22	1.53	0.23	11.43	72.84
	3XT1523-1	8.36	16.15	2.36	8.70	2.24	0.71	2.54	0.45	2.79	0.63	1.84	0.28	1.81	0.28	14.37	63.51

单元	样品号	特征参数值									
		LREE/HREE	La/Yb	La/Sm	Sm/Nd	Gd/Yb	(La/Yb)$_N$	(La/Sm)$_N$	(Gd/Yb)$_N$	δEu	δCe
$T_3\gamma\delta$	3XT1858-1	6.53	8.40	6.36	0.20	1.25	5.66	4.00	1.01	0.64	0.90
	3XT344-1	3.88	4.96	3.85	0.26	1.47	3.35	2.42	1.19	0.74	0.95
$T_3\gamma\delta o$	3P2XT4-1	8.36	13.38	7.41	0.19	1.64	9.02	4.66	1.32	0.71	0.90
	3XT675-2	8.06	14.99	6.33	0.21	2.18	10.11	3.98	1.76	0.83	0.89
	3XT693-2	8.34	12.85	6.48	0.19	1.81	8.66	4.08	1.46	0.82	0.96
$T_3\delta o$	3P2XT13-1	6.00	8.18	4.94	0.23	1.56	5.51	3.11	1.26	0.96	0.87
	3XT1523-1	3.63	4.62	3.73	0.26	1.40	3.11	2.35	1.13	0.91	0.86

注：样品由武汉综合岩矿测试中心测试。

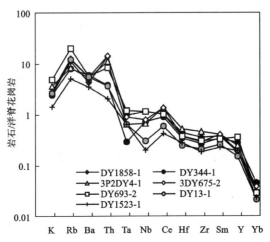

图 3-43 晚三叠世花岗岩石英闪长岩—花岗闪长岩的微量元素蛛网图

（2）稀土元素特征

该期次花岗岩的各侵入体的稀土元素分析结果见表 3-19。总体上各岩石侵入体的稀土总量较为一致，$\Sigma REE=63.51\times10^{-6}\sim149.54\times10^{-6}$，从早期侵入体到晚期侵入体递增，但缅切侵入体的英云闪长岩中稀土含量最高，$LREE/HREE=3.63\sim8.36$，$(La/Yb)_N=3.11\sim10.11$，除日啊日曲侵入体稀土曲线较为平坦，$\delta Eu=0.91\sim0.96$，Eu 处异常不明显，其余均为轻稀土富集型，$\delta Eu=0.64\sim0.82$，具有较为明显的 Eu 负异常。

球粒陨石标准化稀土配分模式显示，配分曲线的轻稀土部分呈较平滑的右缓倾斜，重稀土部分为平坦型，个别相对平坦。各岩体的稀土元素配分曲线形态近于一致（图 3-44、图 3-45），说明其同源性，从早期侵入体到晚期侵入体铕、铈的亏损呈递增趋势。

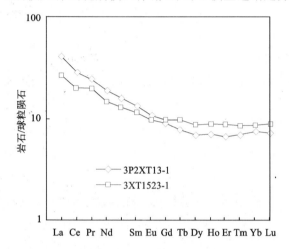

图 3-44　日啊日曲石英闪长岩的稀土元素配分模式图

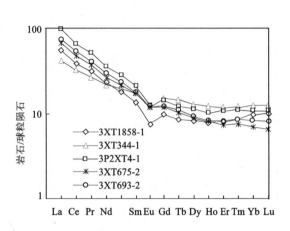

图 3-45　缅切英云闪长岩、拉地贡玛花岗闪长岩的稀土元素配分模式图

5. 侵入体内部组构、剥蚀程度以及侵位机制

本期次花岗岩中各侵入体与围岩的接触关系受后期构造的改造，但侵入接触关系清楚，界线明显，外接触发育宽 5～60m 的角岩化、硅化蚀变带，裂隙中见相关岩枝穿插。受区域构造应力作用，侵入体展布方向与区域构造方向近一致。侵入体中发育的围岩包体，大多沿内接触带分布，岩体内部相对减少，包体呈棱角状、不规则状，大小不一，无规律分布。侵入体间部分界线清楚，呈脉动接触；大部分界线协调，说明侵入体侵入深度属中带，呈中—浅剥蚀程度。

通过对测区侵入体平面形态、内外接触带等细致的研究发现，本期各侵入体原始形态以长条形、带状为常见，空间上具有线状展布特征，各单元的侵入体的群居性较好，分布集中出露在当江—多彩构造混杂岩带的北部附近；由于受构造及后期岩浆活动的破坏，岩体形态多不完整；受剪切应力作用，部分组分产生碎裂与碎粒，伴随动态重结晶，略具定向排列，显片理化；侵入体内部总体发育暗色闪长质包体定向排列及黑云母、角闪石等矿物定向等内部组构，岩体边部的就位面理构造与围岩片理协调一致，岩石中矿物颗粒分布均匀，粒度介于 0.2～5mm 之间，呈中细粒半自形柱粒状结构；内接触带长条状围岩捕房体发育，中心地带相对少量，但含较多暗色闪长质细粒包体；外接触带围岩中见有岩枝贯入。所有这些特征都与典型的底辟和热气球膨胀定位模式的侵入体有着明显的差别，当时构造动力不仅是岩浆上升的主要动力来源，而且亦为岩浆的定位提供了大量的空间。

综上所述，本期侵入体是以一种被动的岩墙扩张作用和强力的岩浆多次脉动作用为主，顶蚀作用为辅的被动就位机制进行定位的。

6. 成因分析和构造环境探讨

（1）岩石成因类型

晚三叠世花岗岩侵入体中含有较多的暗色闪长质包体，岩石组合属于明显的成分演化期次，各侵入体多属于钙碱性系列过铝质—偏铝质的花岗岩。在ACF图解(图略)上,投影于S型花岗岩靠近I型分界线的区域,而ASI≈1.1,属于过铝质花岗岩。上述特征表明该期次侵入体兼具I型和S型花岗岩的特点,是下地壳源岩部分熔融或地幔岩浆分异而成,岩浆成因属I型,但在岩浆上侵过程中受上地壳熔融物质的混染,使岩石又具有过铝质花岗岩的特点。

一般而言,一次岩浆事件稀土总量及轻重稀土的比值早期侵入体比较小,而随着岩浆的演化,晚期侵入体总量大且分异较好、比值增大。而本岩浆演化期次的稀土元素分析结果显示,缅切英云闪长岩存在忽然增大的现象,甚至超过拉地贡玛花岗闪长岩的稀土总量。表明该期次侵入体的岩浆在结晶分异过程中存在着多次偏基性岩浆的注入以及上地壳的强烈混染,其中早期侵入体泉水沟侵入体稀土配分曲线近平坦型,铕基本无异常,表明岩浆来自于幔源岩浆的分异。岩石的Sm/Nd值为0.19~0.26、$(La/Yb)_N$值为3.11~10.11,表明岩石来自下地壳岩浆的分异结晶。Rb/Sr均小于1,多为0.4~0.5,属同熔型花岗岩,综合上述岩石化学和地球化学特征,该期次侵入体的岩浆物源具有多源性,即与Castro(1991)等划分的壳幔混合型相当,表明原始岩浆为地幔岩浆结晶分异的产物或俯冲洋壳重熔的产物,在向上运移过程中混染有地壳物质,是壳幔共同作用下岩浆混合的结果。

(2) 形成大地构造背景分析

在Pearce等(1984)的花岗岩构造环境判别Nb-Rb图(图略)和Rb-Y+Nb图解(图3-46)上本期花岗岩的样点均投影于火山弧花岗岩(VAG);经洋脊花岗岩标准化后的稀土元素蛛网图(图略)与火山弧花岗岩分配模式相接近。

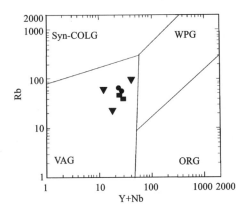

图3-46 晚三叠世花岗岩的Rb-Y+Nb图解
Syn-COLG.同碰撞型花岗岩;WPG.板内型花岗岩;
VAG.火山弧型花岗岩;ORG.洋脊型花岗岩
▼ 缅切英云闪长岩;● 拉地贡玛花岗闪长岩;
■ 日啊日曲石英闪长岩

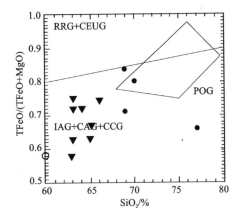

图3-47 晚三叠世花岗岩SiO_2-$TFeO/(TFeO+MgO)$图解
RRG.裂谷花岗岩;CEUG.大陆隆升花岗岩;POG.造山期后花岗岩;
IAG.岛弧花岗岩;CAG.陆弧花岗岩;CCG.大陆碰撞花岗岩
▼ 缅切英云闪长岩;● 拉地贡玛花岗闪长岩

根据岩石中暗色矿物以黑云母、角闪石为主,以及岩石为偏铝质岩石—过铝质岩石过渡的特点,可以基本确定为Maniar(1989)提出的花岗岩分类中的CAG花岗岩。利用其构造环境判别方法,在SiO_2-K_2O图解(图略)中所有点都投至非OP区,在SiO_2-$TFeO/(TFeO+MgO)$图解(图3-47)和MgO-TFeO图解(图略)中落入IAG+CAG+CCG区,故确定该期花岗岩为CAG型(大陆弧花岗岩类)。

综合分析,其构造环境为活动大陆边缘的岛弧,与该地区晚三叠世多彩—当江构造混杂岩带的俯冲作用有关,是与俯冲汇聚构造环境有关的大陆弧型花岗岩,同时也为甘孜—理塘结合带在晚三叠世的俯冲碰撞提供了直接证据。

7. 岩体侵位时代讨论

由于该花岗岩明显侵入到石炭纪—三叠纪通天河蛇绿混杂岩和晚三叠世巴塘群中,并且与上述围岩发育协调的片麻理及糜棱面理构造,表明侵入岩的侵位时代早于该区变质变形的主期,后期早侏罗世花岗岩体超动侵入其中。据此,可以肯定该期花岗岩的侵位时间在泥盆纪之后、早侏罗世之前。

前人1:20万区调治多县幅在该期次岩石中获得了较多的同位素年龄信息,在缅切英云闪长岩中黑云母K-Ar年龄为189Ma、在日啊日曲石英闪长岩中黑云母K-Ar年龄为184Ma等。

项目对采自于日啊日曲片麻状石英闪长岩(JD1523)进行了单颗粒锆石U-Pb法同位素年龄测定(表3-20,图3-48),其中四颗锆石均为浅黄色半透明短柱状,这种锆石多半是岩浆锆石,测定结果显示,四颗锆石所构成的谐和线年龄为215.4±0.8Ma,而第五颗锆石为浅黄色透明中长柱状,其$^{206}Pb/^{238}U$表面年龄值为220.7±0.7Ma。综合资料分析,该期次花岗岩的岩浆开始结晶时代为220Ma,而215Ma代表了本期岩浆活动早期侵位的时代。该事件发生的时代与西金乌兰—金沙江构造带晚三叠世汇聚的大地构造演化阶段相吻合,是板块汇聚到一定阶段的物质响应。

表3-20 日啊日曲片麻状石英闪长岩铀-铅法同位素地质年龄测定结果

样品号:Ⅷ004JD1523-1　　　　　　　　　　　　　　　　　　　　　　　实验号:T03117

样品情况		质量分数		普通铅含量	* 同位素原子比率			表面年龄(Ma)		
点号	锆石类型及特征	质量(kg)	U(kg/g)	Pb(kg/g)	ng	$^{206}Pb/^{204}Pb$	$^{208}Pb/^{206}Pb$	$^{206}Pb/^{238}U$	$^{207}Pb/^{235}U$	$^{207}Pb/^{206}Pb$	$^{206}Pb/^{238}U$	$^{206}Pb/^{238}U$	$^{206}Pb/^{238}U$
1	浅黄色透明短柱状	40	623	24	0.048	637	0.1728	0.0338(23)	0.2325(174)	0.04989(353)	214.2	212.3	189.8
2	浅黄色透明短柱状	40	1055	41	0.077	771	0.1750	0.03397(6)	0.2321(62)	0.04954(127)	215.4	211.9	173.6
3	浅黄色透明短柱状	40	823	33	0.089	500	0.1763	0.03401(24)	0.2335(76)	0.0498(151)	215.6	213.1	185.9
4	浅黄色透明中长柱状	30	1537	62	0.11	628	0.1966	0.03405(6)	0.2357(51)	0.05019(102)	215.9	214.9	203.8
5	浅黄色透明中长柱状	50	483	21	0.084	392	0.1878	0.03484(11)	0.2443(120)	0.05086(235)	220.7	221.9	234.3

测定结果:1—4号点$^{206}Pb/^{238}U$表面年龄统计权重平均值为215.4±0.8Ma,5号点$^{206}Pb/^{238}U$表面年龄值为220.7±0.7Ma

测试单位:国土资源部天津地质研究所。

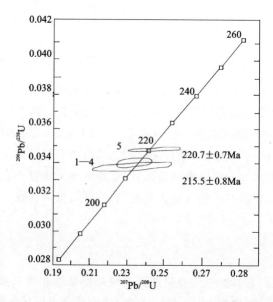

图3-48 日啊日曲片麻状石英闪长岩(JD1523)锆石U-Pb同位素年龄测定谐和图

（二）晚侏罗世花岗岩

晚侏罗世花岗岩是本次工作从原治多地区晚三叠世侵入岩中解体出一期较晚的花岗岩岩浆，并与晚三叠世花岗岩存在明显不同。该花岗岩为中细粒半自形粒状结构，块状构造，呈不规则岩株、岩枝状明显超动侵入于晚三叠世花岗岩的片麻状花岗岩中，侵入体形态完整，岩石未有定向构造和后期变形，且未受到构造混杂岩带中变形构造的影响，形成时代明显较新，但与早期片麻状花岗岩的空间群居性非常好，多与片麻状花岗岩紧密伴生，表明其形成和侵位与早期构造岩浆活动有很大的继承性。本期侵入岩主要由石英闪长岩和花岗闪长岩组成，岩石地球化学特征具有很大的独特性，故解体出本期花岗岩，并将其划分为赛莫涌石英闪长岩和格仁花岗闪长岩。根据区域构造热年龄和同位素测年将其确定为晚侏罗世。

1. 地质特征

该花岗岩出露在当江—多彩构造混杂岩带北侧，向北西延伸出图区。区内共发育岩体7个，出露面积约45km^2，从老到新可以划分出2个单元：赛莫涌石英闪长岩（$J_3\delta o$）、格仁花岗闪长岩（$J_3\gamma\delta$），在格仁涌一带可见二者之间为明显的脉动接触关系。该期次岩石与晚三叠世花岗岩的片麻状花岗岩在空间上紧密共生，并明显超动侵入于片麻状花岗岩中，并呈岩枝状穿插侵入其中。岩体侵入于石炭纪—早三叠世通天河蛇绿混杂岩和晚三叠世巴塘群中，岩体与围岩的接触带总体外倾，倾角较陡。外接触带普遍具有不同程度的角岩化、硅化，岩体边部有许多大小不一的棱角状、不规则状的围岩捕虏体，围岩捕虏体不仅有凝灰岩、砂岩、板岩，还有绿泥片岩、片麻岩、斜长角闪岩、大理岩及片麻状花岗岩，在格仁涌一带有出露面积可达1.2km^{2}的片麻岩、斜长角闪岩、大理岩及片麻状花岗岩组成的顶垂体。在格仁动通和吓格拉哈一带有古近纪—新近纪沱沱河组不整合覆盖其上。

两侵入体的岩性都比较均匀，且不均匀分布有细—不等粒暗色闪长质包体，在花岗闪长岩中含量尤多，部分花岗闪长岩中含量可达体积含量的3%～10%，呈椭圆状、长条状及不规则状，包体直径3～25cm均有，与寄主岩界线清楚，且寄主岩一侧岩石中有2mm±的暗色矿物减少的浅色边。岩体节理十分发育，球状风化多呈浑圆的山峰地貌。

2. 岩相学特征

晚侏罗世花岗岩各单元的岩石均属一期结构，块状构造，矿物特征基本相同。矿物的含量表现了一定的岩浆演化规律：从早期侵入体到晚期侵入体，岩石色率由灰绿色到灰白色随着石英的增多，钾长石含量及粒度增大，而暗色矿物的含量减少，特别是角闪石从自形长柱状到短柱状或针状，构成一个成分演化期次，并显示出向富碱方向的演化趋势。表明该期次的花岗岩为同源岩浆，具有向富碱、贫铁镁方向的演化趋势。

赛莫涌石英闪长岩（$J_3\delta o$）：灰绿—深灰色，中细粒半自形粒状结构，块状构造。主要矿物为斜长石45%～57%、石英5%～10%、角闪石15%～25%、黑云母5%～16%、钾长石1%～5%，副矿物有锆石、磷灰石、榍石、磁铁矿等。斜长石呈半自形柱—粒状，具正环带结构，部分具聚片双晶，An=35～37，为中长石，晶体中心常见绢云母化、帘石化。钾长石为他形不规则状，有交代斜长石的现象。角闪石为半自形—自形长柱状，多已绿泥石化。

格仁花岗闪长岩（$J_3\gamma\delta$）：灰白色，中细粒半自形粒状结构，块状构造。主要矿物成分有斜长石35%～40%、钾长石10%～15%、石英20%～25%、角闪石10%～15%、黑云母5%～8%，副矿物有锆石、磷灰石、电气石、绿帘石、磁铁矿等。斜长石为半自形板柱状，具不明显的环带构造和聚片双晶，An=30～32，为中长石，部分颗粒具净化边。钾长石呈不规则状，主要为微斜长石和条纹长石，常见蠕虫结构，部分钾长石明显交代斜长石，有时钾长石中可见斜长石残晶。角闪石、黑云母均为自形—半自形晶，其中含少量磁铁矿包体。锆石、磷灰石呈包体出现于斜长石中。

3. 岩石化学与地球化学特征

(1) 岩石化学

晚侏罗世花岗岩岩石化学分析及有关参数见表 3-21。从赛莫涌石英闪长岩到格仁花岗闪长岩，SiO_2 含量逐渐增加，分别介于 50.21%～63.33%、68.02%～68.44% 之间，均属于中酸性岩的范畴，各侵入体 $CaO+Na_2O+K_2O>Al_2O_3>Na_2O+K_2O$，铝过饱和指数 ASI=0.73～0.99，均为偏铝质岩石类型；里特曼指数 σ=0.75～3.98，AR=1.18～2.6，属于钙—钙碱性岩系列；除一个样品外其余 $Na_2O>K_2O$，含钠较高，长英指数 FL=17.2～76.98，分异指数 DI=41.5～80.94，均向晚期侵入体逐渐增高，表明岩体结晶分异程度一般。上述岩石化学的特点，符合同源岩浆结晶分异过程中向富酸碱、贫钙铁镁演化的规律。

表 3-21 晚侏罗世花岗岩岩石化学成分表(w_B/%)

单元	样品号	SiO_2	TiO_2	Al_2O_3	Fe_2O_3	FeO	MnO	MgO	CaO	Na_2O	K_2O	P_2O_5	H_2O^+	Los	Total
$J_3\gamma\delta$	3GS663-1	68.44	0.49	14.27	0.59	3.38	0.09	2.12	4.70	2.13	2.25	0.08	1.17	0.10	99.81
	2GS784-1	68.02	0.42	14.74	0.80	3.24	0.09	2.07	5.27	2.23	2.21	0.09	0.97	0	100.15
	3GS57	68.38	0.51	14.54	0.91	1.98	0.05	0.99	2.25	4.38	3.07	0.10	1.44	1.22	99.82
$J_3\delta o$	3P2GS5-2	50.21	1.01	19.13	1.34	8.57	0.20	5.09	7.55	2.43	1.63	0.22	2.17	0.10	99.65
	2GS202-1	55.90	0.76	16.82	0.79	7.75	0.19	3.92	7.18	2.74	1.25	0.15	2.30	0.35	100.10
	2GS638-5	54.77	1.32	16.78	3.30	5.09	0.14	4.14	4.88	6.24	0.64	0.26	2.03	0.32	99.91
	3GS664-1	57.15	0.50	15.87	1.24	5.72	0.16	5.31	10.16	1.80	0.31	0.09	1.53	1.09	99.84
	2GS1334-1	60.09	0.38	16.31	0.95	5.14	0.11	4.91	7.87	2.67	0.90	0.80	1.03	0.08	100.78
	2GS1356-1	59.94	0.49	15.51	0.94	5.05	0.12	4.97	8.03	2.35	1.42	0.09	1.07	0	99.98
	3GS48-1	61.05	0..76	14.60	0.66	5.25	0.12	4.94	7.36	2.08	0.64	0.09	2.11	0.13	99.81
	2GS1300-1	63.33	0.52	14.34	1.23	4.63	0.12	3.87	6.47	2.51	1.61	0.11	1.30	0.01	100.05

注：2GS 的样品均引自 1:20 万治多县幅区域地质调查报告，其他样品由武汉综合岩矿测试中心测试。

在 ACF 图解（图略）中，几乎所有点均投至 I 型花岗岩区域内，表明该期次侵入体为 I 型花岗岩。在 SiO_2-ALK 图解（图略）中，几乎所有的样品投影点均落入亚碱性系列；再投图 AFM 图解（图 3-49）中，均投影于钙碱性岩区，故岩石属钙碱性岩系列。

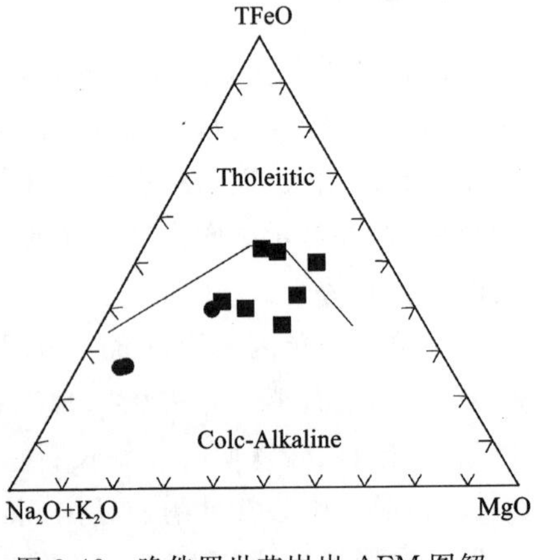

(2) 微量元素

微量元素分析结果见表 3-22。岩石中强不相容元素中 K、Rb、Th 富集明显，Ba 相对亏损，Ta、Nb、Ce、Sm、Hf 轻度富集或无异常，Y、Yb 强烈亏损。该期次微量元素蛛网图的分布形式与同碰撞花岗岩相近（图 3-50），反映出该期次花岗岩具有 I 型花岗岩的特征。晚期侵入体 Nb、Y、U、Th、K 等大离子亲石元素的富集，表明了岩浆演化过程中结晶分异作用的特点。

图 3-49 晚侏罗世花岗岩 AFM 图解
● 格仁花岗闪长岩；■ 赛莫涌石英闪长岩

(3) 稀土元素

该花岗岩的稀土元素分析数据及其特征参数值见表 3-22。花岗岩的稀土总量中等，$\Sigma REE=79.74\times10^{-6}\sim214.95\times10^{-6}$，与中上地壳的平均值相当，其中晚期侵入体含量较高。岩石具有轻稀土富集的特点，轻重稀土分馏明显，LREE/HREE=2.81～8.85；稀土元素球粒陨石标准化曲线右倾，Eu 负异常明显，δEu 分布于 0.47～0.78 之间，Ce 基本无异常，$(La/Yb)_N=1.91\sim10.02$，各侵入体稀土配分曲线斜率基本一致（图 3-51）；$(La/Sm)_N=1.23\sim4.46$，轻稀土分馏一般。

表 3-22　晚侏罗世花岗岩微量元素、稀土元素含量及特征参数值表

微量元素分析结果　($w_B/10^{-6}$)															
单元	样品号	Cu	Pb	Zn	Cr	Co	Ni	Rb	Sr	Ba	Zr	Hf	Nb	Ta	Th	U
$J_3\gamma\delta$	DY57	13.3	2.9	51.9	60.8	21.7	7.0	47.2	366	477	115	3.2	10.1	0.41	6.30	0.55
	DY663-1	5.8	12.5	53.7	57.3	11.8	12.7	85.2	144	384	117	3.7	12.6	0.77	8.30	0.90
$J_3\delta o$	3P2DY5-2	459.0	8.1	117.0	384.0	25.0	47.0	105.0	148	399	130	4.1	7.9	0.80	2.00	0.79
	DY664-1	6.2	2.0	54.4	96.2	26.8	44.6	9.4	182	124	54.1	1.9	5.7	0.30	2.90	<0.10
	3DY48-1	36.1	11.0	69.3	194.0	23.3	67.7	44.8	172	196	120	4.3	12.3	0.56	0.95	0.28

稀土元素分析结果　($w_B/10^{-6}$)															
单元	样品号	La	Ce	Pr	Nd	Sm	Eu	Gd	Tb	Dy	Ho	Er	Tm	Yb	Lu	Y	ΣREE
$J_3\gamma\delta$	3XT57	17.64	39.50	5.85	24.22	5.89	1.14	6.03	1.07	6.55	1.32	3.83	0.60	3.88	0.58	32.56	150.66
	3XT663-1	28.09	54.14	6.09	20.20	3.96	0.90	3.73	0.61	3.43	0.72	1.85	0.29	1.89	0.29	17.83	144.02
$J_3\delta o$	3P2XT5-2	18.23	53.16	9.14	38.99	9.32	1.41	8.70	1.52	8.92	1.96	5.92	0.95	6.43	0.95	49.35	214.95
	3XT664-1	7.10	17.46	2.67	11.53	3.35	0.73	4.02	0.73	3.69	0.90	2.42	0.37	2.11	0.30	21.68	79.74
	3XT48-1	17.00	36.41	4.62	17.78	3.95	0.99	3.67	0.63	3.69	0.72	2.01	0.32	2.04	0.30	17.64	111.77

特征参数值											
单元	样品号	LREE/HREE	La/Yb	La/Sm	Sm/Nd	Gd/Yb	(La/Yb)$_N$	(La/Sm)$_N$	(Gd/Yb)$_N$	δEu	δCe
$J_3\gamma\delta$	3XT57	3.95	4.55	2.99	0.24	1.55	3.07	1.88	1.25	0.58	0.93
	3XT663-1	8.85	14.86	7.09	0.20	1.97	10.02	4.46	1.59	0.71	0.95
$J_3\delta o$	3P2XT5-2	3.68	2.84	1.96	0.24	1.35	1.91	1.23	1.09	0.47	0.98
	3XT664-1	2.81	3.36	2.12	0.29	1.91	2.27	1.33	1.54	0.61	0.96
	3XT48-1	6.04	8.33	4.30	0.22	1.80	5.62	2.71	1.45	0.78	0.97

注：样品由武汉综合岩矿测试中心测试。

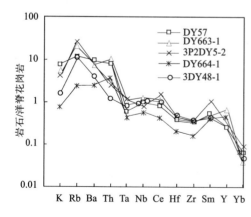

图 3-50　晚侏罗世花岗岩中石英闪长岩、花岗闪长岩微量元素蛛网图

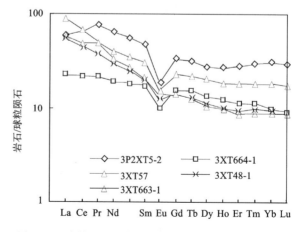

图 3-51　晚侏罗世花岗岩中石英闪长岩—花岗闪长岩稀土元素配分模式图

4. 侵位深度、剥蚀程度

该花岗岩与围岩侵入接触关系明显，围岩多发生角岩化等热接触变质，并有岩枝贯入围岩之中；侵

入体边部具冷凝边,其围岩复杂,有基底变质岩、通天河蛇绿混杂岩、巴塘群、晚三叠世片麻状花岗岩,与围岩侵入界线十分清楚。不同类型的侵入体之间接触关系基本协调,为脉动侵入接触。侵入体中闪长质同源包体较为发育,在格仁侵入体的花岗闪长岩岩体中含基底变质岩的顶垂体。上述特征说明该期侵入体侵入深度达到中带,岩体的剥蚀不深,属浅—中等剥蚀。

5. 花岗岩组构特征及侵位机制探讨

晚侏罗世花岗岩中各类侵入体总体呈条带状岩株分布在当江—多彩构造混杂岩带北侧,受控于NW向断裂带的特征明显,侵入体的空间群居性较好。岩体平面形态多呈条带状、不规则状产出,长轴总体呈NW向展布。与晚三叠世花岗岩在空间上紧密伴生,各侵入体岩体内部线理、面理等定向组构不发育,与围岩接触界线清楚,界线不规则呈港湾状,并含较多的棱角状围岩捕房体,岩体内常见围岩的大型捕房体,呈顶蚀体或残留体形式产出。

综合以上特征分析,晚侏罗世花岗岩是一种被动的顶蚀和岩墙扩张兼具的侵位机制。结合年龄资料,岩体的成岩时代正好是板块的强烈碰撞阶段,由于巴颜喀拉山地块向南的挤压俯冲作用,下地壳熔融的岩浆顺其产生的仰冲断裂带——当江构造带上侵,上升后则是利用岩墙扩张及顶蚀来扩大自己的生存空间,从而完成就位过程的。

6. 岩体侵位时代

前人在1∶20万治多县幅区域地质调查中将晚侏罗世花岗岩与晚三叠世花岗岩共同划归为印支期花岗岩,本次区域地质调查根据明显的野外地质特征将其解体出来。前人在吓格拉哈一带的石英闪长岩中用黑云母K-Ar同位素测年获得年龄132Ma,但年龄值偏低。

本次区调对晚侏罗世赛莫涌石英闪长岩进行了单颗粒锆石U-Pb法同位素年龄测定(表3-23),由宜昌地质矿产研究所测试,两颗锆石的$^{206}Pb/^{238}U$表面年龄值分别为160Ma和152Ma,代表了该期岩浆事件的时代。另外,在当江—多彩构造混杂带内的糜棱岩化辉长岩和斜长角闪岩中均获得长石^{40}Ar-^{39}Ar坪年龄为151.9±2.1Ma和角闪石^{40}Ar-^{39}Ar坪年龄148.1±1.3Ma,同时表示在本区存在有该期岩浆-构造热事件。

综合以上分析,测区晚侏罗世花岗岩的侵位时代介于160~152Ma之间,形成时代为晚侏罗世。

表3-23 赛莫涌石英闪长岩铀-铅法同位素地质年龄测定结果

样品号:Ⅷ003P2JD5-3　　　　　　　　　　　　　　　　　　　　　　　　　　分析编号:0204105

样品情况		质量分数		普通铅含量	*同位素原子比率				表面年龄(Ma)		
点号	质量(kg)	U(kg/g)	Pb(kg/g)	ng	$^{206}Pb/^{204}Pb$	$^{206}Pb/^{238}U$	$^{207}Pb/^{235}U$	$^{207}Pb/^{206}Pb$	$^{206}Pb/^{238}U$	$^{206}Pb/^{238}U$	$^{206}Pb/^{238}U$
1	10	21 428	790.9	2.350	157.7	0.025 17	0.177	0.050 98	160	165	240
						0.000 28	0.042 28	0.012 19	1	39	57
2	10	15 739	517.4	1.383	184.1	0.023 99	0.160 88	0.048 62	152	151	129
						0.000 2	0.022 49	0.006 81	1	21	18

测试单位:国土资源部宜昌地质矿产研究所。

7. 岩体成因类型分析及其构造环境判别

晚侏罗世花岗岩从早期侵入体开始,表现为由石英闪长岩到花岗闪长岩的成分演化;岩石化学特征显示为偏铝质的钙碱性岩系列。岩石稀土总量中等,具有比较强的铕负异常,轻重稀土分馏明显;K、Rb、Th强烈富集和Ba、Y、Yb等强烈亏损。上述特征表明该期次花岗岩为壳幔混合型花岗岩,其岩石类型相当于 Barbarlin(1999)分类中 ACG 花岗岩(含角闪石钙碱性花岗岩)。

根据岩石中暗色矿物以黑云母、角闪石为主,岩石为偏铝质花岗岩,A/NK=1.38～3.81 的特点,利用 Maniar(1989)构造环境判别方法,在 SiO_2-K_2O 图解(图略)中所有点都投至非 OP 区,而 SiO_2-Al_2O_3 图解(图略)、SiO_2-TFeO/(TFeO+MgO)图解(图略)、TFeO-MgO 图解(图 3-52)中落入 IAG+CAG+CCG 区,可以基本确定为 Maniar(1989)提出的花岗岩分类中的 CAG 花岗岩(大陆弧花岗岩类)。

根据上述特征,结合区域地质背景分析,该期次花岗岩分布在测区通天河构造混杂岩带内,与晚三叠世花岗岩的分布范围一致,二者紧密伴生,之间具有明显的超动侵入接触关系,表明其形成和侵位与早期构造岩浆活动有很大的继承性,反映了受晚侏罗世班公湖—怒江结合带向北俯冲远程的持续影响,俯冲的摩擦热及地壳的增厚,使幔源岩浆在上升过程中与地壳岩石局部熔融产生壳源岩浆混合,并沿测区西金乌兰—金沙江断裂带上侵或喷发,形成晚侏罗世岩浆岩。

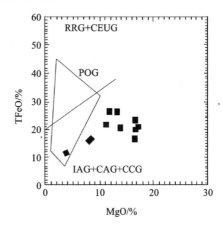

图 3-52 晚三叠世花岗岩的 TFeO-MgO 图解
RRG. 裂谷花岗岩;CEUG. 大陆隆升花岗岩;
POG. 造山期后花岗岩;IAG. 岛弧花岗岩;
CAG. 陆弧花岗岩;CCG. 大陆碰撞花岗岩

三、杂多构造岩浆岩带中酸性侵入岩

杂多构造岩浆岩带中酸性侵入岩分布在测区羌北—昌都陆块中,岩浆活动规模不大,发育有晚白垩世花岗岩、始新世花岗岩和渐新世花岗岩三期花岗岩岩浆活动,岩浆活动出露较为丰富,为青藏高原的形成和演化提供了非常丰富的信息。

(一)晚白垩世花岗岩

1. 地质特征

晚白垩世花岗岩零散分布在图区东南侧的夏结能、不群涌一带,呈孤立的小岩株出现,出露面积约 15.5 km^2,岩体侵位于早二叠世诺日巴尕日保组、九十道班组中,在南侧的 1:25 万杂多县幅中其侵入到晚三叠世甲丕拉组等不同时代的地层中,与围岩接触界线清楚,界线呈不规则状弯曲,岩体边部具明显的细粒化冷凝边,内接触带有 3～5m 宽的接触蚀变带,并见有少量 3～7cm 的砂岩包体;外接触带有角岩化、硅化及大理岩化热变质现象。

晚白垩世花岗岩由夏结能石英闪长岩($K_2\delta o$)和不群涌闪长玢岩($K_2\delta\mu$)组成,在夏结能—不群涌一带可见闪长玢岩与石英闪长岩之间呈渐变过渡,石英闪长岩分布在岩体中心,向边部岩石的结构和成分均发生明显的变化,由细粒粒状结构、角闪石晶形清楚且含量较高渐变为斑状结构、岩石中不见角闪石,变化为闪长玢岩,二者之间为涌动接触关系。

夏结能石英闪长岩($K_2\delta o$)和不群涌闪长玢岩($K_2\delta\mu$)见于夏结能,各有一侵入体出露,闪长玢岩分布在石英闪长岩侵入体的边部,在 1:25 万杂多县幅有不群涌、贝动沙改等小岩株分布,分布零散,空间群居性较差。该期次岩石中均有不同程度的磁铁矿化现象,在夏结能石英闪长岩单元中均有明显的磁铁矿化,在岩石中呈浸染状、细脉状,局部呈团块状,细脉宽度 2～3cm 不等。在夏结能一带岩体边部的闪长玢岩中磁铁矿含量可达 46%,规模已达磁铁矿矿点。

2. 岩相学特征

夏结能石英闪长岩($K_2\delta o$):岩性为灰色、灰白色中细粒石英闪长岩,中细粒半自形粒状结构,块状构造。主要矿物成分为钾长石含量5%；斜长石为中长石，半自形板柱状，环带结构，核心黝帘石化、绢云母化，含量58%～77%；石英他形不规则状，充填于斜长石晶体空隙中，有时具熔蚀外形，含量5%～10%；暗色矿物为普通角闪石，半自形柱粒状，含量18%～30%，大多已绿帘石化、绿泥石化和次闪石化。副矿物主要有磁铁矿、锆石、磷灰石。磁铁矿呈他形粒状或微粒状，集合体呈浸染状或团块状分布于其他颗粒空隙间。

不群涌闪长玢岩（$K_2\delta\mu$）：岩性为灰绿色—灰色闪长玢岩，岩石灰绿色—灰色，斑状结构、基质具微粒结构，致密块状构造，斑晶由蚀变斜长石15%～21%和角闪石假象1%～8%组成，斜长石0.8～3mm，呈半自形板柱状，An＝8～10，为钠长石，常见绢云母化和高岭土化，在晶体边部常见金属矿物；角闪石呈长柱状，横切面为不规则的六边形，常被褐铁矿、方解石、绿泥石和粘土质等蚀变物代替呈假象产出，0.11～1.37mm。基质由斜长石30%～55%、石英8%～15%和金属矿物1%组成，绿泥石化强烈，颗粒一般为0.01～0.2mm，斜长石与石英常形成柱粒状结构，局部可见斜长石呈格架排列，其中充填有铁质和硅质。岩石中有少量的粒状磷灰石、锆石和磁铁矿等副矿物。

3. 岩石化学特征

本期花岗岩中各单元的岩石化学分析数据及特征参数值见表3-24。该期次各单元的岩石化学成分较均一，SiO_2含量介于57.19%～60.43%之间，属于中酸性岩。总体上具有Al、Na的含量较高，大部分岩石有$Na_2O>K_2O$、$CaO+Na_2O+K_2O>Al_2O_3>Na_2O+K_2O$的特点，为偏铝质岩石类型。岩石的铝过饱和指数ASI＝0.74～1.15，平均值小于1，大部分岩石$Na_2O>K_2O$，表明岩石贫钾、富钠；里特曼指数为1.21～4.89，基本介于1.8～3.3之间，属于钙碱性系列。在SiO_2-ALK图解（图略）中，几乎所有的样品投影点均落入亚碱性系列，再投于AFM图解（图3-53），主体部分投影于钙碱性岩区和拉斑玄武岩区的界线附近处，在SiO_2-K_2O图解（图略）中多落在中—高钾系列。

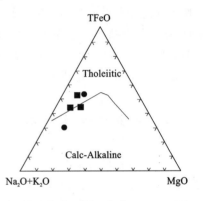

图3-53 晚白垩世花岗岩的AFM图解
● 夏结能石英闪长岩；■ 不群涌闪长玢岩

表3-24 晚白垩世花岗岩的岩石化学成分及有关参数值表

单元	样品号	岩石化学测定结果（w_B/%）												
		SiO_2	TiO_2	Al_2O_3	Fe_2O_3	FeO	MnO	MgO	CaO	Na_2O	K_2O	P_2O_5	H_2O^+	Los	Total
$K_2\delta\mu$	2GS1671-1	58.45	0.78	14.81	3.46	2.07	0.100	1.14	5.50	3.49	1.58	0.20	3.55	5.45	100.58
	2GS2202	60.43	0.73	16.26	5.01	0.52	0.120	0.50	4.25	2.30	2.38	0.18	4.70	3.05	100.43
	3GS1207	57.19	0.96	16.01	3.74	3.38	0.046	2.36	4.46	2.49	3.59	0.27	2.72	2.69	99.906
$K_2\delta o$	GS306-1	58.61	0.95	16.04	2.63	1.66	0.052	2.06	3.92	8.64	0.37	0.24	0.96	4.18	100.31
	2GS4688-1	57.91	1.14	17.68	0	7.90	0.170	2.14	6.32	3.53	1.33	0.29	1.59	0.08	100.08

单元	样品号	特征参数值										
		A/CNK	A/NK	Nk	F	σ	AR	τ	DI	SI	FL	MF	M/F	OX
$K_2\delta\mu$	2GS1671-1	0.85	1.99	5.33	5.81	1.54	1.67	14.51	63.54	9.71	47.97	82.91	0.13	0.63
	2GS2202	1.15	2.56	4.81	5.68	1.21	1.59	19.12	64.55	4.67	52.41	91.71	0.05	0.91
	3GS306-1	0.74	1.10	9.37	4.46	4.89	2.65	7.79	78.54	13.41	69.68	67.56	0.30	0.61
$K_2\delta o$	2GS4688-1	0.94	2.44	4.86	7.90	1.58	1.51	12.41	50.25	14.36	43.47	78.69	0.27	0.00
	3GS1207	1.00	2.01	6.25	7.32	2.47	1.85	14.08	61.46	15.17	57.69	75.11	0.22	0.53

注：2GS的样品均引自1：20万杂多县幅区域地质调查报告，其他样品由武汉综合岩矿测试中心测试。

4. 地球化学特征

(1) 微量元素

该花岗岩各单元的微量元素分析结果见表 3-25。不相容元素 K、Rb、Th 明显富集，Ta、Ce、Hf、Zr、Sm 等元素基本未见异常，Yb 等强烈亏损。可能由于岩石蚀变较强，各单元的微量元素的蛛网图曲线不甚一致，尤其是 Ba 含量差别明显。该期次微量元素蛛网图的分布形式与板内花岗岩相类似（图 3-54），总体显示出了后造山期花岗岩的特点。

表 3-25 晚白垩世花岗岩微量元素、稀土元素含量及特征参数值表

微量元素分析结果($w_B/10^{-6}$)														
单元	样品号	Cu	Pb	Zn	Cr	Co	Ni	Rb	Sr	Ba	Zr	Hf	Ta	Th	U
$K_2\delta\mu$	DY306-1	8.6	7.3	33.9	11	7.4	9.5	4.4	166	3308	201	5.5	1.1	10.10	2.2
$K_2\delta o$	DY1207	36.8	3.6	47.6	17	16.4	10.9	135.0	170	767	206	5.9	1.5	8.26	1.7
稀土元素测定结果($w_B/10^{-6}$)														
单元	样品号	La	Ce	Pr	Nd	Sm	Eu	Gd	Tb	Dy	Ho	Er	Tm	Yb	Lu	Y	ΣREE
$K_2\delta\mu$	3XT306-1	15.03	31.41	3.87	15.22	3.65	0.80	4.01	0.69	4.25	0.91	2.60	0.42	2.77	0.43	23.31	109.37
$K_2\delta o$	3XT1207	25.50	52.05	6.77	25.31	5.73	1.75	5.74	0.93	5.79	1.20	3.34	0.54	3.46	0.51	29.34	167.96
特征参数值										
单元	样品号	LREE/HREE	La/Yb	La/Sm	Sm/Nd	Gd/Yb	$(La/Yb)_N$	$(La/Sm)_N$	$(Gd/Yb)_N$	δEu	δCe
$K_2\delta\mu$	3XT306-1	4.35	5.43	4.12	0.24	1.45	3.66	2.59	1.17	0.64	0.97
$K_2\delta o$	3XT1207	5.44	7.37	4.45	0.23	1.66	4.97	2.80	1.34	0.92	0.94

注：样品由武汉综合岩矿测试中心测试。

(2) 稀土元素

该花岗岩稀土元素测定结果及特征参数值见表 3-25，稀土配分曲线见图 3-55，岩石的稀土总量中等，介于 $109.37×10^{-6}~167.92×10^{-6}$ 之间；轻稀土中等富集，轻重稀土比值介于 4.35～5.44 之间，均属轻稀土富集型；δEu 值介于 0.64～0.92 之间，具有弱的 Eu 负异常或不具 Eu 负异常，从早期侵入体向晚期，负异常呈减小的趋势，δCe 值均位于 1 左右，无异常；各单元的$(La/Yb)_N$为 3.66～4.97，Sm/Nd 比值为 0.23～0.24。各单元稀土元素球粒陨石标准化的分布型式大致相同，皆为明显右倾铕弱的负异常或无异常较平滑曲线。

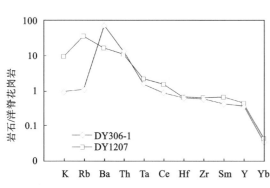

图 3-54 晚白垩世花岗岩岩石的微量元素蛛网图

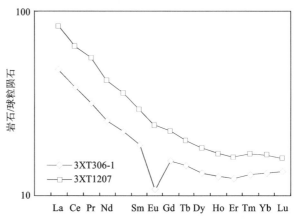

图 3-55 晚白垩世花岗岩的稀土元素配分模式图

5. 岩体侵入深度、剥蚀程度

晚白垩世花岗岩各侵入体空间出露形态多以椭圆状、长条状为主，部分呈透镜状，各单元在空间上群居性不明显，多以单个侵入体形式零散分布。岩体侵位于早二叠世诺日巴尕日保组、晚三叠世甲丕拉组等不同时代的地层中，围岩捕房体普遍不发育，但与围岩侵入关系却很清楚，侵入界线不协调，外接触带可见岩枝穿插及热接触变质现象，期次中闪长玢岩为岩浆活动浅成相的产物，故该期次岩体的侵入深度为浅带。

侵入体中围岩捕房体仅分布在岩体与围岩的接触带附近，岩浆期后矿化较强，岩体结构以中细粒为主，并出现浅成相的闪长玢岩，据以上特征推测该期次各侵入体的剥蚀深度为中—浅剥蚀。

6. 岩体组构及其就位机制

本期花岗岩体与围岩的接触面多弯曲，呈港湾状，岩体内部缺乏定向组构，边部常有围岩棱角状捕房体，岩体附近有同期岩枝穿插分布，以上特征表明期次侵入体是在以先期构造为通道而被动就位的产物，岩墙扩张可能是岩体主要的侵位机制。

7. 形成时代分析

前人在1∶20万杂多县幅区域地质调查中在夏结能石英闪长岩中采用黑云母K-Ar同位素测定，年龄值为93.6Ma，与地质时代相一致。本次区域地质调查中在夏结能闪长玢岩中取锆石U-Pb同位素测定，经宜昌地质矿产研究所测试，未给出有效年龄值。综合在区域上其侵入到晚三叠世甲丕拉组等不同时代地层的区域地质认识和同位素结果，将本次岩浆构造活动确定在晚白垩世。

8. 岩体成因类型分析及其构造环境判别

晚白垩世花岗岩总体呈现出结构演化的特点，由早期的石英闪长岩向闪长玢岩演化；岩石中普遍具有角闪石等暗色矿物，副矿物中大量含有磁铁矿、磷灰石、锆石等矿物。在SiO_2-K_2O图解（图略）中多落在中—高钾系列，岩石类型相当于Barbarlin(1999)分类中的KCG花岗岩（富钾钙碱性花岗岩类）。

岩石化学特征主体为钙碱性偏铝质花岗岩类，岩石化学和地球化学资料显示该期次花岗岩兼具I型和S型花岗岩的特点。在R_1-R_2图解（图略）中，该期次的大部分点投在3区和4区的界线附近，为造山晚期花岗岩。利用Maniar(1989)构造环境判别方法，在SiO_2-K_2O图解（图略）中所有点都投在非OP区，在CaO-(TFeO+MgO)和MgO-TFeO图解（图3-56、图3-57）中主要投在POG型花岗岩（后造山花岗岩），表明在区域上班公湖—怒江结合带晚燕山期碰撞造山作用后期，紧随造山地区的变形作用结束后侵入的后造山花岗岩，它是造山作用的最后阶段侵入花岗岩类岩石，可能代表晚白垩世大陆地壳在经历后造山以后向稳定化发展的转变期。

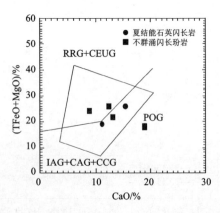

图3-56 晚白垩世花岗岩CaO-(TFeO+MgO)图解

RRG. 裂谷花岗岩；CEUG. 大陆隆升花岗岩；POG. 造山期后花岗岩；
IAG. 岛弧花岗岩；CAG. 陆弧花岗岩；CCG. 大陆碰撞花岗岩

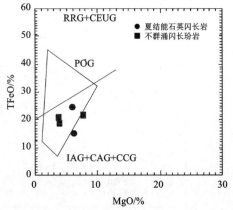

图3-57 晚白垩世花岗岩MgO-TFeO图解

（图例同图3-56）

（二）始新世花岗岩

1. 地质特征

始新世花岗岩由斑状二长花岗岩和正长花岗岩组成,将其可分为色的日斑状二长花岗岩($E_2\pi\eta\gamma$)和控巴俄仁正长花岗岩($E_2\xi\gamma$),两个单元的各侵入体明显侵入于晚三叠世结扎群,并被古近纪—新近纪查保玛组火山岩不整合沉积接触,与结扎群砂岩、灰岩的侵入接触面外倾,倾角30°～70°,多弯曲呈港湾状,接触界线处烘烤蚀变较强,砂岩已角岩化,灰岩则大理岩化、矽卡岩化,内接触带有大量的围岩捕房体,一般直径0.5～20m均有,并见宽约10～150cm的细粒冷凝边,围岩中有大量岩枝穿插。在岩体和围岩中广泛发育花岗质岩脉和石英脉穿插,可分为两期,第一期与侵入体的原生节理有关,脉壁较规整,一般宽1～5cm,走向北30°,一般不具矿化现象。第二期花岗岩脉的脉壁不规整,形态不规则,走向近SN向,宽20～30cm,并切穿早期岩脉,在岩体中心较发育,并普遍具有Cu、Mo矿化,形成色的日铜钼矿化点,且在围岩中矿化较普遍。期次各侵入体均呈岩株状分布,但主体被连绵不断的色的日雪山所覆盖,两单元之间的接触界线不见,根据两单元的空间群居性较好,岩石的成分演化连续,结构较均一一致,同位素年龄一致的特点,将二者归为同一岩浆期次。

该花岗岩构成雄伟壮观的常年雪山的主体,并成为长江和澜沧江流域的分水岭,因此出露面积有限,色的日斑状二长花岗岩($E_2\pi\eta\gamma$)有2个侵入体,出露面积约42km^2,控巴俄仁正长花岗岩($E_2\xi\gamma$)岩体仅见1个侵入体,出露面积约14km^2。岩石中有少量灰色细粒闪长岩包体,含量不多,分布不甚均匀,包体与寄主岩界线清楚,呈椭圆状—不规则状,包体直径一般3～7cm,最大可见15cm×21cm。岩体节理发育,球状风化强烈。

2. 岩相学特征

始新世花岗岩以中粒—斑状结构为特点,岩石成分较为均一。

色的日斑状二长花岗岩($E_2\pi\eta\gamma$):岩性为肉红色斑状二长花岗岩。岩石灰—浅肉红色,似斑状结构,基质为中粒—不等粒半自形粒状结构,一般在边部为中细粒粒状结构,块状构造。斑晶主要为钾长石及部分斜长石,斑晶含量15%～20%,粒径0.8～2cm,部分可达3～4cm,呈自形—半自形板柱状,双晶发育。基质由斜长石35%～55%、钾长石15%～20%、石英20%～25%、黑云母3%～10%、角闪石1%～3%组成,副矿物为锆石、磷灰石、榍石、磁铁矿。钾长石为条纹长石和微斜长石,具格子双晶和条纹构造,呈他形不规则粒状,少数已高岭土化,部分呈1～3cm的似斑晶出现,钾长石粒内有斜长石包体,并见斜长石被钾长石交代的现象;斜长石多为更长石,具环带构造,少数具聚片双晶;石英他形粒状,黑云母呈片状,多绿泥石化。

控巴俄仁正长花岗岩($E_2\xi\gamma$):岩性为灰红色中细粒正长花岗岩。岩石灰红色,中细粒花岗结构,部分为似斑状结构,局部见文象结构,块状构造。主要成分为钾长石60%～75%、石英20%～22%、黑云母1%～3%、斜长石5%～7%。碱性长石有微斜长石、条纹长石两种,半自形板粒状,具有格子双晶和卡氏双晶,碱性长石中见石英、斜长石嵌晶,具轻微高岭土化;斜长石呈半自形柱状、宽板状,聚片双晶和环带构造比较发育;石英他形粒状,大小不均匀,多分布于其他矿物空隙中,与钾长石相互交生形成明显的文象结构;黑云母半自形鳞片状,多为绿泥石交代。副矿物主要有磁铁矿、锆石等。主要矿物粒径1～3mm,个别达5mm。

3. 岩石化学特征

始新世花岗岩各单元的岩石化学分析数据及特征参数值见表3-26。化学成分均一,岩石的酸性程度较高,SiO_2含量介于68.07%～70.6%之间,岩石$Al_2O_3 \geqslant CaO+Na_2O+K_2O$,铝过饱和指数ASI=0.93～1.07,平均值近于1,里特曼指数为2.01～3.09,介于1.8～3.3之间,所有岩石属于钙碱性系列。

表 3-26 始新世花岗岩的岩石化学成分及特征参数值表（w_B/%）

单元	样品号	SiO₂	TiO₂	Al₂O₃	Fe₂O₃	FeO	MnO	MgO	CaO	Na₂O	K₂O	P₂O₅	H₂O⁺	Los	Total
控巴俄仁正长花岗岩单元（$E_2\xi\gamma$）	3GS1871-1	70.60	0.46	14.28	1.79	0.88	0.04	0.33	0.74	4.51	4.71	0.12	0.65	0.10	99.21
	2GS1615-2	69.40	0.55	13.22	2.81	1.07	0.09	0.35	1.12	4.25	4.82	0.13	0.87	1.14	99.82
	2GS1774-1	72.96	0.41	13.63	1.49	0.99	0.05	0.29	0.15	4.15	5.19	0.08	0.59	0.16	100.14
	2GS1845-1	75.34	0.20	12.83	1.03	0.78	0.04	0.22	0.13	3.32	5.98	0.03	0.54	0	100.44
色的日斑状二长花岗岩单元（$E_2\pi\eta\gamma$）	3GS601-1	69.26	0.55	14.68	1.37	1.63	0.063	1.13	2.76	3.78	3.77	0.15	0.42	0.66	100.223
	2GS1-1	68.07	0.54	15.32	1.13	1.95	0.05	1.27	2.70	4.66	2.97	0.24	1.08	0.05	100.03
	2GS1760-1	70.20	0.42	14.77	0.73	2.06	0.04	0.96	2.37	3.45	3.96	0.20	0.36	0	99.52
	2GS1773-1	69.40	0.41	14.98	0.79	2.04	0.04	1.14	2.51	3.86	3.91	0.19	0.63	0.11	100.01
	2GS1760-2	69.01	0.45	15.46	0.56	2.27	0.04	1.00	2.65	3.72	3.75	0.21	0.58	0.08	99.78
	2GS1761-1	67.99	0.48	14.87	1.28	2.25	0.04	1.04	2.21	3.48	4.2	0.21	0.99	0.24	99.28
	2GS1758-1	69.83	0.4	15.03	0.73	2.19	0.04	0.90	2.75	3.99	3.75	0.2	0.43	0.04	100.28
	2GS1382-1	69.00	0.46	15.16	0.54	2.20	0.04	1.04	2.76	4.24	4.07	0.2	0.25	0	99.96

单元	样品号	A/CNK	A/NK	Nk	F	σ	AR	τ	SI	FL	M/F	OX	K₂O/Na₂O
控巴俄仁正长花岗岩单元（$E_2\xi\gamma$）	3GS1871-1	1.03	1.14	9.30	2.69	3.07	4.18	21.24	2.70	92.57	0.07	0.67	1.04
	2GS1615-2	0.93	1.08	9.19	3.93	3.09	4.44	16.31	2.63	89.01	0.05	0.72	1.13
	2GS1774-1	1.07	1.10	9.34	2.48	2.91	5.21	23.12	2.39	98.42	0.07	0.60	1.25
	2GS1845-1	1.05	1.08	9.26	1.80	2.68	6.08	47.55	1.94	98.62	0.08	0.57	1.80
色的日斑状二长花岗岩单元（$E_2\pi\eta\gamma$）	3GS601-1	0.96	1.43	7.58	3.01	2.16	2.53	19.82	9.67	73.23	0.25	0.46	1.00
	2GS1-1	0.97	1.41	7.63	2.32	2.47	19.74	10.60	73.86	0.30	0.37	0.64	
	2GS1760-1	1.04	1.48	7.45	2.80	2.01	2.52	26.95	8.60	75.77	0.27	0.26	1.15
	2GS1773-1	0.99	1.42	7.78	2.83	2.29	2.60	27.12	9.71	75.58	0.31	0.28	1.01
	2GS1760-2	1.03	1.52	7.49	2.84	2.14	2.40	26.09	8.85	73.81	0.29	0.29	1.01
	2GS1761-1	1.04	1.45	7.75	3.56	2.34	2.63	23.73	8.49	77.65	0.21	0.36	1.21
	2GS1758-1	0.96	1.42	7.72	2.91	2.24	2.54	27.60	7.79	73.78	0.24	0.25	0.94
	2GS1382-1	0.92	1.33	8.31	2.74	2.66	2.73	23.74	8.60	75.07	0.31	0.20	0.96

注：2GS样品均引自1:20万治多县幅区域地质调查报告，其他样品由武汉综合岩矿测试中心测试。

比较各单元的岩石化学特征，发现从早期侵入岩到晚期侵入岩，随着SiO_2含量的递增，Al_2O_3、FeO、MgO、CaO 等的含量递减，铁镁指数总体逐渐降低，铝过饱和指数 ASI 和碱指数 KN/A 有增加的趋势，固结指数 SI 和分异指数 DI 逐渐增多。反映了岩浆演化过程中，向着富酸、富碱、贫镁铁钙的方向演化，同时结晶分异程度逐渐增高。

岩石在 SiO_2-ALK 图解（图略）中，所有的样品投影点均落入亚碱性系列，再投图 AFM 图解（图略）和 SiO_2-(TFeO/MgO)图解（图略）中，均投影于钙碱性岩区，故岩石属钙碱性岩系列。

4. 地球化学特征

始新世花岗岩各单元的地球化学分析数据及特征参数值见表 3-27，两单元岩石的地球化学特征较为均一。

表 3-27　始新世花岗岩的岩石微量元素、稀土元素含量及特征参数值表

微量元素分析结果　（$w_B/10^{-6}$）															
单元	样品号	Cu	Pb	V	Co	Cr	Ni	Rb	Sr	Ba	Zr	Hf	Ta	Th	U
$E_2\xi\gamma$	DY1871-1	26.2	93.4	92.2	11.6	11.8	8.52	268	259	469	301	9.4	3.45	43.6	4.49
$E_2\pi\eta\gamma$	DY601-1	7.4	15.5	34	4.9	16.2	6.6	164	325	484	138	4.9	3.1	30.2	12.2

稀土元素测定结果　（$w_B/10^{-6}$）															
单元	样品号	La	Ce	Pr	Nd	Sm	Eu	Gd	Tb	Dy	Ho	Er	Tm	Yb	Lu	Y	ΣREE
$E_2\xi\gamma$	3XT1871-1	71.62	125.30	13.95	46.05	7.90	1.28	6.29	1.02	5.62	1.16	3.21	0.55	3.37	0.52	27.96	315.8
$E_2\pi\eta\gamma$	3XT601-1	46.43	78.96	8.04	24.14	3.84	1.05	3.05	0.50	2.59	0.55	1.51	0.26	1.78	0.28	13.72	186.7

特征参数值											
单元	样品号	LREE	HREE	LREE/HREE	La/Yb	La/Sm	Sm/Nd	Gd/Yb	(La/Yb)$_N$	(La/Sm)$_N$	(Gd/Yb)$_N$	δEu	δCe
$E_2\xi\gamma$	3XT1871-1	($w_B/10^{-6}$)		12.24	21.25	9.07	0.17	1.87	14.33	5.70	1.51	0.54	0.90
		266.10	21.74										
$E_2\pi\eta\gamma$	3XT601-1	162.46	10.52	15.44	26.08	12.09	0.16	1.71	17.59	7.61	1.38	0.91	0.91

注：样品由武汉综合岩矿测试中心测试。

（1）微量元素

始新世花岗岩两单元的岩石中，其微量元素 Cu、Co、Ni、Pb、Sn 元素含量高于世界同类花岗岩，不相容元素 K、Rb、Th 明显富集，Ta、Nb、Sm、Hf 轻度富集或无异常，Ba、Y、Yb 等强烈亏损（图 3-58）。微量元素蛛网图的分布形式与板内花岗岩相近。

（2）稀土元素

本期花岗岩两单元的稀土元素及特征参数值见表 3-27，稀土配分曲线见图 3-59。两类侵入体的稀土特征相近，ΣREE 中等，稀土总量介于 $186.7\times10^{-6}\sim315.8\times10^{-6}$，正长花岗岩中稀土含量明显较高；岩石中轻稀土中等富集，LREE/HREE 为 12.24～15.44，属轻稀土富集型；但斑状二长花岗岩的 δEu 值为 0.91，基本上无 Eu 负异常或铕亏损，而正长花岗岩中的 δEu 值为 0.54，具有明显的 Eu 负异常；二类岩石的 δCe 值为 0.90～0.91，基本上铈无异常（亏损）。这一特征与幔源岩浆有着本质的区别，表明岩浆来自上地壳物质的部分熔融。岩石的(La/Yb)$_N$ 为 14.33～17.59，Sm/Nd 比值为 0.16～0.17。稀土元素球粒陨石标准化的分布型式大致为右倾平滑曲线，轻稀土部分呈明显右倾斜，重稀土部分基本水平。

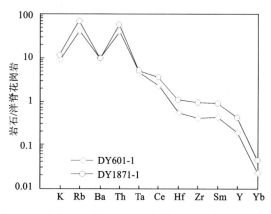

图 3-58　色的日斑状二长花岗岩单元的微量元素蛛网图

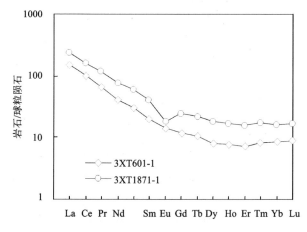

图 3-59　色的日斑状二长花岗岩稀土元素配分模式图

5. 侵入体组构特征及其剥蚀程度、侵位机制

始新世花岗岩各侵入体的空间出露形态以椭圆状为主，岩体侵位时的原始形态保存较好，各侵入体在空间上群居性明显，集中分布在色的日一带。岩体与围岩侵入关系清楚，围岩捕房体普遍较为发育，侵入界线不协调，围岩中发育较宽的接触变质带，围岩具角岩化、矽卡岩化蚀变。侵入体中有少量深灰色闪长质同源包体出现，边部具窄的冷凝边，缺乏定向组构；裂隙中穿插花岗斑岩脉，上述特征说明侵入体侵入深度为表带，属浅剥蚀程度。

该花岗岩两个单元均受区域断裂构造制约，侵入体群居性好，沿断裂带呈简单深成岩体形式集中分布，平面形态呈似椭圆状。岩体与围岩界线清楚，但不协调，岩石中定向组构缺乏，因此，两侵入体形成深度为表带，由此推断侵位机制属被动的岩墙扩张机制，即区域构造作用使部分熔融的地壳物质（岩浆）沿断裂裂隙上涌，并使裂隙进一步变宽（扩张）侵位。

6. 岩体侵位时代讨论

该花岗岩明显侵入于晚三叠世结扎群，前人在1:20万治多县幅区域地质调查中在色的日斑状二长花岗岩单元中取黑云母 K-Ar 同位素测年，获得 41.8Ma 的地质年龄，控巴俄仁正长花岗岩单元中取黑云母 K-Ar 同位素测年，获得 46Ma 的同位素年龄，两个侵入体的年龄值一致，因此可以认定该期侵入体的时代为始新世。

7. 岩体成因类型分析及其构造环境判别

始新世花岗岩的岩石类型基本上为铝过饱和型，ASI 平均值与 1 接近，大部分样品中标准矿物出现刚玉；在 ACF 图解（图略）投影，各样点落于 S 型和 I 型花岗岩区的界线附近。但二长花岗岩的 δEu 值为 0.91，基本上无 Eu 负异常或铕亏损，而正长花岗岩的 δEu 值为 0.54，具有明显的 Eu 负异常，稀土元素球粒陨石标准化的分布型式大致为右倾平滑曲线，轻稀土部分呈明显右倾斜，重稀土部分基本水平。因此本期花岗岩的物源为壳幔混合型。

在 R_1-R_2 图解（图 3-60）中，投影点较分散，本期花岗岩全部落入 6 区附近（同碰撞花岗岩）和 5 区（非造山花岗岩区）的界线附近；在 Maniar 等（1992）花岗岩构造环境类型划分的图解中，在 TFeO/(TFeO+MgO)-SiO$_2$（图 3-61）和 Al$_2$O$_3$/(CaO+Na$_2$O+K$_2$O) 图解（图略）上所有的二长花岗岩均分布于 RRG+CEUG 区（与裂谷有关的花岗岩和与大陆的造陆抬升有关的花岗岩），而正长花岗岩位于 POG 区（后造山花岗岩类）附近及 RRG+CEUG 区，综合分析该期次侵入体总体为后造山花岗岩中的 POG 类花岗岩，表明在白垩纪造山作用结束后，古近纪大陆地壳在经历后造山以后向稳定化发展的转变期形成这一期的后造山花岗岩。

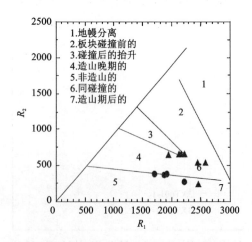
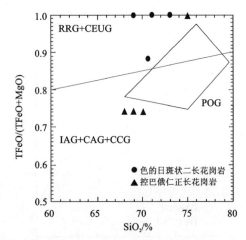

图 3-60　始新世花岗岩的 R_1-R_2 图解　　　图 3-61　始新世花岗岩的 TFeO/(TFeO+MgO)-SiO$_2$ 图解
● 色的日斑状二长花岗岩；▲ 控巴俄仁正长花岗岩　　RRG. 裂谷花岗岩；CEUG. 大陆隆升花岗岩；POG. 造山期后花岗岩；
IAG. 岛弧花岗岩；CAG. 陆弧花岗岩；CCG. 大陆碰撞花岗岩

（三）渐新世纳日贡玛花岗斑岩

1. 地质特征

纳日贡玛花岗斑岩体位于杂多县北西的格龙涌上游，地表出露形态是不规则的小岩枝状，长轴NNE向，出露面积0.96km²。

纳日贡玛岩体以黑云母花岗斑岩为主，次有浅色细粒花岗斑岩，呈不规则状小岩株，走向NNE，最大长度1.85km，南段最宽1.15km，面积0.96km²（其中浅色细粒花岗斑岩0.038km²，约占3.96%），南界接触面产状347°∠55°，西界接触面产状225°～260°∠55°～75°，在中沟北转弯处接触面产状355°∠52°，岩体东、西支汇合的内弯处接触面产状310°∠85°，东接触带产状约290°∠75°，岩体具绢云母化、硅化等蚀变，二者是矿区铜钼矿化的母岩，除已构成矿体外，岩体普遍具弱的铜钼矿化。岩石普遍青磐岩化、黄铁矿化，斑岩体周围的玄武岩中广泛发育青磐岩化，其中黄铁矿化带面积约5.4km²，青磐岩化带面积约9.97km²，二者呈过渡关系。

2. 岩相学特征

纳日贡玛花岗斑岩：该岩石具有斑岩结构，斑晶含量大于30%，主要由石英（0～12%，一般为5%～10%）、斜长石（0～40%，一般为5%～30%）、钾长石（0～10%，一般为2%～10%）和黑云母（0～6%，一般为2%～5%）组成，基质具有细晶花岗状结构，主要由石英（20%～30%）和正长石（15%～50%）、斜长石（0～30%，一般为10%～20%）及少量黑云母（0～2%）、黄铁矿（0～1%）组成。含少量磷灰石、榍石等副矿物。斜长石斑晶的粒度大小不一，自形至他形板状，局部由少量颗粒组成的聚斑晶，一般较新鲜，网状裂隙发育，沿裂隙及解理常有轻微绢云母化，双晶发育，据最大消光角法测定斜长石以An20～25号更长石为主。钾长石斑晶粗大而形状不规则（最大粒径1cm以上），常含较多穿孔状细粒石英、斜长石和黑云母等包体，一般较新鲜。含少量细粒土状质点（轻微泥化），不规则微条纹构造发育，条纹部分局部有较强烈绢云母化，属微条纹正长石类型。石英斑晶粒度变化较大，以等轴状或浑圆状为主，熔蚀强烈，熔蚀部分都被基质充填，波状消光强烈，局部微裂隙发育并被绢云母充填，一般较洁净，含少许细小的气液包裹体。黑云母斑晶粒度相对较小，以半自形板状为主，也常被熔蚀成不规则状，一般较新鲜，切片具棕褐色至淡黄色，明显多色性，解理发育，沿解理缝常被绿泥石交代并析出铁质，局部可与细粒榍石共生。

基质具半自形细粒不等粒结构，粒度一般在0.02～0.2mm，主要由石英和钾长石组成，含少量斜长石。石英和钾长石都比较新鲜，光学特征与斑晶相似，但基质中钾长石的双晶和微条纹构造均不发育。斜长石粒度相对较大，自形程度也相对较高（以半自形板状为主），但绢云母化强烈。黄铁矿少量，以中细粒不规则粒状为主，分布不均匀，其形成主要和黑云母的蚀变关系密切。

副矿物以细粒自形柱状磷灰石及不规则粒状榍石为主，常见包于黑云母中，尤其在被蚀变的黑云母中多见，少许柱状榍石围绕黄铁矿分布。

3. 岩石地球化学特征

(1) 岩石化学

纳日贡玛花岗斑岩边部和核部（岩芯样）取岩石地球化学样各一，岩石化学分析数据及特征参数值见表3-28。由表可见，侵入体内岩石化学成分不甚均一，岩石的酸性程度较高，SiO_2含量介于70.61%～72.7%之间，岩具有Al_2O_3＞$CaO+Na_2O+K_2O$而且MgO含量极低的特点，铝过饱和指数$ASI=$1.09～2.73，均大于或近于1.1，为较典型的过铝质花岗岩，相当于S型花岗岩；里特曼指数为0.58～2.03，属于钙碱性岩系列，K_2O＞Na_2O，K_2O/Na_2O在2.47～22.17之间。从侵入体边部和核部岩石化学的变化特点看，岩石中自边部向核部SiO_2、Al_2O_3、Fe_2O_3含量略有降低，A/CNK、K_2O/Na_2O、$MgO/$

FeO 等化学参数也明显降低,而 CaO、K_2O 和 Na_2O 的含量和 Nk、σ 等化学参数明显升高。在 CIPW 标准矿物计算中,岩石中刚玉 C 含量分别为 8.64% 和 1.39%,自边部向核部逐渐降低。

表 3-28 纳日贡玛花岗斑岩岩石化学成分及特征参数值表

岩石化学测定结果 (w_B/%)													
样品号	SiO_2	TiO_2	Al_2O_3	Fe_2O_3	FeO	MnO	MgO	CaO	Na_2O	K_2O	P_2O_5	H_2O^+	Los	Total
3XT19-1(边)	72.70	0.34	12.96	4.02	0.63	0.01	0.60	0.07	0.18	3.99	0.02	2.26	2.04	99.82
3XT19-2(核)	70.61	0.35	13.63	1.63	0.47	0.01	0.62	1.72	2.17	5.36	0.11	1.28	1.55	99.51

特征参数值													
样品号	A/CNK	A/NK	Nk	F	σ	AR	τ	SI	FL	MF	M/F	OX	K_2O/Na_2O	MgO/FeO
3XT19-1(边)	2.73	2.81	4.26	4.76	0.58	1.94	37.59	6.37	98.35	88.57	0.07	0.86	22.17	0.95
3XT19-2(核)	1.09	1.45	7.69	2.14	2.03	2.93	32.74	6.05	81.41	77.21	0.17	0.78	2.47	1.32

岩石在 SiO_2-ALK 图解(图略)中,所有的样品投影点均落入亚碱性系列,再投图 AFM 图解(图 3-62)中,边部岩石投影于拉斑玄武岩区和钙碱性岩区的界线附近,核部岩石样投影于钙碱性岩区,故岩石总体上属钙碱性岩系列。

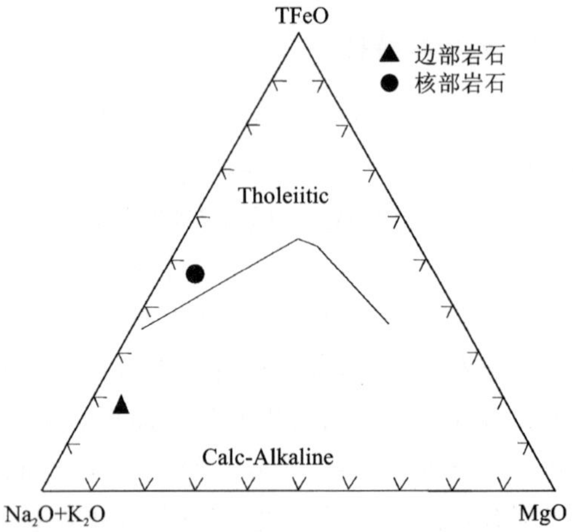

(2) 微量元素

纳日贡玛花岗斑岩微量元素分析结果见表 3-29,二者较为一致。岩石的不相容元素 K、Rb、Ba、Th 明显富集,Ta、Nb、Ce、Hf 轻度富集或无异常,Sm、Y、Yb 等强烈亏损(图 3-63)。

侵入体内边部和核部岩石的微量元素均值所做的蛛网图,基本保持一致,微量元素蛛网图的分布形式与板内花岗岩相近,总体显示了后造山运动花岗岩的特点。

图 3-62 纳日贡玛侵入体的 AFM 图解

(3) 稀土元素

纳日贡玛花岗岩边部和核部花岗斑岩的稀土元素含量及特征参数值见表 3-29,稀土配分曲线见图 3-64。稀土总量较低,稀土总量介于 $57.7 \times 10^{-6} \sim 90.95 \times 10^{-6}$ 之间;岩石轻稀土较富集,轻重稀土比值介于 4.35~5.44 之间,均属轻稀土富集型;岩石的 δEu 值介于 0.64~0.94 之间,具有弱的 Eu 负异常,且边部负异常明显;δCe 值均位于 0.94~0.97 左右,基本上铈无异常(亏损)。岩石的 $(La/Yb)_N$ 为 5.43~7.37,Sm/Nd 比值为 0.23~0.24。岩墙的稀土元素球粒陨石标准化的分布型式非常一致,皆为铈具负异常的右倾曲线,轻稀土部分呈明显右倾斜,重稀土部分则基本平坦甚至略有左倾。

表 3-29 纳日贡玛花岗斑岩地球化学及特征参数值表

微量元素分析结果 ($w_B/10^{-6}$)													
样品号	Cu	Pb	Cr	Co	Ni	Rb	Sr	Ba	Zr	Hf	Ta	Th	U	Nb
DY19-1(边)	43.2	10.5	10.50	3.99	7.34	333	18.6	328	140	6.5	1.3	6.79	2.72	13.30
DY19-2(核)	681.0	11.3	7.76	21.20	5.18	297	257.0	654	121	4.1	0.6	8.23	3.42	6.37

稀土元素测定结果 ($w_B/10^{-6}$)														
样品号	La	Ce	Pr	Nd	Sm	Eu	Gd	Tb	Dy	Ho	Er	Tm	Yb	Lu	Y	ΣREE
3XT19-1(边)	16.84	22.5	2.26	6.94	1.02	0.21	0.74	0.12	0.75	0.17	0.51	0.09	0.65	0.12	4.78	57.70
3XT19-2(核)	21.51	36.00	4.42	14.05	2.49	0.58	1.72	0.26	1.4	0.27	0.75	0.12	0.72	0.11	6.55	90.95

续表 3-29

稀土元素特征参数值										
样品号	LREE/HREE	La/Yb	La/Sm	Sm/Nd	Gd/Yb	(La/Yb)$_N$	(La/Sm)$_N$	(Gd/Yb)$_N$	δEu	δCe
3XT19-1(边)	4.35	5.43	4.12	0.24	1.45	3.66	2.59	1.17	0.64	0.97
3XT19-2(核)	5.44	7.37	4.45	0.23	1.66	4.97	2.80	1.34	0.92	0.94

注：样品由武汉综合岩矿测试中心测试。

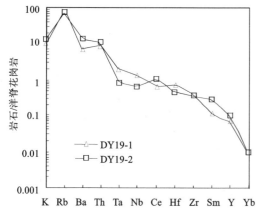

图 3-63 始新世纳日贡玛花岗斑岩微量元素蛛网图

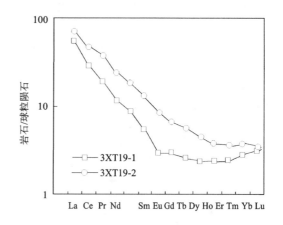

图 3-64 始新世纳日贡玛花岗斑岩稀土配分模式图

4. 纳日贡玛花岗斑岩侵位机制和剥蚀程度

在研究区内斑岩体均呈小型近圆状或不规则状岩株形式产出，地表面积一般都在 1km² 左右，岩体与围岩的接触界线清楚且呈锯齿状，岩体内部缺乏定向组构，围岩未见变形，并常有花岗岩岩枝穿插入围岩，故就位机制为顶蚀作用的被动就位。斑岩体面积虽小，但是岩体形成的蚀变范围却很大。据斑岩体出露和蚀变情况，显示斑岩体处于浅剥蚀—中等剥蚀程度。

斑岩体中的岩石中具有熔蚀现象，以及岩石为全晶质来看斑岩的侵位深度不会浅，推测在 3km 左右较为适宜。

5. 构造环境分析

在区域上，由该区向南的杂多县、下拉秀—囊谦一带，斑岩体均沿曲柔尔卡—囊谦超壳断裂带产出。断裂构造为侵入体的侵入和就位提供了通道和空间。区域上这类斑岩体形成于喜马拉雅期，结合在该区斑岩体中获得的 K-Ar 年龄(42Ma)和青藏高原的演化。说明该斑岩是在印度洋向北继续扩张的影响下，青藏高原在陆内 A 型碰撞的晚期转变为伸展环境，导致三江地区走滑拉张(50～30Ma)引起软流圈上涌形成花岗岩浆活动的背景形成的。

纳日贡玛花岗斑岩的岩石中 ASI=1.09～2.73，均大于或近于 1.1，为较典型的过铝质花岗岩，相当于 S 型花岗岩，大部分样品中标准矿物出现刚玉；在 ACF 图解(图略)投影，样点落于 S 型花岗岩区。稀土元素球粒陨石标准化的分布型式大致为右倾平滑曲线，轻稀土部分呈明显右倾斜，重稀土部分基本水平。因此本期花岗岩的物源为壳源型。

在 R_1-R_2 图解(图 3-65)中，本期花岗斑岩全部落入 6 区(同碰撞花岗岩)中；在 Pearce J. A. (1984)的 Rb-(Y+Nb)图解(图 3-66)和 Y-Nb 图解(图略)中，样点全部落入 Syn-COLG 区(同撞碰花岗岩区)中，在 Maniar 等(1992)花岗岩构造环境类型划分的图解中，利用 SiO_2-Al_2O_3、$TFeO/(TFeO+MgO)$-SiO_2 图解(图 3-67、图 3-68)和 $Al_2O_3/(CaO+Na_2O+K_2O)$图解(图略)，所有的岩石均位于 POG 区(后造山花岗岩类)，综合分析该期次侵入体为后造山花岗岩中的 POG 类花岗岩。据区域上斑岩体的源岩特征并结合其所处的大地构造位置来分析其形成模式，斑岩体可能来源于陆内碰撞而加厚的下地壳，由于俯冲板块撕裂导致软流圈上涌,引起下地壳物质熔融,产生岩浆侵位而成。

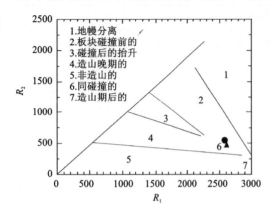

图 3-65 纳日贡玛花岗斑岩的 R_1-R_2 图解
▲边部岩石;●核部岩石

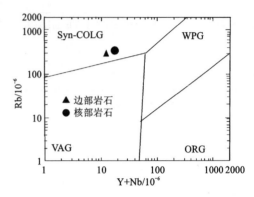

图 3-66 纳日贡玛花岗斑岩的 Rb-(Y+Nb)图解
Syn-COLG. 同碰撞型花岗岩;WPG. 板内型花岗岩;
VAG. 火山弧型花岗岩;ORG. 洋脊型花岗岩

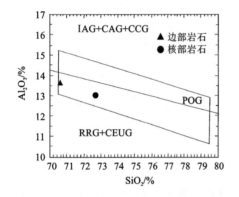

图 3-67 纳日贡玛花岗斑岩的 SiO_2-Al_2O_3 图解
RRG. 裂谷花岗岩;CEUG. 大陆隆升花岗岩;
POG. 造山期后花岗岩;IAG. 岛弧花岗岩;
CAG. 陆弧花岗岩;CCG. 大陆碰撞花岗岩

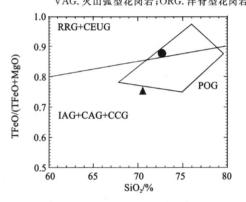

图 3-68 纳日贡玛花岗斑岩 $TFeO/(TFeO+MgO)$-SiO_2 图解
(图例同图 3-67)

6. 形成时代

1981 年青海省原地质十五队在青海省杂多县纳日贡玛铜钼矿床初步普查报告中在纳日贡玛黑云母花岗斑岩中采集 4 个 K-Ar 同位素测试样品,年龄值分别为 49.4Ma、37.2Ma、33.9Ma、22.0Ma,为喜马拉雅早期的产物,浅色细粒花岗斑岩稍晚于黑云母花岗斑岩。本次调查工作在黑云母花岗斑岩中取锆石 U-Pb 同位素测试,由宜昌地质矿产研究所测试,分析 3 颗锆石,分别获得 21Ma、39Ma 和 66Ma 的 ^{238}U-^{206}Pb 表面年龄,通过与玉龙斑岩铜矿对比,认为纳日贡玛花岗斑岩体的侵位和矿化都是多期的,根据最新的侵位时代将其归为渐新世(E_3)。

第五节 火山岩

测区火山活动较为频繁,火山岩在二叠纪和三叠纪活动强烈,古近纪也有零星出露,分别以火山地层、夹层、透镜体等形式赋存于各时代相应的地层中。其中晚三叠世火山岩为海相喷发,晚二叠世火山岩为陆相喷发,喷发形式多以溢流相为主,爆发相次之,以二叠纪火山喷发活动最为强烈。岩石多属钙碱性系列,碱性系列次之,对火山喷发韵律和旋回及岩相进行划分。区内火山岩岩石、成因类型复杂,与蛇绿岩有关的火山岩见第一节,其余火山岩按时代叙述。

一、火山旋回的划分

火山岩形成时间集中分布于通天河构造岩浆岩带、杂多构造岩浆岩带中。而火山在其活动过程中往往有物质成分、喷发方式及喷发强度的规律性的变化,这种变化具有间歇性活动的周期性。而一个火山旋回总是由一个或若干个喷发韵律构成。且喷发旋回的界线在走向上要比旋回的界线稳定。

结合测区火山岩岩石组合、喷发韵律及时空展布、接触关系对测区火山岩进行了火山旋回划分,详见表3-30。

表 3-30　测区火山旋回划分

地质年代		通天河复合蛇绿混杂岩带			羌北—昌都地块	
		多彩蛇绿混杂岩亚带		查涌蛇绿混杂岩亚带	杂多构造岩浆岩带	
		旋回	赋存岩石地层	旋回	旋回	赋存岩石地层
新近纪					Ⅲ$_1$	查保玛组
三叠纪	晚三叠世				Ⅱ$_3$ 结扎群	甲丕拉组
					Ⅱ$_2$ 巴塘群	碎屑岩组
						火山岩组
				Ⅱ$_1$ 查涌蛇绿混杂岩亚带		
二叠纪	晚二叠世—早三叠世				Ⅰ$_4$	火山岩组
	早中二叠世				Ⅰ$_3$	尕笛考组
					Ⅰ$_2$ 开心岭群	诺日巴尕日保组
	早中二叠世	Ⅰ$_1$	多彩蛇绿混杂岩亚带			

二、二叠纪火山岩

二叠纪火山岩在测区分布最广,呈北西-南东向分布在通天河构造岩浆岩带和杂多构造岩浆岩带中。通天河构造岩浆岩带中由石炭纪—早中二叠世多彩蛇绿混杂岩中洋中脊玄武岩、当江荣岛弧型火山岩组成;杂多构造岩浆岩带中由中二叠世开心岭群诺日巴尕日保组火山岩、早中二叠世尕笛考组火山岩及晚二叠世—早三叠世火山岩组火山岩组成(图3-69)。其中洋中脊玄武岩见蛇绿岩部分。

(一)多彩蛇绿混杂岩带早中二叠世当江荣火山岩

多彩蛇绿混杂岩亚带是西金乌兰蛇绿构造混杂岩带的东延部分,位于西金乌兰—金沙江结合带的中部,主要分布于多彩乡、征毛涌、缅切、聂恰曲、日啊日曲等地。总体呈北西-南东向带状展布,出露面积一般较小。

该火山岩呈构造岩块、岩片产出,与蛇绿混杂岩各单元间以韧性断层关系接触,后期构造改造强烈。岩性以安山岩、玄武岩、英安岩、流纹岩为主,为溢流相火山岩,属海相裂隙式喷发类型。火山岩受强烈构造挤压多呈片理化。

在测区该火山岩分布在通天河复合蛇绿混杂岩带多彩蛇绿混杂岩亚带中,是海西期构造运动的产物,该火山岩主要呈构造岩片及透镜状产在构造混杂岩带中,本次工作采集的同位素测年均未获得时代依据。在附近路线地层俄巴达动灰岩中新发现纤维海绵 *Inozian* 及海百合茎 *Cydocyclius* sp.,时代为早二叠世;另外本次工作在多彩蛇绿岩硅质岩中产有放射虫 *Pseudoalbaillella fusifirmis*(纺锤形假阿尔拜虫)和 *Pseudoalbaillella* spp.(假阿尔拜虫众多未定种)的放射虫化石,时代为P_1—P_2。由于该火山岩与多彩蛇绿混杂岩、俄巴达动灰岩紧密产出,由此,将该火山岩产出时代暂归为早二叠世。

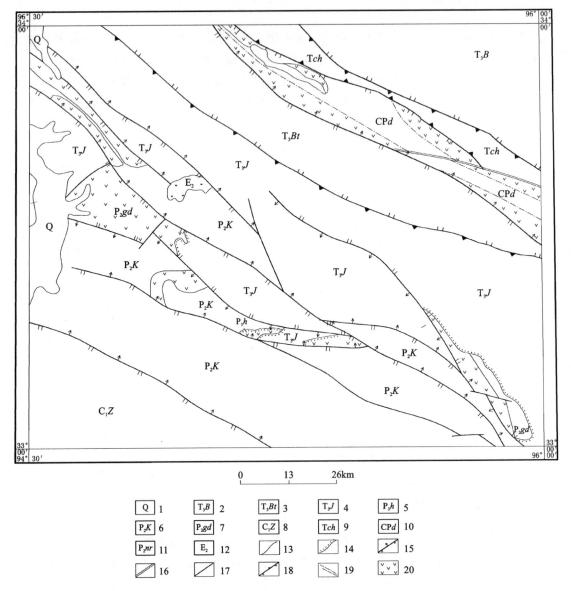

图 3-69 早中二叠世火山岩分布图

1.第四系;2.晚三叠世巴颜喀拉山群;3.晚三叠世巴塘群;4.晚三叠世结扎群;5.晚二叠世火山岩组;6.中二叠世开心岭群;7.中二叠世尕笛考组;8.早石炭世杂多群;9.查涌蛇绿混杂岩;10.多彩蛇绿混杂岩;11.晚二叠世诺日巴尕日保组;12.始新世中酸性侵入岩;13.地质界线;14.角度不整合线;15.逆冲断层;16.活动断裂;17.性质不明断层;18.边界断裂;19.韧性剪切带;20.火山岩

1. 火山岩岩石类型

该火山岩分布于亚者然木尕、日啊日贡定果、松莫茸、征毛涌、缅切、聂恰曲一带。岩性以安山岩、玄武岩、英安岩、流纹岩为主及少量凝灰岩组成,岩石普遍具绿泥石化、绿帘石化、碳酸盐化、片理化、构造片理化。

(1) 熔岩类

安山岩:分布较广泛,在切根茸一带安山岩呈枕状构造。单个岩枕长约 50~100cm,宽约 20~50cm,具较明显的冷却外壳,从岩枕中心向四周有不规则的放射状裂纹,表面以龟裂纹状、枕状安山岩层位较稳定,夹层少。岩石为灰绿色,变余斑状结构、变余交织结构,片状构造。斑晶主要为斜长石,其次为角闪石,含量一般为 15%~25%,粒径一般为 0.5~2mm。基质主要由斜长石、绢云母、次闪石、绿泥石、绿帘石组成,其次有部分碳酸盐岩。斜长石被绿泥石、碳酸盐、绢云母交代,仅见残体。斜长石具环带构造,牌号 An 为 28,属更长石。矿物排列具方向性,斑晶具破碎现象,部分安山岩中含有晶屑,岩屑成为凝灰熔岩。局部地段安山岩斑晶中有少量石英,变为石英安山岩。

安山玄武岩:岩石为黑绿色,变余斑状结构,基质具显微粒状变晶结构或变余微晶结构,片状构造或变余杏仁状构造。斑晶由基性斜长石与辉石组成,斜长石已钠长石化与绿帘石化。辉石已绿泥石化、绿帘石化,都只保留原矿物的假象。斑晶含量为 2%~6%,粒径一般为 0.35~1mm,基质主要由钠长石、绿泥石、绿帘石和少量石英、赤铁矿组成,矿物定向排列形成片理。

英安岩:主要分布于日啊日贡定果—当江荣一带,呈安山岩的夹层出现。岩石为灰色,变余斑状结构,基质为微粒镶嵌结构或鳞片花岗变晶结构,片状构造。斑晶由石英、斜长石及少量黑云母组成,含量为 15%~25%。粒径一般为 1~1.5mm。基质由斜长石、石英、绢云母及少量磁铁矿组成。斜长石斑晶半自形、板柱状,牌号 An 为 29~30,属中长石。具不明显的环带构造。斜长石已绢云母化、绿帘石化,局部可见斜长石呈聚斑晶。石英斑晶比较大,最大者达 3mm×5mm,呈不规则粒状并有拉长现象,波状消光显著,边部出现港湾状的熔蚀边,基质由长石、石英相互嵌生组成。岩石中普遍有较多的次生石英。

流纹岩:分布较少,多呈透镜状分布。局部相变为斜长流纹岩。流纹岩为灰黄色,变余斑状结构或显微粒状结构,变余流纹状构造。斑晶为斜长石、石英,含量约为 15%,粒径约为 0.4~0.6mm。基质主要由长英质微粒及绢云母组成,斜长石斑晶的牌号 An 为 15,属更长石,已绢云母化,矿物具定向排列。

(2) 火山碎屑岩类

凝灰岩:分布较普遍,主要在松莫茸及亚者然木尕一带。主要为晶屑凝灰岩,局部出现玻屑凝灰岩。岩石为灰绿色,变余晶屑、玻屑凝灰结构,晶屑主要为斜长石、石英。玻屑后期已经产生脱玻化作用,胶结物为长英质微粒、绿泥石、绢云母细小鳞片,岩石具片理化。

火山角砾熔岩:分布较少,仅在亚者然木尕及日啊日贡定果一带的局部地段出现,也有少量分布于松莫茸一带。岩石为灰绿色,斑状结构和火山角砾结构,基质具交织—微粒结构。熔岩组分主要由斜长石、黝帘石、阳起石组成,此外还有少量石英、绿泥石、钛磁铁矿及后期石英细脉。有部分斜长石呈斑晶出现。熔岩成分为安山岩,熔岩含量约 70%。火山角砾与熔岩成分一致,角砾大小为 5~20mm,含量 30%。

2. 岩石化学及地球化学特征

(1) 岩石化学分类

测区多彩蛇绿混杂岩亚带火山岩岩石化学样含量见表 3-31,将熔岩的样品投点于国际地科联 1989 年推荐的划分方案 TAS 图(图 3-70),投图情况和实际镜下鉴定结果基本一致。火山岩主要划分为安山岩、英安岩及流纹岩等岩石类型。其中 K_2O 含量变化在 0.46%~6.04%之间,变化范围较大,在 SiO_2-K_2O 分类图解(图 3-71)中,2 个样品为高钾,5 个样品为中钾,3 个样品为低钾,火山岩岩石组合属中钾钙碱性玄武岩。

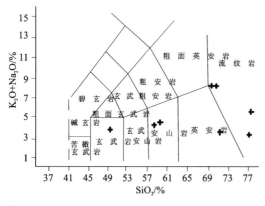

图 3-70 火山岩 TAS 图

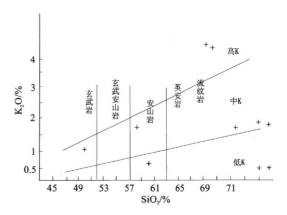

图 3-71 火山岩 SiO_2-K_2O 图

表 3-31 多彩蛇绿混杂岩亚带火山岩岩石化学成分表（w_B/%）

岩性	样品号	SiO_2	TiO_2	Al_2O_3	Fe_2O_3	FeO	MnO	MgO	CaO	Na_2O	K_2O	P_2O_5	H_2O^+	Los	Σ
英安质糜棱岩	3GS24-5	59.96	0.96	15.87	4.04	4.42	0.18	2.76	4.42	4.13	0.66	0.19	2.08	0.46	100.13
绿帘石化绿泥石化安山岩	3GS1522-2	58.64	0.90	16.65	1.33	6.52	0.17	3.70	4.51	2.55	1.70	0.22	2.47	0.67	100.03
安山质火山角砾岩	3GS1522-3	62.25	0.82	14.00	3.41	3.72	0.13	1.65	8.32	1.62	0.46	0.19	1.95	1.20	99.72
岩屑凝灰角砾岩	3GS1522-4	61.52	0.90	15.36	2.14	5.38	0.14	2.19	3.84	0.28	4.70	0.24	2.15	0.70	99.54
流纹英安岩	3GS1522-5	71.36	0.37	12.84	2.27	1.43	0.07	1.11	4.02	1.68	1.68	0.08	1.45	1.25	99.61
安山质火山角砾岩	3GS332-4	71.03	0.41	14.38	2.17	1.81	0.09	1.16	2.29	3.79	1.23	0.03	0.96	0.70	100.05
晶屑岩屑熔岩凝灰岩	3GS333-2	62.62	0.81	16.64	4.58	1.91	0.04	0.88	1.74	1.80	6.04	0.18	1.11	1.46	99.81
英安质晶屑凝灰熔岩	3GS333-3	71.52	0.41	14.26	2.39	1.30	0.10	0.74	2.49	3.82	1.20	0.04	0.94	0.41	99.62
流纹英安岩	3GS630-1	79.76	0.22	10.59	1.34	0.45	0.03	0.23	0.73	3.58	1.89	0.05	0.36	0.22	99.45
安山岩	3GS960-1	88.15	0.28	4.81	0.72	0.36	0.16	0.52	1.11	0.12	1.82	0.05	1.10	0.65	99.85
安山岩	3GS964-2	48.89	0.76	17.68	2.11	6.17	0.20	7.81	8.34	2.65	0.96	0.15	4.02	0.06	99.80
凝灰岩	3GS965-1	75.11	0.26	13.28	2.00	0.18	0.02	0.11	0.74	5.39	2.28	0.04	0.35	0.06	99.82
英安岩	3GS332-5	70.9	0.34	13.25	0.88	2.06	0.06	1.11	3.43	2.38	1.88	0.08	1.50	2.26	100.13

（2）岩石化学特征

火山岩岩石化学成分及特征参数值见表 3-31、表 3-32。SiO_2 含量 48.89%～88.15%，含量较高，TiO_2 含量 0.22%～0.96%，TiO_2 含量均小于 1%，Al_2O_3 含量相对较高，具有岛弧型火山岩演化趋势。总之火山岩的岩石化学以贫硅、钾，高铝为特征。将测区熔岩类样品投在 Ol'-Ne'-Q' 图解（图 3-72）中，样品全部落在亚碱性系列。在 FAM 三角图解（图 3-73）中，样品全部落在钙碱性系列。

表 3-32 多彩蛇绿混杂岩亚带火山岩岩石化学特征参数值表

样品号	Nk	F	σ	AR	τ	SI	FL	MF	M/F	OX	K_2O/Na_2O	MgO/FeO	A/CNK	A/NK	FeO*	$Fe_2O_3^*$
3GS332-5	4.35	3.00	0.64	1.69	31.97	13.36	55.40	72.59	0.29	0.30	0.79	0.54	1.09	2.23	2.85	3.17
3GS24-5	4.81	8.49	1.35	1.62	12.23	17.24	52.01	75.40	0.22	0.48	0.16	0.62	1.02	2.11	8.06	8.95
3GS1522-2	4.28	7.90	1.14	1.50	15.67	23.42	48.52	67.97	0.40	0.17	0.67	0.57	1.17	2.76	7.72	8.58
3GS1522-3	2.11	7.24	0.22	1.21	15.10	15.19	20.00	81.21	0.15	0.48	0.28	0.44	0.77	4.43	6.79	7.54
3GS1522-4	5.04	7.61	1.32	1.70	16.76	14.91	56.46	77.45	0.22	0.28	16.79	0.41	1.23	2.77	7.31	8.12
3GS1522-5	3.42	3.76	0.39	1.50	30.16	13.59	45.53	76.92	0.18	0.61	1.00	0.78	1.08	2.80	3.47	3.86
3GS332-4	5.05	4.01	0.90	1.86	25.83	11.42	68.67	77.43	0.19	0.55	0.32	0.64	1.23	1.90	3.76	4.18
3GS333-2	7.97	6.60	3.07	2.49	18.32	5.79	81.84	88.06	0.08	0.71	3.36	0.46	1.31	1.75	6.03	6.70
3GS333-3	5.06	3.72	0.88	1.86	25.46	7.83	66.84	83.30	0.12	0.65	0.31	0.57	1.18	1.88	3.45	3.83
3GS630-1	5.51	1.80	0.81	2.87	31.86	3.07	88.23	88.61	0.07	0.75	0.53	0.51	1.14	1.33	1.66	1.84
3GS960-1	1.96	1.09	0.08	1.97	16.75	14.69	63.61	67.50	0.27	0.67	15.17	1.44	1.58	2.48	1.01	1.12
3GS964-2	3.62	8.30	2.18	1.32	19.78	39.64	30.21	51.46	0.74	0.25	0.36	1.27	1.48	4.90	8.07	8.97
3GS965-1	7.69	2.19	1.83	3.42	30.35	1.10	91.20	95.20	0.03	0.92	0.42	0.61	1.58	1.73	1.98	2.20
3GS332-5	4.35	3.00	0.64	1.69	31.97	13.36	55.40	72.59	0.29	0.30	0.79	0.54	1.09	2.23	2.85	3.17

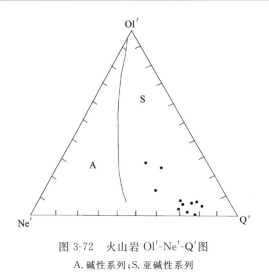

图 3-72 火山岩 Ol′-Ne′-Q′图
A.碱性系列;S.亚碱性系列

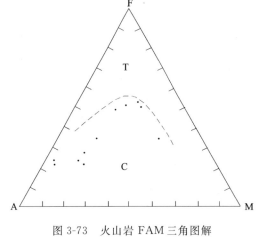

图 3-73 火山岩 FAM 三角图解
T.拉斑玄武岩系列;C.钙碱性系列

(3) 稀土元素地球化学特征

该期火山岩稀土元素含量、标准化值及特征参数值(表 3-33、表 3-34、表 3-35);其总量变化较大,LREE/HREE 值多在 3.86~6.63,个别在 8~11 之间,属轻稀土富集性。$(La/Sm)_N=2.22$~5.19 之间,多数比值均大于 2,$(Gd/Yb)_N$ 多数在 1.02~1.86 间,个别小于 1,表明轻稀土之间分馏程度较高且富集,而重稀土之间分馏程度差且富集程度低于轻稀土富集程度。δEu 多数在 0.64~0.99,仅有个别大于 1,多数显示为弱 Eu 异常,稀土配分模式图(图 3-74)显示均属轻稀土富集型,Ce 绝大多数属正常型,极少部分属弱亏损型。

表 3-33 多彩蛇绿混杂岩亚带火山岩稀土元素含量表(w_B/%)

样品号	La	Ce	Pr	Nd	Sm	Eu	Gd	Tb	Dy	Ho	Er	Tm	Yb	Lu	Y	ΣREE
3XT1522-2	23.86	48.07	6.7	26.26	5.85	1.65	5.94	1.03	6.12	1.24	3.64	0.58	3.59	0.52	29.73	164.78
3XT1522-3	20.41	38.24	4.92	21.09	4.48	1.4	4.66	0.82	4.8	0.97	2.88	0.45	2.77	0.41	23.87	132.17
3XT1522-4	27.21	55.57	7.35	29.70	6.6	1.61	6.5	1.11	6.55	1.32	3.82	0.63	3.69	0.56	32.01	184.23
3XT1522-5	19.17	39.37	4.44	16.41	3.38	0.85	3.25	0.55	3.26	0.69	2.09	0.34	2.12	0.32	16.59	112.83
3XT24-5	14.12	27.26	3.82	15.87	3.55	1.22	4	0.73	4.28	0.9	2.71	0.45	2.67	0.4	21.47	103.45
3XT630-1	19.06	30.53	3.63	11	2.31	0.46	1.98	0.32	2.11	0.48	1.39	0.24	1.48	0.22	8.13	83.34
3XT332-4	26.15	46.59	6.37	22.92	5.03	1.29	5.15	0.91	5.45	1.26	3.64	0.61	4.09	0.62	28.34	158.42
3XT333-2	12.07	22.4	3.31	13.3	3.42	1.11	3.52	0.60	3.73	0.83	2.46	0.39	2.50	0.37	17.17	87.18
3XT333-3	18.9	35.8	4.93	16.66	3.79	0.93	3.75	0.70	4.15	0.96	2.68	0.47	3.15	0.49	22.66	120.02
3XT332-5	26.15	46.59	6.37	22.92	5.03	1.29	5.15	0.91	5.45	1.26	3.64	0.61	4.09	0.62	28.34	158.42
3GS960-1	21.26	38.46	4.82	16.91	3.11	0.62	2.61	0.43	2.30	0.44	1.16	0.19	1.13	0.16	11.18	104.8
3GS964-2	11.84	22.64	3.02	12.77	2.88	1.02	3.00	0.53	3.38	0.69	2.01	0.31	2.07	0.32	17.99	84.55

表 3-34 多彩蛇绿混杂岩亚带火山岩稀土元素标准化值表($w_B/10^{-6}$)

稀土元素测试结果/球粒陨石														
样品号	La	Ce	Pr	Nd	Pm	Sm	Eu	Gd	Tb	Dy	Ho	Er	Tm	Yb	Lu
3XT1522-2	76.97	59.49	54.92	43.77	36.88	30.00	22.45	22.93	21.73	19.01	17.27	17.33	17.90	17.18	16.15
3XT1522-3	65.84	47.33	40.33	35.15	29.06	22.97	19.05	17.99	17.30	14.91	13.51	13.71	13.89	13.25	12.73

续表3-34

样品号	稀土元素测试结果/球粒陨石														
	La	Ce	Pr	Nd	Pm	Sm	Eu	Gd	Tb	Dy	Ho	Er	Tm	Yb	Lu
3XT1522-4	87.77	68.77	60.25	49.50	41.67	33.85	21.90	25.10	23.42	20.34	18.38	18.19	19.44	17.66	17.39
3XT1522-5	61.84	48.73	36.39	27.35	22.34	17.33	11.56	12.55	11.60	10.12	9.61	9.95	10.49	10.14	9.94
3XT24-5	45.55	33.74	31.31	26.45	22.33	18.21	16.60	15.44	15.40	13.29	12.53	12.90	13.89	12.78	12.42
3XT630-1	61.48	37.78	29.75	18.33	15.09	11.85	6.26	7.64	6.75	6.55	6.69	6.62	7.41	7.08	6.83
3XT332-4	84.35	57.66	52.21	38.20	32.00	25.79	17.55	19.88	19.20	16.93	17.55	17.33	18.83	19.57	19.25
3XT333-2	38.94	27.72	27.13	22.17	19.85	17.54	15.10	13.59	12.66	11.58	11.56	11.71	12.04	11.96	11.49
3XT333-3	60.97	44.31	40.41	27.77	23.60	19.44	12.65	14.48	14.77	12.89	13.37	12.76	14.51	15.07	15.22
3XT332-5	84.35	57.66	52.21	38.20	32.00	25.79	17.55	19.88	19.20	16.93	17.55	17.33	18.83	19.57	19.25
3GS960-1	68.58	47.60	39.51	28.18	22.07	15.95	8.44	10.08	9.07	7.14	6.13	5.52	5.86	5.41	4.97
3GS964-2	38.19	28.02	24.75	21.28	18.03	14.77	13.88	11.58	11.18	10.50	9.61	9.57	9.57	9.90	9.94

表3-35　多彩蛇绿混杂岩亚带火山岩稀土元素特征参数值表

样品号	ΣREE	LREE	HREE	LREE/HREE	La/Yb	La/Sm	Sm/Nd	Gd/Yb	(La/Yb)$_N$	(La/Sm)$_N$	(Gd/Yb)$_N$	δEu	δCe
	含量(×10^{-6})												
3XT1522-2	135.05	112.39	22.66	4.96	6.65	4.08	0.22	1.65	4.48	2.57	1.34	0.85	0.90
3XT1522-3	108.30	90.54	17.76	5.10	7.37	4.56	0.21	1.68	4.97	2.87	1.36	0.93	0.89
3XT1522-4	152.22	128.04	24.18	5.30	7.37	4.12	0.22	1.76	4.97	2.59	1.42	0.74	0.93
3XT1522-5	96.24	83.62	12.62	6.63	9.04	5.67	0.21	1.53	6.10	3.57	1.24	0.77	0.99
3XT24-5	81.98	65.84	16.14	4.08	5.29	3.98	0.22	1.50	3.57	2.50	1.21	0.99	0.88
3XT630-1	75.21	66.99	8.22	8.15	12.88	8.25	0.21	1.34	8.68	5.19	1.08	0.64	0.83
3XT332-4	130.08	108.35	21.73	4.99	6.39	5.20	0.22	1.26	4.31	3.27	1.02	0.77	0.84
3XT333-2	70.01	55.61	14.40	3.86	4.83	3.53	0.26	1.41	3.26	2.22	1.14	0.97	0.84
3XT333-3	97.36	81.01	16.35	4.95	6.00	4.99	0.23	1.19	4.05	3.14	0.96	0.75	0.87
3XT332-5	130.08	108.35	21.73	4.99	6.39	5.20	0.22	1.26	4.31	3.27	1.02	0.77	0.84
3GS960-1	93.60	85.18	8.42	10.12	18.81	6.84	0.18	2.31	12.68	4.30	1.86	0.65	0.88
3GS964-2	66.48	54.17	12.31	4.40	5.72	4.11	0.23	1.45	3.86	2.59	1.17	1.05	0.89

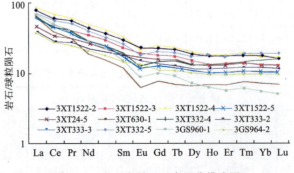

图3-74　火山岩稀土元素配分模式图

(4) 微量元素地球化学特征

根据火山岩微量元素分析结果及标准化值(表3-36、表3-37),岩石中 La、Rb、Ba、Th、Sm 等元素具较明显的富集,由火山岩微量元素蛛网图(图3-75)显示,Ba、Rb、Th 等元素呈"峰"状,K、Nb、Zr、Hf 等元素略显富集,而 Ti、Sr、Y、Yb、Cr、P、Sc 等元素较亏损,这些元素在 N—MORB 标准化配分曲线图上呈"三隆"型特征曲线,其特征与标准的火山弧型钙碱性玄武岩类似。

表3-36　多彩蛇绿混杂岩亚带火山岩微量元素含量表($w_B/10^{-6}$)

样品号	Li	Be	Sc	Ga	Th	Sr	Ba	V	Co	Cr	Ni	Cu	Pb	Zn	W	Mo	Ag	As	Sn
Ⅷ003DY24-5	16.0	1.5	33.0	18.0	4.5	135	295	89	15	6.3	6.2	16.0	9.6	99	0.52	<0.2	0.029	2.20	1.1
Ⅷ003DY1522-2	17.0	2	30.0	16.0	6.4	451	1661	80	14	4.2	6.4	29.0	12.0	113	0.84	0.47	0.03	9.70	1.1
Ⅷ003DY1522-3	19.0	1.7	29.0	19.0	5.2	232	611	130	18	8.7	6.7	15.0	8.5	109	0.77	0.28	0.017	5.10	0.9
Ⅷ003DY1522-4	11.0	1.7	21.0	18.0	7.1	594	339	88	8.8	4.9	6.1	17.0	13.0	75	1.19	0.44	0.037	4.40	1.6
Ⅷ003DY1522-5	9.3	1.4	11.0	10.0	7.0	172	492	48	7.6	7.9	5.5	8.4	13.0	50	0.84	0.41	0.128	9.20	1.6
Ⅷ003DY630-1	2.7	1.2	4.3	12.0	10.0	65	916	18	3.1	3.9	3.7	3.6	16.0	25	1.74	0.86	0.119	32.00	1.8
Ⅷ003DY333-2	12.0	1.90	27.0	15.0	3.4	230	8827	192	18	24	16	53	69.0	157	3.19	0.04	3.37	4.50	1.5
Ⅷ003DY333-3	9.6	1.7	14.0	14.0	9.2	146	588	30	6.9	5	4.2	6.6	15.0	74	0.57	0.23	0.075	2.40	2.7
Ⅷ003DY965-1	0.8	<0.1	0.78	1.1	0.19	85.4	142	10.5	1.7	13.5	0.83	0.48	61.6	16.6	<0.20	0.57	0.1	2.01	<0.5
Ⅷ003DY960-1	10.8	0.83	2.8	5.8	6.6	50.5	619	25	3.7	24.4	29.1	10.4	8.5	16.9	0.75	0.89	0.11	2.18	1.0
Ⅷ003DY964-2	24.6	0.65	39.8	15.9	2.5	216	120	286	34.8	290	112	50.9	3.3	73.2	0.34	0.27	0.04	4.45	1.0
Ⅷ003DY24-5	Hg	Bi	F	B	Rb	U	Hf	P	Te	Zr	Au	Cl	Ta	Ce	Y	Th	Yb	Ti	Sb	Nb
Ⅷ003DY1522-2	0.006	0.10	242	6.9	78.0	3.1	5.7	97	0.10	151	0.60	0.011	<0.50	56		6.6		0.31	7.2
Ⅷ003DY1522-3	0.008	<0.05	361	2.9	40.0	1.4	5.1	959	0.06	177	0.70	0.004	<0.50	29		3.1		0.66	7.8
Ⅷ003DY1522-4	0.01	<0.05	395	7.0	54.0	1.1	5.9	931	0.01	179	0.60	0.004	0.77	31		3.3		1.72	9.0
Ⅷ003DY1522-5	0.01	<0.05	333	8.5	75.0	1.2	3.7	300	0.02	132	7.20	0.002	0.62	17		2.0		0.84	4.6
Ⅷ003DY630-1	0.015	<0.05	218	5.0	62.0	1.6	4.7	201	0.05	150	0.70	0.003	<0.50	15		2.3		0.48	5.7
Ⅷ003DY333-2				13.0				195	<0.05	162				33.0	19	5.8	2.2	3956		
Ⅷ003DY333-3	0.01	<0.05	364	9.1	46.0	2.0	6.0	290	0.15	214	0.80	0.008	<0.50	38		4.5		0.35	7.9
Ⅷ003DY965-1	0.028	<0.05	114	1.0	2.0	<0.1	<0.5	58	<0.05	5.2	2.37		37	0.16	0.6		0.06	62	0.57	4.3
Ⅷ003DY960-1	0.007	0.094	264	23.1	62.7	0.75	5.9	197	<0.05	205	1.08		43	0.22	42.5		1.3	1357	0.22	8.1
Ⅷ003DY964-2	<0.005	<0.05	347	2.0	5.5	0.62	1.9	568	<0.05	70.7	0.43		46	0.30	26.6		2.9	3995	0.24	7.7

表3-37　多彩蛇绿混杂岩亚带火山岩微量元素标准化值表

样品号	微量元素测试结果/洋脊花岗岩													
	Sr	K_2O	Rb	Ba	Th	Nb	P	Zr	Hf	TiO_2	Y	Yb	Sc	Cr
Ⅷ003DY24-5	1.13	4.40	8.00	14.75	22.50	1.40	1.47	1.31	1.67	0.64	0.83	0.85	0.83	0.03
Ⅷ003DY1522-2	3.76	11.33	39.00	83.05	32.00	2.34	2.13	2.27	2.42	0.60	1.13	1.09	0.75	0.02
Ⅷ003DY1522-3	1.93	3.07	20.00	30.55	26.00	2.23	1.83	1.97	2.13	0.55	0.97	0.91	0.73	0.03

续表 3-37

样品号	微量元素测试结果/洋脊花岗岩													
	Sr	K_2O	Rb	Ba	Th	Nb	P	Zr	Hf	TiO_2	Y	Yb	Sc	Cr
Ⅷ003DY1522-4	4.95	31.33	27.00	16.95	35.50	2.57	1.78	1.99	2.46	0.60	1.03	0.97	0.53	0.02
Ⅷ003DY1522-5	1.43	11.20	37.50	24.60	35.00	1.31	0.57	1.47	1.54	0.25	0.57	0.59	0.28	0.03
Ⅷ003DY630-1	0.54	12.60	31.00	45.80	50.00	1.63	0.38	1.67	1.96	0.15	0.50	0.68	0.11	0.02
Ⅷ003DY333-2	1.92	40.27	115.00	441.35	17.00	1.17	1.44	1.03	1.54	0.54	0.60	0.65	0.68	0.10
Ⅷ003DY333-3	1.22	8.00	23.00	29.40	46.00	2.26	0.55	2.38	2.50	0.27	1.27	1.32	0.35	0.02
Ⅷ003DY965-1	0.71	15.20	1.00	7.10	0.95	1.23	0.24	0.06	0.21	0.51		0.02	0.02	0.05
Ⅷ003DY960-1	0.42	12.13	31.35	30.95	33.00	2.31	0.80	2.28	2.46	0.17	0.37	0.38	0.07	0.10
Ⅷ003DY964-2	1.80	6.40	2.75	6.00	12.50	2.20	2.32	0.79	0.79	0.19	0.60	0.85	1.00	1.16

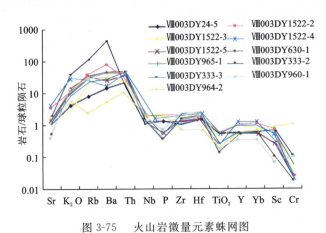

图 3-75　火山岩微量元素蛛网图

3. 构造环境判别

依据岩石化学和地球化学分析成果，用 $TFeO-MgO-Al_2O_3$ 图解法对构造环境进行判定（图 3-76），绝大多数样品投点在岛弧区，仅有一个样品投在造山带区，表明在该图中火山岩为岛弧环境的产物。将火山岩熔岩样品投在里特曼-弋蒂里图解中（图 3-77），可见全部样品投点落在岛弧及活动大陆边缘区，其中 SiO_2 含量在 58.64%～88.15%，K_2O/Na_2O 比值多数小于 0.6，反映火山岩形成环境以岛弧环境为主。综上分析该期火山岩为岛弧环境的产物。

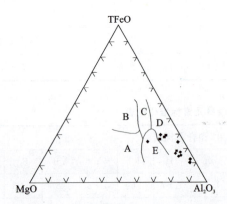

图 3-76　火山岩 $TFeO-MgO-Al_2O_3$ 图解
A. 洋中脊火山岩；B. 洋岛火山岩；C. 大陆火山岩；
D. 岛弧扩张中心火山岩；E. 造山带火山岩

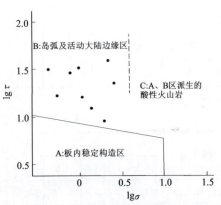

图 3-77　火山岩里特曼-弋蒂里图解

(二) 早中二叠世开心岭群诺日巴尕日保组火山岩、尕笛考组火山岩

诺日巴尕日保组火山岩以夹层状及透镜状零星分布在开心岭群诺日巴尕日保组地层中,其岩石组合为灰绿色安山岩、灰绿色玄武岩及部分灰绿色凝灰熔岩,出露厚度仅有几米至数十米,为溢流相—爆发相的火山岩。

根据诺日巴尕日保组地层中所采得的古生物化石 *Neoschwanggerina douvilina* Ozawa, *Yabeina kwangsiania* 为中二叠世的标准分子。可鉴定其时代为中二叠世,火山岩呈夹层状或透镜状产在该地层中,将诺日巴尕日保组归为中二叠世。

尕笛考组火山岩呈火山地层出露,由灰绿色—灰紫色火山岩、火山碎屑岩夹沉积岩组成,岩石组合为灰绿色安山岩、灰绿色安山—英安质火山角砾岩、灰绿色中酸性凝灰熔岩、灰紫色-紫红色流纹岩、灰绿色英安岩、灰绿色岩屑凝灰岩及少量灰绿色玄武岩,区域上岩石类型较为复杂,且岩相变化较大,岩层中夹有早二叠世化石的海相沉积夹层,为溢流相—爆发相火山岩。

在尕笛考组火山地层灰岩夹层中的所产化石有腕足类: *Liosotella cylinrica*(Ustriski), *Orthotichia morganina*(Derby); 蜓: *Misellina claudiae*(Deprat), *Pseudofusulina* sp., 这些化石为早二叠世的重要分子。因此将尕笛考组火山地层归为早中二叠世。

1. 火山岩喷发韵律和旋回划分

1) 火山岩喷发韵律划分

开心岭群诺日巴尕日保组,以火山岩厚度大、出露面积较厚为特点。尕笛考组火山地层出露在结扎乡贡纳涌、格玛肖错、结扎乡托热涌等地,呈北东-南西向的长条状产出。

早中二叠世开心岭群诺日巴尕日保组火山岩在结扎乡托热涌(Ⅷ003P6)及结扎乡(Ⅷ003P7)剖面地层中均以夹层状及透镜状产出。主要以凝灰岩为主,火山活动以爆发相为主。尕笛考组火山岩主要组成部分据结扎乡格玛肖错尕笛考组喷发韵律特点比较明显,可划分为Ⅳ个韵律(图3-78),下部1—9层构成Ⅰ韵律,主要由流纹岩、英安岩、流纹质凝灰熔岩、霏细岩、火山角砾熔岩及凝灰岩等组成,火山活动最初经历了由宁静的溢流阶段—强烈的爆发阶段的过程。火山活动逐渐强烈,由喷溢阶段转入爆发阶段,岩性有明显的改变。10—14层组成Ⅱ韵律,火山活动经历了由溢流—强爆发的过程。在强烈的爆发期间有短暂的沉积过程,代表Ⅱ韵律爆发的间歇性,且爆发时间长,岩性以岩屑斑屑凝灰岩为主。由15—17层构成Ⅲ韵律,火山地层自下而上出现凝灰质流纹岩—火山角砾熔岩为特点,表明火山活动经历了由强—较强的喷发程度,该阶段火山活动较弱,出露面积小,厚度不大,而后又转入宁静的喷溢过程。由18—23层形成Ⅳ韵律,岩性由流纹岩—火山凝灰熔岩—岩屑斑屑凝灰岩组成,火山活动经历了由宁静的溢流—较强烈的爆发的过程,在强烈的爆发期间有爆发的间歇性,接受短暂的沉积,而后又处于强烈的爆发过程。火山活动停止爆发后,接受正常的沉积,与上覆地层诺日巴尕日保组呈断层接触关系。

该剖面显示火山活动总体以爆发相为主,溢流相次之,经历了由宁静的溢流相—强烈的爆发相演化的火山活动的全过程,火山爆发具有明显的规律可循,即溢流相—爆发相相互间歇性出现的活动规律性,最终喷发停止接受正常沉积的过程,具有典型的以爆发相为主,溢流相次之的火山活动。

2) 火山岩喷发旋回划分

火山活动旋回代表某一期火山活动,两个火山活动旋回间通常有区域性沉积事件、不整合面来表征,而不同的火山岩喷发旋回其形成时间、环境等方面具有明显的差异性。火山活动旋回应当与岩石地层单位组相对应。而测区将早中二叠世火山岩划分为尕笛考组和诺日巴尕日保组,其中尕笛考组火山活动较强。由此,将早中二叠世火山岩的两个岩组划分为两个旋回:开心岭群诺日巴尕日保组($Ⅰ_2$)旋回和尕笛考组($Ⅰ_3$)旋回。

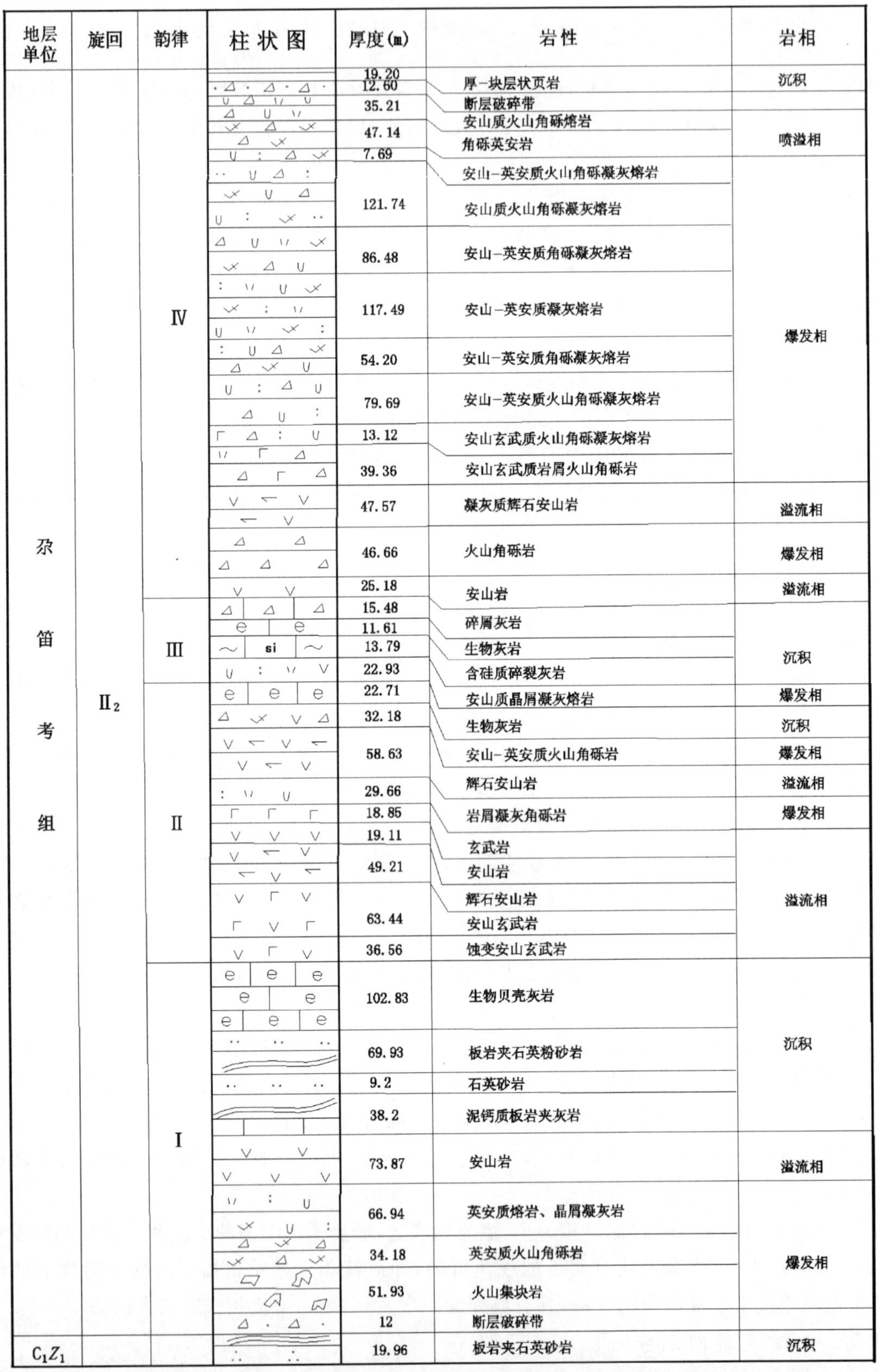

地层单位	旋回	韵律	柱状图	厚度(m)	岩性	岩相
尕笛考组	II_2	IV		19.20	厚—块层状页岩	沉积
				12.60		
				35.21	断层破碎带	
				47.14	安山质火山角砾熔岩	喷溢相
				7.69	角砾英安岩	
				121.74	安山-英安质火山角砾凝灰熔岩	
					安山质火山角砾凝灰熔岩	
				86.48	安山-英安质角砾凝灰熔岩	
				117.49	安山-英安质凝灰熔岩	爆发相
				54.20	安山-英安质角砾凝灰熔岩	
				79.69	安山-英安质火山角砾凝灰熔岩	
				13.12	安山玄武质火山角砾凝灰熔岩	
				39.36	安山玄武质岩屑火山角砾岩	
				47.57	凝灰质辉石安山岩	溢流相
				46.66	火山角砾岩	爆发相
				25.18	安山岩	溢流相
		III		15.48	碎屑灰岩	
				11.61		
				13.79	生物灰岩	沉积
				22.93	含硅质碎裂灰岩	
		II		22.71	安山质晶屑凝灰熔岩	爆发相
				32.18	生物灰岩	沉积
				58.63	安山-英安质火山角砾岩	爆发相
				29.66	辉石安山岩	溢流相
				18.85	岩屑凝灰角砾岩	爆发相
				19.11	玄武岩	
				49.21	安山岩	
				63.44	辉石安山岩	溢流相
					安山玄武岩	
				36.56	蚀变安山玄武岩	
		I		102.83	生物贝壳灰岩	
				69.93	板岩夹石英粉砂岩	沉积
				9.2	石英砂岩	
				38.2	泥钙质板岩夹灰岩	
				73.87	安山岩	溢流相
				66.94	英安质熔岩、晶屑凝灰岩	
				34.18	英安质火山角砾岩	爆发相
				51.93	火山集块岩	
				12	断层破碎带	
C_1Z_1				19.96	板岩夹石英砂岩	沉积

图 3-78 格玛肖错尕笛考组火山岩剖面韵律旋回柱状图

(1) 尕笛考组(I_3)旋回:分布于结扎乡贡纳涌、格玛肖错、判切赛、播格尕尔赛等地,以溢流相、爆发相及爆发沉积相出露于开心岭群尕笛考组地层中,呈火山地层、夹层状和透镜状,由Ⅷ003P4剖面所控制的尕笛考组火山地层岩性主要为火山角砾岩、中酸性凝灰岩等,形成由爆发—沉积的一个旋回。而在附近路线中见有以安山岩、玄武岩等为主的溢流相熔岩,可划为一个韵律,以及以中酸性凝灰熔岩、岩屑晶屑凝灰岩、火山角砾岩等为主的火山碎屑岩,也可划为一个韵律,即在路线上呈透镜状或夹层状出露的火山岩形成一个旋回。火山活动经历由溢流—爆发—沉积的变化规律,反映出由弱—强—静止的火山喷发过程。

（2）开心岭群诺日巴尕日保组（I_2）旋回：分布在子吉赛、地措日一带,在俄让涌、东吉尕牙尕法、然也涌曲等地也有零星出露,受区域构造控制,子吉赛、地措日一带火山岩呈北西西-南东东向,地貌上形成主脊山脉。南西与三叠纪结扎群呈断层接触关系,地措日火山活动可划为一个旋回,由3个韵律组成,经历了爆发（间夹溢流）—正常沉积的完整过程。结扎乡托热涌（Ⅷ003P6）及结扎乡（Ⅷ003P7）剖面地层中中酸性凝灰岩呈透镜状、夹层状产出,构成以爆发—沉积为主的一个韵律。子吉赛火山活动按其3个喷发韵律也可划为一个旋回,经历了由爆发—爆发兼溢流—溢流—沉积的活动过程,火山活动呈强—弱—静止的典型活动规律。

早中二叠世火山岩属杂多构造岩浆岩带火山活动的重要组成部分,火山旋回与岩石地层单位尕笛考组（I_3）和诺日巴尕日保组（I_2）相对应。

2. 火山岩相划分

根据路线及剖面资料研究,尕笛考组和诺日巴尕日保组旋回主要由溢流相、爆发相组成。

溢流相：以出露英安岩、蚀变安山玄武岩、安山岩、蚀变玄武岩、流纹岩等岩石组合为特点。分布于子吉赛、地措日、俄让涌、东吉尕牙尕法、判切赛、播格尕尔赛、然也涌曲、结扎乡贡纳涌等地。

爆发相：由火山角砾岩、火山角砾凝灰熔岩、凝灰岩等组成,分布于判切赛、播格尕尔赛、然也涌曲、结扎乡贡纳涌等地。

3. 岩石类型及特征

早二叠世杂多构造岩浆岩带火山岩主要为一套中酸性—中基性熔岩,火山碎屑岩次之。

（1）熔岩类

该岩类主要有玄武岩、绢云母化玄武岩、粘土化绢云母化辉石安山岩、更钠长石安山岩等。

玄武岩：灰色,块状构造,岩石薄片内无斑晶,基质由中长石、普通辉石、磁铁矿、磷灰石等组成。中长石呈柱状晶,柱长在0.062～0.308mm之间,呈杂乱分布,在它构成的间隙中分布着粒状普通辉石、磁铁矿等,构成间粒结构。普通辉石呈粒状晶,具较强的绿泥石化。其中斜长石占79%,辉石20%,磁铁矿1%,磷灰石微量。

绢云母化玄武岩：灰褐色,斑状结构,块状构造。岩石由斑晶和基质两部分组成,其中斑晶占34%（强绢云母化斜长石约占30%,辉石占4%）,基质约占66%（斜长石微晶约占55%,帘石3%,绿帘石占5%,微粒状金属矿物占1%,与蚀变同时伴生的金属矿物1%）。斑晶成分为斜长石假象、透辉石,前者呈板状自形晶、强绢云母化,不易测钙长石组分An的号数和具体名称,透辉石呈短柱状或断面呈八边形,具绿泥石化,斑晶大小在(0.077mm×0.185mm)～(1.25mm×1.56mm)之间。基质由柱状绢云母化斜长石微晶、绿泥石、帘石微粒状金属矿物组成,绢云母化斜长石微晶呈柱状,柱长在0.06～0.154mm之间,杂乱分布,其间充填着帘石、绿泥石、微粒状金属矿物等。

粘土化绢云母化辉石安山岩：浅紫色或灰紫色,斑状结构,块状构造,基质具变余玻晶交织结构,岩石由斑晶和基质两部分组成。其中斑晶33%（斜长石占30%,辉石假象占3%,角闪石假象少量）,基质占67%（斜长石微晶占46%,长英质占18%,绿泥石占2%,微粒状金属矿物占1%）。斑晶成分为强绢云母化、伴绿泥石化,具环带构造,但不易测钙长石组分的牌号An,斜长石被绿泥石交代,保留柱状、粒状及八边形断面结晶形态的辉石假象,强暗化角闪石。斑晶大小在(0.657mm×0.949mm)～(2.16mm×4.74mm)之间,基质由斜长石微晶和玻璃质,微粒状金属矿物等组成,其中斜长石微晶呈柱状,强粘土化,柱长在0.018～0.06mm之间,杂乱或平行分布,玻璃质经脱玻交代蚀变作用,现被粒径在0.01～0.04mm之间的微粒状长英质及绿泥石集合体取代。

更钠长石安山岩:呈灰紫色,斑状结构,块状构造。岩石由斑晶和基质两部分组成,斑晶成分为更钠长石,切面形态呈板状晶,具较强的粘土化,其牌号显著降低,可能与去钙长石化蚀变有关,斑晶大小在(0.468mm×0.70mm)～(1.482mm×4.84mm)之间,基质由钠长石、氧化铁组成,前者呈柱状,长径在0.062～0.22mm之间,具粘土化,氧化铁沿钠长石间分布。其中斑晶45%:更钠长石;基质55%:钠长石52%,氧化铁3%。

(2) 火山碎屑岩类

该岩类由安山质火山角砾凝灰熔岩、岩屑凝灰角砾岩、安山质晶屑凝灰熔岩、英安质熔岩晶屑凝灰岩组成安山质火山角砾凝灰熔岩:暗紫色或紫红色,火山碎屑熔岩结构,块状构造。岩石由火山碎屑、熔岩胶结物及氧化铁组成,其中火山碎屑占45%(按粒级划分:角粒级占15%,凝灰级占30%;按成分划分:岩屑20%,更长石晶屑25%),熔岩胶结物占55%(斑晶占11%,由更长石占10%、辉石假象占1%、黑云母假象少量组成;基质44%,由显微隐晶状长英质组成),氧化铁少量。火山碎屑为岩屑、晶屑。岩屑形态呈次棱角状或次圆状,大小在0.546～8.19mm之间,标本上最大达14mm,成分以中酸性熔岩为主,含有安山岩。晶屑呈不规则棱角状,或沿节理短列成阶步状,成分为强粘土化,更长石An在3左右,晶屑粒径在0.22～1.56mm之间。熔岩胶结物具斑状结构,基质具有显微隐晶状结构,由斑晶和基质组成,其中斑晶大小在0.712～2.65mm之间,成分为强粘土化,发育钠长石双晶的更长石An在13左右,岩石具有暗化边,被高岭石交代单斜辉石假象,被白云母交代,析出大量铁质的黑云母假象。

岩屑凝灰角砾岩:呈浅紫色,晶屑岩屑凝灰角粒结构,斑状结构。岩石由岩屑、晶屑、火山尘胶结物组成,其中火山碎屑占82%(按粒级划分:角砾级占60%,凝灰级占22%;按成分划分:岩屑75%,更长石晶屑6%、暗色矿物占1%),火山尘胶结物变化产物占18%(方解石3%,长英质15%,氧化铁少量)。岩屑成分以中酸性熔岩为主,含有安山岩,标本上含有形态不完整的紫色火山碎屑岩。形态多呈次棱角状,少数呈次圆状,大小在0.34～6.71mm之间,标本上最大达65mm,且大于2mm的角砾级岩屑占多数。晶屑成分为不易测牌号粘土化、绢云母化更长石,形态多呈尖棱角状,含有强暗化不易确定名称的暗色矿物,晶屑大小在0.077～1.092mm之间。火山尘胶结物经蚀变脱玻后被方解石、隐晶状长英质及氧化铁集合体取代。

英安质熔岩晶屑凝灰岩:呈紫色,熔岩凝灰结构,块状构造。岩石由火山碎屑和熔岩胶结物两部分组成,其中火山碎屑岩占55%,主要为更长石晶屑,熔岩胶结物占45%(斑晶占15%、基质30%、隐晶状长英质29%、氧化铁1%)。火山碎屑成分晶屑,大小在0.23～1.72mm之间,成分为粘土化更长石An10～13,其形态呈棱角状或沿节理短列成阶步状。

4. 岩石化学及地球化学特征

(1) 岩石化学分类

测区早中二叠世及尕笛考组火山岩岩石化学含量及特征参数值列于表3-38、表3-39、表3-40中,开心岭群诺日巴尕日保组火山岩岩石化学含量及特征参数值列于表3-41、表3-42、表3-43中,在TAS图(图3-79),诺日巴尕日保组火山岩落在粗面玄武岩、玄武粗安岩和英安岩区;尕笛考组火山岩落在安山岩、粗安岩、玄武粗安岩、玄武安山岩区。测区诺日巴尕日保组火山岩可划分为粗面玄武岩、玄武粗安岩及英安岩3个岩石类型;尕笛考组火山岩可划分为安山岩、粗安岩、玄武岩3个岩石类型;在SiO_2-K_2O分类图(图3-80)中,诺日巴尕日保组火山岩以中钾为主,低钾区落点少;尕笛考组火山岩也以中钾为主,高钾区也有部分落点,而测区火山岩样品H_2O^+及烧失量均较高,结合TAS图研究结果表明,本区岩石均遭受过一定程度蚀变/变质作用。

表 3-38 早中二叠世尕笛考组火山岩岩石化学成分表（w_B/%）

样品号	岩性	SiO_2	TiO_2	Al_2O_3	Fe_2O_3	FeO	MnO	MgO	CaO	Na_2O	K_2O	P_2O_5	H_2O^+	Los	Σ
3GS918-2	玄武岩	54.15	1.27	16.65	4.32	4.34	0.13	5.16	7.15	2.64	1.12	0.43	1.84	0.49	99.690
3GS1207	安山质晶屑凝灰熔岩	57.19	0.96	16.01	3.74	3.38	0.046	2.36	4.46	2.49	3.59	0.27	2.72	2.69	99.906
3GS902-1	钠长石安山岩	59.65	2.14	16.19	7.34	0.82	0.049	0.73	1.69	6.29	0.99	0.56	2.51	0.86	99.819
3GS902-2	更钠长石安山岩	53.56	1.99	18.54	4.40	1.48	0.12	0.70	5.08	5.80	1.59	0.46	2.76	2.97	99.450

表 3-39 早中二叠世尕笛考组火山岩岩石化学特征参数值表

样品号	Nk	F	σ	AR	τ	SI	FL	MF	M/F	OX	K_2O/Na_2O	MgO/FeO	TFeO
3GS918-2	3.79	8.73	1.24	1.38	11.03	29.35	34.46	62.66	0.39	0.50	0.42	1.19	8.23
3GS1207	6.25	7.32	2.47	1.85	14.08	15.17	57.69	75.11	0.22	0.53	1.44	0.70	6.75
3GS902-1	7.36	8.25	3.13	2.37	4.63	4.51	81.16	91.79	0.05	0.90	0.16	0.89	7.42
3GS902-2	7.66	6.09	4.69	1.91	6.40	5.01	59.36	89.36	0.07	0.75	0.27	0.47	5.44

表 3-40 早中二叠世尕笛考组火山岩 CIPW 标准矿物含量表（w_B/%）

样品号	or	ab	an	den	dfs	di	en	fs	hy	q	ap	il	mt	c	Σ
3GS918-2	6.74	22.85	30.95	0.76	0.30	2.20	12.37	4.87	17.24	11.11	0.96	2.47	4.90		99.42
3GS1207	21.81	21.66	21.13			6.05	3.01	9.06	15.71	0.61	1.88	4.80	0.52		97.18
3GS902-1	6.03	54.66	5.22			1.87	0.67	2.54	16.14	1.27	4.18	5.73	2.99		98.76
3GS902-2	9.69	50.77	20.53	0.88	0.12	2.12	0.92	0.13	1.05	3.58	1.05	3.91	4.03		96.73

表 3-41 早中二叠世开心岭群诺日巴尕日保组火山岩岩石化学成分表（w_B/%）

岩性	样品号	SiO_2	TiO_2	Al_2O_3	Fe_2O_3	FeO	MnO	MgO	CaO	Na_2O	K_2O	P_2O_5	H_2O^+	Σ
安山玄武质晶屑岩屑火山角砾凝灰岩	2P26GS16-1	45.71	1.49	17.86	5.37	5.13	0.15	6.33	6.48	4.72	0.48	0.30	1.29	95.31
杏仁状安山岩	2P26GS31-1	48.29	1.50	17.41	6.01	5.09	0.17	5.58	6.44	4.45	1.14	0.31	0.11	96.50
安山玄武质火山角砾岩	2P16GS1-1	53.84	1.09	14.92	7.54	2.25	0.14	1.93	6.12	6.90	0.22	0.26	1.42	96.63
碳酸盐化含磁铁矿玄武岩	2GS610-1	45.62	1.53	14.74	5.61	4.70	0.21	5.01	7.35	5.39	1.00	0.26	5.20	96.62
英安质晶屑岩屑凝灰岩	3P7GS4-1	64.37	0.51	16.21	1.10	2.68	0.05	2.26	2.22	5.83	0.77	0.18	2.39	98.57

表 3-42 早中二叠世开心岭群诺日巴尕日保组火山岩岩石化学特征参数值表

样品号	Nk	F	σ	AR	τ	SI	FL	MF	M/F	OX	K_2O/Na_2O	MgO/FeO
2P26GS16-1	5.46	11.02	6.00	1.54	8.82	28.73	44.52	62.39	0.40	0.51	0.10	1.23
2P26GS31-1	5.79	11.50	4.77	1.61	8.64	25.06	46.47	66.55	0.32	0.54	0.26	1.10
2P16GS1-1	7.37	10.13	4.27	2.02	7.36	10.24	53.78	83.53	0.11	0.77	0.03	0.86
2GS610-1	6.61	10.67	10.37	1.81	6.11	23.08	46.51	67.30	0.31	0.54	0.19	1.07
3P7GS4-1	6.70	3.83	2.01	2.12	20.35	17.88	74.83	62.58	0.46	0.29	0.13	0.84

表 3-43 早二叠世开心岭群诺日巴尕日保组火山岩 CIPW 标准矿物含量表（$w_B/\%$）

样品号	or	ab	an	wo	den	dfs	di	fa	fo	ol	ap	il	mt	fs	Σ
2P26GS16-1	2.95	36.55	27.44	1.87	1.25	0.48	3.60	4.55	10.71	15.26	0.68	2.96	6.16		98.49
2P26GS31-1	6.97	39.01	25.05	2.57	1.67	0.73	4.97	4.17	8.65	12.82	0.70	2.94	6.70	0.17	99.71
2P16GS1-1	1.36	60.42	9.40	8.52	4.47	3.81	16.80	0.10	0.10	0.20	0.59	2.15	6.63	0.31	98.22
2GS610-1	6.09	30.88	13.55	9.44	6.16	2.64	18.24	2.24	4.74	6.98	0.59	3.00	6.31		94.49
3P7GS4-1	4.61	50.01	10.10								0.39	0.99	1.62	3.30	97.55

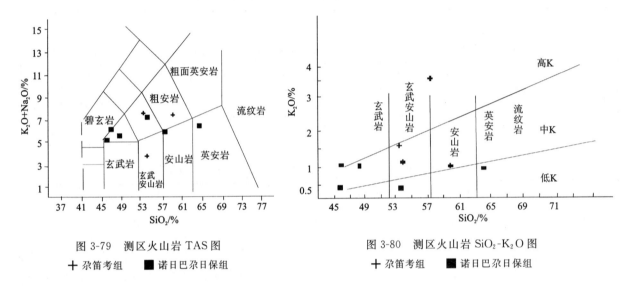

图 3-79 测区火山岩 TAS 图
+ 尕笛考组　■ 诺日巴尕日保组

图 3-80 测区火山岩 SiO_2-K_2O 图
+ 尕笛考组　■ 诺日巴尕日保组

（2）岩石化学特征

尕笛考组、诺日巴尕日保组火山岩 CIPW 标准矿物含量分别见表 3-40、表 3-43，将测区尕笛考组、诺日巴尕日保组样品投在 Ol'-Ne'-Q' 图解中（图 3-81），尕笛考组样品多数落在亚碱性系列区中，仅有一个样品落在碱性系列区中，且靠近亚碱性系列区，而在 K_2O+Na_2O-SiO_2 图解（图略）中投点结果与 Ol'-Ne'-Q' 图解一致，在 FAM 三角图解（图 3-82）中，投点总体在钙碱性系列区中，呈钙碱性系列演化趋势。诺日巴尕日保组样品在 FAM 三角图解中，样品落在钙碱性系列区中。在 Ol'-Ne'-Q' 图解中落在碱性系列区中，在 K_2O+Na_2O-SiO_2 图解（图略）中多数样品投点在碱性系列区中，与 Ol'-Ne'-Q' 图解中所投点一致，表明诺日巴尕日保组火山岩呈碱性火山岩。

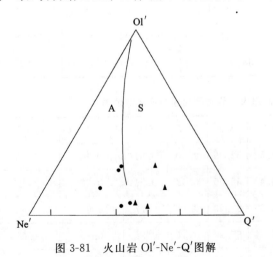

图 3-81 火山岩 Ol'-Ne'-Q' 图解
A. 碱性系列；S. 亚碱性系列

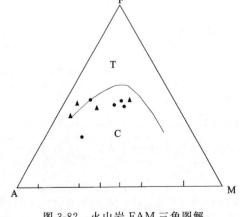

图 3-82 火山岩 FAM 三角图解
T. 拉斑玄武系列；C. 钙碱性系列

(3) 火山岩稀土元素地球化学特征

尕笛考组、诺日巴尕日保组火山岩稀土含量见表3-44、表3-46及特征参数值列表3-45、表3-47,用推荐的球粒陨石平均值标准化后分别作稀土配分模式图。

表3-44　早中二叠世尕笛考组火山岩稀土元素含量表($w_B/10^{-6}$)

样品号	La	Ce	Pr	Nd	Sm	Eu	Gd	Tb	Dy	Ho	Er	Tm	Yb	Lu	Y	∑
3XT902-1	33.81	71.50	9.23	35.87	7.52	2.41	7.78	1.27	7.51	1.50	4.02	0.62	3.94	0.59	35.35	222.92
3XT902-2	36.14	72.15	9.99	36.12	7.90	2.71	8.22	1.28	7.91	1.59	4.65	0.70	4.56	0.67	37.53	232.10
3XT918-2	24.15	51.96	6.62	27.06	6.11	1.89	5.53	1.00	5.76	1.16	3.15	0.48	3.02	0.49	28.06	166.44
3XT1207	25.50	52.05	6.77	25.31	5.73	1.75	5.74	0.93	5.79	1.20	3.34	0.54	3.46	0.51	29.34	167.96

表3-45　早中二叠世尕笛考组火山岩稀土元素特征参数值表

样品号	La/Yb	La/Sm	Sm/Nd	Gd/Yb	(La/Yb)$_N$	(La/Sm)$_N$	(Gd/Yb)$_N$	δEu	δCe
3XT902-1	8.58	4.50	0.21	1.97	5.79	2.83	1.59	0.96	0.96
3XT902-2	7.93	4.57	0.22	1.80	5.34	2.88	1.45	1.02	0.90
3XT918-2	8.00	3.95	0.23	1.83	5.39	2.49	1.48	0.98	0.97
3XT1207	7.37	4.45	0.23	1.66	4.97	2.80	1.34	0.92	0.94

表3-46　早二叠世开心岭群诺日巴尕日保组火山岩稀土元素含量表($w_B/10^{-6}$)

样品号	La	Ce	Pr	Nd	Sm	Eu	Gd	Tb	Dy	Ho	Er	Tm	Yb	Lu	Y	∑
3P4XT24-1	10.05	20.32	3.13	13.27	3.72	1.24	4.51	0.85	5.9	1.33	4.17	0.71	4.72	0.72	34.15	108.79
3XT312-1	16.12	37.43	5.19	21.82	5.43	1.87	5.78	0.94	5.64	1.13	3.08	0.47	2.81	0.39	27.06	135.16

表3-47　早二叠世开心岭群诺日巴尕日保组火山岩稀土元素特征参数值表

样品号	La/Yb	La/Sm	Sm/Nd	Gd/Yb	(La/Yb)$_N$	(La/Sm)$_N$	(Gd/Yb)$_N$	δEu	δCe
3P4XT24-1	2.13	2.70	0.28	0.96	1.44	1.70	0.77	0.92	0.87
3XT312-1	5.74	2.97	0.25	2.06	3.87	1.87	1.66	1.01	0.98

从表中可以看出,尕笛考组火山岩稀土含量中∑REE＝$166.44×10^{-6}$~$232.1×10^{-6}$,LREE/HREE＝4.31~11.04,反映轻稀土富集,轻、重稀土间分馏程度较高,稀土配分模式图(图3-83)均呈向右倾曲线、尕笛考组特征参数值δEu＝0.92~1.02,且多数δEu参数值均小于1,显示铕呈弱异常。诺日巴尕日保组LREE/HREE在2.26~4.34间,稀土配分模式图(图3-84)曲线均向右倾、总体表现轻稀土富集型特征,δEu＝0.91~1.01,铕异常不显著。

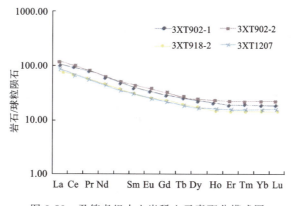

图3-83　尕笛考组火山岩稀土元素配分模式图

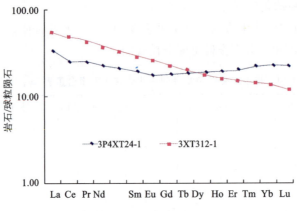

图 3-84 诺日巴尕日保组稀土元素配分模式图

(4) 火山岩微量元素地球化学特征

尕笛考组、诺日巴尕日保组火山岩微量元素含量见表 3-48、表 3-50,标准化值列表 3-49、表3-51,与泰勒值(1964)相比,贫 Cr、Nb、Mo、Ta、Zr、Ba、Pb,富 Sr,而 Zn、Sn、Cs、Hf、Bi、U 相当的特点;而 Co、Ni、Cu 等相当的特征。在微量元素蛛网图(图 3-85、图 3-86)上 K、Rb、Ba、Th 强烈富集,Ta、Zr、Hf 相对富集,Sm、Ti、Yb 等元素部分样品中亏损,而 Sc、Cr 呈严重亏损特征,尕笛考组火山岩与岛弧型火山岩特征相似。

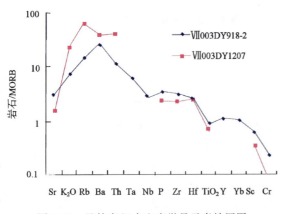

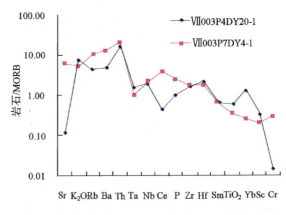

图 3-85 尕笛考组火山岩微量元素蛛网图 图 3-86 诺日巴尕日保组火山岩微量元素蛛网图

表 3-48 早中二叠世尕笛考组火山岩微量元素含量表($w_B/10^{-6}$)

样品号	Li	Be	Sc	Ga	Th	Sr	Ba	V	Co	Cr	Ni	Cu	Pb	Zn	W	Mo	Ag	As	Sn
Ⅷ003DY918-2	26.0	2.1	23.0	16.0	2.20	343	513	164	29.0	54.0	51.0	28.0	12.0	103.0	0.7	0.63	0.028	2.4	1.7
Ⅷ003DY1207	19.7	2.1	14.1	17.9	8.26	170	767	148	16.4	17.3	10.9	36.8	3.6	47.6	1.2	1.45	0.018	1.8	1.2

样品号	Hg	Bi	F	Ba	Rb	U	Hf	P	Te	Zr	Au	Cl	Ta	Y	Yb	Sb	Nb
Ⅷ003DY918-2	0.025	<0.05	411	15.0	29	0.78	6.4	1796	0.04	267	0.9	0.011	1.1	33	3.4	0.11	10
Ⅷ003DY1207	<0.005	0.14	464	27.3	135	1.70	5.9	1207	0.05	206	1.4	0.017					

表 3-49 早中二叠世尕笛考组火山岩微量元素标准化值表

	微量元素测试结果/洋脊花岗岩													
样品号	Sr	K₂O	Rb	Ba	Th	Ta	Nb	P	Zr	Hf	TiO₂	Y	Yb	Sc	Cr
Ⅷ003DY918-2	2.86	7.47	14.50	25.65	11.00	6.11	2.86	3.43	2.97	2.67	0.85	1.10	1.00	0.58	0.22
Ⅷ003DY1207	1.42	23.93	67.50	38.35	41.30	0.00	0.00	2.30	2.29	2.46	0.64	0.00	0.00	0.35	0.07

表 3-50　早中二叠世开心岭群诺日巴尕日保组火山岩微量元素含量表（$w_B/10^{-6}$）

样品号	Li	Be	Sc	Ga	Th	Sr	Ba	V	Co	Cr	Ni	Cu	Pb	Zn	W	Mo	Ag	As	Sn
Ⅷ003P4DY20-1	43.5	0.6	13.2	15.6	3.2	13	97	8	0.64	3.4	3.15	0.62	2.2	4.3	0.78	0.2	0.032	47.20	1.2
Ⅷ003P7DY4-1	32.7	1.1	7.6	17.5	4.2	724	251	82	10.60	70.8	43.50	62.50	7.5	69.0	0.51	0.1	0.078	1.68	0.7

样品号	Hg	Bi	F	Ba	Rb	U	Hf	P	Te	Zr	Au	Cl	Ta	Ce	Yb	Sb	Nb	Sm	Nd
Ⅷ003P4DY20-1	0.318	0.05	289	16.3	8.8	0.83	5	238	0.05	144	0.51	54	0.25	3.9	4.60	0.64	6.8	2.1	7.9
Ⅷ003P7DY4-1	0.009	0.16	355	22.1	21.4	0.80	4.1	589	0.05	149	0.82	72	0.18	39.2	0.85	0.2	7.7	2.1	11.2

表 3-51　早中二叠世开心岭群诺日巴尕日保组火山岩微量元素标准化值表

样品号	微量元素测试结果/洋脊花岗岩														
	Sr	K_2O	Rb	Ba	Th	Ta	Nb	Ce	P	Zr	Hf	Sm	TiO_2	Yb	Sc	Cr
Ⅷ003P4DY20-1	0.11	8.00	4.40	4.85	16.00	1.39	1.94	0.39	0.97	1.60	2.08	0.64	0.56	1.35	0.33	0.01
Ⅷ003P7DY4-1	6.03	5.13	10.70	12.55	21.00	1.00	2.20	3.92	2.40	1.66	1.71	0.64	0.34	0.25	0.19	0.28

5. 火山岩形成构造环境判别

将尕笛考组、诺日巴尕日保组火山岩样品投在 TFeO-Al_2O_3-MgO 三角图（图 3-87）上，尕笛考组火山岩多数样品落在岛弧扩张带区，仅有一个点落在造山带区，表明尕笛考组火山岩属岛弧扩张环境。而诺日巴尕日保组火山岩样品多数投在大陆火山岩区，两个点投在岛弧扩张带区，且一个点靠近大陆火山岩区，玄武岩类的 SiO_2 含量在 45.71%～64.37%，K_2O/Na_2O 比值多数小于 0.6，K_2O+Na_2O 含量较高，具有张裂拉张环境的特点。

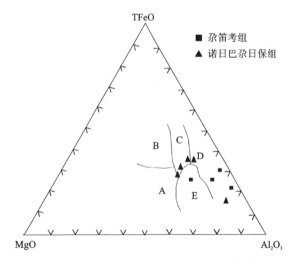

图 3-87　火山岩 TFeO-Al_2O_3-MgO 三角图
A. 洋中脊火山岩；B. 洋岛火山岩；C. 大陆火山岩；D. 岛弧扩张中心火山岩；E. 造山带火山岩

综上所述，由 TFeO-Al_2O_3-MgO 三角图中所判定的尕笛考组、诺日巴尕日保组火山岩形成环境总体为：尕笛考组火山岩形成于岛弧环境，而诺日巴尕日保组火山岩为裂张环境。

6. 二叠纪火山岩对比

该区二叠纪火山岩主要由早中二叠世尕笛考组、早中二叠世开心岭群诺日巴尕日保组、晚二叠世—早三叠世火山岩组及早中二叠世多彩蛇绿混杂岩亚带火山岩组成。由于后者独立分布，区分比较明显，主要对早中二叠世尕笛考组、早中二叠世开心岭群诺日巴尕日保组火山岩作对比分析。

由火山岩形成构造环境判定出尕笛考组火山岩形成于岛弧环境，诺日巴尕日保组火山岩形成于裂张环境。可见二者无论在微观特征及空间展布均显差异性,具体表现在如下方面。

(1) 岩石化学特征

诺日巴尕日保组火山岩以夹层状及透镜状零星出露,岩性主要由安山岩、玄武岩及少量凝灰熔岩等组成,出露厚度仅有几米至数十米,为溢流相—爆发相的火山岩。尕笛考组火山岩呈火山地层出露,岩石组合为安山岩、安山—英安质火山角砾岩、中酸性凝灰熔岩、流纹岩、英安岩、岩屑凝灰岩及少量灰绿色玄武岩,区域上岩石类型较为复杂,且岩相变化较大,为溢流相—爆发相火山岩。

尕笛考组火山岩中 K_2O、$TFeO$、Al_2O_3 含量大于诺日巴尕日保组,且 K_2O/Na_2O 比值尕笛考组火山岩大于诺日巴尕日保组。

(2) 岩相学

尕笛考组火山岩为溢流相—爆发相的火山岩,且以爆发相为主出露,规模大,范围广。诺日巴尕日保组火山活动也经历了溢流相—爆发相,但出露范围小,分布局限。

(3) 稀土元素特征

尕笛考组火山岩 La/Yb=7.37~8.58,La/Sm=3.95~4.57 较高,诺日巴尕日保组 La/Yb=2.13~5.74,La/Sm=2.70~2.97 比值相对较低。尕笛考组火山岩稀土配分模式图曲线向右倾且较陡,反映轻稀土富集,轻、重稀土间分馏程度较高,诺日巴尕日保组稀土配分模式图曲线向右倾,但曲线较为平缓,反映轻稀土弱富集型,铕异常不显著。

(4) 微量元素特征

尕笛考组火山岩微量元素 Li、Be、Sc、Ba、V、Co、Zn、Mo、Sn、F、Rb、P、Hf、Zr、Au 含量均高于诺日巴尕日保组,其余元素相当或低于诺日巴尕日保组火山岩微量元素。尕笛考组火山岩微量元素蛛网图中 Rb、Ba、Th、P、Zr、Hf、TiO_2、Sc 元素含量高于诺日巴尕日保组,其余元素相当或低于诺日巴尕日保组。尕笛考组火山岩微量元素蛛网图曲线反映与岛弧型火山岩特征相似。

(5) 形成环境

多彩蛇绿混杂岩亚带火山岩位于测区北部当江—多彩一带,总体呈北西-南东向带状展布,北以纳日查理—康利勤断裂为界,与查涌蛇绿混杂岩亚带为界,南以更直涌—征毛涌断裂为界与巴塘陆缘弧为邻。该带中构造变形复杂,区域上西金乌兰湖—金沙江结合带的组成部分。环境判别为洋盆构造环境的特征。在区域上系西金乌兰湖—金沙江洋盆在扩张期火山岩浆活动的产物。

早中二叠世尕笛考组位于测区纳日贡玛—子曲断裂以南,总体呈北西向断续展布,由于被中新生代地层覆盖,多呈岛弧状散布于莫云、纳日贡玛等地。尕笛考组火山岩以中基性为主体,稀土配分曲线为右倾平滑曲线,轻稀土富集,具岛弧火山岩特征,在区域上系西金乌兰湖—金沙江洋盆在中二叠世闭合消减期火山岩浆活动的产物。

早中二叠世开心岭群诺日巴尕日保组火山岩岩性以灰绿色安山岩、灰绿色玄武岩及部分灰绿色凝灰熔岩为主,呈条块状、夹层状展布于区内托吉曲—布当曲—子曲一带,总体呈北西-南东向延展。

稀土配分曲线为右倾平滑曲线,轻稀土富集,环境判别显示有裂张环境的特征,在区域上系西金乌兰湖—金沙江洋盆在中二叠世闭合消减期火山岩浆活动的产物。

晚二叠世—早三叠世火山岩组以玄武岩为主夹少量凝灰岩组成,稀土配分模式图曲线为右倾,显示轻稀土富集,环境判别为大陆裂谷环境特征,系西金乌兰—金沙江洋盆闭合后,甘孜—理塘洋盆开始扩张时火山活动的物质记录,是造山带晚古生代洋—陆转换结束而进入三叠纪造山带洋—陆造山演化阶段的标志。

三、晚二叠世—早三叠世火山岩

在本次 1:25 万区域地质调查中新划分出一套晚二叠世—早三叠世火山岩,建立非正式的岩石地层单元火山岩组,野外调研显示此火山岩组合在横向上岩性较为稳定,且岩性主要由紫色—灰绿色蚀变橄榄玄武岩及少量灰绿色流纹质玻屑凝灰岩、中基性凝灰熔岩,以及少量灰紫色流纹岩等组成,呈火山地层分布,岩石中见有具火山弹特征的火山角砾及火山豆,具明显的陆相火山岩的特征,并角度不整合于开心岭群九十道班组(P_2j)之上，其上与晚三叠世结扎群甲丕拉组不整合接触，局部断层接触，分布面积 $38km^2$，控制厚度大于 1732.24m。

新建立的非正式的填图单元即晚二叠世火山岩组仅分布于测区的然者尕哇切吉—尕少木那赛一带。岩石组合是灰绿—灰紫色玄武岩、安山岩及中基性火山角砾岩、角砾凝灰岩夹少量流纹岩。呈厚度较大的火山地层分布。以溢流相为主夹爆发相的陆相火山岩，具有中心式喷发的特点。

（一）火山韵律及旋回的划分

1. 火山韵律划分

该期火山岩在区内分布局限，规模小，在杂多县扎青乡特龙赛测制的晚二叠世—早三叠世火山岩组（Ⅷ003P12）具明显的喷发韵律层（图3-88）。该火山地层由4个爆发—溢流相火山韵律组成，中间存在一次喷发间断期，Ⅰ韵律由1—5层构成，为沉积—爆发—溢流相，火山活动经历了由强烈的爆发—宁静的溢流活动过程。Ⅱ韵律由6—7层的爆发—溢流相组成，火山岩岩性组合呈岩屑凝灰岩—玄武岩，经历了由强烈到宁静火山活动的过程。8—9层为爆发—沉积—喷溢—爆发的活动过程，构成Ⅲ韵律，其中在8层间存在一次喷发间断期，处于短暂的停止，接受正常的沉积，岩性为紫红色杂砂岩。Ⅳ韵律由10—18层的爆发—溢流相构成，在该阶段中喷溢时间较长，出露面积较大，厚度为978.38m，岩性以橄榄玄武岩为主，构成晚二叠世—早三叠世火山岩组的主体组成部分。岩石化学反映高钾碱性火山岩岩石特征。

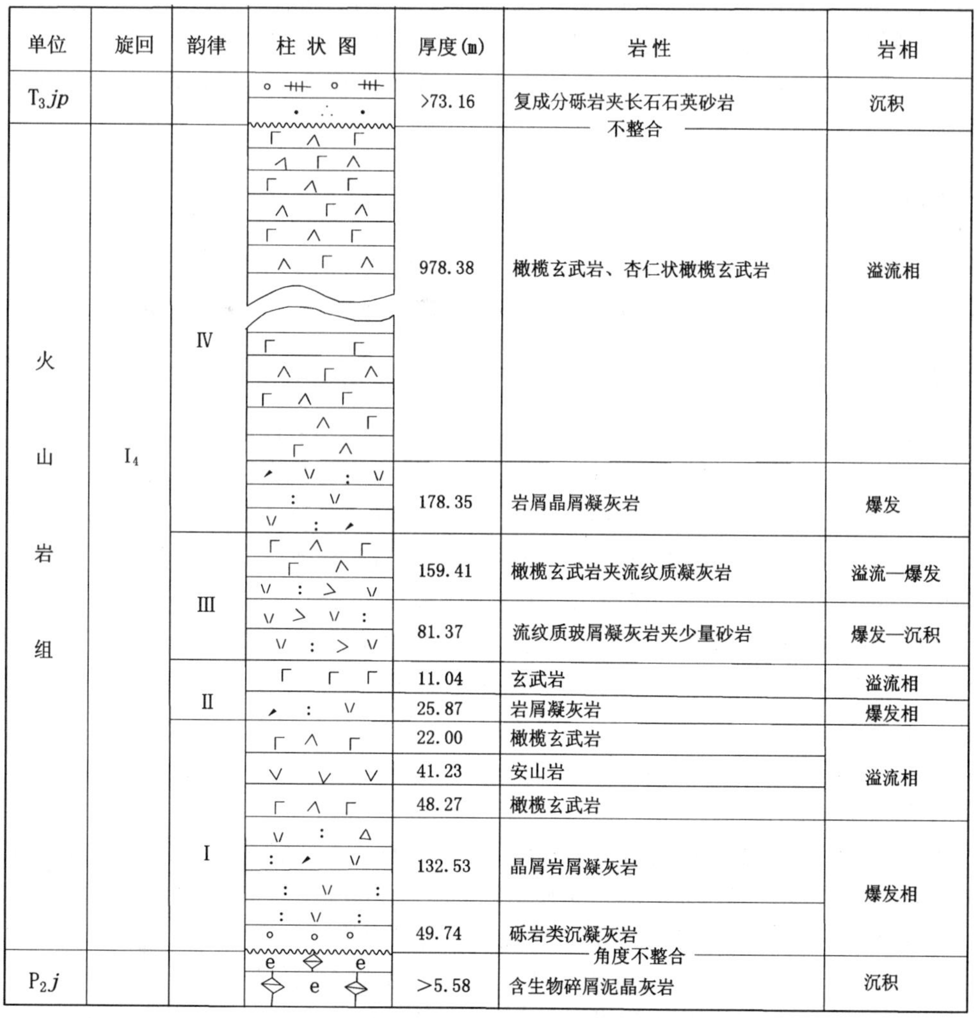

单位	旋回	韵律	柱状图	厚度(m)	岩性	岩相
T_3jp				>73.16	复成分砾岩夹长石石英砂岩	沉积
					不整合	
火山岩组	I_4	Ⅳ		978.38	橄榄玄武岩、杏仁状橄榄玄武岩	溢流相
				178.35	岩屑晶屑凝灰岩	爆发
		Ⅲ		159.41	橄榄玄武岩夹流纹质凝灰岩	溢流—爆发
				81.37	流纹质玻屑凝灰岩夹少量砂岩	爆发—沉积
		Ⅱ		11.04	玄武岩	溢流相
				25.87	岩屑凝灰岩	爆发相
		Ⅰ		22.00	橄榄玄武岩	溢流相
				41.23	安山岩	
				48.27	橄榄玄武岩	
				132.53	晶屑岩屑凝灰岩	爆发相
				49.74	砾岩类沉凝灰岩	
					角度不整合	
P_2j				>5.58	含生物碎屑泥晶灰岩	沉积

图3-88　晚二叠世—早三叠世火山岩组（Ⅷ003P12）喷发韵律层剖面柱状图

玄武岩呈灰—灰褐色,发育有气孔及杏仁构造,在扎青乡特龙赛局部地带玄武岩中见有褐红色,反映了绿底红顶的特点,属陆相火山喷溢相—爆发相的产物。

2. 火山旋回划分

在划分火山韵律的基础上,对扎青乡特尤赛火山旋回再做划分,本着火山活动的旋回应与岩石地层单位组相对应的前提下,将该火山岩划分为(I_4)旋回,该旋回相当于晚二叠世火山岩组,火山活动经历了强烈喷发与宁静溢流交互间歇性的喷发,且在火山活动中期具喷发间断的特点,是出露顶、底较全的火山活动过程。

(二)火山岩相划分

由于受构造运动强烈剥蚀及后期岩浆、潜火山岩的侵入及第四系沉积物的覆盖,对恢复古火山机构带来很大困难。扎青乡特尤赛火山活动产物主要为爆发相及溢流相,岩性为岩屑晶屑凝灰岩、安山岩、橄榄玄武岩等组成,不含火山角砾岩,呈火山地层出露,反映火山活动较强,熔岩出露厚度较大的特点。扎青乡特龙赛出露的火山岩以熔岩组成的韵律为主,主要为溢流相类型,喷发相类型次之。

(三)火山岩时代的确定

扎青乡特龙赛火山地层与下部中二叠世开心岭群诺日巴尕日保组、九十道班组呈角度不整合接触,其上角度不整合于晚三叠世结扎群甲丕拉组,边缘地区无此地层可进行对比。在火山地层中有沉积地层的夹层,在沉积岩中所产的古生物化石的鉴定结果显示,该火山岩应为晚二叠世—早三叠世。另据1∶20万资料揭示其时代可能为晚二叠世—早三叠世。在本次工作中由于同位素测年未能成线,无法确定其具体形成时间。

(四)火山岩岩石类型

根据附近路线及Ⅷ003P12剖面中出露的岩性组合,测区该时代火山岩系岩石类型有熔岩及火山碎屑岩两类,熔岩类杏仁构造发育,火山碎屑岩中见较多岩屑晶屑的特点。

1. 熔岩类

强蚀变橄榄玄武岩:呈灰绿色,多斑状结构,基质具间隐结构,杏仁状构造。岩石由斑晶和基质组成。斑晶主要由拉长石组成,含量为岩石成分的60%左右,拉长石呈自形板柱状晶体,聚片双晶发育,双晶带较宽,长大变化后完全被绢云母、绿帘石、绿泥石和含有Fe_2O_3的高岭土交代,但还保留着晶体的假象,橄榄石呈自形柱状晶体,次生变化后完全被绿泥石交代,普通辉石呈自形短柱状晶体,次生变化后完全被绿泥石、绿帘石交代。基质由拉长石、基性磁铁矿等组成。含量为岩石成分的40%左右。拉长石呈微晶体,呈格架状分布,基性玻璃不甚均匀充填在其空隙中,经脱玻化作用后被绿泥石、绿帘石、磁铁矿交代。斑晶60%:橄榄石3%、拉长石55%、普通辉石2%;基质40%:拉长石25%、玻璃12%、基性磁铁矿2%、杏仁体5%。杏仁体大小相近,呈不规则外形,其间被绿泥石交代,不甚均匀分布。

杏仁状安山岩:灰绿色,斑状结构,基质具交织结构,杏仁构造。岩石由斑晶和基质两部分组成,其中斑晶由斜长石和普通辉石组成,粒径一般在0.32~4mm间,斜长石占17%,呈板柱状,具环带结构。在边缘部分测得An在26左右,属更长石,中心部位已绢云母化并有隐晶帘石析出,普通辉石占3%,呈四边形和六边形,已碳酸盐化和绿帘石化。基质由0.05~0.3mm的斜长石74%、绿帘石14%、绿泥石6%及褐铁矿化磁铁矿6%组成,斜长石呈条板状做半定向排列构成基质的交织结构。岩石中的杏仁体占5%,由次生绿泥石、绿帘石和方解石充填气孔形成,多呈不规则状外形。

蚀变玄武岩:呈灰绿色,斑状结构,基质具填间结构,块状构造。局部玄武岩与凝灰岩呈互层出露。岩石由斑晶和基质组成。斑晶主要由斜长石44%和普通辉石11%组成,粒径多在0.82~2.75mm间,斜长石为中酸性斜长石,呈板状,粒径最大为 0.55mm×1.65mm,绢云母化强烈。普通辉石已全蚀变,被碳酸盐、硅质及铁质所取代,仅见横切面为八边形的假象。基质由斜长石 20%、辉石 15% 及铁质 11% 组成。斜长石呈 0.06mm 的半自形粒状和 0.03mm×0.11mm 的条带微晶杂乱分布,已绢云母化。辉石与铁质充填隙间构成填间结构。

英安岩:灰白色或浅灰色,斑状结构,基质具微粒镶嵌结构和隐晶结构,岩石由斑晶和基质两部分组成。其中斑晶由更长石(23%)和石英(15%)组成,更长石已绢云母化,粒径为 0.95mm×0.28mm,测得 An 为 17,为更长石,石英具熔蚀的外形。基质由小于 0.01mm 的隐晶—微粒状长英质 45%、钾长石微晶 10%、绢云母 4% 以及少量氧化铁组成。副矿物有微粒磁铁矿、磷灰石和锆石,锆石和磷灰石呈细小的包裹体分布于斑晶中。

2. 火山碎屑岩类

晶屑岩屑凝灰岩:呈灰绿色或浅紫色,具凝灰结构,岩石由斑晶、凝灰质及胶结物三部分组成。岩屑 25%～30%,为安山玄武岩岩屑,具斑状结构,基质具填间结构。岩屑由斑晶和基质组成,斑晶由辉石和绿泥石化斜长石组成,凝灰质 40%～53% 以小于 2mm 的安山玄武岩岩屑为主,斜长石晶屑次之,见少量绿泥石化辉石晶屑。胶结物 22%～30% 均由隐晶质的绿泥石、绿帘石、硅质及铁质组成。

(五)岩石化学及地球化学特征

1. 岩石化学特征

(1)岩石化学分类

测区晚二叠世—早三叠世火山岩岩石化学含量见表 3-52,将熔岩类投点于国际地科联 1989 年推荐的划分方案 $SiO-K_2O+Na_2O$ 图(图 3-89),测区火山岩可划分为玄武岩、粗面玄武岩、玄武粗安岩、流纹岩 4 个岩石类型。在火山岩的全碱-SiO_2 图解(图 3-90)中,所有样品均在碱性玄武岩区。上述样品的 K_2O 含量变化在 0.2%～1.77% 之间,变化范围较大,在 SiO_2-K_2O 分类图解(图 3-91)中,2 个样品为高钾,1 个样品为中钾,多数样品落在低钾区,据此将测区晚二叠世—早三叠世火山岩划属中—低钾玄武岩、玄武粗安岩、粗面玄武岩、流纹岩组合。该期火山岩 H_2O^+ 及烧失量较高(H_2O^+ 为 0.84%～5.01%),表明该区岩石均遭受过一定程度的蚀变、变质作用。

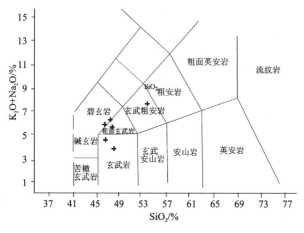

图 3-89 火山岩 SiO_2-K_2O+Na_2O 图

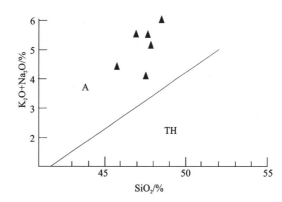

图 3-90 火山岩全碱-SiO_2 图解
(After Macdonald Katsure,1964)
A.碱性玄武岩;TH.拉斑玄武岩

(2)岩石化学特征

测区火山岩岩石化学成分见表 3-52,岩石化学特征参数值列表 3-53、表 3-54,样品投在 Ol'-Ne'-Q'

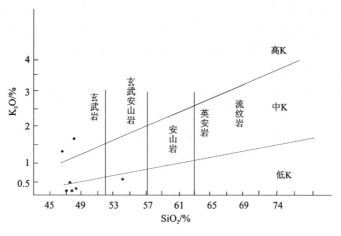

图 3-91 火山岩 SiO_2-K_2O 图解

图解中(图 3-92),样品多数落在碱性系列区,个别样品落在亚碱性系列区。这与玄武岩的全碱-SiO_2 图解中的投点结果相一致,为碱性火山岩。在 FAM 三角图解(图 3-93)中,绝大多数样品落在钙碱性系列,仅有 1 个样品落在拉斑玄武岩系列,并靠近钙碱性系列,有规律的是,在 FAM 三角图解中熔岩类多数样品均落在拉斑玄武岩和钙碱性系列的边界处,而里特曼指数(0.84~5.90)多数大于 3.3,这表明以大陆地壳为基底而发育的岛弧和大陆边缘火山岩主要是钙碱性系列,而拉斑玄武岩系列较少。

表 3-52 晚二叠世—早三叠世火山岩组火山岩岩石化学成分表($w_B/\%$)

样品号	岩性	SiO_2	TiO_2	Al_2O_3	Fe_2O_3	FeO	MnO	MgO	CaO	Na_2O	K_2O	P_2O_5	H_2O^+	Los	Σ
3P12GS3-1	橄榄玄武岩	47.52	1.63	16.29	2.51	8.65	0.25	7.52	5.27	3.57	0.51	0.28	5.01	0.73	99.74
3P12GS5-1	橄榄玄武岩	45.80	1.54	15.90	5.93	5.68	0.19	6.31	8.63	3.07	1.36	0.31	3.35	1.71	99.78
3P12GS8-1	流纹质玻屑凝灰岩	79.52	0.25	11.64	0.67	0.45	0.03	0.34	0.34	5.29	0.25	0.04	0.84	0.20	99.86
3P12GS12-1	橄榄玄武岩	48.48	1.56	17.30	9.76	2.90	0.22	4.98	3.64	5.68	0.29	0.27	3.39	1.30	99.77
3P12GS12-2	橄榄玄武岩	46.95	1.44	16.01	7.96	2.92	0.15	3.25	8.83	5.35	0.20	0.22	2.80	3.75	99.83
3P12GS14-1	橄榄玄武岩	47.93	1.76	16.63	8.10	4.85	0.14	5.95	4.97	4.80	0.32	0.35	3.84	0.13	99.77
3P12GS17-1	橄榄玄武岩	47.68	1.67	16.87	9.65	2.95	0.21	4.92	5.85	3.66	1.77	0.31	3.03	1.14	99.71
3P12GS18-1	橄榄玄武岩	54.08	1.33	17.57	9.45	1.05	0.16	2.23	2.85	6.88	0.61	0.40	1.89	1.3	99.80

表 3-53 晚二叠世—早三叠世火山岩组火山岩岩石化学特征参数值表

样品号	Nk	F	σ	AR	τ	SI	FL	MF	M/F	OX	K_2O/Na_2O	MgO/FeO	A/CNK	A/NK	FeO^*	$Fe_2O_3^*$	R_1	R_2
3P12GS3-1	4.12	11.27	3.40	1.47	7.80	33.04	43.64	59.74	0.54	0.22	0.14	0.87	1.02	2.54	10.91	12.12	1433.08	1256.58
3P12GS5-1	4.52	11.84	5.51	1.44	8.33	28.23	33.92	64.79	0.36	0.51	0.44	1.11	0.72	2.44	11.02	12.24	1296.87	1548.36
3P12GS8-1	5.56	1.12	0.84	2.72	25.40	4.86	94.22	76.71	0.19	0.60	0.05	0.76	1.21	1.30	1.05	1.17	3322.64	281.57
3P12GS12-1	6.06	12.86	5.90	1.80	7.45	21.09	62.12	71.77	0.22	0.77	0.05	1.72	1.06	1.79	11.68	12.98	779.60	975.94
3P12GS12-2	5.78	11.32	5.69	1.58	7.40	16.51	38.60	77.00	0.17	0.73	0.04	1.11	0.64	1.78	10.08	11.20	863.42	1420.06
3P12GS14-1	5.14	13.00	5.17	1.62	6.72	24.77	50.74	68.52	0.28	0.63	0.07	1.23	0.96	2.02	12.14	13.49	1030.64	1153.23
3P12GS17-1	5.51	12.78	5.65	1.63	7.91	21.44	48.14	71.92	0.22	0.77	0.48	1.67	0.91	2.13	11.63	12.93	1096.45	1200.97
3P12GS18-1	7.60	10.66	4.86	2.16	8.04	11.03	72.44	82.48	0.11	0.90	0.09	2.12	1.02	1.47	9.55	10.62	716.81	760.24

表3-54 晚二叠世—早三叠世火山岩组火山岩CIPW标准矿物含量表(w_B/%)

样品号	or	ab	an	c	en	fs	hy	fa	fo	ol	ap	il	mt	wo	dfs	den	di
P12GS3-1	3.19	31.90	25.82	0.95	14.35	8.86	23.21	2.59	3.81	6.40	0.66	3.27	3.84				
3P12GS5-1	8.33	26.91	26.56		0.76	0.37	1.13	4.19	7.92	12.11	0.70	3.04	6.38	6.67	2.02	4.22	12.91
3P12GS8-1	1.48	45.19	1.45	2.17	0.85	0.13	0.98				0.09	0.47	0.86				
3P12GS12-1	1.77	49.84	17.11	1.67	4.90	2.64	7.54	3.32	5.59	8.91	0.61	3.08	7.66				
3P12GS12-2	1.24	36.40	19.67				1.60	1.95	3.55		0.50	2.81	6.26	10.07	4.13	5.56	19.76
3P12GS14-1	1.95	42.31	23.58	0.11	7.53	3.68	11.21	2.98	5.54	8.52	0.79	3.48	7.58				
3P12GS17-1	10.81	32.07	25.20		7.01	3.98	10.99	2.16	3.45	5.61	0.70	3.29	7.28	1.23	0.42	0.74	2.39
3P12GS18-1	3.66	59.49	12.03	1.31	5.68	4.05	9.73				0.90	2.58	6.97				

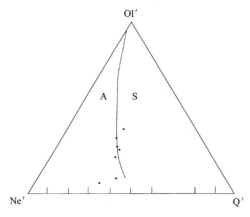

图3-92 晚二叠世火山岩 Ol′-Ne′-Q′图解
(Irvine T N 等,1971)
A. 碱性系列;S. 亚碱性系列

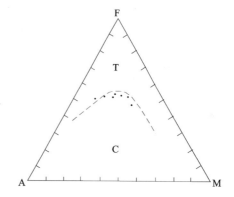

图3-93 晚二叠世火山岩 FAM 三角图解
(Irvine T N 等,1971)
T. 拉斑玄武系列;C. 钙碱性系列

2. 岩石地球化学特征

(1) 火山岩的稀土元素地球化学特征

测区晚二叠世—早三叠世火山岩稀土含量见表3-55、表3-56,用推荐的球粒陨石平均值标准化后分别作稀土配分模式图(图3-94)。从表中可以看出,火山岩组火山岩稀土含量中$\Sigma REE=82.45 \times 10^{-6} \sim 137.84 \times 10^{-6}$,LREE/HREE$=4.16 \sim 13.44$,稀土配分模式图向右倾,表现轻稀土富集型特征。有1个样品反映铕呈负异常,其余$\delta Eu=1.2 \sim 1.98$。表明多数样品铕呈正异常。

表3-55 晚二叠世—早三叠世火山岩组火山岩稀土元素含量表(w_B/10^{-6})

样品号	La	Ce	Pr	Nd	Sm	Eu	Gd	Tb	Dy	Ho	Er	Tm	Yb	Lu	Y	ΣREE
3P12XT3-1	18.33	34.98	4.84	20.81	5.02	1.68	4.90	0.76	4.28	0.79	2.01	0.31	1.85	0.27	19.15	119.98
3P12XT5-1	18.8	41.65	5.99	26.73	6.23	1.87	5.59	0.85	4.49	0.84	2.16	0.32	1.88	0.26	20.18	137.84
3P12XT8-1	42.19	74.53	7.96	24.83	4.09	0.51	3.05	0.51	2.90	0.60	1.81	0.30	1.99	0.31	15.02	180.60
3P12XT12-1	20.99	41.05	5.44	23.89	5.17	1.60	4.68	0.72	3.88	0.73	1.96	0.30	1.77	0.26	16.61	129.05
3P12XT12-2	9.42	20.82	3.04	14.38	3.79	1.20	3.78	0.62	3.57	0.69	1.79	0.28	1.70	0.24	17.13	82.45
3P12XT14-1	14.30	30.46	4.81	20.91	4.89	1.59	4.74	0.75	4.06	0.77	2.09	0.31	1.94	0.29	17.99	109.90
3P12XT17-1	17.65	39.89	6.05	26.68	6.29	1.98	5.81	0.90	4.82	0.91	2.46	0.35	2.15	0.31	21.42	137.67
3P12XT18-1	14.47	33.35	4.73	20.64	4.95	1.36	4.69	0.77	4.34	0.84	2.33	0.36	2.35	0.36	19.07	114.61

表 3-56 晚二叠世—早三叠世火山岩组火山岩稀土元素特征参数值表

样品号	ΣREE	LREE	HREE	LREE/HREE	La/Yb	La/Sm	Sm/Nd	Gd/Yb	(La/Yb)$_N$	(La/Sm)$_N$	(Gd/Yb)$_N$	δEu	δCe
	($w_B/10^{-6}$)												
3P12XT3-1	100.83	85.66	15.17	5.65	9.91	3.65	0.24	2.65	6.68	2.30	2.14	1.02	0.88
3P12XT5-1	117.66	101.27	16.39	6.18	10.00	3.02	0.23	2.97	6.74	1.90	2.40	0.95	0.94
3P12XT8-1	165.58	154.11	11.47	13.44	21.20	10.32	0.16	1.53	14.29	6.49	1.24	0.42	0.92
3P12XT12-1	112.44	98.14	14.30	6.86	11.86	4.06	0.22	2.64	8.00	2.55	2.13	0.98	0.90
3P12XT12-2	65.32	52.65	12.67	4.16	5.54	2.49	0.26	2.22	3.74	1.56	1.79	0.96	0.93
3P12XT14-1	91.91	76.96	14.95	5.15	7.37	2.92	0.23	2.44	4.97	1.84	1.97	1.00	0.88
3P12XT17-1	116.25	98.54	17.71	5.56	8.21	2.81	0.24	2.70	5.53	1.77	2.18	0.99	0.93
3P12XT18-1	95.54	79.50	16.04	4.96	6.16	2.92	0.24	2.00	4.15	1.84	1.61	0.85	0.97

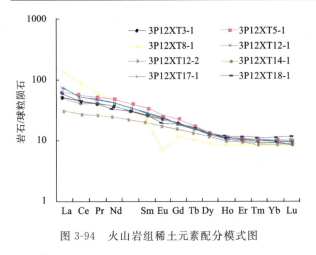

图 3-94 火山岩组稀土元素配分模式图

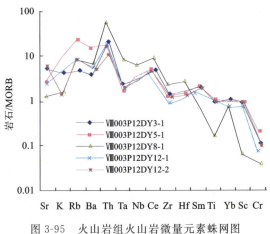

图 3-95 火山岩组火山岩微量元素蛛网图

(2) 火山岩的微量元素地球化学特征

测区火山岩微量元素含量及标准化值见表 3-57、表 3-58。与地壳的丰度值(泰勒,1964)、(黎彤,1976)相比,强烈富集亲石元素(据戈尔德施密特分类)Rb、Ga、B、Sr、Ba、Li、Sc、V,亲铁元素 Co、Ni、Ti、Zn、Ce、F、P 及 Mo 也强烈富集,而亲铜元素 Te、Ag、Hg 及 Cl 等与参照值相近,其中 F、P、Ni、Ti、Zn、B、V、Ba、Sr 元素的含量高于地壳的丰度值(黎彤,1976),Yb、Cr 具有亏损,反映它们具有同源岩浆的特征。在微量元素蛛网图(图 3-95)上显示多数元素呈现富集的特点,仅有少数元素 Yb、Cr 具亏损性。

表 3-57 晚二叠世—早三叠世火山岩组微量元素标准化值表

样品号	微量元素测试结果/洋脊花岗岩														
	Sr	K	Rb	Ba	Th	Ta	Nb	Ce	Zr	Hf	Sm	Ti	Yb	Sc	Cr
Ⅷ003P12DY3-1	2.03	3.40	2.75	5.40	11.5	1.50	2.62	4.55	1.13	1.29	1.51	1.08	0.67	0.93	0.84
Ⅷ003P12DY5-1	2.60	9.06	21.75	14.35	16.5	1.90	2.94	4.67	1.27	1.41	2.09	1.02	0.82	1.07	0.22
Ⅷ003P12DY8-1	1.22	1.66	7.95	6.15	55.5	8.83	5.80	8.75	2.23	2.70	0.81	0.16	0.67	0.06	0.04
Ⅷ003P12DY12-1	4.93	1.93	8.70	4.88	13.5	1.83	2.77	3.60	1.00	1.08	1.60	1.04	0.73	0.81	0.07
Ⅷ003P12DY12-2	5.70	1.33	6.35	5.15	9.0	2.16	2.85	3.88	1.02	1.16	1.75	0.96	0.85	0.91	0.098
Ⅷ003P12DY14-1	4.42	2.13	8.00	3.09	16.5	3.88	3.65	5.04	1.32	1.33	2.18	1.17	0.97	0.83	0.18
Ⅷ003P12DY17-1	6.48	11.80	25.65	15.45	13.0	2.55	3.05	3.57	1.15	1.04	2.09	1.11	0.97	0.985	0.15
Ⅷ003P12DY18-1	5.00	4.06	4.55	3.35	21.0	3.05	3.48	5.19	1.36	1.583	1.90	0.88	1.02	0.69	0.12

表 3-58　晚二叠世—早三叠世火山岩组微量元素含量表（$w_B/10^{-6}$）

样品号	Li	Be	Sc	Ga	Th	Sr	Ba	V	Co	Cr	Ni	Cu	Pb	Zn	W	Mo	Ag	As	Sn
Ⅷ003P12DY3-1	40.1	0.72	37.3	16.6	2.3	244	108.0	475.0	44.4	210.0	86.7	314.0	5.9	164.0	0.94	0.22	0.092	0.57	1.2
Ⅷ003P12DY5-1	46.5	0.88	43.1	19.6	3.3	312	287.0	407.0	45.6	55.1	46.9	99.4	5.2	98.3	0.94	0.43	0.046	0.76	0.84
Ⅷ003P12DY8-1	13.3	1.31	2.4	15.9	11.1	147	123.0	20.9	3.1	11.0	1.9	0.71	3.0	39.3	0.98	0.22	0.038	0.54	1.6
Ⅷ003P12DY12-1	113.0	0.51	32.5	17.6	2.7	592	97.6	473.0	42.2	17.7	26.3	113.0	5.7	301.0	0.30	0.20	0.020	0.81	<0.5
Ⅷ003P12DY12-2	48.1	0.65	36.7	19.4	1.8	684	103.0	369.0	43.9	24.7	23.8	44.7	10.8	106.0	0.26	0.40	0.036	1.07	0.82
Ⅷ003P12DY14-1	122.0	1.00	33.5	22.9	3.3	531	61.8	504.0	46.8	45.0	34.9	28.3	15.3	287.0	0.52	0.71	0.043	2.10	1.0
Ⅷ003P12DY17-1	75.1	1.12	39.4	23.0	2.6	778	309.0	522.0	46.2	39.3	33.5	6.9	18.5	171.0	0.45	0.35	0.042	0.98	1.1
Ⅷ003P12DY18-1	34.4	0.76	27.7	14.1	4.2	600	67.0	175.0	20.8	30.1	19.5	65.4	13.9	101.0	0.45	0.40	0.042	1.07	1.1
样品号	Hg	Bi	F	B	Rb	U	Hf	Te	Zr	Au	Cl	Ta	Ce	Yb	Ti	Sb	Nb	Sm	Nd
Ⅷ003P12DY3-1	0.008	<0.05	661	7.6	5.5	0.51	3.1	<0.05	102	1.10	89	0.27	45.5	2.3	7600	0.20	9.2	5.0	21.1
Ⅷ003P12DY5-1	<0.005	<0.05	403	34.0	43.5	0.67	3.4	<0.05	115	2.63	85	0.35	46.7	6.9	7756	0.07	10.3	6.9	30
Ⅷ003P12DY8-1	<0.005	<0.05	212	12.1	15.9	2.52	6.5	<0.05	201	0.49	70	1.59	87.5	2.3	1404	0.10	20.3	2.7	17.8
Ⅷ003P12DY12-1	0.007	<0.05	405	15.9	17.4	0.46	2.6	<0.05	90.4	4.91	135	0.33	36.0	2.5	8601	0.11	9.7	5.3	22.4
Ⅷ003P12DY12-2	0.006	<0.05	344	37.2	12.7	0.36	2.8	<0.05	92.1	3.43	132	0.39	38.8	2.7	7836	0.08	10.0	5.8	25.2
Ⅷ003P12DY14-1	<0.005	0.103	584	12.1	16.0	0.62	3.2	<0.05	119	3.22	70	0.70	50.4	3.3	9295	0.24	12.8	7.2	31.4
Ⅷ003P12DY17-1	<0.005	<0.05	534	33.0	51.3	0.74	2.5	<0.05	104	4.55	79	0.46	35.7	3.3	9342	0.19	10.7	6.9	30.1
Ⅷ003P12DY18-1	0.006	<0.05	467	10.3	9.1	0.45	3.8	<0.05	123	0.82	73	0.55	51.9	3.5	6705	0.11	12.2	6.3	28.3

（六）构造环境判别

将火山岩样品投在 $TFeO$-MgO-Al_2O_3 三角图解（图 3-96）中，多数点落入大陆火山岩区，有 2 个点落在 D 区岛弧扩张区，且靠近大陆火山岩区，表明在该图中火山岩呈大陆火山岩型。而在 $10TiO_2$-Al_2O_3-$10K_2O$ 三角图解（图 3-97）上多数点落在大陆裂谷型玄武岩、安山岩区，仅有 2 个样品落在岛弧造山带玄武岩、安山岩区，有 2 个点落在靠近大陆裂谷型玄武岩、安山岩区。

综上所述，结合火山岩组的岩石化学、地球化学特征，晚二叠世—早三叠世火山岩属陆内伸展环境的产物。

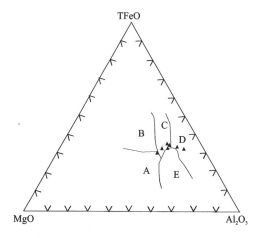

图 3-96　火山岩 $TFeO$-Al_2O_3-MgO 图解
（Pearce，1977）
A. 洋中脊火山岩；B. 洋岛火山岩；C. 大陆火山岩；
D. 岛弧扩张中心火山岩；E. 造山带火山岩

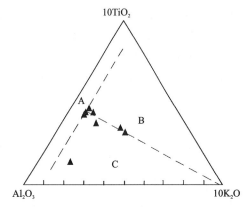

图 3-97　火山岩 $10TiO_2$-Al_2O_3-$10K_2O$ 图解
（Zhao Conghe，1989）
A. 大洋玄武岩区；B. 大陆裂谷型玄武岩、安山岩区；
C. 岛弧造山带玄武岩、安山岩

四、晚三叠世火山岩

晚三叠世火山活动集中于晚三叠世查涌构造混杂岩亚带、晚三叠世巴塘群中,在结扎群甲丕拉组中零星分布(图 3-69)。查涌构造混杂岩带中出露的火山岩呈北西-南东向条带状展布。巴塘群主要分布在杂多构造岩浆岩带中,较为发育。结扎群火山岩零星出露,分布于杂多构造岩浆岩带中。

(一)查涌蛇绿混杂岩亚带晚三叠世火山岩

查涌蛇绿混杂岩亚带火山岩(格仁火山岩)分布在查涌—康巴让赛一带,呈构造块体分布于查涌蛇绿混杂岩带中,在区域上属甘孜—理塘混杂带组成部分,呈北西-南东向展布。岩性为玄武安山岩、安山岩、凝灰岩等,呈透镜体出露,凝灰岩出露面积较大,多为中—厚层状。火山岩与其他各岩石单元之间呈构造片理接触,变质变形较弱。

火山岩呈构造岩片及透镜状产在构造混杂岩带中,根据附近路线在地层中所取的化石有:在达龙砂岩(Tchd)中获得双壳化石 *Posidonia gemmellaroi*(Lorenzo)格玛海螂蛤;*Minetrigonia qinghaiensis* Ching et Lu 青海美三角蛤、*Placunopsis* sp. 拟窗蛤、*Pleuromya* sp. 胁海螂蛤。时代为晚三叠世早期。在该蛇绿混杂岩南侧发育晚三叠世早期花岗岩,其 U-Pb 等时线同位素年龄为 215Ma,其形成时代为晚三叠世早期较适宜。

1. 岩石类型

岩性以安山岩、玄武安山岩、英安岩、流纹岩为主及少量凝灰岩组成,具绿泥石化、绿帘石化、片理化。

安山岩:岩石为灰绿色,斑状结构,片状构造。斑晶主要为斜长石,其次为角闪石少量辉石假象,含量一般为 13%～28%,斑晶一般为 0.1～2.5mm。基质主要由斜长石、绢云母、绿泥石、绿帘石组成。斜长石被绿泥石、绢云母交代,斜长石牌号 An 为 28～30,属更长石。矿物排列具方向性,斜长石呈板条状,辉石假象呈柱状。

英安岩:为灰色、浅灰色,变余斑状结构、基质为微粒镶嵌结构或鳞片花岗变晶结构,片状构造。斑晶由石英、斜长石及少量黑云母组成,含量为 18%～22%,斑晶为 1.5～2.5mm。基质由斜长石、石英、绢云母及少量磁铁矿组成。斜长石斑晶呈板柱状,牌号为 29,属中长石。斜长石已绿帘石化,石英呈不规则粒状并有拉长现象,波状消光显著,边部出现港湾状的熔蚀边,基质由长石、石英相互嵌生组成。岩石中普遍有较多的次生石英。

流纹岩:为灰黄色、浅灰色,斑状结构,流纹状构造。基质具微粒结构及球粒结构,由斑晶:斜长石假象小于 1%、钾长石假象 2%及石英少量。斑晶约为 0.3～0.65mm。基质 0.01～0.041mm,基质由长石、石英、绢云母、绿泥石及氧化铁组成,斜长石斑晶的牌号为 15,属更长石,已绢云母化。

凝灰岩:分布较普遍,主要在查涌、多彩松赛弄一带。主要为晶屑凝灰岩,岩石为灰绿色,变余晶屑、玻屑凝灰结构,晶屑主要为斜长石、石英。胶结物为长英质微粒、绿泥石、绢云母细小鳞片,岩石具片理化。

2. 岩石化学与地球化学特征

(1) 岩石化学分类

测区查涌蛇绿混杂岩亚带格仁火山岩岩石化学样品含量见表 3-59 及特征参数值见表 3-60,将熔岩的样品投点于国际地科联 1989 年推荐的划分方案 TAS 图(图 3-98),从投图情况和实际镜下鉴定结果基本一致。火山岩主要为玄武岩岩石类型。其中 K_2O 含量变化在 0.08%～1.66%之间,在 SiO_2-K_2O 分类图解(图 3-99),3 个样品为高钾,4 个样品为中钾,火山岩岩石组合属中—高钾钙碱性玄武岩。

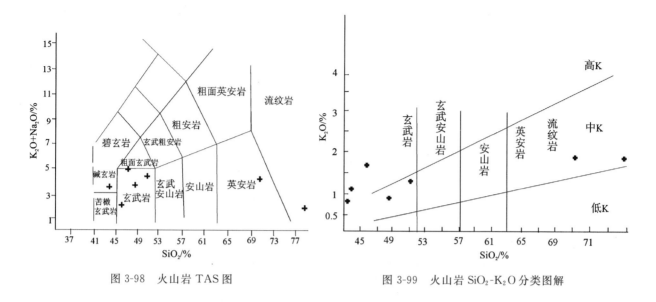

图 3-98 火山岩 TAS 图　　　　　图 3-99 火山岩 SiO_2-K_2O 分类图解

表 3-59　查涌蛇绿混杂岩亚带格仁火山岩岩石化学成分表(w_B/%)

单位	岩性	样品号	SiO_2	TiO_2	Al_2O_3	Fe_2O_3	FeO	MnO	MgO	CaO	Na_2O	K_2O	P_2O_5	H_2O^+	Los	Σ
格仁火山岩	安山岩	3P9GS7-2	43.88	3.28	10.23	4.03	8.28	0.17	8.76	10.43	2.56	0.80	0.43	3.94	2.94	99.73
	玄武岩	3P9GS9-1	41.39	1.22	10.41	2.14	11.62	0.19	17.56	7.54	0.34	0.08	0.13	6.81	0.16	99.59
	英安岩	3P9GS18-1	51.16	0.38	15.08	1.33	6.32	0.16	8.00	8.03	3.03	1.37	0.04	3.51	1.39	99.80
	玄武岩	3P9GS32-2	45.45	1.08	11.45	2.87	10.43	0.34	9.14	12.64	0.80	1.66	0.16	3.49	0.23	99.74
	阳起石化安山岩	3GS32-2	54.11	1.49	12.56	0.92	8.75	0.10	6.09	7.35	4.43	0.33	0.22	1.50	3.43	99.79
	灰绿色蚀变安山岩	3GS46-3	45.24	0.94	11.46	2.23	8.25	0.16	14.82	9.45	1.80	0.15	0.10	4.56	0.65	99.81
	杏仁状玄武安山岩	3GS46-4	46.04	1.12	16.77	3.62	5.62	0.15	8.70	10.67	1.87	0.65	0.14	4.31	0.16	99.82

(2) 岩石化学特征

由测区混杂岩带火山岩岩石化学含量表 3-59、表 3-60 可见，SiO_2 含量 41.39%～54.11%，SiO_2 含量小于 55%，TiO_2 含量 0.38%～3.28%，Fe_2O_3+FeO、Al_2O_3、MgO 含量较高，具有岛弧安山岩、玄武岩的演化趋势。总之火山岩的岩石化学以贫硅，高钾、铁、钛为特征。

表 3-60　查涌蛇绿混杂岩带格仁火山岩特征参数值表

样品号	Nk	F	σ	AR	τ	SI	FL	MF	M/F	OX	K_2O/Na_2O	MgO/FeO	A/CNK	A/NK	FeO^*	$Fe_2O_3^*$	R_1	R_2
3P9GS7-2	3.36	12.31	12.83	1.39	2.34	35.86	24.37	58.42	0.53	0.33	0.31	1.06	0.74	3.04	11.91	13.23	62.36	100.56
3P9GS9-1	0.42	13.76	−0.11	1.05	8.25	55.32	5.28	43.93	1.09	0.16	0.24	1.51	1.31	24.79	13.55	15.05	122.08	101.18
3P9GS18-1	4.40	7.65	2.37	1.47	31.71	39.90	35.40	48.88	0.88	0.17	0.45	1.27	1.21	3.43	7.52	8.35	89.12	94.34
3P9GS32-2	2.46	13.30	2.47	1.23	9.86	36.71	16.29	59.27	0.55	0.22	2.08	0.88	0.76	4.65	13.01	14.46	93.18	117.02
3GS32-2	4.76	9.67	2.04	1.63	5.46	29.68	39.31	61.36	0.57	0.10	0.07	0.70	1.04	2.64	9.58	10.64	87.56	81.40
3GS46-3	1.95	10.48	1.70	1.21	10.28	54.39	17.11	41.42	1.15	0.21	0.08	1.80	1.01	5.88	10.26	11.40	110.76	109.26
3GS46-4	2.52	9.24	2.09	1.20	13.30	42.52	19.11	51.51	0.67	0.39	0.35	1.55	1.27	6.65	8.88	9.87	100.76	114.96

在火山岩 Ol′-Ne′-Q′图解（图 3-100）中样品全部落在亚碱性系列。在 FAM 三角图解（图 3-101）中

有 2 个样品落在拉斑玄武岩系列,有 5 个样品落在钙碱性系列。而里特曼岩系指数多数小于 4,也显示为钙碱性。

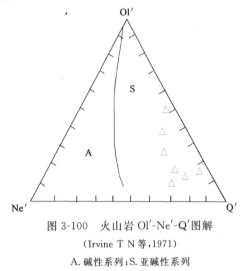

图 3-100 火山岩 Ol′-Ne′-Q′ 图解
(Irvine T N 等,1971)
A. 碱性系列;S. 亚碱性系列

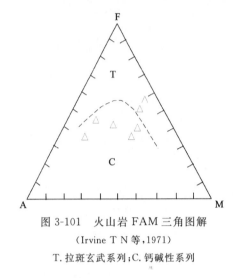

图 3-101 火山岩 FAM 三角图解
(Irvine T N 等,1971)
T. 拉斑玄武系列;C. 钙碱性系列

(3)岩石地球化学特征

火山岩稀土元素地球化学特征:火山岩稀土含量见表 3-61、稀土元素标准化值见表 3-62 及特征参数值列于表 3-63,用推荐的球粒陨石平均值标准化后作稀土配分模式图(图 3-102)。稀土配分曲线总体表现轻稀土轻微富集型特征。具有岛弧拉斑玄武岩的特征。

表 3-61 查涌蛇绿混杂岩亚带格仁火山岩稀土元素含量表($w_B/10^{-6}$)

样品号	La	Ce	Pr	Nd	Sm	Eu	Gd	Tb	Dy	Ho	Er	Tm	Yb	Lu	Y	TOTAL
3P9XT7-2	38.30	82.37	10.76	44.39	9.24	2.71	7.88	1.19	6.02	1.09	2.57	0.36	2.00	0.27	23.44	232.59
3P9XT9-1	4.48	12.21	1.81	9.64	2.89	0.99	3.31	0.59	3.43	0.67	1.73	0.26	1.58	0.23	17.17	60.99
3P9XT18-1	6.99	14.42	1.77	7.48	2.00	0.68	2.54	0.48	3.20	0.68	1.93	0.31	1.95	0.29	18.39	63.11
3P9XT32-1	12.69	26.58	3.65	14.55	3.61	1.03	3.82	0.66	3.99	0.79	2.16	0.35	2.10	0.31	19.40	95.69
3P9XT35-2	5.00	13.33	2.19	11.18	3.37	1.24	4.01	0.68	4.01	0.76	2.04	0.30	1.74	0.24	20.93	71.02
3GS32-2	4.13	9.23	1.66	7.58	2.48	0.88	3.16	0.55	3.34	0.69	1.81	0.27	1.69	0.24	15.35	53.1
3GS46-3	8.25	18.21	2.71	11.69	3.50	1.31	3.91	0.66	3.95	0.81	2.16	0.32	1.88	0.30	21.44	81.1
3GS46-4	4.74	11.52	1.89	9.04	3.22	1.20	4.13	0.72	4.65	1.00	2.70	0.41	2.51	0.40	23.16	71.3

表 3-62 查涌蛇绿混杂岩亚带格仁火山岩稀土元素标准化值表($w_B/10^{-6}$)

样品号	稀土元素测试结果/球粒陨石													
	La	Ce	Pr	Nd	Pm	Sm	Eu	Gd	Tb	Dy	Ho	Er	Tm	Yb	Lu
3P9XT7-2	123.55	101.94	88.20	73.98	60.68	47.38	36.87	30.42	25.11	18.70	15.18	12.24	11.11	9.57	8.39
3P9XT9-1	14.45	15.11	14.84	16.07	15.44	14.82	13.47	12.78	12.45	10.65	9.33	8.24	8.02	7.56	7.14
3P9XT18-1	22.55	17.85	14.51	12.47	11.36	10.26	9.25	9.81	10.13	9.94	9.47	9.19	9.57	9.33	9.01
3P9XT32-1	40.94	32.90	29.92	24.25	21.38	18.51	14.01	14.75	13.92	12.39	11.00	10.29	10.80	10.05	9.63
3P9XT35-2	16.13	16.50	17.95	18.63	17.96	17.28	16.87	15.48	14.35	12.45	10.58	9.71	9.26	8.33	7.45
3GS32-2	13.32	11.42	13.61	12.63	12.68	12.72	11.97	12.20	11.60	10.38	9.61	8.62	8.33	8.09	7.45
3GS46-3	26.61	22.54	22.21	19.48	18.72	17.95	17.82	15.10	13.92	12.27	11.28	10.29	9.88	9.00	9.32
3GS46-4	15.29	14.26	15.49	15.07	15.79	16.51	16.33	15.95	15.19	14.44	13.93	12.86	12.65	12.01	12.42

表 3-63　查涌蛇绿混杂岩亚带格仁火山岩稀土元素特征参数值表

样品号	ΣREE	LREE	HREE	LREE/HREE	La/Yb	La/Sm	Sm/Nd	Gd/Yb	(La/Yb)$_N$	(La/Sm)$_N$	(Gd/Yb)$_N$	δEu	δCe
	($w_B/10^{-6}$)												
3P9XT7-2	209.15	187.77	21.38	8.78	19.15	4.15	0.21	3.94	12.91	2.61	3.18	0.95	0.96
3P9XT9-1	43.82	32.02	11.80	2.71	2.84	1.55	0.30	2.09	1.91	0.98	1.69	0.98	1.03
3P9XT18-1	44.72	33.34	11.38	2.93	3.58	3.50	0.27	1.30	2.42	2.20	1.05	0.92	0.96
3P9XT32-1	76.29	62.11	14.18	4.38	6.04	3.52	0.25	1.82	4.07	2.21	1.47	0.84	0.93
3P9XT35-2	50.09	36.31	13.78	2.63	2.87	1.48	0.30	2.30	1.94	0.93	1.86	1.03	0.97
3GS32-2	37.71	25.96	11.75	2.21	2.44	1.67	0.33	1.87	1.65	1.05	1.51	0.96	0.85
3GS46-3	59.66	45.67	13.99	3.26	4.39	2.36	0.30	2.08	2.96	1.48	1.68	1.08	0.92
3GS46-4	48.13	31.61	16.52	1.91	1.89	1.47	0.36	1.65	1.27	0.93	1.33	1.01	0.93

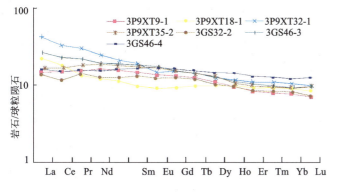

图 3-102　火山岩稀土元素配分模式图

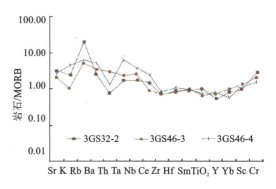

图 3-103　火山岩类微量元素蛛网图

稀土元素配分曲线为轻微右倾斜型,轻稀土元素 Ce = 9.23×10^{-6} ~ 26.58×10^{-6},变化范围较大。Sm/Nd = 0.21 ~ 0.36,均小于 3.3,LREE/HREE = 1.91 ~ 8.78,呈轻稀土弱富集型;且部分 Eu 具亏损性的特点。La/Yb = 1.89 ~ 6.04,变化范围较大,Gd/Yb = 1.30 ~ 3.94,变化范围较小,说明重稀土不富集。

（4）火山岩微量元素地球化学特征

测区火山岩的微量元素含量见表 3-64,微量元素标准化值见表 3-65,微量元素总体含量较贫,个别大离子亲石元素 Th、Rb、Ce、Ta、Nb 等出现富集,高场强元素 Zr、Hf、Sm、Ti、Yb、Sc 等亏损,安山岩类微量元素蛛网图显示,具有"双隆型"曲线特征(图 3-103),Rb、Ba、Ta 元素强烈富集,K、Sr、Nb、Ce、Sc、Cr 等出现富集,Th、Hf、Sm、Yb、Y 等元素具有弱亏损性特征。与岛弧型火山岩特征相似。

表 3-64　查涌蛇绿混杂岩亚带火山岩微量元素含量表($w_B/10^{-6}$)

样品号	Li	Be	Sc	Ga	Th	Sr	Ba	V	Co	Cr	Ni	Cu	Pb	Zn	W	Mo	Ag	As	Sn
3P9DY7-2	29.8	1.73	29.3	20.2	4.6	329	73.8	438	51.1	512	312	55.3	6.9	107.0	0.90	2.20	0.090	3.83	2.8
3P9DY9-1	38.8	0.52	29.4	17.6	0.9	44	465.0	410	107	1340	1019	227.0	1.6	107.0	0.87	0.34	0.128	16.30	1.3
3P9DY18-1	20.3	0.58	47.7	13.6	2.0	276	145.0	244	39.5	332	120	80.6	2.5	62.2	0.90	0.18	0.031	13.40	0.7
3P9DY32-2	65.9	0.81	29.8	15.2	2.4	310	135.0	237	58.0	671	285	2.5	18.5	199	0.94	0.30	0.121	26.60	121.0
3GS32-2	39.0	0.29	38.6	12.9	0.14	377	49.6	378	53.6	687	282	3.2	1.4	78.7	1.40	0.28	0.132	0.79	0.82
3GS46-3	32.3	0.31	48.4	17.3	0.58	233	69.3	356	58.0	508	234	126.0	0.7	75.9	0.22	0.17	0.038	0.97	1.4
3GS46-4	25.8	0.40	46.6	15.6	0.26	307	104.0	292	44.8	380	147	59.4	0.7	58.2	0.26	0.15	0.053	1.21	1.1

续表 3-64

样品号	Hg	Bi	F	B	Rb	U	Hf	Te	Zr	Au	Cl	Ta	Ce	Yb	Ti	Sb	Nb	Sm	Nd
3P9DY7-2	<0.005	0.121	772	2.9	39.0	1.18	5.4	<0.05	269.0	1.43	73	1.47	112.9	2.5	16 522	0.74	25.2	10.0	54.0
3P9DY9-1	<0.005	<0.05	386	1.2	3.4	0.10	2.1	<0.05	73.0	1.02	76	0.30	20.9	2.4	5342	0.78	6.9	3.5	11.9
3P9DY18-1	0.008	<0.05	320	8.8	20.0	0.34	2.8	<0.05	61.9	0.61	51	0.21	14.2	2.8	2718	1.00	8.2	2.1	8.0
3P9DY32-2	<0.005	0.496	1189	5.2	108.0	0.59	2.3	<0.05	95.9	0.85	447	0.64	23.9	2.9	6124	2.38	13.8	3.8	16.1
3GS32-2	<0.005	<0.05	204	4.8	36.5	0.85	2.1	<0.05	62.7	0.53	135	0.30	13.8	2.6	5210	0.69	5.9	2.9	8.8
3GS46-3	<0.005	<0.05	236	8.0	9.6	0.10	1.9	<0.05	65.2	0.63	48	0.41	8.7	3.2	6179	0.06	8.5	3.1	9.9
3GS46-4	0.019	<0.05	279	9.9	13.0	0.10	2.5	<0.05	72.6	2.28	84	1.09	23.8	2.0	5670	0.16	13.7	3.1	11.0

表 3-65 查涌蛇绿混杂岩亚带火山岩微量元素标准化值表

样品号	微量元素测试结果/洋脊花岗岩														
	Sr	K_2O	Rb	Ba	Th	Ta	Nb	Ce	Zr	Hf	Sm	TiO_2	Y	Yb	Sc	Cr
3P9GS7-2	2.74	5.33	19.50	3.69	23.00	8.17	7.20	11.29	2.99	2.25	3.03	2.19	0.78	0.74	0.73	2.05
3P9GS9-1	0.37	0.53	1.70	23.25	4.50	1.67	1.97	2.09	0.81	0.88	1.06	0.81	0.57	0.71	0.74	5.36
3P9GS18-1	2.30	9.13	10.00	7.25	10.00	1.17	2.34	1.42	0.69	1.17	0.64	0.25	0.61	0.82	1.19	1.33
3P9GS32-2	2.58	11.07	54.00	6.75	12.00	3.56	3.94	2.39	1.07	0.96	1.15	0.72	0.65	0.85	0.75	2.68
3GS32-2	3.14	2.20	18.25	2.48	0.70	1.67	1.69	1.38	0.70	0.88	0.88	0.99	0.51	0.76	0.97	2.75
3GS46-3	1.94	1.00	4.80	3.47	2.90	2.28	2.43	0.87	0.72	0.79	0.94	0.63	0.71	0.94	1.21	2.03
3GS46-4	2.56	4.33	6.50	5.20	1.30	6.06	3.91	2.38	0.81	1.04	0.94	0.75	0.77	0.59	1.17	1.52

3. 火山岩形成的构造环境判别

将测区查涌蛇绿混杂岩亚带火山岩中的玄武岩投在 TiO_2-$10MnO$-$10P_2O_5$ 图解（图 3-104）上，显示出测区火山岩多数落在岛弧拉斑玄武岩区。通过对岩石学、岩石化学、地球化学等研究，其形成环境为岛弧环境。将火山岩样品投点于 $10TiO_2$-Al_2O_3-$10K_2O$ 图解上（图 3-105），样品多数落在岛弧造山带玄武岩、安山岩区，SiO_2 含量在 41.39%～54.11%，$TFeO/MgO$ 比值小于 2，K_2O/Na_2O 比值均小于 0.6，为岛弧环境的产物。

综上所述，该期火山岩形成于岛弧环境。

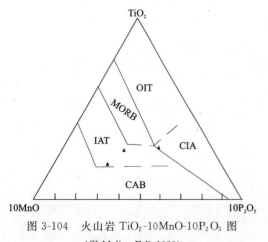

图 3-104 火山岩 TiO_2-$10MnO$-$10P_2O_5$ 图
（据 Malien E D, 1983）
OIT. 大洋岛屿拉斑玄武岩；CIA. 大洋岛弧碱性玄武岩；
MORB. 洋中脊玄武岩；IAT. 岛弧拉斑玄武岩；CAB. 钙碱性玄武岩

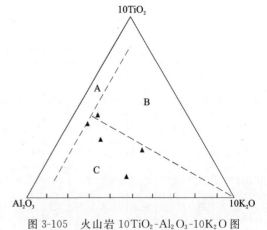

图 3-105 火山岩 $10TiO_2$-Al_2O_3-$10K_2O$ 图
（Zhao Conghe, 1989）
A. 大洋玄武岩区；B. 大陆裂谷型玄武岩、安山岩区；
C. 岛弧造山带玄武岩、安山岩

（二）巴塘群火山岩

巴塘群火山岩分布于者然木尕、日啊日贡定果、松莫茸、聂恰曲、吓俄贡玛—那日杂也毛—达龙玛交弄一带，呈北西-南东向条带状展布，主要发育在巴塘群火山岩组中，其次以夹层状、透镜状分布在碎屑岩组。岩性主要为玄武岩、安山玄武岩、中酸性凝灰岩及少量流纹岩、凝灰质英安岩、火山角砾岩及粗面岩、灰绿色—灰紫色安山岩、石英安山岩、灰绿色英安岩等组成，为典型的裂隙式海相火山岩。

巴塘群中火山岩呈火山地层、夹层状及透镜状产在该套地层中，化石较少，区域上仅在下部层位上采有珊瑚 *Pinacophyllum* sp., *Margaosmilia* sp.；海百合茎 *Cyclocyclicus* sp.；牙形刺 *Epigondolella Postera* (Koxur et Mostles), *E. abneptis spatultus* (Hayashi)，古生物化石时代为晚三叠世，故该火山岩时代为晚三叠世。

1. 火山韵律及旋回划分

（1）火山韵律划分

巴塘群火山岩组出露局限，在日啊谷—扎茶也改等地呈窄条带状展布，与上覆、下伏地层呈整合接触，大部分断层接触，局部新近纪曲果组不整合其上。在治多县多彩乡松赛弄测制的晚三叠世巴塘群火山岩组剖面（Ⅷ003P11）（图 2-40）可划分为 3 个韵律即凝灰岩—石英安山岩—安山岩，安山玄武岩—安山岩，安山玄武岩—凝灰岩。玄武岩具枕状构造，火山活动呈爆发—溢流—爆发—正常沉积，表现为喷发—间歇的火山活动的规律性。

（2）火山旋回划分

晚三叠世巴塘群火山岩主要分布在纳日贡玛—子曲火山喷发带中，火山旋回与岩石地层单位巴塘群火山岩组和碎屑岩组（Ⅱ$_2$）相对应。火山活动经历由爆发—溢流—沉积的变化规律，反映出由强—弱—静止的火山喷发过程。

2. 岩相特征

爆发相主要分布者然木尕、松莫茸、吓俄贡玛一带，由中酸性凝灰岩、凝灰熔岩等组成。

溢流相主要分布于查涌、日啊日贡定果、松莫茸等一带，岩性有中基性—中酸性的熔岩，具流动构造因受后期构造破坏保留不好，不易辨认。以玄武岩、安山岩为主，其次为英安岩和少量流纹岩等。

3. 岩石类型

玄武岩：主要分布于火山岩系的底部，局部变为安山玄武岩，出露宽度一般约 400m，最宽可达 600 多米。岩石普遍具枕状构造，单个岩枕直径一般为 30～80cm，最大可达 1.5m，具冷凝边，边缘杏仁、气孔构造发育。为灰绿—深灰色，斑状构造。间粒—间片结构及球状结构，杏仁状构造。斑晶主要为斜长石及少量暗色矿物，含量不超过 15%，基质由斜长石、绿泥石、绿帘石组成。斜长石具强烈绢云母化、绿泥石化和碳酸盐化。暗色矿物完全被绿泥石和碳酸盐交代，仅保留橄榄石或辉石的假象。安山玄武岩较玄武岩暗色矿物少。具斑状结构，基质具交织—间粒结构，杏仁状构造。斜长石为中更长石，已钠黝帘石化。暗色矿物均被绿泥石、碳酸盐交代。

流纹岩：分布很少，仅出现在局部地段，在凝灰岩中呈夹层产出。岩石浅绿色，斑状结构，基质具微粒花岗结构，流纹构造。斑晶由斜长石、石英及少量绿泥石化的暗色矿物组成，斜长石牌号为 25，属更长石，局部绢云母化。石英有熔蚀现象。基质由斜长石和石英微粒组成。斜长石为钠长石，纤状，呈放射状排列，构成假球粒构造。

粗面岩：分布很少，岩石为暗紫红色，斑状结构，基质具粗面结构，流动构造，斑晶以钾长石为主，有少量更长石，还有少量褐铁矿浸染的碳酸盐化角闪石假象，斑晶含量约为 4%，基质由钾长石、更中长石、少量石英、次生褐铁矿、方解石组成，钾长石呈自形、柱状，更中长石半自形—自形，石英他形粒状，基质中长石呈不明显的定向排列。构成粗面结构。

安山岩:分布广泛,在切根茸一带火山岩中见安山岩呈灰绿色,变余斑状结构,变余交织结构,片状构造,斑晶主要为斜长石,其次为角闪石,含量一般为15%~25%,粒径一般为0.5~2mm,基质主要由斜长石、绢云母、角闪石、绿泥石、绿帘石等组成,其次有部分碳酸盐,斜长石被绿泥石、碳酸盐、绢云母交代,仅见残体,斜长石具环带构造,牌号为28,成为更长石,矿物排列具方向性,斑晶具破碎现象,部分安山岩中含有晶屑、岩屑成为凝灰熔岩,局部地段安山岩斑晶中有少量石英,变为石英安山岩。

英安岩:为灰色,变余斑状结构,基质为微粒镶嵌结构或鳞片花岗变晶结构,片状构造,斑晶由石英、斜长石及少量黑云母组成,含量为20%~25%,粒径一般为1~1.5mm,基质主要由斜长石、石英、绢云母及少量磁铁矿等组成,斜长石斑晶自形、板柱状,牌号为29~30,属中长石,具不明显的环带构造,斜长石已绢云母化、绿帘石化,局部可见斜长石呈聚斑晶。石英斑晶比较大,最大者达3mm×5mm,呈不规则粒状并有拉长现象,波状消光显著,边部出现港湾状的熔蚀边,基质由长石、石英相互嵌生组成。岩石中普遍有较多的次生石英。

凝灰熔岩:为灰绿色,斑状结构、凝灰结构。斑晶为斜长石、钾长石及部分晶屑、岩屑、玻屑。岩屑为酸性、中酸性熔岩;晶屑为长石、石英,皆为尖棱状;玻屑为弓形管状,基质为镶嵌状的长英质微粒。

凝灰岩:分布广泛,主要由玻屑、晶屑及少量岩屑组成。玻屑弓形管状、楔状;晶屑为长石、石英。晶屑具裂纹,形状不规则。石英具强烈的波状消光。胶结物为火山灰,已重结晶为绿泥石、绢云母和长英质微粒。

4. 岩石化学及地球化学特征

(1) 岩石化学分类

测区晚三叠世巴塘群火山岩岩石化学样品含量见表3-66,岩性主要由玄武岩、英安岩、流纹岩及安山岩组成,将熔岩类的样品投点于国际地科联1989年推荐的划分方案TAS图(图3-106),可划分为玄武岩、安山岩、英安岩及流纹岩4个岩石类型。K_2O含量变化在0.23%~4.42%之间,变化范围大,在SiO_2-K_2O分类图解(图3-107)中,有4个样品为高钾,6个样品为中钾,仅3个样品为低钾,火山岩属中—高钾钙碱性玄武岩、安山岩、流纹岩组合。

表3-66 晚三叠世巴塘群火山岩岩石化学成分表(w_B/%)

岩性	样品号	SiO_2	TiO_2	Al_2O_3	Fe_2O_3	FeO	MnO	MgO	CaO	K_2O	Na_2O	P_2O_5	H_2O^+	Los	Σ
英安质凝灰岩	3P11GS5-1	76.93	0.27	11.26	0.62	0.90	0.02	1.08	1.00	3.85	1.73	0.04	1.72	0.42	99.84
玄武岩	3P11GS9-1	49.86	1.85	15.51	2.83	6.62	0.13	5.48	8.37	1.12	2.65	0.34	3.10	1.96	99.82
玄武岩	3P11GS10-1	77.02	0.34	8.17	1.31	0.38	0.04	0.84	4.14	0.50	2.75	0.06	1.17	3.10	99.88
玄武岩	3P15GS1-1	59.44	1.04	14.78	4.00	4.22	0.08	2.92	6.11	0.23	3.44	0.14	2.68	0.68	99.94
玄武岩	3P15GS8-1	54.32	1.18	17.67	2.47	7.55	0.19	4.08	2.40	1.43	4.26	0.17	3.81	0.33	99.97
安山岩	2Rz1303	54.81	0.74	17.50	2.97	5.35	0.13	3.48	7.18	0.77	3.57	0.12	2.73	0.84	100.17
英安岩	2Rz1316	73.63	0.23	12.55	1.43	4.45	0.05	0.94	2.01	1.90	3.11	0.05	1.17	0.24	101.76
流纹岩	2P12Rz18-1	67.83	0.40	14.19	3.10	1.00	0.04	0.40	1.40	3.04	4.16	0.05	2.40	1.30	99.31
火山角砾熔岩	2P12Rz33-1	49.60	0.78	20.03	5.02	5.14	0.16	3.54	7.74	2.19	1.99	0.09	3.44	0.24	99.96
玄武岩	2P11Rz18	41.88	1.28	15.94	3.61	5.46	0.10	7.27	9.90	1.16	3.11	0.11	5.39	5.36	100.57
安山质凝灰熔岩	2Rz1635	68.25	0.21	11.30	1.28	2.62	0.08	1.97	3.42	3.94	2.48	0.04	2.58	2.59	100.76
英安质凝灰熔岩	2P11Rz15-1	75.60	0.13	12.77	1.00	1.34	0.04	0.81	0.66	1.36	5.20	0.06	1.33	2.10	102.40
粗面岩	2Rz35	62.80	0.46	14.24	3.15	3.37	0.14	0.88	2.27	4.42	4.15	0.08	1.90	2.03	99.89

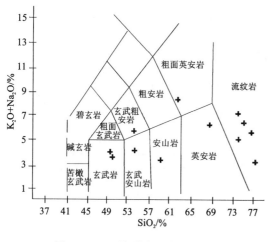

图 3-106 巴塘群火山岩 TAS 图

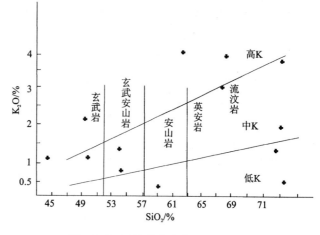

图 3-107 巴塘群火山岩 SiO_2-K_2O 图

(2) 岩石化学特征

测区晚三叠世巴塘群火山岩岩石化学成分见表 3-66,CIPW 标准矿物含量及岩石化学特征参数值列于表 3-67、表 3-68,将测区熔岩类样品投在 Ol'-Ne'-Q' 图解(图 3-108)中,样品绝大部分落在亚碱性系列,仅有 1 个样品落在碱性系列。在 FAM 三角图解(图 3-109)中,多数样品落在钙碱性系列,有拉斑玄武岩系列区中的 1 个样品靠近钙碱性系列。而里特曼指数多数小于 3.3,为钙碱性系列。

表 3-67 晚三叠世巴塘群火山岩 CIPW 标准矿物含量表(w_B/%)

样品号	or	ab	an	en	fs	hy	ap	il	mt	wo	dfs	den	di	q	Σ
3P11GS5-1	23.17	14.89	4.83	2.74	0.74	3.48	0.09	0.53	0.91					49.09	99.56
3P11GS9-1	6.86	23.19	28.04	10.79	5.52	16.31	0.76	3.63	4.25	5.35	1.70	3.33	10.38	4.55	97.97
3P11GS10-1	3.01	23.61	8.56	27.89	6.13	34.02	0.13	0.65	1.13	2.97	0.60	2.12	5.69	52.56	96.81
3P15GS1-1	1.36	29.19	24.24	7.06	4.65	11.71	0.31	1.98	4.76	0.42	0.16	0.24	0.82	21.35	97.27
3P15GS8-1	8.45	36.13	9.12	10.19	10.25	20.44	0.26	2.24	3.58					9.41	96.17
2Rz1303	4.67	30.97	30.24	7.57	5.57	13.14	0.22	1.44	4.42	2.39	0.98	1.33	4.70	9.33	
2Rz1316	11.17	26.15	9.63	2.32	6.66	8.98	0.11	0.44	2.06					39.41	1.82
2P12Rz18-1	18.56	36.30	6.85	1.02	1.18	2.20	0.11	0.78	3.16					28.91	1.67
2P12Rz33-1	13.41	17.43	39.26	9.14	7.52	16.66	0.20	1.54	5.76					4.86	0.52
2P11Rz18	7.21	13.90	27.42				0.26	2.55	4.86	9.80	2.30	6.72	18.82		
2Rz1635	23.70	21.41	8.21	2.95	2.14	5.09	0.09	0.40	1.88	3.68	1.49	2.05	7.22	29.35	
2P11Rz15-1	7.98	43.49	2.87	1.99	1.48	3.47	0.13	0.25	1.44					36.62	1.66
2Rz35	26.65	35.88	7.29	1.59	2.23	3.82	0.17	0.89	4.65	1.56	0.92	0.65	3.13	15.43	

表 3-68 晚三叠世巴塘群火山岩岩石化学特征参数值表

样品号	Nk	F	σ	AR	τ	SI	FL	MF	M/F	OX	K_2O/Na_2O	MgO/FeO
3P11GS5-1	2.73	1.52	0.22	1.44	38.00	20.26	41.49	58.46	0.50	0.41	1.73	1.20
3P11GS9-1	11.02	9.45	17.70	4.93	3.86	21.12	90.77	63.30	0.44	0.30	0.32	0.83
3P11GS10-1	6.89	1.69	1.40	8.74	11.85	8.92	93.23	66.80	0.27	0.78	0.66	2.21
3P15GS1-1	9.55	8.22	5.55	4.50	8.34	14.11	97.65	73.79	0.24	0.49	0.56	0.69

续表 3-68

样品号	Nk	F	σ	AR	τ	SI	FL	MF	M/F	OX	K₂O/Na₂O	MgO/FeO
3P15GS8-1	6.66	10.02	3.92	2.07	12.94	19.65	82.32	71.06	0.32	0.25	1.78	0.54
2Rz1303	10.75	8.32	9.79	3.86	13.95	15.43	93.32	70.51	0.30	0.36	0.50	0.65
2Rz1316	5.12	5.88	0.86	2.10	45.83	7.87	72.93	86.22	0.13	0.24	1.55	0.21
2P12Rz18-1	5.56	4.10	1.25	1.95	31.98	3.98	64.65	91.11	0.06	0.76	2.97	0.40
2P12Rz33-1	9.73	10.16	14.34	2.56	15.76	15.11	81.63	74.16	0.23	0.49	0.26	0.69
2P11Rz18	13.01	9.07	1.13	7.36	4.72	24.77	91.81	55.51	0.57	0.40	0.31	1.33
2Rz1635	5.90	3.90	1.38	2.26	37.52	16.74	59.96	66.44	0.37	0.33	0.73	0.75
2P11Rz15-1	5.86	2.34	1.05	2.42	93.15	8.99	81.16	74.29	0.24	0.43	7.88	0.60
2Rz35	6.42	6.52	2.08	2.05	26.02	6.37	59.23	88.11	0.09	0.48	1.83	0.26

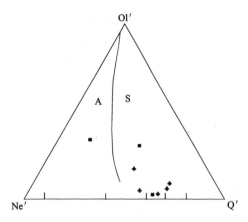

图 3-108 巴塘群火山岩 Ol′-Ne′-Q′图解
(Irvine T N 等,1971)
A.碱性系列；S.亚碱性系列

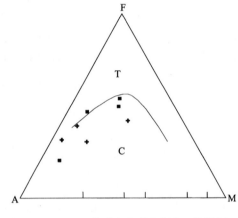

图 3-109 巴塘群火山岩 FAM 三角图解
(Irvine T N 等,1971)
T.拉斑玄武岩系列；C.钙碱性系列

5. 岩石地球化学特征

(1) 火山岩的稀土元素地球化学特征

测区晚三叠世巴塘群火山岩稀土含量见表 3-69、稀土元素标准化值见表 3-70 及特征参数值列于表 3-71,表中可以看出,巴塘群火山岩稀土含量中 $\sum REE = 75.17 \times 10^{-6} \sim 172.02 \times 10^{-6}$,LREE/HREE = 3.72~5.23,$(La/Sm)_N = 1.96 \sim 3.00$,稀土配分模式图(图 3-110)曲线向右倾,表现轻稀土富集型特征。部分样品反映铕呈负异常,表明岩浆来源较深,具有岛弧环境的特征。

表 3-69 晚三叠世巴塘群火山岩稀土元素含量表($w_B/10^{-6}$)

样品号	La	Ce	Pr	Nd	Sm	Eu	Gd	Tb	Dy	Ho	Er	Tm	Yb	Lu	Y	∑REE
3P11XT5-1	24.63	48.26	6.28	22.77	5.17	0.82	5.39	1.01	6.6	1.36	4.05	0.67	4.38	0.65	36.11	168.15
3P11XT9-1	20.84	46.62	6.1	27.82	6.68	2.06	7.08	1.22	7.37	1.42	3.96	0.6	3.77	0.55	35.93	172.02
3P15XT1-1	15.78	27.8	3.86	15.38	3.48	1.07	3.39	0.6	3.57	0.72	2	0.32	1.98	0.3	18.56	98.81
3P15XT8-1	8.99	19.45	2.7	11.08	2.88	0.89	3.04	0.55	3.41	0.71	2.01	0.31	2.02	0.32	16.81	75.17

表 3-70　晚三叠世巴塘群火山岩稀土元素标准化值表

样品号	稀土元素测试结果/球粒陨石													
	La	Ce	Pr	Nd	Sm	Eu	Gd	Tb	Dy	Ho	Er	Tm	Yb	Lu
3P11XT5-1	79.45	59.73	51.48	37.95	26.51	11.16	20.81	21.31	20.50	18.94	19.29	20.68	20.96	20.19
3P11XT9-1	67.23	57.70	50.00	46.37	34.26	28.03	27.34	25.74	22.89	19.78	18.86	18.52	18.04	17.08
3P15XT1-1	50.90	34.41	31.64	25.63	17.85	14.56	13.09	12.66	11.09	10.03	9.52	9.88	9.47	9.32
3P15XT8-1	29.00	24.07	22.13	18.47	14.77	12.11	11.74	11.60	10.59	9.89	9.57	9.57	9.67	9.94

表 3-71　晚三叠世巴塘群火山岩稀土元素特征参数值表

样品号	ΣREE	LREE	HREE	LREE/HREE	La/Yb	La/Sm	Sm/Nd	Gd/Yb	(La/Yb)$_N$	(La/Sm)$_N$	(Gd/Yb)$_N$	δEu	δCe
	($w_B/10^{-6}$)												
3P11XT5-1	132.04	107.93	24.11	4.48	5.62	4.76	0.23	1.23	3.79	3.00	0.99	0.47	0.91
3P11XT9-1	136.09	110.12	25.97	4.24	5.53	3.12	0.24	1.88	3.73	1.96	1.52	0.91	0.98
3P15XT1-1	80.25	67.37	12.88	5.23	7.97	4.53	0.23	1.71	5.37	2.85	1.38	0.94	0.83
3P15XT8-1	58.36	45.99	12.37	3.72	4.45	3.12	0.26	1.50	3.00	1.96	1.21	0.91	0.94

（2）火山岩微量元素地球化学特征

将测区火山岩微量元素含量列于表 3-72、微量元素标准化值见表 3-73。与地壳的丰度值（泰勒，1964；黎彤，1976）相比，强烈富集亲石元素（据戈尔德施密特分类）K、Rb、Sr、Th、Li，亲铁元素 Co、Ni、Ti 及 Mo 也富集，而亲铜元素 Yb、Ce、Te、Ag、Zr、Hg 及 Cl 等与参照值相近，其中 F、Zn、V、Ba 元素的含量远远高于地壳的丰度值（黎彤，1976），Y、Sc、Cr 等元素具有亏损性特点，由微量元素蛛网图（图 3-111）显示，呈"多 M 型"隆起，与岛弧型火山岩岩石特征相似。

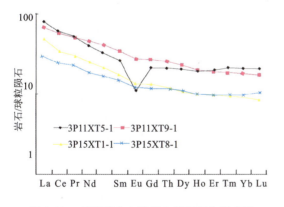

图 3-110　巴塘群火山岩稀土元素配分模式图

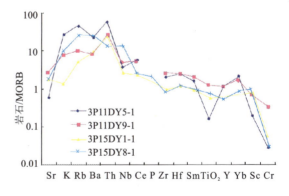

图 3-111　巴塘群火山岩微量元素蛛网图

表 3-72　晚三叠世巴塘群火山岩微量元素含量表（$w_B/10^{-6}$）

样品号	Li	Be	Sc	Ga	Th	Sr	Ba	V	Co	Cr	Ni	Cu	Pb	Zn	W	Mo	Ag	As
3P15DY1-1	11.7	1.02	35.0	17.0	5.2	248	199	201.0	17.4	14.0	3.0	23.2	13.2	77.1	0.71	0.20	0.053	2.52
3P15DY8-1	16.2	0.84	40.9	19.7	2.6	221	527	270.0	16.9	8.4	0.2	9.8	4.8	71.0	0.83	0.17	0.048	2.08
3P11DY5-1	9.5	1.42	8.1	14.0	11.9	68.3	442	11.8	1.9	8.0	5.2	5.9	1.7	76.6	0.87	0.41	0.026	0.68
3P11DY9-1	18.7	1.61	27.7	21.8	4.9	326	171	219.0	32.5	86.4	39.7	26.9	3.9	90.4	0.75	1.41	0.034	0.75

续表 3-72

样品号	Sn	Hg	Bi	F	B	Rb	U	Hf	P	Te	Zr	Au	Cl	Ta	Y	Yb	Sb	Nb
3P15DY1-1	1.5	0.005	0.097	480	3.9	10.6	0.74	2.9	420	0.05	96.8	0.88	48	0.26	36.0	2.6	0.78	9.6
3P15DY8-1	1.5	0.005	0.070	409	1.2	48.9	0.58	2.9	512	0.05	73.5	0.69	45	0.19	36.0	2.9	0.81	7.9
3P11DY5-1	2.0	0.017	0.124	489	14.5	94.7	3.36	5.8		<0.05	185.0	0.48	42	0.73	18.6	6.8	0.20	13.4
3P11DY9-1	2.6	<0.005	0.078	523	3.2	20.3	1.15	5.8		<0.05	238	0.47	61	1.11	16.8	5.8	0.12	16.9

表 3-73 晚三叠世巴塘群微量元素标准化值表

样品号	微量元素测试结果/洋脊花岗岩														
	Sr	K_2O	Rb	Ba	Th	Nb	Ce	P	Zr	Hf	Sm	TiO_2	Y	Yb	Sc	Cr
3P11DY5-1	0.57	25.67	47.35	22.10	59.50	3.83	5.57	0.00	2.06	2.42	1.64	0.18	1.20	2.00	0.20	0.03
3P11DY9-1	2.72	7.47	10.15	8.55	24.50	4.83	5.41	0.00	2.64	2.42	2.09	1.23	1.20	1.71	0.69	0.35
3P15DY1-1	2.07	1.53	5.30	9.95	26.00	3.03	2.58	1.71	1.08	1.21	1.06	0.69	0.62	0.76	0.88	0.06
3P15DY8-1	1.84	9.53	24.45	26.35	13.00	13.97	2.50	2.09	0.82	1.21	0.94	0.79	0.56	0.85	1.02	0.03

6. 火山岩形成构造环境判别

将晚三叠世火山岩中的玄武岩类投在 $TFeO/MgO-TiO_2$ 图解上(图 3-112)显示,多数点落在岛弧拉斑玄武岩区,在洋中脊拉斑玄武岩区有一个点靠近岛弧拉斑玄武岩区。表明其形成于岛弧环境。在 $10TiO_2-Al_2O_3-10K_2O$ 三角图解(图 3-113)中,绝大多数样品落在岛弧造山带区。结合测区晚三叠世巴塘群火山岩的岩石化学、地球化学等研究,其形成环境可能为碰撞期后由挤压向伸展演化阶段的系列产物。

综上所述,晚三叠世巴塘群火山岩形成环境为岛弧环境。

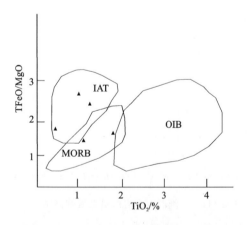

图 3-112 巴塘群火山岩 $TFeO/MgO-TiO_2$ 图
MORB. 洋中脊玄武岩;IAT. 岛弧拉斑玄武岩;OIB. 洋岛玄武岩

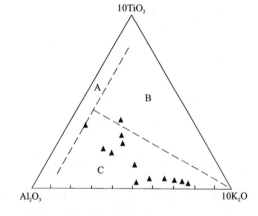

图 3-113 $10TiO_2-Al_2O_3-10K_2O$ 三角图解
(Zhao Conghe,1989)
A. 大洋玄武岩区;B. 大陆裂谷型玄武岩、安山岩区;
C. 岛弧造山带玄武岩、安山岩

(三)结扎群火山岩

结扎群火山岩分布于日啊藏送曲一带的甲皮拉组碎屑岩及吐木加拉、宋根托日等一带的波里拉组灰岩中,呈夹层状、透镜状零星分布。岩性主要为安山岩、玄武岩、中酸性凝灰熔岩及凝灰岩。

1. 火山韵律及火山旋回的划分

测区结扎群甲丕拉组、波里拉组火山岩属陆相火山岩,火山岩呈透镜状、夹层状及零星火山地层产出,火山岩结构早期以爆发相的火山碎屑岩岩石类型为主,晚期为溢流相的火山碎屑熔岩岩石类型为主。

(1) 火山韵律划分

根据1:20万资料及路线火山岩资料研究,结扎群火山岩可划分为3个韵律,从零星出露的透镜状、夹层状火山岩岩性分析,为一个断续的喷发旋回,即结扎群(II_3)旋回。其中I韵律岩性为凝灰岩,呈强烈的爆发相类型;II韵律岩性为中酸性凝灰熔岩,火山喷溢稍有减弱,显示出由强烈的爆发向宁静的溢流相过渡的演化过程,总体以爆发相类型为主;III韵律由安山岩—玄武岩组成,呈典型的溢流相喷发类型;火山喷发活动方式总体为较强—强—弱的喷发过程。

(2) 火山旋回划分

在火山韵律清晰的基础上,显示该套火山岩的主要活动时期为晚三叠世火山喷发旋回,即结扎群甲丕拉组(II_3)旋回,与岩石地层单位结扎群甲丕拉组相对应,以强烈的爆发相开始,最终以宁静的溢流相结束。

2. 岩石类型及特征

结扎群火山岩主要以早期爆发相的火山碎屑岩为主,晚期溢流相的火山碎屑熔岩次之。

安山岩:分布很少,呈灰白色、斑状结构,基质具交织结构。斑晶由斜长石、暗色矿物组成,含量约30%,粒径0.5~1.5mm。斜长石为板柱状,牌号为45,属中长石。环带构造发育,斜长石已被碳酸盐和硅质微粒交代。暗色矿物已完全被碳酸盐交代,推断为角闪石。基质由斜长石微晶和硅质,方解石微粒组成,副矿物为锆石。

玄武岩:分布零星,为灰色,斑状结构,基质具交织—间片、间粒结构,块状构造或杏仁状构造。斑晶由斜长石及少量暗色矿物组成。斜长石呈半自形板柱状,牌号为31,属中长石,局部可见碳酸盐化和绢云母化。斑晶含量约20%,粒径一般为1~2mm。基质由斜长石、绿泥石、磁铁矿、碳酸盐组成。斜长石牌号为26,属更长石。岩石中见杏仁状构造发育,杏仁大小为1mm×2mm,杏仁石主要为方解石。

中酸性凝灰熔岩:分布较少,岩石为灰绿色,斑状结构或岩屑晶屑凝灰结构。基质具微粒隐晶结构。斑晶由更长石、条纹长石及石英组成,含量约15%、粒径为0.5~1.2mm,晶形完好。晶屑成分与斑晶相同,形状为尖棱状,石英可见锯齿状边缘,并有裂纹及波状消光。岩屑主要为安山岩酸性熔岩,少量凝灰岩和板岩。基质为微粒状的硅质物,长石微晶及绢云母、铁质物、钙质组成。

凝灰岩:分布相对较多,岩石呈灰紫色晶屑岩屑凝灰结构。火山碎屑磨圆、分选均很差,大者达1.5mm,一般0.1~0.2mm。晶屑主要为石英,不规则状,破裂并具波状消光,也有少量长石晶屑,晶屑含量约为33%。岩屑为安山岩、酸性熔岩、变砂岩等,含量约17%。玻屑较少,且已重结晶为长英质微粒。胶结物重结晶为微粒状石英及微晶状斜长石。

3. 岩石化学及地球化学特征

(1) 岩石化学分类

测区结扎群火山岩岩石化学含量列于表3-74,在TAS图解中(图3-114),投点在碱玄岩及流纹岩区。在SiO_2-K_2O分类图(图3-115)中,投点在高钾区,以高钾为主,而测区火山岩样品个别H_2O^+及烧失量均较高,表明该区岩石遭受过不同程度的蚀变、变质作用。

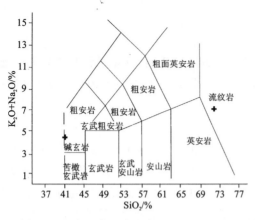

图 3-114 火山岩组火山岩 SiO_2-K_2O+Na_2O 图

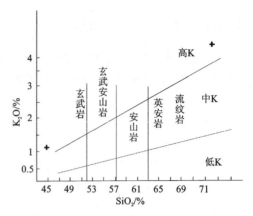

图 3-115 火山岩组火山岩 SiO_2-K_2O 图

(2) 岩石化学特征

测区火山岩岩石化学成分及特征参数列于表 3-74、表 3-76，CIPW 标准矿物含量见表 3-75，将测区样品投在 Ol'-Ne'-Q' 图解中（图 3-116）样品全部落在亚碱性系列。在 FAM 三角图解中（图 3-117），样品落在钙碱性系列区。

表 3-74 晚三叠世结扎群火山岩岩石化学成分表（w_B/%）

样品号	岩性	SiO_2	TiO_2	Al_2O_3	Fe_2O_3	FeO	MnO	MgO	CaO	Na_2O	K_2O	P_2O_5	H_2O^+	Los	Σ
3GS329-1	英安质玻屑凝灰岩	72.27	0.20	13.27	1.49	1.15	0.04	1.86	0.80	2.63	4.33	0.04	1.43	0.30	99.81
3GS941-2	玄武岩	40.56	0.75	13.26	1.42	4.68	0.13	6.20	14.81	3.32	1.09	0.13	2.70	10.65	99.7

表 3-75 晚三叠世结扎群火山岩 CIPW 标准矿物含量表（w_B/%）

样品号	or	ab	an	en	fs	hy	ap	il	mt	wo	dfs	den	di	q	cs	Σ
3GS329-1	26.00	22.59	3.78	4.71	0.84	5.55	0.09	0.38	2.07					36.25		99.66
3GS941-2	18.64						0.28	1.46	2.12	23.04	6.29	15.13	44.46		0.36	88.99

表 3-76 晚三叠世结扎群火山岩岩石化学特征参数值表

样品号	σ	AR	τ	DI	SI	FL	MF	M/F	O	O'	OX	LI
3GS329-1	1.65	2.19	53.20	85.13	16.23	89.69	58.67	1.31	0.56	0.44	0.47	23.23
3GS941-2	9.63	1.37	13.25	23.45	37.10	22.94	49.59	1.81	0.23	0.77	0.66	−12.49

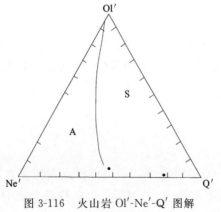

图 3-116 火山岩 Ol'-Ne'-Q' 图解
（Irvine T N 等, 1971）
A. 碱性系列；S. 亚碱性系列

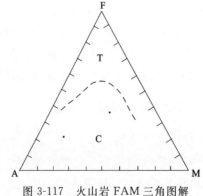

图 3-117 火山岩 FAM 三角图解
（Irvine T N 等, 1971）
T. 拉斑玄武岩系列；C. 钙碱性系列

4. 岩石地球化学特征

(1) 火山岩的稀土元素地球化学特征

测区晚三叠世结扎群火山岩稀土含量见表3-77及特征参数值列于表3-78,表中可以看出,结扎群火山岩稀土含量中$\Sigma REE=70.62\times10^{-6}\sim226.7\times10^{-6}$,$LREE/HREE=3.72\sim4.99$,稀土配分模式图(图3-118)曲线向右弱倾,表现轻稀土弱富集型特征。铈显示弱异常,介于弧后盆地和岛弧之间。

表3-77 晚三叠世结扎群火山岩稀土元素含量表($w_B/10^{-6}$)

样品号	La	Ce	Pr	Nd	Sm	Eu	Gd	Tb	Dy	Ho	Er	Tm	Yb	Lu	Y	ΣREE
3GS329-1	32.44	61.59	8.08	30.12	7.31	0.65	7.81	1.40	9.31	2.06	6.22	1.00	6.68	1.00	51.03	226.7
3GS941-2	6.6	15.34	2.43	9.77	2.83	0.89	3.11	0.57	3.60	0.76	2.19	0.33	2.04	0.31	19.85	70.62

表3-78 晚三叠世结扎群火山岩稀土元素特征参数值表

样品号	ΣREE	LREE	HREE	LREE/HREE	La/Yb	La/Sm	Sm/Nd	Gd/Yb	(La/Yb)$_N$	(La/Sm)$_N$	(Gd/Yb)$_N$	δEu	δCe
	$w_B/10^{-6}$												
3GS329-1	130.08	108.35	21.73	4.99	6.39	5.20	0.22	1.26	4.31	3.27	1.02	0.77	0.84
3GS941-2	58.36	45.99	12.37	3.72	4.45	3.12	0.26	1.50	3.00	1.96	1.21	0.91	0.94

(2) 火山岩微量元素地球化学特征

将测区火山岩微量元素含量列于表3-79、微量元素标准化值见表3-80。与地壳的丰度值(泰勒,1964;黎彤,1976)相比,强烈富集亲石元素(据戈尔德施密特分类)Rb、Th、Ba、Li、V,亲铁元素Co、Ni、Ti、P及Mo富集,其中F、Zn、V、Ba元素的含量远远高于地壳的丰度值(黎彤,1976),Sr、Sc、Cr等元素具有亏损性特点,由微量元素蛛网图(图3-119)显示,曲线具有多隆起型特征,与岛弧型火山岩岩石特征相似。

表3-79 晚三叠世结扎群火山岩微量元素含量表($w_B/10^{-6}$)

样品号	Li	Be	Sc	Ga	Th	Sr	Ba	V	Co	Cr	Ni	Cu	Pb	Zn	W	Mo	Ag	As
3GS941-2	15	1.0	27.0	5.7	1	63	99	127	22.0	171.0	107.0	61	<1	52	0.45	<0.20	0.063	1.1
3GS329-1	10	1.3	7.1	11.0	12	32	686	10	2.4	4.7	4.5	51	10	33	0.91	0.27	0.066	4.6

样品号	Sn	Hg	Bi	F	B	Rb	U	Hf	P	Te	Zr	Au	Cl	Ta	Y	Yb	Sb	Nb
3GS941-2	1.1	0.006	<0.05	342	<4	16	1.0	4.0	769	0.06	118	0.5	0.004	<0.5	25	2.9	0.44	4.9
3GS329-1	0.6	0.011	<0.05	359	<4	13	<0.5	2.5	521	0.07	95	0.5	0.005	<0.5	19	2.2	0.16	2.0

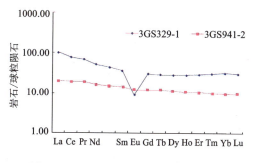

图3-118 火山岩稀土元素配分模式图

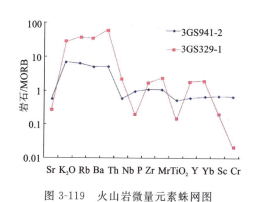

图3-119 火山岩微量元素蛛网图

表 3-80　晚三叠世结扎群微量元素标准化值表

样品号	微量元素测试结果/洋脊花岗岩													
	Sr	K_2O	Rb	Ba	Th	Nb	P	Zr	Hf	TiO_2	Y	Yb	Sc	Cr
3GS941-2	0.53	7.27	6.50	4.95	5.00	0.57	0.99	1.06	1.04	0.50	0.63	0.65	0.68	0.68
3GS329-1	0.27	28.87	39.00	34.30	60.00	2.06	0.19	1.68	2.38	0.13	1.87	1.94	0.18	0.02

5. 构造环境判别

在 TiO_2-10MnO-10P_2O_5 三角图解（图 3-120）中，投点均落在岛弧拉斑玄武岩区。通过对结扎群火山岩岩石类型、岩石化学、稀土元素、微量元素特征及 TiO_2-10MnO-10P_2O_5 三角图解的分析，表征该期火山岩的形成环境具有岛弧弧后火山岩构造环境特征。

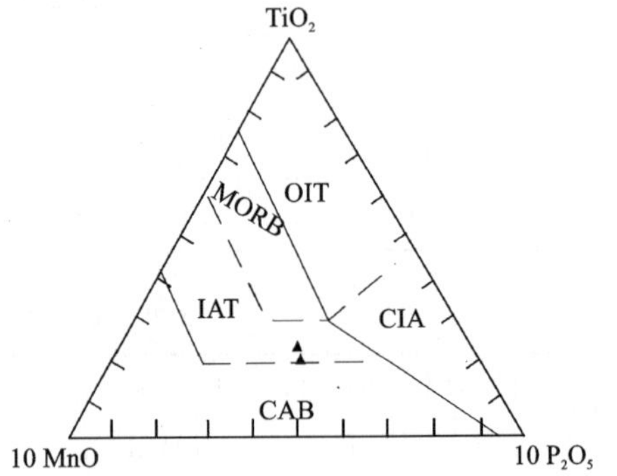

五、新生代火山岩

新生代火山岩仅见于古近纪—新近纪查保玛组中，分布于杂多构造区的色的日—让查日一带，岩石组合为灰红色流纹岩、浅灰绿色安山质火山角砾岩夹灰绿色英安质凝灰熔岩，火山岩系的喷溢相—爆发相的韵律特点明显，构成一个较完整的火山活动旋回。

图 3-120　火山岩 TiO_2-10MnO-10P_2O_5 三角图解
（据 E D Mallen，1983）
OIT. 大洋岛屿拉斑玄武岩；CIA. 大洋岛弧碱性玄武岩；
MORB. 洋中脊玄武岩；
IAT. 岛弧拉斑玄武岩；CAB. 钙碱性玄武岩

（一）火山韵律及火山旋回的划分

测区古近纪—新近纪火山岩属陆相火山岩，火山岩呈透镜状、夹层状及火山地层产出，火山岩结构早期以爆发相的火山碎屑岩岩石类型为主，晚期为溢流相的火山碎屑熔岩岩石类型为主。

1. 火山韵律划分

在多彩乡迪拉亿中—始新世查保玛组的火山岩不整合于上三叠统结扎群甲丕拉组之上，并被喜马拉雅早期的色的日似斑状花岗岩体及控巴俄仁石英正长岩体所侵入。该期火山岩主要分布在赛迪拉—让查日等一带，具岩性出露全、厚度较大的特点。

根据多彩乡迪拉亿中—始新世查保玛组的火山岩剖面及附近路线资料研究，古近纪—新近纪查保玛组火山岩可划分为 3 个韵律，总体上为一个喷发旋回，即查保玛组（Ⅲ$_1$）旋回。其中Ⅰ韵律由 2—9 层组成，岩性以流纹岩—安山岩—安山玄武岩为主，其中间夹 2m 厚的沉积层，出现喷发的间歇性特点，英安质凝灰熔岩及安山质火山角砾岩次之。火山活动经历了由溢流相—爆发相过渡的喷发过程；10—11 层组成Ⅱ韵律，由流纹岩—安山质角砾熔岩组成，此阶段以火山活动短暂，喷发时间短为特征，同样经历了溢流相—爆发相；Ⅲ韵律由 12—14 层组成，岩性呈流纹岩—安山岩—安山质火山角砾岩的演化规律，显示出由宁静的溢流相向强烈的爆发过渡的演化过程，活动方式为弱—较强的喷发过程。总体呈现由宁静的溢流相—强烈的爆发相间歇出现的规律（具体岩性见地层部分）。喷发呈前弱后强的活动趋势。

2. 火山旋回划分

在划分火山韵律基础上，可划分该套火山岩的主要活动时期为古近纪查保玛组火山旋回（Ⅲ$_1$）。与岩石地层单位查保玛组相对应，各韵律以溢流相发育为特征，最后以爆发相结束。

总体火山喷发以流纹岩作为I韵律的开始,且出露厚度大;以火山角砾岩为火山活动的结束,出露厚度较小的特点,剖面总厚度达1800m以上,说明了该火山旋回总体以溢流相为主,爆发相次之的演化过程。

(二) 火山岩地质特征

1. 火山岩相划分

根据多彩乡迪拉亿中—始新世查保玛组的火山岩剖面及附近路线资料,古近纪—新近纪查保玛组火山岩可划分为2个火山岩相。

(1) 爆发相

爆发相火山岩分布较少,以中酸性凝灰岩、火山角砾岩为主,间夹少量集块熔岩,局部岩石蚀变强烈。

(2) 溢流相

该岩相分布广泛,主要由流纹岩、安山岩为主,安山玄武岩及少量珍珠岩次之。

2. 火山岩时代的确定

测区火山岩系明显地不整合于结扎群各岩组之上,故其形成时间应晚于晚三叠世。另外,侵入火山岩系中的色的日似斑状花岗岩体中取黑云母K-Ar同位素测年,获得41.8Ma的地质年龄,且前人曾在查保玛组地层中获46Ma的K-Ar年龄。而火山岩与花岗岩体之间副矿物类型、微量元素含量特征及矿化特征都很相似,故认为二者为同源同期、不同序次的岩浆活动的产物,只是时间上略有先后。据上述资料,暂认为火山岩的时代确定为渐新世—中新世。

(三) 岩石类型

该区火山岩系的岩石种类有熔岩及碎屑熔岩、火山碎屑岩两大类。其中熔岩分布最广,火山碎屑岩、碎屑熔岩较少。

1. 熔岩类

流纹岩:组成火山岩系的主要岩石,岩石为浅肉红色或灰白色,斑状结构,基质具交织结构或微粒状结构,流纹构造。斑晶主要为钠长石、钾长石、石英,含量约9%,斑晶粒径为0.1~0.5mm。基质为长石、石英及少量绢云母、粘土矿物、副矿物。斑晶中斜长石呈半自形—他形板柱状,牌号为23,属更长石,局部可见被石英交代,钾长石具卡氏双晶,为正长石、石英他形粒状。

安山岩:分布仅次于流纹岩,大部分为石英安山岩,其次为安山岩,局部见有粗面安山岩。石英安山岩为灰白—灰色,斑状结构,基质具微粒结构及胶质结构。斑晶主要为斜长石及少量石英、黑云母。斜长石呈半自形,板柱状,牌号为23~30,属更中长石,具绢云母化。黑云母完全被碳酸盐和白云母交代,斑晶含量一般为11%~15%,斑岩粒径一般为0.5~2mm。基质由斜长石、石英及少量绢云母、碳酸盐组成,粒径一般为0.01~0.3mm。安山岩斑晶中无石英,少量暗色矿物斑晶保留辉石及角闪石假象。斑晶含量局部可高达30%。粗面安山岩的斑晶主要由斜长石、少量钾长石和黑云母组成。斜长石边缘可见有钾长石交代现象。少数钾长石具格子状双晶,可能为歪长石。

安山玄武岩:分布较少,为灰色,斑状结构,基质具交织—间片、间粒结构,块状构造或杏仁状构造。斑晶由斜长石及少量暗色矿物组成。斜长石呈半自形板柱状,牌号为31,属中长石,局部可见碳酸盐化和绢云母化。斑晶含量约20%,粒径一般为1~2mm。基质由斜长石、绿泥石、磁铁矿、碳酸盐组成。斜长石牌号为26,属更长石。粗玄岩为灰紫色,岩石蚀变强烈,主要由钠更长石、少量暗色矿物和绿帘石组成。钠更长石往往有一个绿帘石中心,应为基性斜长石蚀变而成。暗色矿物已被绿泥石交代并析出大量铁质,推测原来矿物为辉石或橄榄石。斜长石搭成格架,里面充填有铁质和绿帘石。岩石中见杏仁状构造发育。杏仁大小为1mm×2mm,杏仁石主要为方解石。

2. 火山碎屑岩类

凝灰岩：以中酸性晶屑凝灰岩为主，其次为含火山角砾的晶屑、玻屑凝灰岩。岩石为灰绿、灰褐色，晶屑为长石、石英及少量暗色矿物，尖棱状，有裂纹。玻屑呈弓形管状，已脱玻化。胶结物已重结晶为绢云母鳞片和硅质微粒。火山角砾以安山岩为主，棱角状，角砾直径一般为2~3mm。

火山角砾岩：分布较广，主要在火山岩系中上部，呈透镜状，局部为集块熔岩。火山角砾岩为灰绿或褐铁灰色，角砾成分主要为安山岩，局部见有流纹岩及沉积岩角砾。角砾直径一般为2~8mm，分选性不好，呈次棱角状。胶结物主要由长石、石英晶屑和火山灰组成，胶结类型主要为孔隙式。

（四）岩石化学特征

1. 岩石化学分类

测区古近纪查保玛组火山岩岩石化学含量见表3-81，将熔岩类的样品投点于国际地科联1989年推荐的划分方案TAS图（图3-121），可划分为粗面玄武岩、粗安岩、粗面英安岩及流纹岩4个岩石类型。岩类的划分与镜下鉴定结果有一定差别，可能与含水量及其他因素有关。K_2O含量变化在0.29%~4.59%之间，除2个样品含量在0.29%、0.61%外，其余K_2O含量都大于2.29%，变化范围不大，但K_2O含量较高。在SiO_2-K_2O分类图解（图3-122）中也可看出，有6个样品为高钾，3个样品为中钾，仅2个样品为低钾，火山岩属中-高钾碱性粗面玄武岩、粗安岩、流纹岩组合。

表3-81 古近纪查保玛组火山岩岩石化学成分表（w_B/%）

岩石名称	样品号	SiO_2	TiO_2	Al_2O_3	Fe_2O_3	FeO	MnO	CaO	MgO	K_2O	Na_2O	P_2O_5	CO_2	H_2O
安山岩	3P16GS1	75.78	0.20	12.17	1.90	0.17	0.28	0.13	0.19	5.64	2.14	0.02	0.16	1.07
流纹岩	3P16GS2	77.03	0.19	12.11	0.94	0.25	0.17	0.14	0.16	5.48	2.38	0.02	0.02	1.00
流纹英安岩	3P16GS3	48.86	1.58	18.16	9.83	2.60	0.15	4.88	3.46	1.67	4.68	0.49	0.58	2.82
粗玄岩	2GS1611-1	50.47	1.23	18.39	6.80	1.48	0.16	5.15	6.48	0.29	5.39	0.29	0.14	3.46
安山玄武岩	2P19GS21-1	46.80	1.40	15.13	3.73	3.92	0.22	7.78	3.99	2.95	4.64	0.41	6.00	3.57
安山岩	2P19GS22-1	65.23	0.66	15.15	1.78	1.74	0.08	2.56	0.50	3.27	5.23	0.12	2.16	1.54
安山岩	2GS1519-1	60.56	1.16	16.55	4.95	1.22	0.10	2.65	0.96	3.27	5.62	0.42	1.15	1.62
安山岩	2GS1607-1	65.20	1.00	14.63	1.63	3.60	0.08	2.04	1.47	2.29	5.05	0.38	0.91	1.35
安山岩	2GS1769-1	55.11	1.06	16.30	6.97	0.52	0.15	5.69	1.00	0.61	7.56	0.33	3.24	1.50
安山岩	2GS1147-1	60.54	1.13	15.86	1.61	3.67	0.17	3.10	2.21	3.55	4.36	0.37	1.86	1.92
流纹岩	2P19GS9-1	71.79	0.23	13.50	0.34	1.60	0.06	1.38	0.58	3.05	4.34	0.02	1.58	1.37
流纹岩	2P19GS16-1	70.69	0.47	14.17	1.68	1.45	0.10	0.59	0.15	4.59	4.02	0.19	0.27	0.68
流纹岩	2P19GS23-1	76.23	1.13	13.00	0.37	1.19	0.04	0.45	0.15	2.68	4.09	0.02	0.11	1.31
中酸性凝灰熔岩	2GS1759-1	66.24	0.82	15.02	2.82	2.02	0.12	1.96	1.12	3.22	6.00	0.22	0.08	0.50
英安质角砾熔岩	2P19GS6-1	63.08	0.67	14.51	0.98	3.13	0.11	3.57	1.42	3.59	3.87	0.20	2.71	2.25
含角砾中酸性凝灰熔岩	2GS1394-1	72.70	0.26	13.91	1.23	1.22	0.02	0.32	0.24	5.88	3.13	0.06		0.85
含角砾辉石安山岩	2GS795-1	58.00	1.00	17.42	1.57	4.58	0.11	2.90	3.30	2.20	6.00	0.35	0.18	2.51
安山质角砾熔岩	2P19GS2-1	68.04	0.59	13.64	0.76	2.49	0.10	2.22	1.23	3.05	4.60	0.13	1.24	1.49
中酸性火山角砾岩	2P19GS1-1	72.45	0.29	12.26	0.89	1.48	0.10	1.60	0.80	4.65	2.84	0.09	1.63	1.26
安山质火山角砾岩	2P19GS10-1	52.69	1.54	16.32	3.33	5.15	0.17	4.85	3.49	2.22	4.44	0.42	1.50	3.43

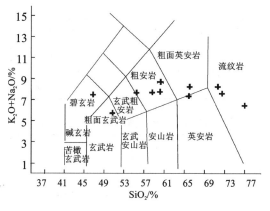

图 3-121 查保玛组火山岩 TAS 图

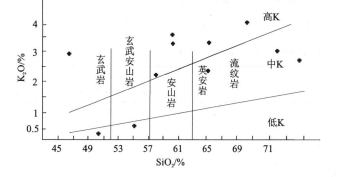

图 3-122 查保玛组火山岩 SiO$_2$-K$_2$O 图

2. 岩石化学特征

测区古近纪查保玛组火山岩岩石化学含量见表 3-81,岩石化学特征参数值和 CIPW 标准矿物含量列于表 3-82、表 3-83,将测区熔岩类样品投在 Ol'-Ne'-Q'图解(图 3-123)中,样品全部落在亚碱性系列,样品很少靠近碱性系列。而在 FAM 三角图解(图 3-124)中,样品绝大多数落在钙碱性系列区,仅有 1 个样品落在拉斑玄武岩系列区,且靠近钙碱性系列区。而里特曼指数(0.31～3.07)都小于 3.3,为钙碱性系列。

各类岩石一般 SiO$_2$、Fe$_2$O$_3$、K$_2$O、Na$_2$O 含量较高,CaO、MgO、FeO 含量较低,岩石为正常类型或铝过饱和类型,Na$_2$O>K$_2$O,K$_2$O/Na$_2$O 比值一般在 0.5～0.8 之间。查保玛组火山岩相当于陆内碱性岩,属钙碱性岩中偏碱性岩。

表 3-82 古近纪查保玛组火山岩岩石化学特征参数值表

样品号	Nk	F	σ	AR	τ	SI	FL	MF	M/F	OX	K$_2$O/Na$_2$O	MgO/FeO
3P16GS1	7.78	2.07	1.85	4.44	50.15	1.89	98.36	91.59	0.04	0.92	2.64	1.12
3P16GS2	7.86	1.19	1.82	4.58	51.21	1.74	98.25	88.15	0.07	0.79	2.30	0.64
3P16GS3	6.35	12.43	6.88	1.76	8.53	15.56	56.54	78.23	0.15	0.79	0.36	1.33
2GS1611-1	5.68	8.28	4.32	1.64	10.57	31.70	52.45	56.10	0.43	0.82	0.05	4.38
2P19GS21-1	7.59	7.65	15.16	1.99	7.49	20.75	49.38	65.72	0.34	0.49	0.64	1.02
2P19GS 22-1	8.50	3.52	3.25	2.85	15.03	3.99	76.85	87.56	0.09	0.51	0.63	0.29
2GS1519-1	8.89	6.17	4.50	2.72	9.42	5.99	77.04	86.54	0.09	0.80	0.58	0.79
2GS1607-1	7.34	5.23	2.43	2.57	9.58	10.47	78.25	78.06	0.21	0.31	0.45	0.41
2GS1769-1	7.13	7.49	2.14	3.01	8.25	12.30	87.23	88.22	0.07	0.93	0.58	1.92
2GS1147-1	7.91	5.28	3.57	2.43	10.18	14.35	71.84	70.49	0.31	0.30	0.81	0.60
2P19GS9-1	7.39	1.94	1.90	2.97	39.83	5.85	84.26	76.98	0.25	0.18	0.70	0.36
2P19GS 16-1	8.61	3.13	2.68	3.80	21.60	3.45	93.59	75.68	0.12	0.54	1.14	0.67
2P19GS23-1	6.77	1.56	1.38	3.03	38.74	1.77	93.77	91.23	0.08	0.24	0.66	0.13
2GS1759-1	9.22	4.84	3.66	3.38	11.00	7.38	82.47	81.81	0.14	0.58	0.54	0.55
2P19GS6-1	7.46	4.11	2.77	2.40	15.88	10.93	67.63	74.32	0.27	0.24	0.93	0.45
2GS1394-1	9.01	2.45	2.73	4.45	41.46	2.05	96.57	91.08	0.06	0.50	1.88	0.20
2GS795-1	7.82	2.16	4.08	2.25	11.80	3.56	72.95	85.23	0.08	0.56	0.39	0.72
2P19GS 2-1	7.65	3.25	2.34	2.58	20.13	10.14	77.51	72.54	0.30	0.23	0.66	0.49

续表 3-82

样品号	Nk	F	σ	AR	τ	SI	FL	MF	M/F	OX	K₂O/Na₂O	MgO/FeO
2P19GS 1-1	7.49	2.37	1.90	3.35	32.48	7.50	82.40	74.76	0.24	0.38	1.64	0.54
2P19GS 10-1	6.66	8.48	4.58	1.92	7.71	18.73	57.86	70.84	0.29	0.39	0.50	0.68

表 3-83 古近纪查保玛组火山岩岩石化学 CIPW 标准矿物含量表(w_B/%)

样品号	or	ab	an	c	en	fs	hy	ap	mt	cc	q	il	Σ
3P16GS1	33.39	18.11		2.55	0.3	0.86	1.16	0.04	1.62	0.19	41.24	0.38	98.68
3P16GS2	32.44	20.14	0.45	2.1	0.4	0.38	0.78	0.04	0.96	0.05	41.65	0.36	98.97
3P16GS3	9.87	39.69	17.71	2.19	7.73	5.72	13.45	1.07	7.22	1.32		3	96.68
2GS1611-1	17.97	40.45		4.45	9.58	3.17	12.75	0.92	5.06	13.43	1.64	2.74	99.41
2P19GS21-1	19.62	44.93		3.05	0.67	0.80	1.47	0.26	2.62	4.39	21.88	1.27	99.49
2P19GS 22-1	19.62	48.23	3.42	2.56	2.42	0.88	3.30	0.94	4.64	2.62	12.22	2.24	99.83
2GS1519-1	13.77	43.49	2.15	3.13	3.74	3.81	7.55	0.85	2.41	2.12	22.62	1.94	100.03
2GS1607-1	3.66	64.99	5.88	1.09	2.54	2.31	4.85	0.74	5.13	7.48	3.79	2.05	99.66
2GS1769-1	21.33	37.49	1.45	4.38	5.60	3.91	9.51	0.83	2.38	4.30	16.17	2.18	100.02
2GS1147-1	18.32	37.32		3.10	0.28	2.42	2.70	0.04	0.51	2.46	34.12	0.44	99.01
2P19GS9-1	27.60	34.61	0.15	2.56	0.37	0.68	1.05	0.42	2.48	0.61	29.60	0.91	99.99
2P19GS 16-1	1.77	47.39	23.83	0.83	6.93	1.70	8.63	0.66	5.02	0.34		2.43	99.66
2P19GS 23-1	17.97	40.45		4.45	9.58	3.17	12.75	0.92	5.06	13.43	1.64	2.74	99.41
2GS1759-1	19.62	44.93		3.05	0.67	0.80	1.47	0.26	2.62	4.39	21.88	1.27	99.49
2P19GS6-1	19.62	48.23	3.42	2.56	2.42	0.88	3.30	0.94	4.64	2.66	12.22	2.24	99.83
2GS1394-1	13.77	43.49	2.15	3.13	3.74	3.81	7.55	0.85	2.41	2.12	22.62	1.94	100.03
2GS795-1	3.66	64.99	5.88	1.09	2.54	2.31	4.85	0.74	5.13	7.48	3.79	2.05	99.66
2P19GS 2-1	21.33	37.49	1.45	4.38	5.60	3.91	9.51	0.83	2.38	4.30	16.17	2.18	100.02
2P19GS 1-1	18.32	37.32		3.10	0.28	2.42	2.70	0.04	0.51	2.46	34.12	0.44	99.01

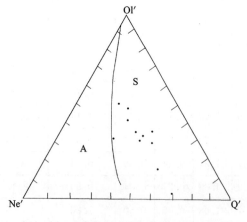

图 3-123 查保玛组火山岩 Ol′-Ne′-Q′图解
（Irvine T N 等,1971）
A.碱性系列；S.亚碱性系列

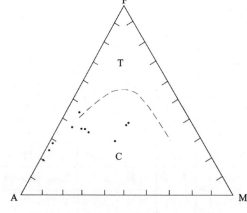

图 3-124 查保玛组火山岩 FAM 图解
（Irvine T N 等,1971）
T.拉斑玄武岩系列；C.钙碱性系列

3. 岩石地球化学特征

(1) 火山岩的稀土元素地球化学特征

测区新生代查保玛组火山岩稀土含量见表 3-84，稀土元素标准化值见表 3-85 及特征参数值列于表 3-86，表中可以看出，查保玛组火山岩稀土含量中 $\sum REE = 115.88 \times 10^{-6} \sim 347.05 \times 10^{-6}$，$LREE/HREE = 6.14 \sim 6.73$，变化范围较小，稀土配分模式图（图 3-125）曲线向右倾，表现轻稀土富集型特征。3P16XT1、3P16XT2、3P16XT3 样品反映铕呈负异常，$\delta Eu = 0.12$、0.12、0.91，表明岩浆来源较深。

表 3-84　查保玛组火山岩稀土元素含量表（$w_B/10^{-6}$）

样品号	La	Ce	Pr	Nd	Sm	Eu	Gd	Tb	Dy	Ho	Er	Tm	Yb	Lu	Y	$\sum REE$
3P16XT1	60.28	175.30	14.01	43.00	9.20	0.36	8.65	1.72	12.41	2.66	8.03	1.35	8.76	1.32	63.11	410.16
3P16XT2	45.35	173.10	10.96	33.05	7.11	0.29	7.28	1.50	11.21	2.47	7.73	1.32	8.46	1.28	61.62	372.73
3P16XT3	17.60	42.16	6.11	26.49	5.63	1.65	5.34	0.81	4.39	0.86	2.18	0.34	2.02	0.30	19.42	135.29

表 3-85　查保玛组火山岩稀土元素标准化值表

样品号	稀土元素测试结果/球粒陨石													
	La	Ce	Pr	Nd	Pm	Sm	Eu	Gd	Tb	Dy	Ho	Er	Tm	Yb	Lu
3P16XT1	194.45	216.96	114.84	71.67	59.42	47.18	4.90	33.40	36.29	38.54	37.05	38.24	41.67	41.91	40.99
3P16XT2	146.29	214.23	89.84	55.08	45.77	36.46	3.95	28.11	31.65	34.81	34.40	36.81	40.74	40.48	39.75
3P16XT3	56.77	52.18	50.08	44.15	36.51	28.87	22.45	20.62	17.09	13.63	11.98	10.38	10.49	9.67	9.32

表 3-86　查保玛组火山岩稀土元素特征参数值表

样品号	$\sum REE$ ($w_B/10^{-6}$)	LREE	HREE	LREE/HREE	La/Yb	La/Sm	Sm/Nd	Gd/Yb	$(La/Yb)_N$	$(La/Sm)_N$	$(Gd/Yb)_N$	δEu	δCe
3P16XT1	347.05	302.15	44.90	6.73	6.88	6.55	0.21	0.99	4.64	4.12	0.80	0.12	1.40
3P16XT2	311.11	269.86	41.25	6.54	5.36	6.38	0.22	0.86	3.61	4.01	0.69	0.12	1.81
3P16XT3	115.88	99.64	16.24	6.14	8.71	3.13	0.21	2.64	5.87	1.97	2.13	0.91	0.98

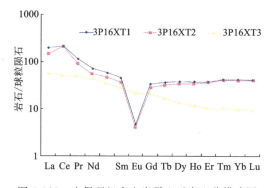

图 3-125　查保玛组火山岩稀土元素配分模式图

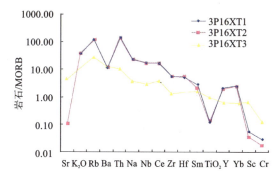

图 3-126　查保玛组火山岩微量元素蛛网图

(2) 火山岩微量元素地球化学特征

测区火山岩的微量元素含量见表 3-87、微量元素标准化值见表 3-88，从分析结果看，稀土元素总体含量较贫，微量元素蛛网图中曲线明显具有"多 M 型"隆起曲线特征（图 3-126），Th、Rb 元素强烈富集，K、Ba、Ta、Nb、Ce、Zr、Hf、Sm、Y、Yb 等元素出现相对富集，其中 Sr、Ti、Sc、Cr 等元素亏损。显示与活动陆缘环境特点相似。

表 3-87 查保玛组火山岩微量元素含量表（$w_B/10^{-6}$）

样品号	Li	Sc	Ga	Th	Sr	Ba	V	Co	Cr	Ni	Cu	Pb
3P16XT1	18.1	2.29	24.7	28.0	13.1	262	22.1	4.73	7.04	15.8	7.08	4.3
3P16XT2	16.9	1.38	23.0	29.0	12.6	217	20.1	4.55	4.34	11.7	6.14	4.5
3P16XT3	39.3	26.60	18.50	2.21	577.0	280	267.0	31.10	31.70	25.6	23.10	9.9
样品号	B	Rb	U	Hf	Te	Zr	Cl	Ta	Nb	Bi	F	Hg
3P16XT1	25.2	234	5.22	13.5	0.047	495	90.0	3.98	62.3	0.10	678	0.005
3P16XT2	23.6	219	5.15	13.8	0.051	482	89.6	4.13	62.1	0.14	592	0.005
3P16XT3	26.0	59	0.84	3.9	0.041	126	111	0.71	10.1	0.07	445	0.005

表 3-88 查保玛组火山岩微量元素测试结果标准化值表

样品号	微量元素测试结果/洋脊花岗岩														
	Sr	K_2O	Rb	Ba	Th	Ta	Nb	Ce	P	Zr	Hf	Sm	TiO_2	Y	Yb	Sc	Cr
3P16XT1	0.11	37.60	117.00	13.10	140.00	22.11	17.80	17.53	0.00	5.50	5.63	2.79	0.13	2.10	2.58	0.06	0.03
3P16XT2	0.11	36.53	109.50	10.85	145.00	22.94	17.74	17.31	0.00	5.36	5.75	2.15	0.13	2.05	2.49	0.03	0.02
3P16XT3	4.81	11.13	29.50	14.00	11.05	3.94	2.89	4.22	0.00	1.40	1.63	1.71	1.05	0.65	0.59	0.67	0.13

（五）火山岩形成构造环境判别

在 Al_2O_3-$10K_2O$-$10TiO_2$ 图解（图 3-127）上所有点均落在岛弧造山带玄武岩区、安山岩区，部分点靠近大陆裂谷玄武岩区、安山岩区，且 SiO_2=46.8%～77.03%之间，并且多数在 55%以上，含量较高，富 Na_2O、Al_2O_3 的特点。在火山岩里特曼-弋蒂里图解（图 3-128）中样品中绝大多数点都投在岛弧及活动大陆边缘区，部分点投在 C 区，对测区古近纪查保玛组火山岩的岩石学、岩石化学、地球化学等研究，SiO_2=46.8%～77.03%之间，$TFeO/MgO$ 比值多数大于 2.0，KO_2/NaO_2 比值多数大于 0.6，其形成于活动大陆边缘环境。综上所述，结合前人资料（李充明，2000；赖绍聪，1991）古近纪查保玛组火山岩形成环境为活动大陆边缘环境。

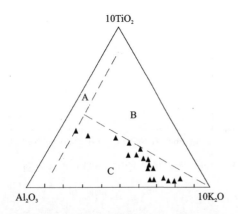

图 3-127 火山岩 Al_2O_3-$10K_2O$-$10TiO_2$ 图解
(Zhao Conghe, 1989)
A. 大洋玄武岩区；B. 大陆裂谷型玄武岩、安山岩区；
C. 岛弧造山带玄武岩、安山岩

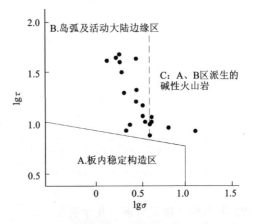

图 3-128 查保玛组火山岩里特曼-弋蒂里图解

第六节 脉　岩

测区内脉岩极为发育,分布也比较广泛,几乎遍布于测区不同时代的地质体之中。从石炭纪到晚三叠世,不同构造分区的不同构造层次及其不同的地质体发育有不同类型的脉岩。其岩石种类繁多,从深成到浅成、从超镁铁质到中酸性和碱性均有规模各异的脉岩发育,并且具多期次性和专属性。

根据脉岩与深成岩体的关系,调查区脉岩又可分为与侵入作用有密切关系的相关性脉岩和与侵入作用无关的发源于深部的区域性脉岩两类,其中相关性脉岩多发育在早期的岩体及其周围,由于风化的差异(脉岩多数难以风化),使之多凸出地表成脉状而易于识别,而区域性脉岩多受区域构造的影响,脉岩大多沿深大断裂带、次级裂隙面贯入,或沿早期地层面理顺层侵入,不同的构造部位发育特征不同。

一、区域性脉岩

该类脉岩在测区内分布最为广泛,在测区中生代以前的各种地质体内均能见其出露。该类脉岩的侵位不仅限于与某一个或一期岩体,而是与区域构造环境相关,如印支期的辉绿玢岩,多数产状受区域构造线的控制与之协调,脉岩规模不等,往往单脉宽0.05~10m,延伸到20~500m,岩脉形态在走向上的变化较为稳定,时间上具有多期次性。主要脉岩类型包括基性岩脉,石英岩脉,各类玢岩、斑岩、煌斑岩脉,花岗细晶岩脉等。

主要岩石类型有未分的超镁铁质岩脉、辉长岩脉、辉长辉绿岩脉、辉绿玢岩脉、煌斑岩脉等。分布在测区中部杂多晚古生代活动陆缘的着晓—杂多—子曲一带和西金乌兰—金沙江结合带的多日茸—多松弄一带,根据岩石、岩石化学、岩石地球化学特征、同位素年龄值等特征,测区基性—超基性岩脉分别为海西期和燕山期的产物。

1. 海西期煌斑岩脉

(1) 地质岩石学特征

煌斑岩类岩脉路线控制共有4条,岩石类型分别为玄煌岩、闪斜煌斑岩及斜闪煌岩,分布在子吉赛、格玛涌一带,岩脉全部侵位于早二叠世尕笛考组中。该类型岩脉野外呈深灰色—灰黑色,斑状结构、显微细粒结构,块状构造。脉岩变质较强。斑晶以角闪石、斜长石为主,镜下可见角闪石具有辉石的晶形。其规模一般较小,宽仅50cm~2m左右,延伸不稳定,长一般70~150m。依据岩脉的围岩全部为早二叠世地层的专属性,煌斑岩脉形成时代可能为海西期。

深灰色闪斜煌斑岩:全自形粒状结构,煌斑结构、变余斑状结构,粒径0.4~0.9mm,基质0.01~0.02mm。主要矿物成分为斜长石含量50%,长板状自形晶,为中长石,环带构造发育;角闪石为绿色普通角闪石,含量49%,柱状、针柱状自形晶,多色性不透明矿物;榍石等含量1%。

深灰色碎裂岩化斜云煌岩:碎裂残余斑状结构,粒径0.13~0.5mm。斑晶由角闪石假象(15%)和自形黑云母(5%)组成,粒径0.2~1.5mm,基质中斜长石含量40%,纤维状、纤柱状、放射状构成球粒;角闪石含量17%,自形粒状,为普通角闪石;黑云母含量23%,板条状、板柱状,褐色多色性。

灰黑色云煌岩:斑状结构,块状构造。斑晶粒径0.1~0.5mm,成分为黑云母含量5%~8%;辉石20%。黑云母镜下呈褐红色,偶见环带,由浅色的核和深色的边部组成;辉石呈半自形板状,边部有熔蚀现象,已被蚀变成方解石和磁铁矿的集合体。基质呈显微隐晶结构,由黑云母(20%)、蚀变角闪石(12%)、蚀变辉石(8%)和钾长石与粘土质集合体(25%)组成。

(2) 岩石化学、地球化学特征

区域性岩脉岩石化学、地球化学数据见表3-89。岩石中 SiO_2 的含量为51.46%，辉长岩的稀土总量为 $69.3×10^{-6}$，轻、重稀土总量比值为1.50，为平坦型，δEu 值为1.16，具正的铕异常，在稀土配分模式图上，曲线均为略左倾斜的平坦光滑曲线，无铕异常（图3-129）。

岩石中 Ba、Rb、Cr、Co、Ni 等元素含量较高，而 Th、Hf 为亏损，其他元素均接近或低于泰勒值，稀土元素的蛛网图见图3-130。

表3-89 海西期煌斑岩脉岩石化学、地球化学数据表

样品	稀土元素含量 $(w_B/10^{-6})$														
	La	Ce	Pr	Nd	Sm	Eu	Gd	Tb	Dy	Ho	Er	Tm	Yb	Lu	Y	ΣREE
3XT1224-1	3.28	8.81	1.59	8.39	2.92	1.3	4.05	0.75	4.94	1.04	2.9	0.46	2.9	0.46	25.5	69.3

样品号	岩石化学成分 $(w_B/\%)$												
	SiO_2	TiO_2	Al_2O_3	Fe_2O_3	FeO	MnO	MgO	CaO	Na_2O	K_2O	P_2O_5	H_2O^+	Los	Total
3GS1224-1	51.46	1.34	15.68	3.03	5.58	0.17	5.99	11.93	2.13	0.27	0.1	1.94	0.2	99.82

样品号	稀土元素特征参数值									
	LREE/HREE	La/Yb	La/Sm	Sm/Nd	Gd/Yb	$(La/Yb)_N$	$(La/Sm)_N$	$(Gd/Yb)_N$	δEu	δCe
3XT1224-1	1.50	1.13	1.12	0.35	1.40	0.76	0.71	1.13	1.16	0.92

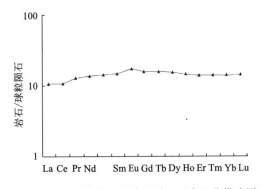

图3-129 海西期煌斑岩脉的稀土元素配分模式图

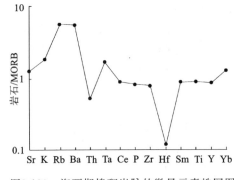

图3-130 海西期煌斑岩脉的微量元素蛛网图

2.燕山期辉长岩—辉绿玢岩岩脉（墙）

（1）地质岩石学特征

岩石集中分布在西金乌兰—金沙江结合带的多日茸—多松弄一带，巴颜喀拉双向边缘前陆盆地的恩木龙—龙仁科一带和杂多晚古生代活动陆缘的子曲—妥热涌一带均有分布，并形成中晚侏罗世莫鬼辉长辉绿岩体。由于经历了区域大地构造意义的拉张，形成了具有区域裂解意义的基性岩脉，因此属区域性岩脉。单脉宽2～15m，延长100～1000m不等，多数规模较小，走向上岩脉的形态较为稳定，倾角近于直立，在西金乌兰—金沙江结合带岩脉侵位于晚三叠世巴塘群，侵入接触关系明显；在巴颜喀拉山构造带辉绿玢岩侵入到晚三叠世巴颜喀拉山群；在杂多构造带岩脉侵入晚石炭世加麦弄群和晚三叠世结扎群中，与围岩侵入接触关系清楚。岩脉的主要岩石类型为辉石岩、辉长岩、辉长辉绿玢岩、辉绿玢岩等。岩石为灰绿色—深灰色，辉绿岩为变余辉绿结构，辉绿玢岩具变余斑状结构，基质具有辉绿结构，块状构造。不同岩石具有不同的矿物组成，但主要矿物成分都离不开板条状微晶斜长石、单斜辉石、角闪石及其变质矿物阳起石、绿帘石、绿泥石和少量的石英等，岩脉多已帘石化、纤闪石化、绿泥石化。

(2) 岩石化学、地球化学特征

岩石中辉石岩的 SiO_2 的含量 40.69%，辉长岩的含量 45.56%～47.91%，辉绿岩的含量为 50.44%，辉绿玢岩为 56.11%，均属基性岩范畴。且 SiO_2 的含量逐渐增高。辉长岩的稀土总量为 26.92×10^{-6}～152.36×10^{-6}，总量随 SiO_2 的含量增高而逐渐增高，轻、重稀土总量比值为 2.18～5.89，为轻稀土富集型，随 SiO_2 增高轻稀土逐渐富集，δEu 值分别为 0.91～1.14，辉石岩和辉长岩的稀土含量和特征非常一致呈平坦型，而辉绿岩和辉绿玢岩呈轻稀土富集性，表明为同源岩浆系列。在稀土配分模式图（图 3-131）上，曲线均为平坦—略右倾斜的光滑曲线，基本无铕异常。

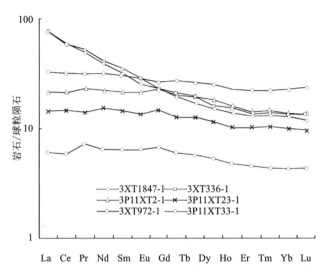

图 3-131 辉长岩-辉绿玢岩岩脉稀土元素配分模式图

各类岩石的微量元素特征非常一致，辉绿岩的 Ba、Rb、Th、Cr、Co、Ni 等元素含量较高，而 Hf 为亏损，其他元素均接近或低于泰勒值，微量元素的蛛网图见图 3-132。

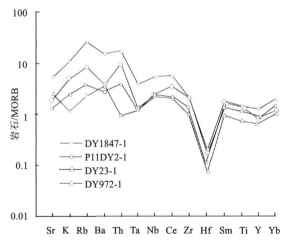

图 3-132 辉长岩-辉绿玢岩岩脉微量元素蛛网图

3. 石英脉

石英脉是区内较为广泛的特殊岩脉之一，石英脉多呈细脉状、肠状、枝叉状、网格状、团块状、褶皱状等多种形态沿裂隙、节理及断裂带贯入，就体积而言，它们之间相差悬殊，长者可达百余米，短者仅在数十厘米，宽从几厘米到十余米不等。该类岩脉在整个基岩地区均有产出，多分布在中—新元古代宁多岩群及早期的片麻状花岗岩中，在处于造山带的巴颜喀拉山群和巴塘群中也有分布，其产状与区域构造线相吻合，形态变化较大，但矿化特征不明显。

4. 细晶岩脉

本区细晶岩脉也较为常见,在测区多数地质体特别是侵入体中都能见有其踪迹,单脉宽 0.01~2m 不等,延长多大于 10m,成分相当于花岗岩—花岗闪长岩。

5. 微细粒闪长岩、闪长玢岩岩脉

该岩脉分布在测区新生代以前的各种地质体中。两者成分上一致,均由角闪石、中性长石组成,另见有黑云母及石英等闪长玢岩脉,斑状结构,块状构造;闪长岩微细粒半自形、他形结构,块状构造。

6. 花岗(斑)岩脉

该岩脉呈肉红色,斑状结构,基质细粒结构或微粒花岗结构,块状构造。斑晶为更长石(10%~25%)、石英(5%~10%)和钾长石(5%~20%),含有少量黑云母。

二、相关性脉岩

这类脉岩主要为岩浆活动晚期残余岩浆侵位形成的后期脉体,其岩石类型、矿物成分、岩石化学、地球化学与相关的深成岩体具有较好的一致性,而且在分布空间、侵位时间上也密切相关,分布多局限于岩浆事件活动主期形成的深成岩体内部或接触带附近的围岩中,时间上紧随侵入体最初固结冷凝阶段。这类脉岩的发育程度、分布规律及其成分也是其主岩体划分岩浆演化期次、侵入体的一个依据。相关性脉岩与围岩呈侵入关系,其规模一般较小,延伸不稳定,展布方向规律性不强,多与相关的主岩体侵位形成的岩体构造及其侵位机制有关,不受区域构造方位更多的控制。

由于受控岩浆事件的不同,因而各岩体相关的脉岩种类也不尽相同,使得这类脉岩岩石种类繁多,有闪长(玢)岩、二长岩、石英闪长(玢)岩、花岗斑岩、花岗闪长玢岩、英云闪长岩、二长花岗岩、正长花岗岩、碱长正长岩和一些花岗细晶岩、闪长玢岩等脉体。

1. 晚三叠世相关性脉岩

本区晚三叠世花岗岩是分布最为广泛、岩浆活动最为强烈的岩浆活动,在各构造侵入体均有出露,是印支期岩浆活动期末岩体定位后由残余岩浆侵位形成的,时间为晚三叠世。脉体主要分布于晚三叠世花岗岩期次侵入体中或外接触带附近围岩地层中,早侏罗世地质体中未见其穿插。脉体数量及规模相对较大,最长达 300m,一般 70~150m,最宽见 10m,一般 1~5m,窄处小于 0.5m。脉体长轴方向大多呈北西向、近东西向,部分呈北东向。主要有二长花岗岩、花岗闪长岩、花岗闪长玢岩、花岗斑岩等浅成岩脉和少量细晶岩,岩石特征与花岗岩基本一致。

2. 古近纪相关性脉岩

该脉岩分布在杂多晚古生代活动陆缘的始新世花岗岩及渐新世纳日贡玛花岗斑岩中及附近的外接触带中,与该期侵入体相关的岩脉包括蚀变石英闪长玢岩脉、闪长玢岩脉、花岗斑岩脉及部分正长花岗岩脉,脉体多呈不规则状、透镜状,大部分脉体走向为北西向,近于自立或高角度倾斜。岩脉宽 2~25m,窄处小于 0.1m;长度大多小于 20m,最长见 500m 左右。多数具斑状结构,分布醒目。

第四章 变质岩

第一节 概 述

测区位于青藏高原腹地的唐古拉山北坡,大地构造位置属特提斯—喜马拉雅构造域的东段,在《青海省及毗邻地区变质作用及变质岩》中将测区由北至南依次划分为巴颜喀拉变质地区巴颜喀拉山变质地带、西金乌兰—玉树变质地带、唐古拉变质地区沱沱河—囊谦变质地带。不同类型的变质岩变质地带分布与测区大地构造单元基本相同,表明受区域大地构造控制明显。

作为造山带基本组成的变质岩类,在测区出露广泛,是不同成因、不同期次、不同变质程度的变质岩石的复合体。在通天河蛇绿混杂岩带中,早期变质岩普遍受后期变质作用不同程度的改造,而在其他地域,早期变质岩受后期脆性断裂活动和岩浆侵入活动的影响,不同程度地受到动力变质作用和接触变质作用改造。测区除新生代沉积虽有不同程度的构造变形,但没有区域变质作用发生,为非变质岩系外,不同变质作用形成的变质岩在时间上从古中元古代、石炭纪—侏罗纪、古近纪—新近纪均有产出,变质作用类型以区域变质作用为主,动力变质作用和接触变质作用次之。由于造山带变质岩的主体是区域变质岩,根据变质作用特点,测区区域变质岩可综合划分为三大类:晋宁期区域动力热流变质作用形成的结晶基底变质岩系;海西期、印支期区域低温动力变质作用形成低绿片岩相浅变质岩系和燕山期区域埋深变质作用形成的浊沸石相-葡萄石-绿纤石相浅变质岩系。变质岩中矿物名称及其代号见表 4-1、表 4-2,变质岩分布图见图 4-1。

表 4-1 测区变质作用一览表

变质作用		变质期	变质地(岩)层	变质相	变质带	变质矿物
区域变质作用	区域埋深变质作用	燕山期	侏罗纪雁石坪群(JY)	亚绿片岩相	绢云母带	绢云母、石英、方解石、高岭石等
	区域低温动力变质作用	印支期	三叠纪巴颜喀拉山群(TB)	低绿片岩相	绢云母-绿泥石带	绢云母、绿泥石、绿帘石、钠长石、阳起石、石英、方解石等。在 Tch 和 T_3Bt 基性火山岩和基性侵入岩中出现蛇纹石、次闪石等新增变质矿物
			晚三叠世巴塘群(T_3Bt)			
			查涌蛇绿混杂岩(Tch)			
			早中三叠世结隆组($T_{1-2}j$)			
			晚三叠世结扎群(T_3J)			
		海西期	多彩蛇绿混杂岩(CPd)		以绢云母-绿泥石带为主,局部出现黑云母(雏晶)带、绿泥石-阳起石带	绢云母、绿泥石、绿帘石、钠长石、阳起石、蛇纹石、石英、方解石、纤闪石等
			晚二叠世火山岩组(P_3T_1h)			
			早中二叠世尕笛考组($P_{1-2}gd$)			
			早中二叠世开心岭群(CPK)			
			早石炭世杂多群(C_1Z)			
	区域动力热流变质作用	晋宁期	古中元古代宁多岩群($Pt_{1-2}N$)	低角闪岩相	堇青石-矽线石带	堇青石、矽线石、红柱石、铁铝榴石、角闪石、黑云母、正长石、斜长石、透辉石

续表 4-1

变质作用	变质期	变质地(岩)层	变质相	变质带	变质矿物
动力变质作用	燕山期	多彩蛇绿混杂岩	低绿片岩相	绢云母-绿泥石带	绢云母、绿泥石、绿帘石、钠长石、阳起石、石英、方解石、黑云母、白云母
		查涌蛇绿混杂岩			
		印支期侵入岩			
	海西期	多彩蛇绿混杂岩	高绿片岩相	黑云母带	角闪石(绿色)、斜长石、钾长石、阳起石、黑云母、白云母、绿泥石、绿帘石、石英
	印支—喜马拉雅期	第四纪前所有地质体	亚绿片岩相		绢云母、葡萄石、绿纤石、石英、方解石
接触变质作用	热接触变质作用（印支—喜马拉雅期）	前古近纪—新近纪地层	钠长石绿帘角岩相	硅化-角岩化带	绿泥石、绿帘石、斜长石、黑云母、白云母、阳起石、石英、方解石、绢云母、钠长石等
			普通角闪石角岩相	角岩带	红柱石、堇青石、矽线石、石榴石、透辉石、透闪石、正长石、斜长石、黑云母、白云母、石英等
			辉石角岩相	角岩带	红柱石、硅灰石、正长石、斜长石、方解石、石英等
	接触交代变质作用（印支—喜马拉雅期）	前侏罗纪地层		矽卡岩带	透辉石、透闪石、石榴石、方柱石、硅灰石、长石、黑云母、石英、阳起石、绿泥石、绿帘石等

表 4-2 变质岩石中矿物名称及其代号一览表

矿物名称	代号	矿物名称	代号	矿物名称	代号
钠长石	Ab	白云石	Do	硅灰石	Wo
阳起石	Act	普通角闪石	Hb	绢云母	Ser
铁铝榴石	Alm	高岭石	Ka	蛇纹石	Sep
红柱石	And	钾长石	Kp	矽线石	Sil
黑云母	Bit	浊沸石	Lm	黝帘石	Zo
方解石	Cal	白云母	Mu	绿帘石	Ep
绿泥石	Chl	斜长石	Pl	正长石	Or
堇青石	Crd	石英	Qz	石榴石	Gt
透辉石	Di	透闪石	Tr	纤闪石	Gru

第二节 区域变质作用及变质岩

根据调查区变质岩石特点,按变质作用类型可将测区区域变质岩分为三大类:晋宁期区域动力热流变质作用及变质岩,海西期、印支期区域低温动力变质作用及变质岩,燕山期区域埋深变质作用及变质岩。

一、区域动力热流变质作用及变质岩——古中元古代宁多岩群变质岩

测区区域动力热流变质作用及变质岩只分布在古中元古代宁多岩群地层中,分布于测区多彩蛇绿混杂岩带中,属结晶基底变质岩系。

1. 产状及岩石组合

古中元古代宁多岩群变质岩分布于测区多彩一带的多彩蛇绿混杂岩带中,呈残留基底块体产出。由于受构造运动和岩浆活动影响,其原有的空间分布规律已被破坏殆尽。变质岩石组合以黑云斜长片麻岩石英片岩、石英岩、浅粒岩为主,夹斜长角闪片岩、角闪石片岩、大理岩及透辉石岩,岩石以发育透入性区域片理、片麻理为特征。

2. 岩石学特征

按岩石化学特征将宁多岩群变质岩分为泥质长英质变质岩、中基性变质岩和钙质变质岩三大类。

(1) 泥质变质岩类:包括各类片麻岩、石英片岩、石英岩及二云片岩。

黑云斜长片麻岩:呈半自形鳞片粒状变晶结构,片麻状构造。主要矿物有斜长石 28%~47%、黑云母 14%~32%、石英 25%~57%,部分岩石含少量石榴石、堇青石、绿泥石、绿帘石及 8% 左右的透辉石等。

含矽线红柱石黑云母斜长片麻岩:微细粒半自形鳞片粒状变晶结构,片麻状构造。主要矿物有斜长石 47%、石英 32%、黑云母 20%,少量红柱石和矽线石。

含石榴二云斜长线粒岩:微粒半自形粒状变晶结构,弱片麻状构造、块状构造。矿物成分有斜长石 70%、石英 23%、黑云母 5%、少量白云母和铁铝榴石。

条带状石英岩:半自形粒状变晶结构,条带状构造,片状构造,具定向构造。矿物成分有石英 90%~97%、斜长石 2%~6%,部分岩石中含黑云母 1%±、白云母 3%±、含绿泥石 2%(系黑云母退变产物)。

二云石英片岩:呈半自形鳞片粒状变晶结构,片状构造。矿物成分有石英:60%~91%、斜长石 2%~7%、白云母 7%~11%、黑云母 0~22%。

二云母片岩:半自形粒状—鳞片变晶结构,片状构造。矿物成分有黑云母 35%~38%、白云母 22%~24%、石英 40%、石榴石至 1%。

(2) 中基性变质岩类:包括角闪黑云斜长片麻岩、斜长角闪片岩、角闪片岩。

角闪黑云斜长片麻岩:微细粒他形鳞片粒状变晶结构,片麻状构造。主要矿物有斜长石 55%、石英 22%、角闪石 8%、黑云母 15%。

斜长角闪片岩:细粒半自形柱粒状变晶结构,条带状、片状构造。主要矿物有斜长石 40%~47%、角闪石 48%~58%,部分岩石中含黑云母 5%、透辉石 6%、石英 5%、少量钾长石。

角闪片岩:岩石呈中细粒半自形—自形粒状变晶结构,片状构造。主要矿物成分有角闪石 91%~

99%、斜长石1%~8%,部分岩石中含1%±的黑云母及少量尖晶石。

(3) 钙质变质岩类:包括各类大理岩及透辉石岩。

条纹状方解石质大理岩:中细粒他形粒状变晶结构,定向构造。主要矿物有方解石98%~100%、少量白云母和绿泥石(黑云母假象)1%。

条纹含方解石钾长石透辉石岩:粗粒他形粒状变晶结构,条纹状构造。主要矿物成分有透辉石59%、钾长石25%、方解石10%和少量石榴石。

条带状石英透辉石岩:微细粒他形粒状变晶结构,条带状构造。主要矿物成分有透辉石53%、石英30%、斜长石16%、方解石1%和少量绿帘石。

条带状斜长透辉石岩:微细粒半自形鳞片粒状变晶结构,条带状构造。主要矿物成分有透辉石42%、斜长石34%、石英14%和黑云母(假象)10%。

3. 岩石化学特征及原岩恢复

(1) 泥质长英质变质岩类

岩石化学成分见表4-3,特征参数见表4-4。绝大多数泥质、长英质变质岩的尼格里值al>alk+c,个别石英片岩中因石英含量高,al<alk+c,绝大多数铝过饱和指数均大于0,属铝过饱和系列岩,钙质数c变化较大,SiO_2含量60.64%~93.68%,Al_2O_3含量7.74%~17.25%,岩石在(al+fm)-(c+alk)-si图解中(图4-2)均落在泥砂质沉积岩区,在P_2O_5/TiO_2-Mg/CaO图解(图略)中均落在副片麻岩区,在ACF和A'KF图解中(图4-3)均落入杂砂岩区,在C-Mg图解(图略)中全落在典型泥质岩和半泥质岩区及附近,在$lg(Na_2O/K_2O)$-$lg(SiO_2/Al_2O_3)$图解(图略)中样品均投在杂砂岩区和岩屑砂岩区,岩石函数判别式DF3<0,在-0.08~-19.779,表明原岩为杂砂岩类。

表4-3 古中元古代宁多岩群变质岩岩石化学成分表(w_B/%)

序号	样品号	SiO_2	TiO_2	Al_2O_3	Fe_2O_3	FeO	MnO	MgO	CaO	Na_2O	K_2O	P_2O_5	H_2O^+	CO_2	Σ
1	3P2GS6-1	47.75	1.69	15.19	2.24	10.98	0.24	6.57	9.27	2.89	0.39	0.19	1.22	1.22	99.84
2	3P2GS6-4	51.03	1.37	15.83	3.38	7.50	0.17	4.93	10.07	2.02	1.16	0.23	0.93	1.34	99.96
3	3P2GS7-1	64.98	0.82	14.08	1.61	5.43	0.12	3.88	2.42	0.98	2.22	0.18	1.83	0.96	99.51
4	3P2GS9-1	66.12	0.90	7.74	0.54	3.77	0.17	3.86	12.19	0.78	1.51	0.15	0.78	1.20	99.71
5	3P2GS11-1	74.75	0.64	10.70	0.59	3.87	0.18	2.04	1.84	2.21	1.60	0.15	0.99	0.31	99.87
6	3P2GS12-1	73.30	0.66	11.93	1.41	3.15	0.07	2.02	1.58	2.04	1.90	0.21	1.16	0.48	99.91
7	3P2GS15-1	71.33	0.63	12.85	0.78	4.24	0.06	2.32	0.97	1.51	2.25	0.16	2.24	0.40	99.74
8	3P2GS18-1	41.52	0.54	7.92	3.22	6.47	0.14	23.04	7.71	0.05	0.16	0.06	5.36	3.53	99.72
9	3P2GS18-2	93.68	0.18	2.24	0.09	0.67	0.02	0.91	0.82	0.34	0.48	0.03	0.45	0.38	100.29
10	3P2GS22-2	54.42	0.84	15.17	1.56	7.26	0.14	7.19	8.00	1.79	1.04	0.10	0.99	1.02	99.52
11	3P2GS29-3	60.64	0.89	17.25	1.46	6.36	0.09	3.29	1.66	1.36	3.67	0.19	1.50	1.26	99.62
12	3P2GS34-1	45.66	1.23	12.99	2.59	8.83	0.17	12.57	10.81	1.33	0.23	0.12	1.71	1.15	99.39

表4-4 古中元古代宁多岩群变质岩岩石化学特征参数表

样品号	岩石名称	al	fm	c	alk	c/fm	si	h	k	mg	o	t	DF3
3P2GS6-1	斜长角闪片岩	20.91	48.75	23.21	7.13	0.48	111.57	9.51	0.08	0.47	0.08	-9.42	-1.12
3P2GS6-4	角闪片岩	23.84	41.68	27.58	6.90	0.66	130.43	7.93	0.27	0.45	0.16	-10.63	0.26

续表 4-4

样品号	岩石名称	al	fm	c	alk	c/fm	si	h	k	mg	o	t	DF3
3P2GS7-1	黑云斜长片麻岩	33.33	46.75	10.42	9.50	0.22	261.02	24.52	0.60	0.50	0.10	13.41	−5.49
3P2GS9-1	石英片岩	15.84	32.84	45.35	5.97	1.38	229.59	9.03	0.56	0.61	0.04	−35.48	−0.08
3P2GS11-1	黑云斜长片麻岩	34.43	37.53	10.76	17.27	0.29	408.16	18.03	0.32	0.44	0.06	6.39	−3.72
3P2GS12-1	黑云斜长片麻岩	37.64	36.22	9.06	17.08	0.25	392.43	20.71	0.38	0.45	0.16	11.50	−3.63
3P2GS15-1	石英片岩	39.54	39.90	5.43	15.14	0.14	372.42	39.01	0.50	0.45	0.08	18.97	−4.62
3P2GS18-1	黑云母片岩	8.43	76.38	14.92	0.27	0.20	74.98	32.28	0.68	0.81	0.06	−6.76	−19.79
3P2GS18-2	石英岩	27.30	41.39	18.17	13.15	0.44	1937.16	31.04	0.48	0.68	0.03	−4.02	−9.19
3P2GS22-2	角闪片岩	23.53	47.60	22.56	6.31	0.47	143.24	8.69	0.28	0.59	0.06	−5.35	−3.54
3P2GS29-3	云母片岩	37.65	42.21	6.59	13.55	0.16	224.58	18.53	0.64	0.43	0.10	17.51	−3.37
3P2GS34-1	黑云母片岩	15.66	57.71	23.69	2.94	0.41	93.39	11.67	0.10	0.66	0.07	−10.97	−7.42

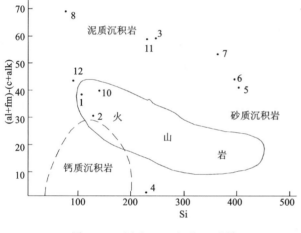

图 4-2 (al+fm)-(c+alk)-si 图解

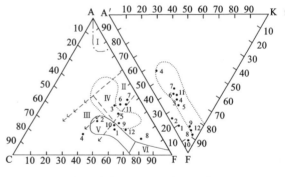

图 4-3 在 ACF 和 A′KF 图解

(据温克勒,1976)

Ⅰ.富铝粘土和页岩;Ⅱ.粘土和页岩(含碳酸盐 0～35%)(断线之内);
Ⅲ.泥灰岩(含碳酸盐 35%～65%)(箭头线之内);Ⅳ.杂砂岩(点线之内);
Ⅴ.玄武质岩和安山岩(实线之内);Ⅵ.超镁铁质岩

在野外露头上,黑云斜片麻岩中夹 15～40cm 的石英岩夹层;在石英岩及石英片岩数量较多地段,岩石中的石英含量较高,且石英岩与石英片岩呈渐变过渡关系;在石英片岩中见石英岩呈透镜状产出,石英岩中发育具成层特点的条纹条带,说明长英质变质岩为成熟度较高的碎屑岩,可能为距离物源区较远的海相沉积环境。

岩石稀土元素特征见表 4-5、表 4-6。岩石稀土配分模式见图 4-4,岩石中稀土总量较高,$\sum REE >$ 126.01×10^{-6},稀土元素含量与砂岩,页岩中的稀土元素平均值接近,$Sm/Nd \leqslant 0.21$,Eu/Sm 在 0.1～ 0.23 之间,$\delta Eu < 0.82$,显示铕负异常,稀土配分型式呈轻稀土富集型,岩石稀土形式均一,其富集轻稀土,重稀土则呈基本平坦模式显示沉积岩特点,在 La/Yb-$\sum REE$ 图解上落在杂砂岩区。

表 4-5 古中元古代宁多岩群变质岩稀土元素含量表($w_B/10^{-6}$)

样品号	La	Ce	Pr	Nd	Sm	Eu	Gd	Tb	Dy	Ho	Er	Tm	Yb	Lu	Y	$\sum REE$
3P2XT7-1	43.47	79.61	10.91	36.09	7.4	1.43	6.14	0.97	5.77	1.20	3.35	0.52	3.27	0.48	27.48	228.09
3P2XT9-1	26.3	49.91	6.36	23.77	4.82	1.23	4.22	0.68	3.72	0.70	1.91	0.29	1.82	0.28	17.21	143.22

续表 4-5

样品号	La	Ce	Pr	Nd	Sm	Eu	Gd	Tb	Dy	Ho	Er	Tm	Yb	Lu	Y	ΣREE
3P2XT11-1	33.52	58.29	7.88	28.24	5.69	1.17	5.24	0.88	4.97	1.00	2.83	0.46	2.89	0.44	24.73	178.23
3P2XT12-1	49.56	85.49	11.94	38.73	7.56	1.32	6.28	1.02	5.55	1.13	2.94	0.45	3.02	0.45	26.67	242.11
3P2XT15-1	36.38	66.69	7.88	28.69	5.69	1.32	5.22	0.79	4.96	1.06	2.90	0.47	3.06	0.44	25.76	191.31
3P2XT29-3	61.43	103.60	13.87	48.50	9.00	1.54	7.47	1.20	7.2	1.45	3.93	0.60	3.74	0.53	34.51	298.57
3P2XT34-1	4.77	11.84	2.05	10.07	3.23	1.17	3.76	0.65	3.87	0.78	1.97	0.29	1.71	0.25	17.45	63.86
3P2XT18-1	2.31	4.70	0.85	3.94	1.38	0.45	1.70	0.29	1.83	0.36	0.96	0.15	0.95	0.14	7.71	27.72
3P2XT18-2	8.03	11.59	2.03	6.07	1.27	0.13	0.99	0.16	0.94	0.19	0.55	0.09	0.61	0.10	4.03	36.78
3P2XT6-1	5.72	13.84	2.33	11.8	4.03	1.36	5.53	1.00	6.97	1.49	4.51	0.71	4.63	0.69	35.81	100.42
3P2XT6-4	7.39	14.37	2.59	11.52	3.62	1.35	5.38	0.98	6.58	1.49	4.68	0.74	4.85	0.75	39.15	105.44
3P2XT22-1	17.64	30.96	4.51	15.75	3.90	1.06	4.38	0.77	4.48	0.91	2.54	0.41	2.52	0.38	20.4	110.61

表 4-6 古中元古代宁多岩群变质岩稀土元素特征参数表

样品号	ΣREE	LREE	HREE	LREE/HREE	La/Yb	La/Sm	Sm/Nd	Gd/Yb	(La/Yb)$_N$	(La/Sm)$_N$	(Gd/Yb)$_N$	δEu	δCe
	$w_B/10^{-6}$												
3P2XT6-1	64.61	39.08	25.53	1.53	1.24	1.42	0.34	1.19	0.83	0.89	0.96	0.88	0.91
3P2XT6-4	66.29	40.84	25.45	1.60	1.52	2.04	0.31	1.11	1.03	1.28	0.90	0.93	0.79
3P2XT7-1	200.61	178.91	21.70	8.24	13.29	5.87	0.21	1.88	8.96	3.70	1.52	0.63	0.86
3P2XT9-1	126.01	112.39	13.62	8.25	14.45	5.46	0.20	2.32	9.74	3.43	1.87	0.82	0.90
3P2XT11-1	153.50	134.79	18.71	7.20	11.60	5.89	0.20	1.81	7.82	3.71	1.46	0.64	0.84
3P2XT12-1	215.44	194.60	20.84	9.34	16.41	6.56	0.20	2.08	11.06	4.12	1.68	0.57	0.82
3PP2XT15-1	165.55	146.65	18.90	7.76	11.89	6.39	0.20	1.71	8.02	4.02	1.38	0.73	0.91
3PP2XT18-1	20.01	13.63	6.38	2.14	2.43	1.67	0.35	1.79	1.64	1.05	1.44	0.90	0.81
3PP2XT22-1	90.21	73.82	16.39	4.50	7.00	4.52	0.25	1.74	4.72	2.85	1.40	0.78	0.82
3PP2XT29-3	264.06	237.94	26.12	9.11	16.43	6.83	0.19	2.00	11.07	4.29	1.61	0.56	0.82
3P2XT34-1	46.41	33.13	13.28	2.49	2.79	1.48	0.32	2.20	1.88	0.93	1.77	1.02	0.91

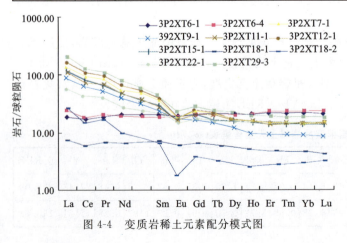

图 4-4 变质岩稀土元素配分模式图

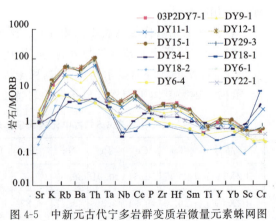

图 4-5 中新元古代宁多岩群变质岩微量元素蛛网图

微量元素含量表及标准表见表 4-7,微量元素蛛网图见图 4-5。微量元素蛛网图上曲线呈"M"型隆起,微量元素含量变化表明原岩为沉积岩。

表 4-7 古中元古代宁多岩群变质岩微量元素含量表($w_B/10^{-6}$)

样品号	Li	Be	Sc	Ga	Sr	Ba	V	Co	Cr	Ni	Cu	Pb	Zn	W	Mo	Ag	As	Sn
03P2DY7-1	43.0	3.3	20	14	118	727	133	23	114	73	36.0	10.0	60	1.07	0.35	0.042	8.20	2.2
DY9-1	12.0	1.9	12	7	320	347	98	21	328	111	12.0	9.9	53	0.93	0.36	0.043	36.00	1.7
DY11-1	8.1	1.4	9.6	10	111	540	68	11	54	24	21.0	15.0	169	0.93	<0.20	0.056	0.52	2.9
DY12-1	16.0	2.7	11	13	85	756	76	12	37	26	14.0	20.0	60	0.80	0.20	0.051	2.66	4.5
DY15-1	19.0	2.5	10	11	169	897	66	19	42	31	16.0	18.0	58	0.86	0.24	0.058	0.68	2.4
DY29-3	23.0	3.5	16	24	124	929	123	22	132	50	56.0	10.0	94	1.55	0.44	0.037	<0.10	3.3
DY34-1	8.4	1.5	34	20	125	88	297	64	764	337	95.0	0.9	100	0.86	<0.20	0.054	0.10	1.5
DY18-1	5.5	0.78	22	7.6	40	67	160	70	2024	773	42.0	1.4	79	0.66	0.20	<0.020	4.48	<1.0
DY18-2	2.7	0.25	2.6	2	14	54	17	5.5	98	55	6.5	3.5	13	0.38	0.23	0.038	0.30	1.1
DY6-1	20.0	2.3	10	13	78	771	72	13	103	36	5.7	29.0	62	0.52	<0.20	0.068	<0.10	2.2
DY6-4	22.0	2.1	14	11	55	119	390	27	62	54	2.8	23.0	87	0.46	0.70	<0.200	0.05	1.47
DY22-1	13.0	1.5	32	17	125	225	217	41	417	35	12	2.3	83	0.86	<0.20	0.028	<0.10	1.00

样品号	Hg	Bi	F	B	Rb	U	Hf	P	Te	Zr	Au	Cl	Ta	Y	Th	Yb	Sb	Nb
03P2DY7-1	0.011	0.23	509	49.0	116	2.2	6.8	720	0.11	268	1.3	0.03	0.8	37	19.0	3.7	0.41	13.0
DY9-1	0.009	0.09	292	4.7	51	0.95	6.7	619	0.18	278	4.3	0.021	0.8	19	5.6	1.9	1.83	12.0
DY11-1	0.005	0.25	417	1.9	56	2.3	6.6	586	0.06	232	0.6	0.019	1.4	24	12.0	2.6	0.14	9.4
DY12-1	0.006	0.12	450	10.0	116	4.0	9.6	529	0.07	326	0.7	0.021	0.7	28	20.0	2.9	0.13	13.0
DY15-1	0.009	0.26	406	1.5	83	2.2	7.2	609	0.03	240	0.4	0.015	1.5	30	14.0	3.0	0.15	11.0
DY29-3	0.007	0.12	639	8.1	176	1.6	5.4	735	0.13	170	0.6	0.018	1.8	34	26.0	3.3	0.07	18.0
DY34-1	0.008	0.05	164	1.0	7.5	<0.5	3.4	465	0.13	119	0.6	0.018	<0.5	20	1.0	1.9	0.05	1.1
DY18-1	0.008	0.05	148	1.4	13	<0.5	1.2	281	0.13	64	0.6	0.018	<0.5	12	1.0	1.2	0.23	1.3
DY18-2	0.011	0.06	86	5.9	4.8	0.5	5.5	121	0.15	218	0.5	0.018	<0.5	6.7	4.2	0.7	0.12	2.9
DY6-1	0.007	1.27	412	13.0	121	2.1	6.3	442	0.05	197	0.6	0.018	0.6	27	13.0	2.5	0.07	11.0
DY6-4	0.009	0.21	123	2.2	11	0.65	1.9	220	0.16	162	0.4	0.010	0.7	25	5.6	2.3	0.11	5.2
DY22-1	0.008	0.05	251	1.0	40	0.8	4.2	380	0.09	138	0.4	0.015	0.5	23	7.1	2.5	0.10	4.3

(2) 中基性变质岩

岩石的 al>alk+c,属正常系列岩石组合,在 P_2O_5/TiO_2-Mg/CaO 图解中均落入正片麻岩区,在 A-C-F 图解上投在中基性火山岩区,在(al+fm)-(c+alk)-si 图解(图 4-2)上落在卡鲁粗玄岩的趋势线附近,在(al+fm)-(c-alk)-Si 图解上落在火山岩区,在 ACF 图解上均落在玄武质岩和安山质岩区,在 $MnO-TiO_2$、TiO_2-F、$MgO-CaO-FeO$ 3 个图解(图略)上均投在斜长角闪岩区,TiO_2-10MnO-10P_2O_5 图解(图略)上均落在大洋岛屿拉斑玄武岩中,岩石中的稀土总量较低,为 $20.01×10^{-6}$~$90.21×10^{-6}$ 之间,Sm/Nd 比值在 0.31~0.35 之间,Eu/Sm 比值在 0.27~0.37 之间,与洋脊玄武岩稀土特征基本一致,稀土配分模式图呈平坦的曲线,与洋脊拉斑玄武岩相似。微量元素蛛网图中曲线呈"M"型隆起,微量元素含量变化亦与洋脊玄武岩相近,说明原岩为中基性火山岩。

(3) 钙质变质岩类

大理岩其原岩显然为碳酸盐岩,透辉石岩在野外露头上往往与大理岩相伴产出,岩石中钾长石或斜长石和黑云母往往聚在一起,呈条纹条带状产出,且条纹条带延伸稳定,具成层特征,且条纹条带产状与片理、片麻理产状一致,表明其原岩为含泥砂质、白云质碳酸盐岩及含钙质的硅酸盐类,如钙质砂岩、泥灰岩、不纯的白云质灰岩等。

4. 变质作用特征

(1) 特征变质矿物

变质岩石组合中的特征变质矿物有矽线石、红柱石、堇青石、铁铝榴石、角闪石、单斜辉石、黑云母、斜长石、透辉石等。

矽线石:主要分布在黑云斜长麻岩中,其在岩石中分布不均匀,呈针柱状或毛发状,含量较少。

红柱石:分布在黑云斜长片麻岩中,呈柱状或粒状变晶,大小在 0.077~0.154mm 之间,含量较少。

表 4-8 古中元古代宁多岩群变质岩微量元素标准化值表

微量元素测试结果/洋脊花岗岩																
样品号	Sr	K_2O	Rb	Ba	Th	Ta	Nb	Ce	P	Zr	Hf	Sm	TiO_2	Y	Yb	Sc	Cr
03P2DY7-1	0.98	14.80	58.00	36.35	95.00	4.44	3.71	7.96	2.94	2.98	2.83	2.24	0.55	0.92	1.09	0.50	0.46
DY9-1	2.67	10.07	25.50	17.35	28.00	4.44	3.43	4.99	2.53	3.09	2.79	1.46	0.60	0.57	0.56	0.30	1.31
DY11-1	0.93	10.67	28.00	27.00	60.00	7.78	2.69	5.83	2.39	2.58	2.75	1.72	0.43	0.82	0.76	0.24	0.22
DY12-1	0.71	12.67	58.00	37.80	100.00	3.89	3.71	8.55	2.16	3.62	4.00	2.29	0.44	0.89	0.85	0.28	0.15
DY15-1	1.41	15.00	41.50	44.85	70.00	8.33	3.14	6.67	2.49	2.67	1.72	0.42	0.86	0.88	0.25	0.17
DY29-3	1.03	24.47	88.00	46.45	130.00	10.00	5.14	10.36	3.00	1.89	2.25	2.73	0.59	1.15	0.97	0.40	0.53
DY34-1	1.04	1.53	3.75	4.40	5.00	2.78	0.31	1.18	1.90	1.32	1.42	0.98	0.82	0.58	0.56	0.85	3.06
DY18-1	0.33	1.07	6.50	3.35	5.00	2.78	0.37	0.47	1.15	0.71	0.50	0.42	0.36	0.26	0.35	0.55	8.10
DY18-2	0.12	3.20	2.40	2.70	21.00	2.78	0.83	1.16	0.49	2.42	2.29	0.38	0.12	0.13	0.21	0.07	0.39
DY6-1	0.65	2.60	60.50	38.55	65.00	3.33	3.14	1.38	1.80	2.19	2.63	1.22	1.13	1.19	0.74	0.25	0.41
DY6-4	0.46	7.73	5.50	5.95	28.00	3.89	1.49	1.44	0.90	1.80	0.79	1.10	0.91	1.31	0.68	0.35	0.25
DY22-1	1.04	6.93	20.00	11.25	35.50	2.78	1.23	3.10	1.55	1.53	1.75	1.18	0.56	0.68	0.74	0.80	1.67

堇青石:多呈粒状变晶,部分呈柱状变晶,大部分被绿泥石或绿泥石、绢云母、电气石或绢云母集合体交代,只保留假象,粒径 0.468~1.09mm 左右,含量 18%。

铁铝榴石:出现在黑云斜长片麻岩及浅粒岩中,呈自形或半自形粒状变晶,其在岩石中的分布极不均匀,粒径在 0.042~1.5mm 左右,含少量至 5%。

角闪石:分布在角闪黑云片麻岩、斜长角闪片岩及角闪片岩中,为普通角闪石呈浅绿—绿色,多色性显著,Ng′=蓝绿色、黄绿色,Np′=浅黄绿色,粒径在 0.077~1.25mm,其在角闪片岩中含量在 91%~99%,斜长角闪片岩中含量 48%~58%,其他岩石中含少量至 8%。

透辉石:分布于透辉石岩中,呈他形粒状变晶,在大颗粒透辉石中含少量方解石及钙铝榴石,粒径在 0.03~1.33mm 之间,含量在透辉石岩中占 42%~59%,其他岩石中含少量至 8%。

斜长石:广泛分布于各类变质岩石中,他形粒状、半自形短柱状变晶,部分斜长石常见石英、黑云母包裹体,钠长双晶、肖钠双晶、聚片双晶发育,多被绢云母交代,在长英质岩石中斜长石为 An＝28～36 的更中长石,在(斜长)角闪片岩中为 An＝32～38 的中长石。

钾长石:为微斜长石,多呈他形粒状变晶,可见格状双晶,含少量至 25%。

黑云母:鳞片状变晶,广泛分布于各类片岩,片麻岩、浅粒岩中,在(斜长)角闪片岩中含量较少或不含黑云母,色泽呈红褐色,多色性显著,Ng′＝红褐色,Np′＝淡黄色,边界平直,晶间多呈平直稳定的界面,定向排列,部分黑云母被绿泥石交代而仅保留假象。

(2) 变质矿物共生组合及变质相

变质矿物共生组合有如下几类。

泥质、长英质变质岩类:Pl+Bit+Qz+Di,Pl+Bit+Qz+Alm±Kf,Crd+Pl+Bit+Qz,Hb+Pl+Bit+Qz,Pl+Bit+Qz±Kp,Pl+Bit±Mu+Alm+Qz,Sil+And+Pl+Bit+Qz,Pl+Bit±Mu+Qz,Alm+Bit+Mu+Qz。

中基性变质岩类:Hb+Pl±Bit+Qz,Hb+Pl±Kf+Q,Hb+Pl±Bit±Di。

钙质变质岩类:Cal±Bit±Mu,Di+Kf+Alm+Cal,Di+Pl+Q+Cal±Bit,Tr+Pl±Bit+Qz。

据以上变质岩石中的特征变质矿物及其共生组合,可确定其变质相为低角闪岩相,根据变质岩石中出现矽线石、堇青石,划归堇青石-矽线石带,属中低压相系,其变质作用的温压条件应为 $P0.3\sim 0.8GPa,T575℃\sim 640℃$。

(3) 构造变形特征及变质期次

古—中元古代宁多岩群变质岩经历了强烈的变质变形,发育透入性区域面理转换,总体显示层状无序特征,面理置换形式复杂,同时发育"N"、"W"型塑性流变褶皱,紧闭顶厚同斜褶皱,无根褶皱及黏滞型石香肠等(图 4-6、图 4-7),矿物生长线理构造发育,显示中深构造层次特征。

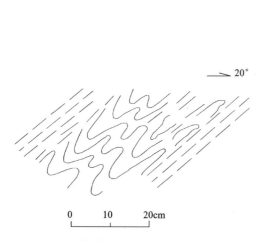

图 4-6 聂恰曲片麻岩中流变褶皱素描图

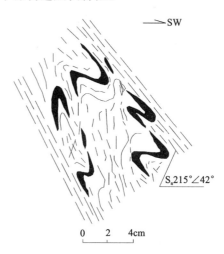

图 4-7 片麻岩中的石英脉褶

后期退变质作用较明显,沿构造面理形成绿泥石、绢云母等新生变质矿物。

该期区域动力热流变质作用在宁多岩群黑云更长片麻岩中获锆石 U-Pb 同位素年龄 709Ma,表明有新元古代构造热事件发生,故将主变质期定为晋宁期。

(4) 变质作用演化

根据变质岩系产状特征及矿物组合,矿物的世代关系变质岩石组合经历了三期明显的变质变形期。

第一期为晋宁期区域动力热流变质作用,变质矿物组合特征显示其变质环境达低角闪岩相,宏微观特征显示中深构造层次塑性流变特征。根据 709Ma 锆石 U-Pb 同位素年龄值确定主变质期为晋宁期。

第二期为海西期韧性动力变质作用,该期韧性动力变质作用发生在晚二叠世弧陆碰撞机制下的中浅构造层次,形成 NW-SE 向展布的韧性剪切带。岩石中早期面理被晚期新生糜面理广泛而强烈置换,韧性变形构造群落发育,特征明显,据韧性剪切带卷入的最新地质体:多彩蛇绿岩时代,可确定变质作用发生在海西期,形成新生变质矿物共生组合有:Hb(绿色)+Pl+Bit,Pl+Bit±Mu+Qz,据变质矿物组合特征,变质环境达高绿片岩相。

第三期为燕山期韧性动力变质作用,晚期新生面理间隔性置换早期面理,变质岩石中韧性变形构造群落较为发育,宏微观特征显示浅层次韧性剪切变形特点,形成的新生变质矿物共生组合有:Mu±Ab+Qz,Chl+Ser+Ab±Qz,Ep+Bit+Qz,Ep+Chl±Act+Ser+Qz。矿物共生组合特征表明其变质环境为低绿片岩相。该期变质作用在角闪石质糜棱岩中获 Ar-Ar 年龄值为 151.9±2.1Ma,据此确定其变质期为燕山期。系晚侏罗世陆内汇聚时期形成的韧性右行斜冲剪切带。

二、区域低温动力变质作用及变质岩

区域低温动力变质作用主要表现在石炭纪、二叠纪及中、晚三叠世地层中形成变质岩,岩石变质轻微,程度均匀,岩层基本层序清楚,原岩组构保留良好,以发育板理、劈理及层间褶皱变形为特征,按变质变形特点及变质期可分为海西期区域低温动力变质岩和印支期区域低温动力变质岩(表 4-9)。

表 4-9 区域低温动力变质岩石类型一览表

岩石分类	岩石类型	岩石名称	结构构造	变质矿物
区域变质岩类	变质碎屑岩	绢云母千枚岩	显微—微粒鳞片状变晶结构、千枚状结构	绢云母、石英微粒、钠长石、方解石、绿泥石
		粉砂质板岩、泥钙质板岩	变余细砂泥质结构、斑点状构造、板状构造	绢云母、绿泥石、微粒石英,含量12%~35%
		变质砾岩、变质岩屑长石砂岩、变质岩屑石英砂岩、变质岩屑砂岩、变质长石石英砂岩、变质粉砂岩	变余砾状结构、变余砂状结构、变余粉砂状结构、块状构造	绢云母、绿泥石3%~10%或单晶方解石5%~10%,石英3%~15%
	变质火山碎屑岩	变质流纹英安质晶屑凝灰岩、变质玻屑晶屑凝灰岩、变质玻屑晶屑岩屑凝灰岩、变质凝灰岩	变余火山碎屑熔岩结构、变余凝灰结构、块状构造	绢云母、绿泥石、绿帘石,含量1%~26%不等,微粒状钠长石6%~15%,长英质微粒含量8%~20%
		变质沉凝灰岩、变质含火山角砾沉凝灰岩	变余凝灰结构、变余沉凝火山角砾结构、块状构造	长英质微粒、绢云母、绿泥石、绿帘石含量10%~50%
		变质沉凝灰质长石砂岩	变余凝灰结构、砂状结构、块状构造	绢云母、绿泥石、方解石、绿帘石10%~35%
	变质火山岩	变质英安岩、变质流纹岩	变余斑状结构、基质具显微鳞片粒状变晶结构、块状构造	长英质微粒状变晶集合体、绢云母、绿泥石等含量10%~15%
		变质玄武岩、变质安山岩	变余斑状结构、基质具变余间粒结构、变余杏仁状构造、片理化构造	斑晶退变为纤闪石、绿泥石,基质有阳起石、绿帘石、石英、钠长石等
	变质基性、超基性岩	变质超镁铁岩类、变辉长岩、变辉绿岩、变玄武质凝灰熔岩	变余斑状结构、变余辉长辉绿结构、变余粒状结构、片理化构造、块状构造	绿帘石、阳起石、绿泥石、方解石、钠长石、黝帘石、蛇纹石
	结晶灰岩	变粉晶灰岩、含粉砂粉晶灰岩、变含生物碎屑粉晶灰岩	变余粉晶结构、块状构造	方解石、石英、钠长石、绢云母

（一）海西期区域低温动力变质岩

1. 产状及岩石组合

测区海西期低温动力变质岩在空间上分布于杂多晚古生代—中生代活动陆缘带中，变质地层有早石炭世杂多群（C_1Z_1）、早中二叠世尕笛考组（$P_{1-2}gd$）、早中二叠世开心岭群（$P_{1-2}K$）和多彩蛇绿混杂岩中，岩石变质较轻，以发生片理、板劈理和层间褶皱变形为特征，变质岩石类型有变质砂岩、变质硅质岩、板岩、变质基岩—酸性盐岩、变质蛇绿岩等。

（1）变质砂岩

岩石呈变余砂状、粉砂状结构，杂基和胶结物完全重结晶为绢云母、绿泥石和方解石、石英，变余碎屑岩中，长石类砂屑沿边部退变为钠长石、绢云母、石英重结晶增大，部分片理化变质砂岩杂基中出现黄绿色雏晶黑云母，含量少于10%。

（2）板岩、千枚岩类

岩石呈显微鳞片变晶结构，变余泥质结构，变余粉砂质结构，板状、千枚状结构，岩石由粘土矿物（部分或大部分向绢云母过渡）、绢云母、绿泥石、石英、方解石组成，方解石呈微粒状变晶集合体，在岩石中不甚均匀分布，石英呈微粒状、彼此紧密接触，呈定向分布，绢云母、绿泥石呈片状变晶，与粘土矿物彼此依长轴方向定向分布，构成板理、千枚理。

（3）变质碳酸盐岩类

岩石呈变余微晶、泥晶结构，变余生物碎屑、砂屑结构，变余碎屑结构，变余鲕状结构，块状构造、条带状构造，岩石的变质表现微钙质胶结物，生物碎屑，内碎屑重结晶为方解石、粘土矿物重结晶为绢云母、条带状灰岩中的硅质条带重结晶为隐晶状、微粒状石英。

（4）变质硅质岩

岩石呈隐晶质—微粒状结构，新生变质矿物微岩石中的硅质重结晶为隐晶状、微粒状石英，岩石中尚有少量重结晶形成的绢云母、部分片理化硅质岩出现雏晶状黑云母，呈黄绿色。

（5）变质火山岩类

变质橄榄玄武岩：岩石呈变余斑状结构，基质具变余间粒、间隐结构、块状构造、变余杏仁状构造。变斑晶主要由橄榄石、斜长石、辉石组成，斜长石部分或全部退变为绢云母、绿泥石或钠长石，辉石部分或完全退变为绿泥石，角闪石被次闪石部分或全部交代，基质由同斑晶成分的矿物残留体及其退变形成的绢云母、绿泥石、绿帘石、阳起石组成，部分玄武岩中基质几乎由纤状阳起石组成，杏仁体原充填物被绿泥石、方解石完全取代。

变质安山岩：岩石呈变余斑状结构，基质具变余交织结构，块状构造，变余杏仁状构造，部分安山岩具变余枕状构造。变余斑晶由斜长石和普通辉石或普通角闪石组成，斜长石部分或全部退变为绢云母化，辉石部分或全部退变为次闪石，基质由同斑晶成分的矿物或其退变形成的绢云母、绿泥石、绿帘石组成，杏仁充填物已被变质新生矿物绿泥石取代。

英安岩：岩石呈变余斑状结构，基质具变余微粒镶嵌结构，鳞片花岗变晶结构，块状构造、变余流动构造。变斑晶由石英、斜长石、黑云母组成，斜长石部分或全部退变为绢云母、绿帘石，黑云母全部退变为绿泥石，基质由同斑晶成分的矿物或其退变质形成的绢云母、绿泥石组成，岩石中普遍有重结晶石英。

变质流纹岩：岩石呈变余斑状结构，基质具变余微粒结构、变余球粒结构。变斑晶由斜长石、石英组成，斜长石部分或大部分退变为绢云母，个别石英变斑晶边部具次生增大现象，基质主要由微粒状长石、石英、绢云母、绿泥石组成,部分片理化流纹岩基质中出现少量雏晶状黑云母。

(6) 变质火山碎屑岩类

变质凝灰岩类:岩石呈变余晶屑凝灰结构、变余多屑凝灰结构、变余凝灰结构。岩石由变余火山碎屑和变余火山尘胶结物组成,变余晶屑成分由石英、斜长石及少量暗色矿物组成,斜长石部分或全部退变为绢云母,暗色矿物完全退变为绿泥石,变余玻屑、浆屑全部或部分重结晶为绢云母、绿泥石及隐晶状、微粒状长英质,胶结物被隐晶状、微粒状长英质和绢云母、绿泥石取代。

变质凝灰熔岩类:岩石呈变余凝灰熔岩结构。岩石由变余火山碎屑和熔岩胶结物组成,变余火山碎屑中,晶屑成分有石英、钾长石、斜长石,钾长石具钠长石化退变,斜长石部分或全部退变为绢云母,玻屑重结晶为隐晶状、微粒状长英质、绢云母,熔岩胶结物由斑晶和基质组成,变斑晶由石英及具绢云母化退变的斜长石组成,基质由隐晶状长英质、绢云母、绿泥石等组成。

变质火山角砾岩:呈变余火山角砾结构。岩石由变余火山角砾及胶结物组成,变余火山角砾中,斜长石具绿泥石化、钠长石化、绢云母化蜕变质,暗色矿物辉石、角闪石具绿泥石化、绿帘石化、阳起石退变质,部分岩石中,辉石退变为绿色角闪石,胶结物重结晶为绢云母、绿泥石长英质微粒。

变质火山角砾熔岩:呈变余火山角砾熔岩结构,块状构造。变质岩由变余火山角砾和熔岩胶结物组成,火山角砾中的斜长石具绢云母化、绿泥石化、钠长石化退变质,暗色矿物辉石、角闪石具绿泥石化、绿帘石化、阳起石化退变质,黑云母具绿泥石化退变质,熔岩胶结物由斑晶和基质组成,变斑晶中斜长石具绢云母化、绿泥石化退变质,基质由隐晶状长英质、绢云母、绿泥石组成。

(7) 变质超基性、基性岩类

变质橄榄岩类:呈变余包含结构。岩石由橄榄石和辉石组成,橄榄石绝大多数退变质为蛇纹石或蛇纹石、滑石集合体,辉石部分或全部退变为蛇纹石和纤闪石。

变质辉石岩:呈柱粒状,柱状粒状变晶结构。岩石由辉石和斜长石组成,斜长石全部或部分退变为绿帘石、绿泥石、钠长石,辉石基本上退变为柱状或粒状阳起石。

变质辉绿岩、变质灰绿玢岩:呈变余灰绿结构,变余斑状结构。岩石由辉石、斜长石及黑云母组成,辉石全部或大部分退变为角闪石或阳起石,斜长石部分或全部退变为钠长石、绿帘石、绿泥石,黑云母全部退变为绿泥石。

2. 变质矿物共生组合及变质相、带划分

综上所述,变质岩石中的新生变质矿物:变质碎屑岩变质碳酸盐岩中,新生变质矿物多数为杂基或胶结物重结晶形成,变质火山岩中,部分变质矿物为岩石中矿物退变质形成,部分为基质或胶结物重结晶形成,而在变质侵入岩中,新生变质矿物均为岩石中的矿物退变质形成,形成的变质矿物共生组合有如下几类。

变质碎屑岩类:Ser+Chl+Bit(雏晶)+Cal,Ser±Chl±Cal,Ser+Qz,Ser+Ab+Chl±Cal+Qz,Ser+Ab+Cal,Ser+Cal+Qz。

变质火山岩、变质超基性、基性岩类:Ab+Ep+Chl, Chl+Act±Ab, Ab+Chl+Ep+Ser+Qz, Ab+Chl±Ser±Qz,Chl±Ep+Ser±Qz, Chl+Ser,Ser+Ep, Ep+Chl+Qz, Act+Ep+Ab+Qz, Act+Ep+Chl+Cal+Ab,Se±Ep+Qz, Ser+Ep±Chl, Ab+Ser+Qz, Chl+Qz, Ser+Ep+Qz, Ser+Chl±Ep+Cal, Act+Chl, Act+Chl+Ep+Ab+Zo+Se+Gru, Ser+Chl+Hb(绿色), Gru+Ep+Chl。

变质碳酸盐岩类:Cal+Ab,Chl+Ser±Qz,Cal+Qz。

据上述变质矿物共生组合及生矿条件,认为属低绿片岩相,以绢云母-绿泥石带为主,局部强变形带出现黑云母(雏晶)带,在基性岩浆岩中出现绿泥石-阳起石带,属中—低压相系,变质温度为400～500℃。

3. 变质变形特征及变质期次确定

变质岩石变质程度较轻，岩层基本层序清楚，原岩组构保留较好，在局部强变形带内，变质地层中褶皱变形强烈，发育紧闭同斜褶皱、尖棱褶皱、不协调褶皱，沿强变形带岩石中片理发育，片理强烈置换原始层理。在弱变形带内变质地层中发育宽缓褶皱，以发育板理、劈理为特征，局部可见轴面劈理(S_1)置换原始层理(S_0)现象(图4-8～图4-10)，总体表现为较强应力和较低温压条件下的区域低温动力变质，变质作用程度相当于低绿片岩相。

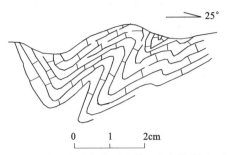

图4-8 早石炭世杂多群中的不协调褶皱变形

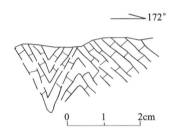

图4-9 子曲波里拉组褶皱素描图

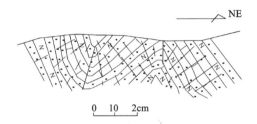

图4-10 扎青诺日巴尕日保组砂岩中褶皱素描图

在多彩蛇绿混杂岩带中，发育中浅层次韧性剪切变形，韧性变形构造群落发育、特征明显，区域上在邻幅杂多县幅内有晚二叠世岩浆侵入，在中元古代花岗片麻岩中获锆石U-Pb同位素下交点年龄249±49Ma，在中元古代吉塘群白云母片岩中获Ar-Ar同位素年龄251.5±2.6Ma，表明有晚二叠世构造热事件发生，地层中变质作用透入程度较石炭纪、二叠纪差，故将变质期确定为海西期。

(二) 印支期区域低温动力变质岩

1. 产状及岩石组合

测区印支期区域低温动力变质岩空间上分布于巴颜喀拉双向前陆盆地、巴塘陆缘火山弧、结扎类弧后前陆盆地及查涌蛇绿混杂岩带中，变质地层有晚三叠世巴颜喀拉山群(T_3B)，晚三叠世巴塘群(T_3Bt)，早、中三叠世结隆组($T_{1-2}j$)和晚三叠世结扎群(T_3J)。

岩石变质程度较轻，以发育板理、劈理和层间褶皱变形为特征，变质岩石类型有变质砂岩、板岩、千枚岩、变质硅质岩、变质基性—酸性火山岩、变质火山碎屑岩、变质碳酸盐岩。

(1) 变质砂岩

岩石呈变余砂状、粉砂状结构，杂基和胶结物完全重结晶为绢云母、绿泥石和方解石、石英，变余碎屑岩中，长石类砂屑沿边部退变为钠长石、绢云母、石英重结晶增大。

(2) 板岩、千枚岩类

岩石呈显微鳞片变晶结构，变余泥质结构，变余粉砂质结构，板状、千枚状结构，岩石由粘土矿物（向绢云母过渡）、绢云母、绿泥石、石英、方解石组成，方解石呈微粒状变晶集合体，在岩石中不甚均匀分布，石英呈微粒状、彼此紧密接触，呈定向分布，绢云母、绿泥石呈片状变晶，与粘土矿物彼此依长轴方向定向分布，构成板理、千枚理。

(3) 变质碳酸盐岩类

岩石呈变余微晶、泥晶结构，变余生物碎屑、砂屑结构，变余碎屑结构，变余鲕状结构，块状构造、条带状构造，岩石的变质表现为钙质胶结物，生物碎屑，内碎屑重结晶为方解石，粘土矿物重结晶为绢云母，条带状灰岩中的硅质条带重结晶为隐晶状、微粒状石英。

(4) 变质硅质岩

岩石呈隐晶质—微粒状结构,新生变质矿物是岩石中的硅质重结晶为隐晶状、微粒状石英,岩石中尚有少量重结晶形成的绢云母。

(5) 变质火山岩类

变质橄榄玄武岩:岩石呈变余斑状结构,基质具变余间粒、间隐结构,块状构造,变余杏仁状构造。变斑晶主要由橄榄石、斜长石、辉石组成,斜长石部分或全部退变为绢云母、绿泥石或钠长石,辉石部分或完全退变为绿泥石,角闪石被次闪石、绿泥石、绿帘石部分或全部交代,基质由同斑晶成分的矿物残留体及其退变形成的绢云母、绿泥石、绿帘石、阳起石组成,部分玄武岩中基质几乎由纤状阳起石组成,杏仁体原充填物被绿泥石、方解石完全取代。

变质安山岩:岩石呈变余斑状结构,基质具变余交织结构,块状构造,变余杏仁状构造,部分安山岩具变余枕状构造。变余斑晶由斜长石和普通辉石或普通角闪石组成,斜长石部分或全部退变为绢云母化,辉石部分或全部退变为次闪石或绿泥石、绿帘石,基质由同斑晶成分的矿物或其退变形成的绢云母、绿泥石、绿帘石组成,杏仁充填物已被变质新生矿物绿泥石取代。

变质英安岩:岩石呈变余斑状结构,基质具变余微粒镶嵌结构,鳞片花岗变晶结构,块状构造、变余流动构造。变斑晶由石英、斜长石、黑云母组成,斜长石部分或全部退变为绢云母、绿帘石,黑云母全部退变为绿泥石,基质由同斑晶成分的矿物或其退变质形成的绢云母、绿泥石组成,岩石中普遍有重结晶石英。

变质流纹岩:岩石呈变余斑状结构,基质具变余微粒结构、变余球粒结构。变斑晶由斜长石、石英组成,斜长石部分或大部分退变为绢云母,个别石英变斑晶边部具次生增大现象,基质主要由微粒状长石、石英、绢云母、绿泥石组成。

(6) 变质火山碎屑岩类

变质凝灰岩类:岩石呈变余晶屑凝灰结构、变余多屑凝灰结构、变余凝灰结构。岩石由变余火山碎屑和变余火山尘胶结物组成,变余晶屑成分由石英、斜长石及少量暗色矿物组成,斜长石部分或全部退变为绢云母,暗色矿物完全退变为绿泥石,变余玻屑、浆屑全部或部分重结晶为绢云母、绿泥石及隐晶状、微粒状长英质,胶结物被隐晶状、微粒状长英质和绢云母、绿泥石取代。

变质凝灰熔岩类:岩石呈变余凝灰熔岩结构。岩石由变余火山碎屑和熔岩胶结物组成,变余火山碎屑中,晶屑成分有石英、钾长石、斜长石,钾长石具钠长石化退变,斜长石部分或全部退变为绢云母,玻屑重结晶为隐晶状、微粒状长英质、绢云母,熔岩胶结物由斑晶和基质组成,变斑晶由石英及具绢云母化退变的斜长石组成,基质由隐晶状长英质、绢云母、绿泥石等组成。

变质火山角砾岩:呈变余火山角砾结构。岩石由变余火山角砾及胶结物组成,变余火山角砾中,斜长石具绿泥石化、钠长石化、绢云母化蚀变质,暗色矿物辉石、角闪石具绿泥石化、绿帘石化、阳起石化退变质,部分岩中,辉石退变为绿色角闪石,胶结物重结晶为绢云母、绿泥石。

变质火山角砾熔岩:呈变余火山角砾熔岩结构,块状构造。变质岩石由变余火山角砾和熔岩胶结物组成,火山角砾中的斜长石具绢云母化、绿泥石化、钠长石化退变质,暗色矿物辉石、角闪石具绿泥石化、绿帘石化、阳起石化退变质,黑云母具绿泥石化退变质,熔岩胶结物由斑晶和基质组成,变斑晶中斜长石具绢云母化、绿泥石化退变质,基质由隐晶状长英质、绢云母、绿泥石组成。

(7) 变质基性—超基性岩

变质橄榄辉石岩:呈变余半自形粒状结构,纤维状结构,块状构造。岩石由辉石和橄榄石组成,辉石大部分退变为次闪石、绿泥石,橄榄石大部分或全部退变为细小的纤维状蛇纹石、阳起石。

变质辉长岩:岩石呈变余辉长结构,变余含长嵌晶结构,块状构造。由辉石、角闪石、斜长石组成,辉石退变为次闪石和绿泥石,角闪石退变部分或大部分退变为次闪石,斜长石大部分或全部退变为绿帘石。

变质辉长辉绿岩:呈变余辉长辉绿结构,块状构造。由辉石、角闪石、斜长石、黑云母组成,辉石部分退变为次闪石和绿泥石,角闪石沿边部或节理退变为次闪石,斜长石大部分或全部退变为绿帘石,黑云母全部退变为绿泥石而仅保留假象。

2. 变质矿物共生组合及变质相带划分

综上所述,变质岩石中的新生变质矿物为:变质碎屑岩、变质碳酸盐岩中,变质矿物绝大多数为杂基或胶结物变质重结晶形成。变质基性—超基性岩中,新生变质矿物均为原岩中的矿物退变质形成新生变质矿物,共生组合有如下几类。

变质碎屑岩类:Ser±Chl±Cal+Qz,Ser+Cal,Ser±Chl+Ab±Qz,Ser+Cal±Ep,Ser+Qz。

变质火山岩类:Ab+Chl+Act,Ab+Ep+Chl±Ser+Qz,Ser±Chl±Ab±Qz,Ep+Chl+Cal+Qz,Act+Ep+Ab+Qz,Act+Ep+Chl+Cal+Ab,Se+Qz,Ser+Chl±Ep。

变质火山碎屑岩:Ab+Ser±Qz,Chl±Ep+Ser+Qz,Ser±Ep+Qz,Act±Ep+Ab+Qz,Ser+Ab±Chl±Qz。

变质基性—超基性岩类:Se+Act+Chl+Gru,Gru+Chl+Ep。

变质钙质岩类:Cal±Ser±Qz,Cal+Ab。

根据上述新生变质矿物共生组合及其生成条件,认为属低绿片岩相,以绢云母-绿泥石带为主,在变质基性火山岩和变质基性—超基性岩浆岩中出现绿泥石-阳起石带,属中—低压相系。

3. 变质变形与变质期次

岩石变质程度较轻,岩层基本层序清楚,原岩组构保留较好,在强变形带内变质地层中,褶皱变形强烈,发育紧闭同斜褶皱,尖棱褶皱,不协调褶皱,轴面劈理置换原始层理,以发育板理、劈理为特征,在弱变形带内,变质地层中发育宽缓褶皱,局部轴面劈理置换原始层理(图4-11、图4-12)。总体表现为较强应力和较低温压条件下的低绿片岩相区域低温动力变质作用,是印支期区域低温动力变质作用的产物。

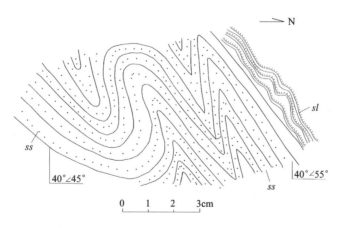

图4-11 当江晚三叠世巴颜喀拉山群砂板岩中的褶皱变形素描图

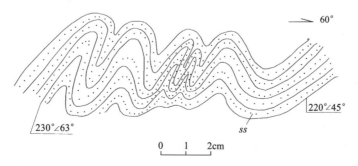

图4-12 当江北晚三叠世巴颜喀拉山群砂板岩中的褶皱变形素描图

变质期的确定依据：晚三叠世变质地层中采获大量古生物化石，确定地层时代为晚三叠世，地层时代依据充分；区内有大量晚三叠世岩浆侵入，表明有晚三叠世构造热事件发生；区内侏罗纪雁石坪群变质地层经受亚绿片岩相区域埋深变质作用，变质变形特征与晚三叠世变质地层中的变质变形特征存在明显的差异。

三、区域埋深变质作用及变质岩

区域埋深变质作用发生在北羌塘坳陷的主体——中晚侏罗世雁石坪群地层中，形成一套浅变质岩系。测区内只分布在色汪涌曲一带。变质地层有中晚侏罗世雁石坪群雀莫错组、布曲组和夏里组组成。雀莫错组和夏里组为一套变碎屑岩，布曲组为一套变碳酸盐岩。变质岩石类型有变砾岩、变砂岩、变粉砂岩、变粉砂质泥岩、变泥晶灰岩、变微晶灰岩、变生物碎屑灰岩、变生物介壳灰岩等，岩石变质程度极轻微，局部地段基本未发生变质，只有部分钙质胶结物重结晶为微粒状方解石，岩石基本层序清楚，原岩组构保留良好，以发育宽缓褶皱变形为特征，出现的变晶矿物很少，在变质岩石中含量在3%～30%左右，部分变质岩石中变晶矿物（方解石）含量达42%左右。

新生变质矿物为变砂岩、变粉砂岩、变砾岩杂基中的粘土矿物重结晶为绢云母或向绢云母过渡，胶结物重结晶为石英和方解石，以及变碳酸盐岩中的基质或胶结物，重结晶为晶粒状方解石，部分胶结物中的粘土矿物重结晶为绢云母或向绢云母过渡。新生变质矿物有：绢云母、方解石、石英等，变质矿物共生组合有：Ser+Cal±Qz，Ser+Qz，Cal+Ser，Cal+Qz。

根据上述新生变质矿物组合特征，其变质作用程度相当于亚绿片岩相，属绢云母带。

在剖面上雁石坪群变质地层由底部向上变质作用有依次减弱趋势，表现为变质地层中变砂岩、变粉砂岩杂基中的粘土矿物在中下部部分或大部分重结晶为绢云母，中上部向绢云母过渡，上部粘土矿物基本未发生重结晶。该特征表明变质地层遭受区域埋深变质作用，且随埋深程度的递减，变质作用也依次减弱，甚至不发生变质。区内白垩纪地层虽有一定程度的变形，但没有变质作用发生，为非变质岩系。故将变质期确定为燕山期。

第三节 动力变质作用及变质岩

在区域变质作用基础上，沿构造带动力变质作用叠加而形成动力变质岩，根据动力变质作用的特点，将动力变质岩划分为韧性动力变质作用形成的变质岩和脆性动力变质作用形成的变质岩。

一、韧性动力变质作用及变质岩

测区韧性动力变质作用呈现多期次、多体制的特点，根据测区韧性动力变质作用特征和韧性动力变质作用所卷入的最新地质体时代，韧性动力变质作用可分为两期不同韧性动力变质岩。

1. 海西期动力变质岩

海西期韧性动力变质作用透入性叠加在多彩蛇绿混杂岩及古中元古代宁多岩群中，形成的岩石类型有眼球状构造片麻岩，构造片岩，条纹状、眼球状糜棱岩等。

二云母构造片岩：岩石具变斑状结构、基质具半自形粒状鳞片变晶结构，片状构造。碎斑由形态呈"鱼"状黑云母组成，石榴石组成碎斑含量13%～30%。基质由黑云母、白云母、石英及少量长石组成。二云母构造片岩出现在吉塘群变质岩强变形带中，晚期形成的面理强烈置换早期面理，显微镜下，早期形成的白云母、黑云母组成的片理褶皱并与晚期形成的白云母、黑云母组成的片理大角度斜交，其原岩为碎屑岩（见前述）。

二云母石英构造片岩：岩石具鳞片粒状变晶结构，变余碎斑结构、片状构造。斑晶由石英组成，含少量至9%。基质由石英、斜长石、白云母、黑云母组成。二云母石英构造片岩出现在中元古代吉塘群变质岩强变形带中，晚期形成的面理强烈置换早期面理，显微镜下，早期形成的白云母、黑云母组成的片理与晚期形成的白云母、黑云母组成的片岩大角度斜交，其原岩为碎屑岩（见前述）。

条纹状、眼球状斜长角闪石质糜棱岩：岩石呈碎斑结构，基质具粒状变晶结构、糜棱结构，条带状构造、眼球状构造。碎斑（图4-13）由岩块、斜长石、角闪石组成，碎斑含量19%～40%。基质由绿色角闪石、石英、斜长石组成。条纹状、眼球状斜长角闪石质糜棱岩出现在吉塘群变质岩及辉长岩强变形带中，在吉塘群变质岩中，显微镜下观察，糜棱岩原岩由普通角闪石和斜长石组成的定向构造的斜长角闪岩（原岩为基性火山岩，见前述），在辉长岩中，斜长角闪石质糜棱岩出现在强变形带中，在强变形带相间出现，弱变形带变质岩中残留辉长结构。

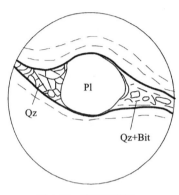

图4-13 "δ"型碎斑
（正交偏光 10×6.3）

条纹条带状、眼球状糜棱岩：岩石具糜棱结构、眼球状构造。岩石由碎斑和基质组成，碎斑成分为石英、斜长石组成，含量21%～31%，基质由石英、黑云母、白云母、斜长石及少量绿帘石组成。

糜棱岩出现在多彩—当江蛇绿混杂带中的杂砂岩（CPd）和岛弧火山岩（CP$d$va）中的强变形带中，强变形带相间出现，在弱变形带中，岩石保留残余结构，推断原岩为碎屑岩、火山岩。

眼球状黑云斜长构造片麻岩：岩石具碎斑结构，基质具微细粒半自形鳞片变晶结构、片麻状、眼球状构造。碎斑由斜长石、石英组成。部分岩石碎斑中有少量石榴石，碎斑含量18%～26%。基质由石英、斜长石、黑云母、白云母等组成。

出现在宁多岩群变质岩强变形带及多彩蛇绿岩龙切砂岩和当江荣火山岩中的强变形带中，在宁多岩群中，构造片麻岩中含石榴子石碎斑，且早期形成的由黑云母组成的片麻理与晚期形成的由黑云母组成的片麻理斜交，其原岩可能为碎屑岩，见前述，在多彩蛇绿混杂岩带中，构造片岩往往出现在碎屑岩和中酸性火山岩强变形带中，其原岩显然为碎屑岩和火山岩。

岩石以具条纹、条带状构造，片状、片麻构造，眼球状构造和完全重结晶的变晶糜棱结构，细粒（柱）粒状变晶结构，鳞片粒状变晶结构为特征，宏观运动学标志判断具韧性右行剪切性质。岩石中早期面理被晚期新生糜棱面理广泛而强烈置换，并发育S-C组构，云母鱼构造（图4-14），眼球状碎斑黏滞型石香肠，塑性流褶皱及透入性矿物拉伸线理。显微构造中，角闪石、斜长石、石英等以碎裂作用为主要变形呈眼球状，长英质条带及云母条纹条痕绕过碎斑构成"δ"碎斑系，显示核幔构造（图4-15），绿色角闪石波状、块状消光强烈，斜长石具部分晶质塑性变形应变、石英双峰或结构明显，波状、带状消光强烈。

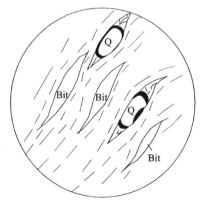

图4-14 "δ"碎斑及云母鱼构造
（正交偏光 10×10）

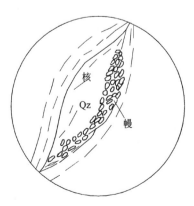

图4-15 石英的核幔构造
（正交偏光 10×6.3）

新生变晶矿物有(绿色)角闪石、斜长石、钾长石、白云母、黑云母、绿泥石、绿帘石、阳起石、石英等。

变质矿物组合有：Pl＋Bit±Mu＋Qz±Alm，Chl±Ep＋Qz±Cal，Pl＋Kf＋Bit＋Qz，Hb(绿色)＋Pl±Bit，Pl＋Act＋Chl±Ep，Bit＋Mu＋Qz±Gt。

据上述矿物特征组合，变质环境达高绿片岩相。根据变质岩石中特征变质矿物黑云母的大量出现，将其划归黑云母带。

区内该期韧性动力变质作用卷入的最新地质体为二叠纪蛇绿岩。区域上，在邻幅杂多县幅吉塘群白云母片岩中获得Ar-Ar同位素年龄值251.5±2.6Ma(图4-16)，在中元古代花岗片麻岩中获得锆石U-Pb同位素下交点年龄249±49Ma，表明区域上有海西期构造热事件发生确定其变质期为海西期，是海西期弧陆碰撞机制下的中浅构造层次的韧性动力变质作用的产物，表现为明显的高绿片岩相退变质环境。

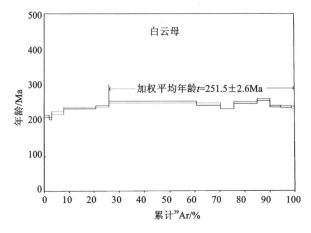

图4-16 云母石英片岩中Ar-Ar同位素年龄图

2. 燕山期韧性动力变质岩

燕山期动力变质作用叠加分布在通天河蛇绿混杂带，平面上呈强、弱变形带平行间隔状产出，剖面上具叠瓦状排列特征，印支期动力变质作用形成变质岩以各种片理化岩石为基本组合，发育透入性的片理，并广泛强烈置换早期面理，形成明显南倾的构造面理，沿强变形带出现带状、束状糜棱岩，初糜棱岩和各种糜棱岩化岩石，宏观表现为狭长的退化变质带，变质作用形成的糜棱面理和片理化面理一致，沿面理出现新生变质矿物，表明变质和变形作用基本同时发生，具同构造期的特点，宏观运动学标志判断具右行斜冲性质。形成的动力变质岩石类型有各类糜棱岩、千糜棱岩及糜棱岩化岩石。

糜棱岩化岩石：各种变余结构、糜棱岩化结构、显微鳞片粒状变晶结构、平行条带状构造、平行定向片状构造，个别呈眼球状构造。岩石中碎斑含量40%～76%，个别达90%。由岩块碎斑组成，部分碎基重结晶成绢云母、绿泥石、绿帘石、阳起石、石英、方解石、钠长石、白云母等。

糜棱岩：糜棱结构、残斑状结构，基质具鳞片粒状变晶结构，片状构造，定向构造，平行条带状、眼球状构造。岩石中碎斑约15%～25%，个别达30%。主要由石英、斜长石、辉石、角闪石、方解石等组成，变形组构发育。基质全部或部分重结晶为绢云母、绿泥石、绿帘石、阳起石、石英、方解石、钠长石、白云母等。

千糜岩：糜棱结构、微粒状鳞片粒状变晶结构、条带状构造、眼球状构造。岩石中残留碎斑10%～20%，主要为石英、斜长石、辉石等。基质全部重结晶为石英、绢云母、绿泥石、绿帘石、方解石、阳起石、钠长石、斜长石、白云母及部分绿色黑云母等。

岩石以眼球状，条纹条带状构造为特征，矿物拉伸线理发育，"δ"旋转碎斑(图4-17)，S-C组构及顺片理的紧闭尖棱褶皱、"N"型褶皱，紧闭顶厚同斜褶皱多见，并随糜棱岩化作用增强出现面理增强带。

矿物变形组构特征有石英、长石、辉石、石榴石、方解石以碎裂作用为主要变形呈眼球状碎斑再现，并具不对称压力影，"辉石链"、"角闪石链"构造多见，长石具沙盅构造，石英波状、带状消光强烈，并具核幔构造，"云母鱼"(图4-18)、S-C组构发育。

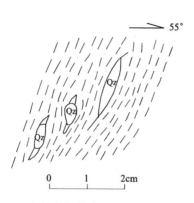
图 4-17　韧性剪切带中的"δ"碎斑特征(燕山)

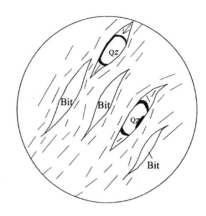
图 4-18　"δ"碎斑及云母鱼构造

岩石新生变晶矿物有绢云母、绿泥石、绿帘石、阳起石、石英、方解石、钠长石、白云母等。

形成的新生矿物组合有：$Mu\pm Ab+Qz$，$Chl+Ser+Ab\pm Qz$，$Ab+Mu+Qz\pm Ep$，$Ep+Ab+Qz$，$Ep+Chl+Ser+Qz$，$Mu+Ep+Cal$，$Ser+Mu+Qz\pm Ep$，$Chl+Act+Ab$，$Ser+Cal\pm Chl$，$Cal+Qz\pm Ab$等。据以上新生变质矿物组合，其变质作用程度为低绿片岩相，属绢云母绿泥石带。

综合宏微观特征，是浅构相韧性动力变质作用的产物，该期韧性动力变质作用卷入的最新地质体为印支期中酸性侵入岩，剪切带基性糜棱岩中获得 Ar-Ar 年龄为 151.9 ± 2.1 Ma(图 4-19、图 4-20)表明有燕山期构造热事件发生，故将韧性动力变质时期定为燕山期，是晚侏罗世陆内汇聚时期形成的韧性右行斜冲剪切带。

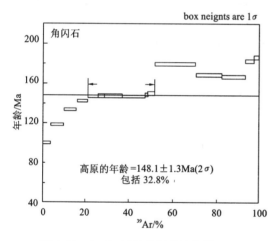
图 4-19　Ar-Ar 同位素年龄协和图(一)

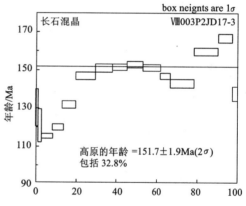
图 4-20　Ar-Ar 同位素年龄协和图(二)

二、脆性动力变质作用及变质岩

脆性动力变质岩沿测区浅表层次的脆性断裂带呈带状分布，岩石以碎裂作用为主要变形，形成的变质岩石类型有构造角砾岩，碎裂岩，碎裂岩化岩石等(图 4-21)，新生变质矿物很少，主要有葡萄石、绿纤石、绢云母、方解石等，据变质岩石中出现的特征变质矿物，其变质作用程度相当于葡萄石相和葡萄石-绿纤石相，是表部构造层次的脆性动力变质作用的产物。测区脆性动力变质作用具多期活动叠加的特点，变质作用一直影响至古近纪地层。

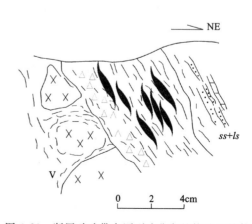
图 4-21　断层破碎带中雁列式分布的构造透镜体

第四节 接触变质作用及其变质岩

测区岩浆作用较为强烈,以印支期岩浆作用最为强烈。由于后期区域变质作用和动力变质作用的叠加改造,展布于通天河构造岩浆岩带中的部分印支期侵入岩与围岩的侵入接触关系被改造,接触变质作用不明显外,区内印支期—喜马拉雅期侵入体与围岩的接触变质作用分布普遍,印支期—喜马拉雅期侵入岩,不仅与各时代围岩中的火山岩、碎屑岩接触处形成较宽的热接触变质带,而且在与各时代地层中的碳酸盐岩接触处形成接触交代成因的矽卡岩类变质岩。在巴颜喀拉构造岩浆岩带印支期侵入岩及杂多构造岩浆岩带喜马拉雅期侵入岩与围岩接触带上发育不甚完整热接触递增变质带。夏结能燕山期侵入岩外接触带发育阶段交代递增变质带。

一、热接触变质作用及变质岩

该变质岩主要分布于印支期—喜马拉雅期侵入岩与围岩接触带附近,多呈不规则环带分布,宽数米至数百米不等,部分地段发育不完全的热接触递增变质带。

1. 岩石类型及特征

变质岩石主要有与同时代侵入岩有关的角岩及角岩化岩石、大理岩,分布于岩体边部外接触带围岩中,主要岩石类型有以下几种。

(1)角岩化岩石:围绕侵入体呈环带状分布,部分分布于热接触带的最外带,是测区热接触变质岩的主要岩石类型,与区域正常岩石及角岩呈过渡关系,各种变余结构发育。新生矿物主要有绿泥石、绿帘石、阳起石、绢云母、黑云母、白云母、石英、钠长石等,岩石类型以角岩化砾岩、角岩化砂岩、角岩化粉砂岩、角岩化粉砂质泥岩及角岩化凝灰岩、角岩化安山岩为主,此外还有角岩化英安岩、角岩化流纹岩、角岩化火山角砾岩以及斑点状板岩等。

(2)角岩:是区内热接触变质岩的主体之一,围绕侵入体呈环带状。分布于热接触带的中带和内带,呈角岩结构,斑状变晶结构,块状构造。岩石中变余结构,构造不发育,重结晶形成的变质矿物有石榴石、红柱石、堇青石、硅灰石、透辉石、斜长石、钾长石、黑云母、绿泥石、绿帘石、石英等。岩石类型有红柱石角岩、堇青石角岩、含石榴堇青石黑云母角岩、黑云母长英质角岩、透辉石阳起石角岩、石榴石角岩、长英质角岩、钠长绿帘角岩、矽线石堇青石长英质角岩等。

(3)大理岩:侵入体在碳酸盐岩接触带上,岩石呈粒状变晶结构,条带状构造,块状构造。主要变晶矿物有方解石、钙铝榴石、透辉石、透闪石、长石、绿泥石、绢云母、硅灰石等。岩石类型有大理岩、硅灰石大理岩、透辉石大理岩、透闪石大理岩等。

2. 矿物共生组合及接触变质相的划分

由于侵入体外接触带出露宽度、原岩性质及离侵入体距离等因素不同,形成不同类型的接触变质相带,部分地段形成明显的变质分带现象,大部分则以角岩化带为主,分带现象不明显。热接触变质作用与 Cu、Mo、Pb、Zn 矿化关系密切而引人注目。

依据接触变质岩石特点及矿物组合,本区接触变质作用可划分为3个热接触变质相。

(1)钠长绿帘角岩相

测区所有发育于印支期、燕山期和喜马拉雅期侵入岩周围的角岩化带及部分印支期侵入岩周围的角岩带均属于该相,是测区热接触变质相的主体相,岩石结构未达平衡状态,新生变质矿物组合有以下几种类型。

变泥砂质长英质岩类：Bit+Ep±Ab+Qz,Bit+Mu±Qz,Bit+Ser±Mu±Chl±Qz,Ser±Chl+Qz,Qz+Ab+And+Mu+Bit+Chl,Mi+Mu+Bit+Ab±Qz。

基性变质岩类：Act+Bit+Ep,Act+Ab+Chl,Ab+Ep+Act+Chl±Bit+Qz。

钙质变质岩类：Cal+Qz,Cal±Chl±Ser+Bit+Qz,Cal±Bit+Mu。

据上述变质矿物共生组合及生成条件，归入钠长绿帘角岩相。

(2) 普通角闪石角岩相

测区巴颜喀拉岩浆岩带中的印支期侵入岩地仁单元和角考单元以及杂多构造岩浆岩带中的喜马拉雅期侵入岩周围的大部分角岩带均属于该相，形成的变质矿物组合有以下几类。

泥砂质、长英质变质岩类：And+Bit+Pl+Qz,Sil+Crd+Mu,Gt+Crd+Bit±Qz±Pl,Crd+Bit+Pl+Qz,Pl+Kf+Bit+Qz,Gt+Crd+Bit+Di+Qz。

基性变质岩类：Di+Pl+Qz,Hb+Pl+Di+Bit+Qz,Di+Tr+Pl+Qz。

钙质变质岩类：Gt+Di+Pl+Qz,Gt+Di+Cal+Qz,Di+Tr+Cal±Qz,Di+Tr+Gt+Cal。

据上述变质矿物共生组合及生成条件，归入普通角闪石角岩相。

(3) 辉石角岩相

在巴颜喀拉山岩浆带印支期地仁石英闪长岩外接触带红柱石角岩，矽线石堇青石长英角岩中出现变质矿物组合：And+Pl+K+Q,Sil+Crd+Pl+K+Q。在杂多岩浆岩带中喜马拉雅期色的日花岗斑岩外接触带硅灰石大理岩中出现 Wo+Cal 的变质矿物组合，据上述变质矿物共生组合及生成条件，归入辉石角岩相。

综上所述，测区大部分侵入岩周围形成的热接触变质岩属于纳长绿帘角岩相。分布于巴颜喀拉构造岩浆岩带中的印支期侵入岩及杂多构造岩浆岩带喜马拉雅期侵入岩与围岩接触带发育不完全的热接触递增变质带。

测区热接触变质作用变质期次，依据与热接触变质作用有关的侵入岩形成时代，划分为印支期、燕山期、喜马拉雅期三期。

二、接触交代变质作用及变质岩

接触交代变质岩主要分布于印支期—喜马拉雅期中酸性侵入岩与石炭纪、二叠纪及晚三叠世地层中的碳酸盐岩的外接触带，在部分地段，石炭纪、二叠纪地层中，同期喷发沉积的中酸性火山熔岩与碳酸盐岩接触带上形成规模较小的接触交代变质岩——矽卡岩。接触交代变质岩在空间上多呈透镜状、似层状、扁豆状、囊状及串珠状产出，一般规模不大，但与有色金属、贵金属矿化关系密切，测区有很多 Cu、Mo、Pb、Zn、Ag 等金属矿（化）点产于各种矽卡岩中。

矽卡岩呈半自形粒状—柱状变晶结构，块状、条带状构造，主要变质矿物有透辉石、透闪石、石榴石、绿帘石、绿泥石、阳起石、方柱石、硅灰石、长石、石英、黑云母等，岩石类型有透辉石矽卡岩、透闪石矽卡岩、石榴石矽卡岩、硅质矽卡岩、含石榴绿帘石矽卡岩、透辉石石榴石矽卡岩等。

变质矿物组合有：Tr+Cal±Di+Ep+Pl+Qz,Di+Hb+Bit+Gt+Pl+Qz,Tr+Ep±Chl±Bit±Cal,Tr+Act+Chl±Bit,Di+Ep+Cal+Gt+Q±Sc±Wl,Gt+Di+Cal+Qz,Wl+Cal,Ep+Gt+Cal+Qz 等。

在夏结能燕山期侵入岩与碳酸盐岩外接触带形成透辉石矽卡岩-透闪石矽卡岩-大理岩的阶段交代递增变质带。

测区接触交代变质作用期次依侵入岩时代及火山岩地层时代，可分为海西期、印支期、燕山期、喜马拉雅期四期。

第五节 变质作用演化

测区变质作用与变形具多期性和多样性,根据各主要变质岩系的基本特征,结合大地构造演化,测区变质作用演化大致分为 5 个阶段。

1. 古中元古代基底岩系形成阶段

古中元古代宁多岩群在晋宁期区域动力热流变质作用条件下,形成一套由中深变质岩系组成的造山带结晶基底变质岩系,其被构造围限的残留基底块体分布于通天河蛇绿混杂岩带中。岩石变质变形强烈,发育透入性区域面理置换,形成区域性片理、片麻理,并发育中深构造层次的塑性流变褶皱。变质矿物共生组合特征显示其变质作用程度相当于低角闪岩相,原岩建造为一套成熟度较高的碎屑岩、火山岩、碳酸盐岩建造,在黑云更长片麻岩中获得锆石 U-Pb 同位素年龄 709Ma。主变质期定为晋宁期。

2. 海西期洋—陆转换阶段

随着古特提斯多岛洋在石炭纪离散扩张,至早二叠世扩张进入高潮,洋盆中出现洋壳物质,中二叠世洋盆开始闭合并向南发生 B 型俯冲,至晚二叠世洋盆闭合,形成区内多彩蛇绿混杂岩带中,该带内高绿片岩相韧性剪切带是该期构造事件的产物,该期韧性动力变质作用较透入,叠加在多彩蛇绿岩及古中元古代宁多岩群中深变质的基底岩系中,由剪切面理透入置换的糜棱岩、千糜岩、糜棱岩化岩石及构造片岩等岩石组合而成。韧性剪切带内韧性变形构造群落发育,特征明显,变质矿物共生组合表明变质作用程度达高绿片岩相。同期受构造应力影响,石炭纪、二叠纪地层经受较强应力和较低温压条件下的区域低温动力变质作用,形成低绿片岩相浅变质岩系,变质地层中岩石变质程度较轻、较均匀,基本层序清楚,原岩组构保留较好。构造变形表现为沿强变形带褶皱变形强烈,岩石中片理发育,片理强烈置换原始层理;弱变形带、变质地层中发育宽缓褶皱,局部出现轴面劈理置换原始层理现象。

3. 印支期洋陆转换阶段

早—中三叠纪,甘孜—理塘有限洋盆开始扩张形成,晚三叠世早期,研究区内沿甘孜—理塘结合带发生俯冲消减,碰撞带弧盆体系形成。区内中三叠世、晚三叠世地层受构造应力影响,经受区域低温变质作用,形成相线变质岩系,岩石变质轻微,程度均匀,原岩组构保存良好,基本层序清楚,以发育板理、劈理为特征,表现为较强应力和较低温压条件下的区域低温动力变质作用。印支期后,测区大规模的区域低温动力变质作用彻底结束。

4. 燕山期后造山阶段

侏罗纪随着班公湖—怒江结合带发生俯冲,在区内形成中—晚侏罗纪雁石坪群海相—海陆交互相碎屑岩、碳酸盐岩沉积。同时,在通天河蛇绿混杂岩带发生韧性动力变质作用,形成向北西向展布的具右行斜冲性质的碰撞型韧性剪切带。该期韧性动力变质作用叠加在通天河蛇绿混杂岩带中,平面上具强弱变形带平行间隔状产出的特征,变质岩石中韧性变形构造群落发育,特征明显,宏观表现为狭长的退化变质带,变质矿物共生组合显示,变质作用程度为低绿片岩相,白垩纪班公湖—怒江洋盆闭合,局部地段断陷盆地中接受风火山群河湖相碎屑岩、碳酸盐岩沉积。区内中—晚侏罗纪雁石坪群地层发生亚绿片岩相区域埋深变质作用,形成浅变质岩系,且呈现随埋深程度的递减,变质作用亦依次减弱其至不发生变质的特点,现有资料表明,白垩纪地层虽有一定程度的变形,但没有变质作用发生,为非变质岩系,燕山期后,测区大规模的区域变质作用彻底结束。

5. 新生代高原隆升阶段

古近纪—新近纪受印度板块与欧亚板块碰撞的影响,区内早期断裂继承性活动,在南北向强烈挤压下,陆内断块差异性升降,沿断裂发育一系列北西向展布的断陷盆地和走滑拉分盆地,接受沱沱河组、雅西措组、查保玛组、五道梁组及曲果组河湖相碎屑岩、碳酸盐岩沉积。由于燕山期后,测区大规模的区域变质作用彻底结束,因此该阶段的变质作用以浅表层次的动力变质作用和接触变质作用为主,其中喜马拉雅期接触变质作用与有色金属矿化关系密切而引人注目。

第五章 地质构造及构造演化史

第一节 区域构造特征概述

一、区域重力、航磁特征

（一）区域重力特征

根据青海省1∶100万布格重力异常图资料，测区区域重力异常（图5-1）显示幅值很大的负值。异常等值线总体呈北西向，与区域构造线方向一致，重力异常值一般为$-505\times10^{-5}\sim-515\times10^{-5}\,\mathrm{m/s^2}$，最高为$-505\times10^{-5}\,\mathrm{m/s^2}$，位于治多县北东一带，宏观上由南西向北东异常值变化不大，但是总体有增高的趋势。反映出地壳厚度由南向北逐渐变厚的趋势。

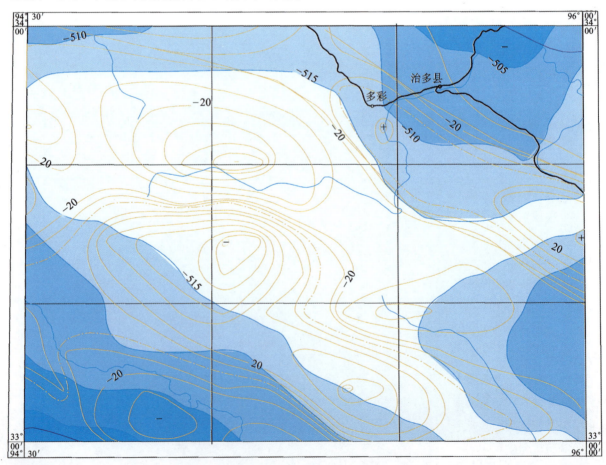

图5-1 青海省1∶100万布格重力异常、航磁异常图

(二) 区域航磁特征

根据1:100万青海航磁异常图(图5-1),测区航磁异常形态特征分区性明显,以治渠—治多北西向梯级异常带为界,以北为平静负异常区,形态不规则,但总体呈北西向,磁场强度峰值达−60nT;以南航磁异常表现为北西向展布线性梯级异常,异常形状具纺锤状,串珠状正、负异常相间产出特征,磁场强度峰值分别达70和−90nT。

(三) 地壳岩石圈的深部结构

邻区深部大地电磁测深研究成果表明,研究区岩石圈总体具纵向上分圈层,横向上呈块断的结构特征,在视电阻率断面上,囊谦至下拉秀间,具视电阻率陡变带,下拉秀以南显示一个低阻区,以北视电阻率中等,等值线疏缓;上地幔软流层的深度在93~116km之间,总趋势是南高北低,变化幅度不大;莫霍面的平均深度约60km,在巴塘至下拉秀之间为最浅,约50km,莫霍面基本连续,但形态变化复杂,在剖面上显示出囊谦幔凹,下拉秀至巴塘幔隆,歇武幔凹,莫霍面之上的低阻层,一般厚约10km,相当稳定,其低阻层电阻率变化较大,一般1~10Ω·m,最高300Ω·m,而且电阻率在幔凹区相对幔隆区偏低;上、下地壳界面其深度变化很大,一般在20km左右,最大可达36km,在下拉秀以北,该界面有与莫霍面同步起伏的特点,其南侧显示相反的结果;下地壳厚度在囊谦至下拉秀为37km,电阻率仅500Ω·m,下拉秀至歇武,厚度约20km,电阻率在200~1500Ω·m,由歇武—巴颜喀拉山口,厚度为20km,电阻率明显偏低,通过电性断面,在涉及工作区范围内推断有3条壳幔断裂存在,分别为下拉秀断裂带、玉树断裂带、歇武断裂带。

二、区域构造特征与测区构造单元划分

测区位于青藏高原腹地的唐古拉山北坡,大地构造位置属特提斯—喜马拉雅构造域的东段,位于冈瓦纳古陆与欧亚古陆强烈碰撞、挤压地带,从元古代以来经历了漫长的构造演化历史,地质构造复杂。

现今构造面貌是在造山带基底形成之后,经过青藏高原特提斯开合演化和青藏高原隆升这两个不同动力学性质构造过程完成的。区内原特提斯构造演化阶段的构造—建造记录缺失,主要构造—建造实体记录了晚古生代以来的构造演化历程,该阶段海西—印支期构造运动强烈,石炭纪随着古特提斯多岛洋离散扩张,至早二叠世形成西金乌兰—玉树—金沙江洋盆;中二叠世,扩张洋盆沿西金乌兰—玉树—金沙江缝合带向南发生B型俯冲消减,至晚二叠世,洋盆消失,弧—陆碰撞形成西金乌兰—金沙江缝合带;晚二叠世晚期—晚三叠世早期,三江造山带发生扩张,形成三叠纪甘孜—理塘有限洋盆,区域上对甘孜—理塘洋脊型火山岩—蛇绿岩带的研究表明,该带中的玄武岩时代,南段(如土官村)为P_2,中段(理塘)放射虫硅质岩时代为T_1,北段(甘孜以北)为T_3^1,洋盆打开时间南部较早,北部较晚,总的来说,该带是晚二叠世—早三叠世开始打开,晚三叠世中期开始俯冲。区内多彩乡北西查涌蛇绿岩的发现,表明了该结合带在区内的存在。晚三叠世中期,该洋盆向南发生俯冲,形成甘孜—理塘结合带。区内该带以北巴颜喀拉山地带最终演化为双向前陆盆地,以南形成晚三叠世沟弧盆体系。侏罗纪随着班公湖—怒江洋盆的扩张裂陷,测区南部发生凹陷,接受沉积,白垩纪测区局部形成上叠盆地;新生代随着冈底斯南新特提斯洋的相继开启及向北俯冲,印度洋的打开与扩张导致印度和欧亚板块于80Ma期间碰撞及大规模陆内俯冲(许志琴,1992)远程效应,使包括调查区在内的青藏高原成为一个长期的陆内汇聚活动区,壳幔动力学环境发生了根本改变,在拆离作用和拆沉作用的共同作用下,引起岩石圈突发性减薄,青

藏高原快速抬升,铸就了岩石圈同一的深部幔坳和地表隆升的双凸性构造—地貌景观。

有关本区构造单元的划分,不同学者认识不一,彼此之间存在一定的分歧,其原因之一是除测区外以东的通天河地区研究程度相对较高外,测区内属于地质科研的薄弱区,对诸多重大地质问题的认识,特别是蛇绿混杂岩带是否存在,构造背景的研究明显有不确定的因素;第二个原因是青藏高原特提斯在晚古生代—中生代阶段的古板块格局异常复杂。基于上述原因,我们对测区大地构造单元划分,在突出强调构造—建造实体的基础上,以晚古生代—中生代特提斯板块构造格局和构造演化为主导,参考《青藏高原及其邻区提出如下划分方案》,并结合区域资料及有关参考文献等,对测区构造单元提出如下划分方案(图5-2,表5-1),测区构造特征见构造纲要图(图5-3)。

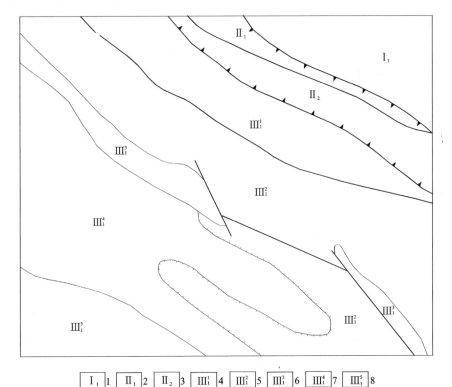

图 5-2 构造单元划分略图

1.巴颜喀拉双向边缘前陆盆地;2.查涌蛇绿混杂岩亚带;3.当江—多彩蛇绿混杂岩亚带;4.巴塘陆缘火山弧;
5.结扎弧后前陆盆地;6.纳日贡玛—子曲岛弧带;7.阿多—东坝弧后盆地;8.杂多晚古生代浅海陆棚

表 5-1 测区构造单元划分表

一级	二级	三级	
松潘—甘孜地块(I)	巴颜喀拉双向边缘前陆盆地(I_1)		新生代走滑拉分盆地
通天河复合蛇绿混杂岩带(II)	查涌蛇绿混杂岩亚带(II_1)		
	当江—多彩蛇绿混杂岩亚带(II_2)		
北羌塘—昌都地块(III)	杂多晚古生代—中生代活动陆缘(III_1)	巴塘陆缘火山弧(III_1^1)	
		结扎弧后前陆盆地(III_1^2)	
		纳日贡玛—子曲岛弧带(III_1^3)	
		阿多—东坝弧后盆地(III_1^4)	
		杂多晚古生代浅海陆棚(III_1^5)	

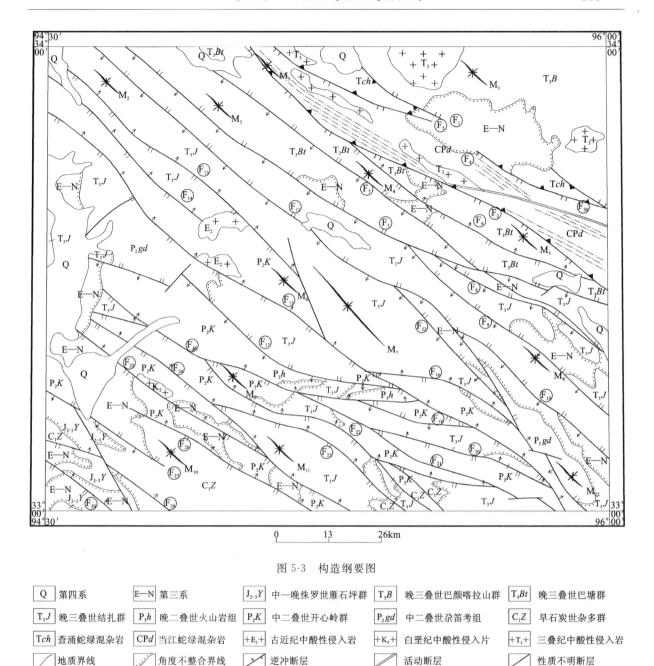

图 5-3 构造纲要图

三、测区构造单元特征

(一) 巴颜喀拉双向边缘前陆盆地(I_1)

该单元展布于测区东北角阿文俄音—巴东加义民一带,南以俄巴达切—荣格断裂与通天河复合蛇绿混杂岩带、查涌蛇绿混杂岩亚带分界。对该单元的大地构造属性一直存在较大的争议,争议的焦点是基底的性质,即海西期是洋盆或是存在一个统一的前寒武纪结晶基底。张以弗(1997)认为基底背景复杂,均一程度较低,总体是新生成的海西褶皱带与地台块体的条块组合格局;黄汲青等(1987)、刘增乾(1990)及殷鸿福等认为存在前寒武纪变质基底;而许志琴(1992)、潘桂棠等(1997)、郝孜(1983)、Sengor(1981)、Coward 等(1990)认为海西期基底性质是洋壳,也有部分专家认为是古特提斯消亡时残留洋,是古特提斯洋（金沙江洋）的继承和发展。我们认为巴颜喀拉盆地是一个具有长期演化历史的洋盆，其盆地性质具复合性，石炭纪—早二叠世是古特提斯残留洋发展演化，晚二叠世随着西金乌兰—金沙江结合带造山结束，至中三叠世沿甘孜—理塘洋盆打开，巴颜喀拉盆地裂陷扩张形成洋盆，晚三叠世由于扬子陆块的向西楔入，甘孜—理塘洋盆转换向南发生俯冲，而转化为边缘前陆盆地。

该单元主体由晚三叠世巴颜喀拉山群砂岩组、砂板岩组组成。总体为一套半深海相碎屑质浊流沉积，以发育鲍马序列的砂岩、板岩韵律层为主要特征，属典型的复理石建造，地层中常见深水相遗迹化石。变质变形相对较弱，变质程度仅达低绿片岩相，主要特征变质矿物为绢云母、绿泥石，构造变形主体样式为发育轴向北西向，轴面倾向南西的同斜褶皱、等厚褶皱及走向北西、断面倾向南西的脆性逆冲断层；区域上该构造带内岩浆活动微弱，区内印支期中酸性侵入岩较发育，多呈岩基或岩株状产出，以角岩化为主的围岩蚀变发育，蚀变带呈环带状围绕侵入岩展布，中—晚侏罗世有辉绿岩脉局部侵入。中酸性侵入岩主要由角考二长花岗岩、日勤花岗闪长岩、地仁石英闪长岩组成，岩石中 $Na_2O+K_2O=2.81\%\sim8.03\%$，$\sigma=0.56\sim2.19$，$\Sigma REE=58.17\times10^{-6}\sim185.37\times10^{-6}$，$LREE/HREE=4.57\sim11.42$，$\delta Eu=0.50\sim0.89$，$(La/Yb)_N=4.05\sim15.97$，表明稀土富集，轻重稀土分馏明显，负铕异常较明显，稀土配分曲线均为向右倾斜的富集型曲线。环境判别具壳内重熔型花岗岩特点，侵位时代介于 $210\sim225Ma$ 之间，系晚三叠世甘孜—理塘结合带俯冲碰撞造山后期岩浆活动的产物。

区域航磁异常特征为平静负异常区，异常形态不规则，但总体呈北西向；区域重力异常特征显示的重力总体由南向北单调降低的阶梯状，异常等值线呈北西向，与区域构造线方向一致。

（二）通天河复合蛇绿混杂岩带（Ⅱ）

该带位于测区北部治多县查涌—多彩—当江一带，呈北西-南东向带状展布，北与巴颜喀拉双向边缘前陆盆地相邻，南以巴塘陆缘火山弧相接，两端均延伸进入邻区。该混杂岩带由北向南主要由查涌蛇绿混杂岩亚带、当江—多彩蛇绿混杂岩亚带组成。两条蛇绿混杂岩带在区内呈北西-南东向平行展布，重接特征明显。区域上东玉树幅在2个构造亚带之间存在玉树—中甸地块的泥盆纪地层，测区内无法划分该构造单元。

通天河复合蛇绿混杂岩带是本次工作划分的，分布在区域上西金乌兰—金沙江结合带中独具特色的，具有甘孜—理塘结合带和西金乌兰—金沙江结合带复合构造混杂的独特构造单元。代表了区域上石炭纪—中晚二叠世西金乌兰—金沙江结合带和晚二叠世—晚三叠世甘孜—理塘结合带2个构造旋回在治多地区结合混杂的独特构造单元。

区域地球物理特征显示，该构造带是一条明显的地球物理场分界线，沿构造带重力异常等值线呈封闭的北西向带状展布，与区域构造线方向一致。等值线较为密集，重力异常值最高为 $-515\times10^{-5}m/s^2$，宏观上区域重力场总体由北向南呈单调降低的阶梯状，显示地壳厚度由南向北逐渐变厚的斜坡式特点，但在混杂岩带两侧，其重力异常值存在差异，显示了两侧地壳结构的明显差异性，航磁异常表现为沿北西向展布线性梯级异常带，异常形状呈纺锤状、串珠状，正异常磁场强度峰值最高达+30nT，以北带为界，北部为平静负异常区，磁场强度峰值达-60nT，形态不规则，但总体呈北西向；南部以比较密集的正异常和负异常相间为特征，异常形态呈串珠状，走向呈北西向，磁场强度峰值分别达70和-90nT。

邻区该构造带深部大地电磁测深研究成果表明，混杂岩南、北边界断裂均为超岩石圈深大断裂，构造断面均向南陡倾。

1. 查涌蛇绿混杂岩亚带（Ⅱ₁）

查涌蛇绿混杂岩亚带是区域上甘孜—理塘结合带的组成部分，系三叠纪青藏特提斯构造演化早—中三叠世离散扩张，晚三叠世俯冲碰撞形成蛇绿混杂岩带。

该构造单元位于测区北部多彩乡以北查涌一带，北以俄巴达动—荣格断裂为界，与巴颜喀拉双向边缘前陆盆地为界，南以纳日查理—康刹勤断裂为界，与当江—多彩蛇绿混杂岩亚带为邻，区内呈北西-南东向带状延伸。对1：20万治多县幅区域地质调查中，对产于该带中的超基性岩、基性岩没有反映，将枕状构造极其发育的玄武岩全部当作晚三叠世巴塘群的组成部分，后期的研究也将其笼统归于通天河石炭纪—二叠纪蛇绿构造混杂岩带中，没有进行解体，经过本次野外调查工作，该带建造纪录丰富，构造变形较复杂，蛇绿岩组分较齐全，原始层位改造较小的蛇绿混杂岩带，其变形特点和蛇绿岩岩石化学特征与区内当江—多彩蛇绿混杂岩带特征具有明显的不同。

（1）建造特征

该混杂岩带由查涌蛇绿混杂岩、二叠纪俄巴达动灰岩、达龙砂岩（基质）和格仁火山岩及查涌蛇绿岩及晚三叠世弧花岗岩组成，详见查涌蛇绿混杂岩带剖面结构图（图5-4）。

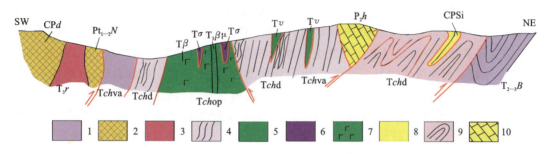

图5-4 查涌蛇绿混杂岩带结构剖面示意图
（区域上甘孜—理塘结合带）

1.巴颜喀拉山群；2.金沙江蛇绿混杂岩陆块；3.晚三叠世弧花岗岩；4.三叠纪达龙砂岩；5.辉长岩、堆晶辉长岩；6.超基性岩；7.枕状、块状玄武岩；8.基性岩墙；9.岛弧型火山岩；10.中二叠世灰岩岩块

达龙砂岩：为一套灰色厚层状细粒长石石英砂岩，中层状长石岩屑砂岩夹灰紫色粘土岩、灰色板岩、粉砂岩、硅质岩，局部夹少量凝灰岩的碎屑岩组合，砂岩中水平层理发育，见有粒序层理及冲刷面，粉砂岩中发育平行层理及少量包卷层理，为一套半深海相复理石建造，产珊瑚、腕足类化石，时代为晚三叠世早期。

二叠纪俄巴达动灰岩由灰色、灰白色厚层状灰岩，硅质条带灰岩、结晶灰岩、角砾状灰岩组成，产海绵化石，时代为早中二叠世，呈构造岩块产出。

格仁火山岩：主要由深灰色、灰绿色蚀变安山岩、玄武安山岩、安山质火山熔岩、英安岩、凝灰岩组成，岩石中 $Na_2O+K_2O=0.42\%\sim7.67\%$，$\sigma=0.08\sim9.63$，$K_2O/Na_2O=0.24\sim15.17$，$\sum REE=43.82\times10^{-6}\sim209.15\times10^{-6}$，$LREE=32.02\times10^{-6}\sim187.77\times10^{-6}$，$HREE=11.38\times10^{-6}\sim21.73\times10^{-6}$，$LREE/HREE=2.63\sim8.78$，$\delta Eu=0.84\sim1.03$，$(La/Yb)_N=1.91\sim12.91$，显示轻稀土富集，稀土配分曲线为右倾斜，岩石化学特征显示为钙碱性岛弧火山岩特征。

查涌蛇绿岩：主要由变质橄榄岩、堆晶辉长岩、基性岩墙、洋脊型火山岩、硅质岩组成，各组分均呈构造岩块状产出和围岩多呈构造片理接触，变质橄榄岩中主要岩石类型为深绿色蛇纹石化橄榄辉石岩，岩石中变质变形较为强烈，宏观上呈大小不一的透镜状产出，长轴呈北西-南东向，透镜体边部呈透入性片理化，内部则发育宽窄不一的间隔性片理；堆晶岩为深灰色、深绿色堆晶辉长岩，辉长岩中发育结构、成分堆晶结构；基性岩墙主要为辉绿岩、辉绿玢岩，岩墙走向北西向，脉体宽5~10m不等，广泛发育于蛇绿混杂岩中；基性火山熔岩主要为灰绿色块状玄武岩、枕状玄武岩，岩石中普遍具枕状构造，相对来讲，枕状玄武岩出露面积较大，形态完整，层位稳定，构成蛇绿混杂岩主体；硅质岩为深灰色、灰黑色硅质岩及少量紫红色放射虫硅质岩，均呈构造透镜体状产于片理化玄武岩及碎屑岩中。岩石以高钛为特点（TiO_2：$0.78\%\sim2\%$），$\sum REE=28.58\times10^{-6}\sim145.82\times10^{-6}$，$LREE/HREE=1.79\sim5.63$，$\delta Eu=0.93\sim1.08$，$(La/Yb)_N=1.14\sim5.55$，稀土配分曲线总体为近平坦型曲线，硅质岩中其稀土配分曲线与抱球虫属的外骨骼稀土配分型式相当，具生物成因和热水成因特征。岩石化学构造环境判别显示，该蛇绿岩源于洋中脊环境。该带中的蛇绿岩原始结构保留较好，辉长岩中见有由不同成分和粒度的辉长岩组成"层状"特征，玄武岩中普遍具枕状构造，特征明显，而且岩石中变形较弱，仅发育构造片理。

晚三叠世花岗岩：展布受北西-南东向区域断裂控制，呈长条带状，由拉地贡玛花岗闪长岩、缅切英云闪长岩、日啊日曲石英闪长岩组成，岩石中普遍发育片麻状构造，具糜棱岩化现象，岩石中 Na_2O+

$K_2O=2.85\%\sim6.45\%$,$\delta=0.62\sim2.0$,$\Sigma REE=63.51\times10^{-6}\sim149.54\times10^{-6}$,$LREE/HREE=3.63\sim8.36$,$\delta Eu=0.64\sim0.96$,$(La/Yb)_N=3.11\sim10.11$,轻稀土富集,具有明显负铕异常,稀土配分曲线呈较平滑的右缓倾斜,构造环境判别具弧花岗岩特征,侵位时代为$215\sim220Ma$,为晚三叠世甘孜—理塘洋向南俯冲弧花岗岩。

(2) 变质变形特征

该带内变质变形较弱,原岩特征保留完整,其变质程度仅达低绿片岩相,岩石中广泛出现阳起石、绿泥石、绢云母等特征变质矿物,构造变形具明显三期变形记录,以浅—表部构造层次脆性变形为主。第一期发育构造面倾向南的构造片理,局部强片理化带中岩石具糜棱岩化现象,反映出一定的韧性变形特点,片理化带具平行间隔状展布,平面上具强、弱变形相间带状产出特征,强片理化带内岩石均呈薄板状、透镜状,弱变形域内岩石多呈块状、菱形块状、不规则状"夹"在强变形带内,其原岩结构、构造特征保留完整,该期变形系甘孜—理塘洋盆向南发生B型俯冲消减时同构造期变形产物,特征明显;第二期发育断面北倾逆冲断层和构造片理为主要形面,发育轴向北西,轴面近直立短轴背形、向形构造及断层附近挤压间隔性劈理构造,该期变形为燕山期陆内造山阶段构造变形的表现,脆性形变特征极其明显;第三期发育走向北西,断面倾向北东脆性逆冲断层,该期变形活动性明显,晚更新世冲洪积物明显被切断,形成$2\sim3m$高的陡坎,有地震鼓包,泉水沿断裂呈线状分布。变形为喜马拉雅期高原隆升阶段的产物,对新生代坳陷盆地的展布起一定的控制作用。

2. 当江—多彩蛇绿混杂岩亚带(II_2)

当江—多彩蛇绿混杂岩亚带,是西金乌兰—金沙江结合带的重要组成部分,该结合带作为东特提斯构造域一条主要的大地构造分界线被地学界所注目,王乃文(1984)、黄汲青(1984)、饶荣标(1989)曾主张将金沙江缝合带作为冈瓦纳大陆北界;张以茀、边千韬(1992)提出将昆仑南缘缝合带、西金乌兰—金沙江缝合带及双湖—澜沧江缝合带看作一个系统,提出了古特提斯缝合带的概念;潘桂棠等(2002)认为,该混杂带作为华夏大陆晚古生代—三叠纪羌塘—三江构造区内一条重要的结合带,经历了晚古生代—中生代弧后扩张,多岛弧盆系发育,弧—陆碰撞的地质演化历史。区域地质研究成果表明,该混杂亚带系石炭纪—早二叠世古特提斯多岛洋离散扩张,中二叠世B型削减,晚二叠世弧—陆碰撞形成的蛇绿混杂岩带;整个混杂岩带地质特征、构造演化历史特征研究表明,该混杂岩带为一经历晚古生代古特提斯多岛洋构造演化和三叠纪特提斯构造演化两大洋—陆转换演化形成的复合性蛇绿混杂岩带。

该带的消减极向始终是一个争论问题,有部分人认为它是向北消亡的(Chang等,1988;吴功建,1989),把昆仑作为匹配的伴生岛弧;但是有些学者认为是南侧邻近的完整岩浆火山弧才与之相配,因此它是朝南消减的,羌塘北缘的岩浆火山弧才是真正与其匹配的,而昆仑是与另一条缝合带相匹配的岛弧。区内现今保留的沟弧盆体系及原生构造面理等地质特征更符合后者观点。其俯冲消减极向从区内保留的沟—弧—盆体系及原生构造面理判断,为朝南消减。

该带位于测区北部当江—多彩一带,呈北西-南东向带状展布,北以纳日查理—康利勤断裂为界,与查涌蛇绿混杂岩亚带为邻,南以更直涌—征毛涌断裂为界与巴塘陆缘弧为邻,1:20万治多县幅区域地质调查中仅确定出超基性岩、辉长岩、辉绿岩多处,但对其真正的构造面貌和构造意义没有反映,本次工作中通过详细研究发现,该带是物质建造丰富,构造变形复杂,发育较完整的蛇绿岩组合,为一典型的蛇绿混杂岩带,是区域上西金乌兰湖—金沙江结合带的组成部分。

1) 建造特征

该构造带中主要建造类型有基底陆(残)块、龙仁杂砂岩(基质)、当江荣火山岩及多彩蛇绿岩、二叠纪俄巴达动灰岩、晚三叠世花岗岩及晚侏罗世花岗岩(图5-5)。

基底陆块由古中元古代宁多岩群中深变质岩系组成,岩石为黑云斜长片麻岩、含石榴黑云斜长片麻岩、二云斜长片麻岩夹黑云石英片岩、二云石英片岩、绿泥石英片岩、辉石变粒岩和条纹状-条痕状混合岩、大理岩等,其原岩组合为一套成熟度较高的副变质岩夹火山岩、碳酸盐岩组合,出现矽线石、石榴子石、黑云母、斜长石、角闪石等变质矿物,为一套低角闪岩相变质岩组合,后期低绿片岩相退变质作用明

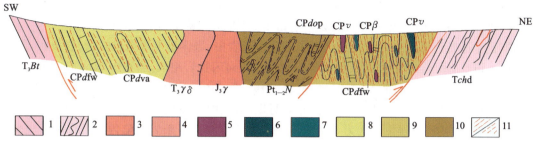

图 5-5 多彩蛇绿混杂岩带结构剖面示意图
（区域上西金乌兰—金沙江结合带）

1.晚三叠世巴塘群；2.查涌蛇绿混杂岩；3.侏罗纪花岗岩；4.晚三叠世弧花岗岩；5.超基性岩；6.糜棱岩化辉长岩；
7.糜棱岩化变玄武岩、绿片岩；8.糜棱岩化岛弧型火山岩；9.杂砂岩岩块（基质）；10.宁多群基底岩块；11.弱变形带/强变形带

显，沿构造面理形成绿泥石、绢云母等新生矿物。

龙仁杂砂岩：为一套构造地层，主体为二云母构造片岩、糜棱岩，变形强烈，在弱变形域内，砂岩特征保留较为完整，砂岩中发育平行层理，具包卷层理，砂岩底层面冲刷面及重荷模构造特征较为明显，岩石中强变形带和弱变形域平行相间产出，二者之间呈渐变过渡关系，原岩为一套半深海—深海相复理石建造。

当江荣火山岩：主要岩石类型为灰绿色糜棱岩化安山岩、玄武安山岩、英安岩、流纹岩、安山质凝灰岩及火山角砾岩，岩石中发育透入性挤压片理构造，局部具糜棱岩化现象，岩石中普遍存在绿泥石化、绿帘石化、碳酸盐化，并出现绿泥石、绿帘石、方解石等变质矿物，岩石中 $Na_2O+K_2O=2.08\%\sim7.84\%$，$\sigma=0.22\sim3.07$，$K_2O/Na_2O=0.28\sim16.79$，$\sum REE=50.77\times10^{-6}\sim271.18\times10^{-6}$，$LREE/HREE=2.93\sim10.86$，$\delta Eu=0.26\sim0.99$，$(La/Yb)_N=2.18\sim10.58$，轻稀土富集，具弱负铕异常，稀土配分曲线为右倾富集型，构造环境判别显示为岛弧型火山岩特征，系通天河混杂岩带在早二叠世俯冲消减时火山活动的产物。

多彩蛇绿岩：主要由变质橄榄岩、堆晶岩、基性岩墙、玄武岩及硅质岩组成，由于受后期中酸性侵入岩及构造的破坏，导致其原始层序多不完整，相对来说，以辉长杂岩体出露范围较大，形态亦较完整，构成蛇绿混杂岩的主体。各组分之间均以构造界面接触，其原始层位已完全被改造，均以不连续的长条状、透镜状断块产出，所有地质体均经受了不同的变质变形，广泛发育浅层次韧性剪切带及构造片理，混杂岩带特征明显。变质橄榄岩在混杂岩带中出露极少，岩石类型为深灰绿色强滑石化、蛇纹石化辉石橄榄岩，与围岩呈构造接触，岩石边部具强烈片理化、糜棱岩化，发育摩擦镜面及擦痕；堆晶岩主要为深灰绿色蚀变辉长岩，多呈透镜状，其边部多发育构造片理、韧性剪切带，岩多呈阳起石片岩，斜长角闪片岩、条纹状、眼球状斜长角闪质糜棱岩或是糜棱岩化辉长岩，其透镜体内部原岩结构、构造特征保留较完整，发育成分和结构堆晶结构；基性岩墙为灰绿色糜棱岩化灰绿岩墙、灰绿色辉长岩墙，大多数岩石韧性变质变形成为条纹状、眼球状斜长角闪质糜棱岩，均呈透镜状，发育"δ"碎斑，部分碎斑连接呈"串珠"状定向排列；基性熔岩为灰绿色片理化玄武岩、绿泥片岩，亦呈透镜状产出，糜棱岩化明显；硅质岩主要为灰白色、灰黑色放射虫硅质岩，部分变质为灰白色石英岩，透镜状产出，长轴与区域构造线方向一致，呈北西-南东向。辉石橄榄岩中 TiO_2 为 $0.54\%\sim0.59\%$，$\sum REE=27.72\times10^{-6}\sim30.57\times10^{-6}$，$LREE/HREE=1.61\sim2.14$，$\delta Eu=0.9\sim1.19$，Eu不具正异常，轻重稀土分馏不明显，稀土配分曲线总体呈平坦型；辉长岩中，TiO_2 为 $0.95\%\sim2.87\%$，$\sum REE=50.38\times10^{-6}\sim113.72\times10^{-6}$，$LREE/HREE=1.45\sim3.06$，$\delta Eu=0.97\sim1.27$，铕无异常或略呈正异常，稀土配分模式为近平坦型或"W"型略右倾斜曲线；基性岩墙中，$\sum REE=64.3\times10^{-6}\sim131.96\times10^{-6}$，$LREE/HREE=2.06\sim2.54$，$\delta Eu=0.88\sim1.01$，岩石不具铕异常，稀土配分曲线为略显右倾的平坦曲线。玄武岩中，TiO_2 为 $0.75\%\sim1.55\%$，$\sum REE=63.86\times10^{-6}\sim101.17\times10^{-6}$，$LREE/HREE=1.47\sim5.76$，轻稀土富集，$\delta Eu=0.91\sim1.1$，岩石中不具铕异常，其稀土配分曲线为近平坦型曲线，岩石化学构造环境判别显示，该蛇绿岩具富集型、亏损型共存的特点。区域上在西金乌兰湖一带移山湖、明镜湖北（辉长）辉绿岩墙群中获得 $345.9\pm0.91Ma$，$345.8\pm0.62Ma$（Ar-Ar）年龄值，邻区巴音查乌马辉长岩中 Rb-Sr 等时线年龄为 $266\pm41Ma$（苟金，1990），并具早—

中二叠世放射虫组合,证明蛇绿岩时代从早石炭世开始,持续到二叠世,本次工作在当江北获得纺锤形假阿尔拜虫,其时代为早—中二叠世,因此将该带中蛇绿岩形成时代确定为早二叠世。

晚侏罗世中酸性侵入岩侵入于晚三叠世中酸性侵入岩中,岩体呈不规则岩株状、岩枝状,形态完整,未有定向构造和后期变形,由赛莫涌石英闪长岩和格仁花岗闪长岩组成,岩石中 $Na_2O+K_2O=2.11\%\sim7.45\%$,$\sigma=0.75\sim3.98$,$\sum REE=79.74\times10^{-6}\sim214.95\times10^{-6}$,$LREE/HREE=2.81\sim8.85$,$\delta Eu=0.47\sim0.78$,$(La/Yb)_N=1.91\sim10.02$,负铕异常明显,稀土配分曲线为右倾,斜率基本一致,构造环境判别具大陆弧花岗岩特征,侵位时代为 $152\sim160Ma$,系晚侏罗世混杂岩带陆内汇聚作用形成壳内重熔花岗岩。

2) 变质变形特征

该构造带中岩石普遍经历了明显的两期动力变质作用,海西晚期,在挤压机制作用下,中—浅构造层次韧性动力变质作用,岩石中普遍出现绿色角闪石、黑云母、斜长石、钾长石、绿泥石、阳起石、绿帘石、白云母、石英等变质矿物组合,其变质环境为高绿片岩相;燕山期浅层次韧性变质作用叠加,岩石中出现绢云母、绿泥石、绿帘石、阳起石、石英、方解石、钠长石等特征变质矿物,其变质环境为低绿片岩相。带内在晚三叠世和晚侏罗世发生中酸性岩浆侵入事件,该带内主要变形记录有如下几期。

(1) 早期晋宁期残留构造变形:为中深构造层次塑性流变,主要发生在古中元古代宁多岩群中深变质岩系残留构造岩块中,其变形特点为固态塑性流变,变质分异,形成条纹条带状片麻岩,塑性流变,以早期片麻理、片理为主变形面,形成勾状褶皱,不对称复杂剪切褶皱、无根褶皱、黏滞性石香肠构造及中深层次韧性剪切变形,岩石中矿物生长线理、拉伸线理等十分发育,面理置换型式复杂,主要为 W、N 型,显示中深构造层次特征,角闪片岩中获得 $709\pm66Ma$ 年龄值(U-Pb),与该期变形事件相吻合。

(2) 海西晚期主期构造变形:蛇绿岩就位,形成当江—多彩蛇绿混杂岩带,主导变形机制下构造变形以中浅构造层次韧性剪切变形,混杂岩带内的构造被广泛的强烈面理置换,带内岩石透入性片理化、糜棱岩化,形成构造面理南倾的中浅构造层次韧性剪切带,具韧性逆冲性质,该期变形具明显变形不均匀现象,平面上强变形带和弱变形域平行相间展布,剖面上叠瓦状叠置,强变形带内岩石普遍糜棱岩化,所形成的动力变质岩以糜棱岩系列为主,发育各种不协调剪切褶皱、S-C 组构、"δ"碎斑系,石香肠构造、长英质拖尾构造及透入性矿物拉伸线理,韧性形变构造群落发育,特征明显,显微构造中,角闪石、斜长石、石英等呈眼球状、长英质条带及云母条纹条绕过碎斑,构成"δ"碎斑系,显示核幔构造,绿色角闪石波状、块状消光强烈,斜长石具部分晶质塑性变形,石英波状、带状消光强烈,糜棱岩中出现绿色角闪石、斜长石、钾长石、白云母、黑云母、绿泥石、绿帘石、阳起石、石英等变质矿物,其变形环境为高绿片岩相,弱变形域内岩石透入性片理化,岩石中均呈薄板状、片状、透镜状,但岩石原岩特征保留较完整,该期变形作为混杂岩带形成时的主要变形,在混杂岩带中广泛发育。

(3) 印支晚期叠加构造变形:该期构造变形以发育断面南倾逆冲断层及轴面南倾短轴同斜褶皱,背形、向形构造,劈理及折劈构造为特征。

(4) 燕山期叠加构造变形:在晚侏罗世挤压剪切机制作用下,形成以浅表层次脆韧性右行斜冲性质为主的韧性剪切变形,形成间隔性展布的韧性剪切带,带内岩石普遍糜棱岩化,形成以糜棱岩为主的动力变质岩,剪切带内发育不协调剪切褶皱、石香肠构造、S-C 组构及矿物拉伸线理,"δ"碎斑常见,显微构造中,石英、长石、辉石、石榴子石呈眼球状碎斑出现,具不对称压力影构造,"辉石链"、"角闪石链"构造多见,长石具沙盅构造、石英波状、带状消光强烈,并具核幔构造,"云母鱼"、S-C 组构发育,糜棱岩中广泛出现绢云母、绿泥石、绿帘石、阳起石、石英、方解石、钠长石等矿物,其变形环境为低绿片岩相,剪切带卷入最新地质体为晚三叠世中酸性侵入岩,基性糜棱岩中获得长石 Ar-Ar 坪年龄为 $151.9\pm2.1Ma$,角闪石 Ar-Ar 坪年龄 $148.1\pm1.3Ma$,与该期事件基本一致,为晚侏罗世混杂岩带陆内汇聚时期同构造期变形产物。

(5) 喜马拉雅晚期构造变形:变形主要发育在混杂岩带边部,以发育断面向南陡倾剪切走滑断裂为特征,沿断裂发育透入性挤压劈理,劈理化带中,岩石呈薄板状,发育近水平擦痕线理,在破碎带附近,发育不协调剪切褶皱,沿断裂常形成新生代断陷盆地,在当江一带,晚更新世洪冲积物被明显切断,破碎带断层泥中热释光测年获得 61.66 ± 6.11ka、35.42 ± 3.31ka 年龄值,活动性极其明显。

(三) 杂多晚古生代—中生代活动陆缘($Ⅲ_1$)

该陆缘展布于测区更直涌—征毛涌断裂带以南的广大地区,为区内主要构造单元,呈北西向展布。

区域重力异常显示幅值为很大的负值,平均-500×10^{-5}m/s^2,异常等值线呈北西向,与区域构造线方向一致,重力场总体呈由南向北方向单调降低的阶梯状,显示地壳厚度由南向北逐渐减薄的斜坡式特点,区域航磁异常表现为比较密集区异常和负异常相间的梯度异常带,形态呈封闭的串珠状,走向多呈北西向,磁场强度峰值分别达 70nT 和-90nT。

该构造单元沉积建造组成复杂,除前寒武纪结晶基底在区内没有出露外(区域上在玉树县巴塘乡以南小苏莽乡一带出露中—新元古代变质结晶基底),有早石炭世杂多群,早中二叠世尕笛考组、开心岭群诺日巴尕日保组、九十道班组;晚二叠世早三叠世火山岩组;中三叠世结隆组;晚三叠世结扎群、巴塘群;侏罗纪雁石坪群;古近纪—新近纪沱沱河组、雅西措组、查保玛组、曲果组等。

带内岩浆活动以火山喷发活动为主,侵入活动较弱。火山活动较为强烈,从中二叠世至新生代古近纪均有物质记录。侵入活动主要分布在南侧的杂多县幅,区内有晚白垩世夏结能石英闪长岩、不群涌闪长玢岩;始新世色的日斑状二长花岗岩,控巴俄仁正长花岗岩,是区内形成斑岩型铜钼为主的多金属矿化岩浆岩;渐新世纳日贡玛花岗斑岩。其中晚白垩纪花岗岩 $Na_2O+K_2O=0.61\%\sim5.07\%$,$Na_2O>K_2O$,$\sigma=1.21\sim4.89$,$\Sigma REE=109.37\times10^{-6}\sim167.92\times10^{-6}$,$LREE/HREE=4.35\sim5.44$,$\delta Eu=0.64\sim1.92$,$(La/Yb)_N=3.66\sim4.97$,轻稀土中等富集,稀土配分曲线均为右倾曲线,显示 I 型和 S 型花岗岩特点,为造山晚期花岗岩。始新世花岗岩 $Na_2O+K_2O=7.41\%\sim9.34\%$,$\sigma=2.01\sim3.07$,$\Sigma REE=186.7\times10^{-6}\sim318.5\times10^{-6}$,$LREE/HREE=12.24\sim15.44$,$\delta Eu=0.54\sim0.91$,$(La/Yb)_N=14.33\sim17.59$,稀土配分型式为大致右倾平滑曲线,显示壳幔混合型后造山花岗岩特征,侵位时期为 $41.8\sim46$Ma。渐新世纳日贡玛花岗斑岩 $Na_2O+K_2O=4.17\%\sim7.53\%$,$K_2O>Na_2O$,$\sigma=0.58\sim2.03$,$\Sigma REE=57.7\times10^{-6}\sim90.95\times10^{-6}$,$LREE/HREE=4.35\sim5.44$,$\delta Eu=0.64\sim0.94$,$(La/Yb)_N=5.43\sim7.37$,稀土配分曲线为具负铕异常的右倾曲线,显示同碰撞壳重熔型花岗岩特征。

构造变形以发育北西向脆性断裂为特征,沿断裂带地层多呈菱形块体相拼的格局,断裂对带内地质体的展布具较明显的控制作用。

该单元依据与其板块构造相关联的构造-地貌类型,物质建造组成、变质变形特征可进一步划分为:巴塘陆缘火山弧($Ⅲ_1^1$),结扎弧后前陆盆地($Ⅲ_1^2$),纳日贡玛—子曲岛弧带($Ⅲ_1^3$),阿多—东坝弧后盆地($Ⅲ_1^4$),结多晚古生代浅海陆棚($Ⅲ_1^5$)。

1. 巴塘陆缘火山弧($Ⅲ_1^1$)

巴塘陆缘火山弧呈北西向带状展布于当江—多彩蛇绿混杂岩亚带南侧,以口前—昂欠涌曲—托莫能断裂为界,与结扎弧后前陆盆地为邻,是晚三叠世甘孜—理塘有限洋盆向南发生 B 型俯冲消减,在石炭纪—中晚二叠世多彩混杂岩带陆块南侧形成陆缘火山弧,主体由晚三叠世巴塘群组成,其次为少量的侵入岩。

(1) 建造特征

巴塘群碎屑岩组为灰色碎屑岩类夹少量灰岩,碎屑岩中发育平行层理、底层面见有印模构造,局部发育包卷层理,具浅海—半深海沉积环境;碳酸盐岩组为灰岩、泥晶灰岩、生物灰岩夹岩屑砂岩、熔结凝灰岩。

巴塘群火山岩组以玄武岩、安山岩、安山质火山角砾岩、岩屑凝灰角砾岩、流纹英安岩、晶屑岩屑熔岩凝灰岩、英安质凝灰岩等为主,岩石中 $Na_2O+K_2O=2.08\%\sim7.84\%$,$\sigma=0.22\sim3.13$,$\Sigma REE=70.62\times10^{-6}\sim302.29\times10^{-6}$,$LREE/HREE=2.93\sim11.86$,$(La/Yb)_N=2.18\sim8.68$,$\delta Eu=0.26\sim0.99$,轻稀土富集,具负铕异常(大部分样品)、稀土配分模式右倾,岩石化学特征显示岛弧构造环境

特征。

该带内广泛发育较多基性岩脉侵入在巴塘群地层中,岩石类型有辉长辉绿岩,辉绿玢岩;在征毛涌一带有晚侏罗纪赛莫涌灰白色石英闪长岩呈柱状侵入。反映在晚侏罗纪存在一次伸展作用下的岩浆事件。

(2) 变质变形特征

巴塘群沉积为一套陆缘盆地浅海—半深海相以浊积岩为主的火山—沉积岩系,岩石普遍经历低绿片岩相区域低温动力变质作用,出现绢云母、绿泥石、方解石等变质矿物。该带内变形具两期较明显的特征记录。第一期主要发育在构造带内,以发育断面南倾脆性逆冲断裂、同斜褶皱、短轴背斜、向斜构造及间隔性挤压劈理为特征,该期变形作为沉积盆地褶皱回返时的同构造期产物,脆性形变特征明显;第二期主要发育在构造带边界部位,发育断面向南陡倾斜冲断裂为特征,沿断裂发育透入性挤压劈理,带内岩石均呈薄板状、片状,具擦痕线理,该期变形为新生代高原隆升改造的产物,控制着带内新生代断陷盆地的展布,同时对早期变形有较明显的改造,主要表现为早期形成褶皱枢纽发生倾伏,形成倾伏褶曲。

2. 结扎弧后前陆盆地($Ⅲ_1^2$)

该盆地呈北西向展布于口前—昂欠涌曲—拉莫能断裂以南地区,由于晚古生代浅海陆棚、岛弧带、弧间盆地分割,连续性较差。盆地沉积建造主体由晚三叠世结扎群甲丕拉组,波里拉组,巴贡组碎屑岩、碳酸盐岩夹少量中酸性火山岩组成,其沉积环境为浅海陆表海—海陆交互相。在结扎群中火山岩分布零星,呈夹层状、透镜状产于甲丕拉组中,主要岩石类型为安山岩、玄武岩、中酸性凝灰熔岩及凝灰岩,岩石中 $Na_2O+K_2O=4.61\%\sim6.96\%$,$\sigma=1.56\sim9.63$,$\sum REE=70.62\times10^{-6}\sim302.29\times10^{-6}$,$LREE/HREE=2.93\sim11.86$,$\delta Eu=0.77\sim0.91$,$(La/Yb)_N=3.00\sim4.31$,轻稀土富集,稀土配分曲线为右倾平滑曲线,显示活动陆缘弧火山岩特征。结扎群岩石普遍经历低绿片岩相区域低温活动变质,构造变形以发育北西向展布的脆性逆冲断裂及宽缓等厚褶皱为特征。

3. 纳日贡玛—子曲岛弧带($Ⅲ_1^3$)

该带位于测区纳日贡玛—子曲断裂以南地区,总体呈北西向断续展布,由于被中新生代地层覆盖,多呈岛弧状散布于莫云、纳日贡玛、子曲等地。该构造单元系西金乌兰湖—金沙江洋盆在中二叠世闭合消减期形成的火山岛弧,由早中二叠世尕笛考组火山岩组成,后期发育晚二叠世—早三叠世火山岩组陆相碱性火山岩。

尕笛考组由灰绿色、紫红色火山碎屑岩,火山岩夹生物碎屑灰岩及碎屑岩组成,火山岩以中基性为主体,岩石类型有玄武岩、安山质晶屑凝灰熔岩、钠长石安山岩、更钠长石安山岩,岩石中 $Na_2O+K_2O=3.76\%\sim7.39\%$,$\sigma=1.24\sim4.69$,$\sum REE=166.44\times10^{-6}\sim222.92\times10^{-6}$,$LREE/HREE=4.31\sim11.04$,$\delta Eu=0.92\sim1.02$,$(La/Yb)_N=4.97\sim5.79$,轻稀土富集,稀土配分曲线为右倾平滑曲线,显示岛弧火山岩特征。

晚二叠世—早三叠世火山岩组,以玄武岩为主,夹少量凝灰岩,岩石中 $Na_2O+K_2O=4.08\%\sim7.49\%$,$Na_2O>K_2O$,$\sigma=0.84\sim5.90$,$\sum REE=82.45\times10^{-6}\sim137.84\times10^{-6}$,$LREE/HREE=4.16\sim13.44$,$\delta Eu=0.42\sim1.02$,$(La/Yb)_N=3.74\sim14.29$,轻稀土富集,稀土配分曲线为右倾平滑曲线,具大陆裂谷碱性火山岩特征。该火山活动是在晚二叠世—早三叠世,西金乌兰—金沙江洋盆闭合后,甘孜—理塘洋盆开始扩张时,火山活动的物质记录,它的出现标志着西金乌兰—金沙江结合带造山事件的结束,由晚古生代洋—陆转换结束而进入三叠纪造山带洋—陆造山演化阶段。

区内该带内岩浆活动的记录仅有喜马拉雅期浅成—超浅成花岗斑岩侵入,这次事件以形成明显的铜、钼多金属矿化为特征,形成区域性斑岩型铜、钼成矿带,二叠纪地层普遍经历低绿片岩相区域低温动力变质作用,构造变形以发育北西向、北北西向逆冲断层及短轴等厚褶皱为特征。

4. 阿多—东坝弧后盆地($Ⅲ_1^4$)

该盆地呈条块状散布于研究区南部托吉曲—布当曲—子曲一带,条块呈北西-南东向延展,"夹"持于杂多晚古生代—中生代活动陆缘带不同构造单元内,由早—中二叠世开心岭群诺日巴尕日保组滨浅海—半深海相碎屑岩、火山岩建造,九十道班组浅海相碳酸盐岩组成。该弧后盆地为一分布在纳日贡玛—子曲岛弧带之后,拉张未完全达到弧后盆地建造记录的初始弧后盆地,主要划分的依据为大地构造位置分布和扩张环境下碱性火山岩建造。该火山岩以灰绿色安山岩、灰绿色玄武岩及部分灰绿色凝灰熔岩为主,岩石中 $Na_2O+K_2O=2.53\%\sim8.03\%$,$Na_2O>K_2O$,$\sigma=0.92\sim12.76$,$\sum REE=108.79\times10^{-6}\sim135.16\times10^{-6}$,$LREE/HREE=2.26\sim6.34$,$\delta Eu=0.92\sim1.01$,$(La/Yb)_N=1.44\sim3.87$,轻稀土富集,稀土配分曲线为右倾平滑曲线,构造环境判别显示扩张环境下碱性火山岩特征,系早中二叠世西金乌兰—金沙江洋盆闭合期弧后扩张盆地中火山活动的表现,从其沉积岩石组合特征分析,该盆地处于初始发育期,邻区杂多群中有基性辉长杂岩侵位,其侵位时代为早二叠世(275.3 ± 1.9 Ma),分布在构造单元内,反映盆地的形成与盆地沉积建造的形成时期相一致。

该带内地层普遍经历低绿片岩相变质变形,构造变形以发育北西向断面南倾逆冲断层及宽缓褶皱为特征。

5. 杂多晚古生代浅海陆棚($Ⅲ_1^5$)

该构造单元主体分布在测区南侧的杂多县幅,区内只在南图幅边有少量沉积建造记录,详见杂多县幅地质报告。区内总体呈北西向展布于测区南部地呀坎多、孕青玛、扎格涌曲一带,其上被晚三叠世结扎群甲丕拉组、侏罗纪雁石坪群角度不整合。

该单元主体为早石炭世杂多群碎屑岩、碳酸盐岩沉积建造,由岩屑砂岩、粉砂岩、炭质页岩、板岩、凝灰岩夹灰岩及煤层组成,为一套次稳定的浅海陆棚滨浅海相—海陆交互相的含煤碎屑岩、碳酸盐岩建造。

该单元内的地层经低绿片岩相变质,岩石中原岩特征保留完整,构造变形也以发育北西向脆性逆断层为主,褶皱构造以宽缓短轴背斜、向斜为特征,在断裂带附近发育小型不协调剪切褶皱、牵引褶皱及挤压劈理、脆性变形特征明显,断裂对单元内地层的展布起一定的控制作用,而且新生代活动性明显,主要表现为断裂活化,控制了新生代断陷盆地展布。

(四)新生代走滑拉分盆地

该单元基本上在整个测区内均有展布,沉积建造由古近纪—新近纪沱沱河组、雅西措组、查保玛组、曲果组组成,盆地展布方向与区域构造线方向一致,均呈北西向,其岩石组合主要为粗碎屑岩、碳酸盐岩建造。岩石类型以复成分砾岩、砂岩、泥灰岩、泥晶灰岩为主。火山活动由查保玛组陆相火山岩建造组成,岩石组合主要为流纹岩、流纹英安岩、安山岩及中酸性凝灰熔岩、英安质、安山质角砾熔岩,岩石中 $Na_2O+K_2O=5.68\%\sim9.22\%$,$\sigma=1.38\sim15.16$,$\sum REE=115.88\times10^{-6}\sim347.05\times10^{-6}$,$LREE/HREE=6.14\sim6.73$,$\delta Eu=0.12\sim0.91$,$(La/Yb)_N=3.61\sim5.87$,轻稀土富集,具负铕异常,稀土配分曲线呈右倾,构造环境显示活动陆缘火山岩特征,系新生代古近纪高原隆升阶段陆内汇聚火山活动的表现。构造变形以发育北西向脆性断裂和开阔的向斜构造为特征。

第二节 构造变形

研究区地处三江造山带北段,是一个经历长期的、多阶段、不同构造程度发展演化的复杂性造山带,现存基本构造格局形成于晚古生代—中生代,新生代伴随青藏高原的整体隆升,强烈的陆内汇聚作用又进行了剧烈改造,地质构造复杂,所形成的构造形迹既有深层次塑造流变、浅层次韧性剪切变形,又有浅—表部层次褶皱、断裂构造,不同时期、不同环境、不同层次的构造并存,相互叠加改造极其明显。

一、褶皱构造

区内褶皱构造内容较为丰富,从深层次塑造流变褶皱,浅层次各种不对称剪切褶皱,到浅—表部构造层次同斜褶皱,宽缓背、向斜构造,折劈构造均有发育,不同时期、不同动力学环境下形成褶皱构造形态各异、类型众多,且各具特点。

(一)早期褶皱形迹

该类褶皱分布在区内多彩蛇绿混杂岩亚带中聂恰曲一带早—中元古代宁多群中深变质岩系中,其变形特点是以早期片理、片麻理(S_n)为主变形面,经深层次的塑性流变,形成各种不对称流变褶皱、无根褶皱、石香肠等构造,反映出深层次韧性剪切流变特征(图5-6)。

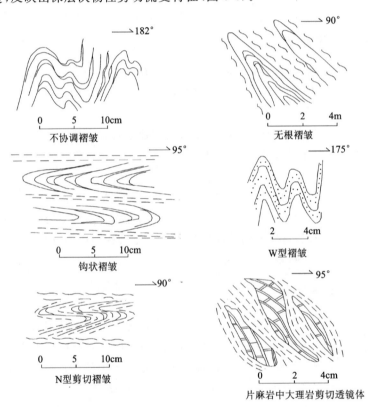

图5-6 宁多群中深层次塑性流变褶皱特征素描图

(二)主期褶皱及其形成机制

该期褶皱作为海西—印支期造山阶段同构造期变形的产物,其形成机制受控于造山带构造演化过程中不同的动力学机制。在强应变带内,强烈的韧性挤压剪切作用,形成一系列复杂剪切褶皱,伴随强烈的构造置换,形成新生的构造面理,岩石中矿物生长线理、拉伸线理、旋转碎斑及香肠构造发育,显示变形具有浅部构造层次韧性变形特征。现依据各构造单元进行叙述。

1. 各构造单元褶皱变形特征

在巴颜喀拉双向边缘前陆盆地中,陆内冲断,形成逆冲断褶带中,发育褶皱构造以同斜倒转褶皱为特征,褶皱轴向北西向,轴面倾向南西,褶皱核部劈理不发育,翼部粉砂岩中具透入性劈理化现象,砂岩中具间隔性劈理化,岩石沿劈理多呈菱形块状(图5-7~图5-10)。受能干性控制,形成尖棱状同斜褶皱(图5-11、图5-12)。

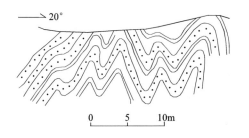

图 5-7 巴颜喀拉山群中不对称褶皱形态素描图(一)

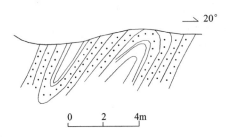

图 5-8 巴颜喀拉山群中不对称褶皱形态素描图(二)

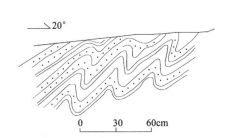

图 5-9 巴颜喀拉山群中不对称褶皱形态素描图(三)

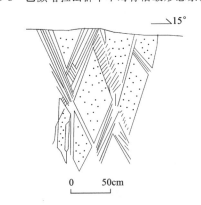

图 5-10 菱形块状劈理带图

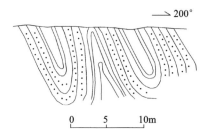

图 5-11 早二叠世砂岩中同斜褶皱素描图

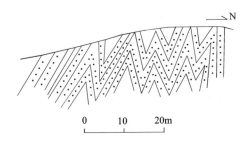

图 5-12 早二叠世砂岩中尖棱状同斜褶皱素描图

通天河蛇绿混杂岩带中当江—多彩蛇绿混杂岩亚带中,在强变形带内发育一系列不协调剪切褶皱,韧性形变特征明显,在弱变形地带地质体中发育挤压片理,所形成褶皱多以同斜褶皱为特征,该类褶皱轴向北西,地表发育宽度5~10m不等,轴面倾向南西,均为短轴褶皱,局部地段受岩石能干性影响巴塘陆缘火山弧中所沉积的巴塘群,以发育轴向北西,轴面直立等原褶皱,地表发育宽度一般2~7m,轴面劈理不发育,均为短轴 r 型褶曲,局部地段砂岩、粉砂岩与块状灰岩接触部位,发育小型不协调褶皱(图 5-13)。结扎类弧后前陆盆地内结扎群中,陆内冲断作用形成一系列不协调同斜褶皱,该类褶皱地表宽度5~20m不等,轴向北西向,轴面多倾向南西,枢纽平直,局部地段由于后期断裂构造改造,枢纽发生倾伏,形成倾伏同斜褶皱(图 5-14、图 5-15)。

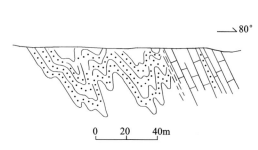

图 5-13 巴塘群灰岩与粉砂岩接触面附近
粉砂岩中发育紧闭不对称褶皱素描图

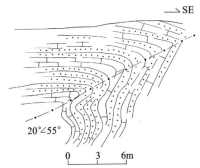

图 5-14 结扎群波里拉组灰岩中同斜褶皱素描图

杂多晚古生代—中生代活动陆缘中褶皱构造以发育宽缓等厚褶皱、不对称同斜褶皱为特征,该类褶皱地表宽度一般10～200m不等。轴向北西,等厚皱轴向直立,核部劈理不发育,同斜褶皱轴面倾向南西,发育间隔性挤压劈理,局部褶皱构造中,发育层间褶曲,受岩石能干性控制,在能干性较弱的粉砂岩、板岩中,发育不协调小褶皱,所夹薄层砂岩透镜化,而能干性较强的中—厚层砂岩则形成宽缓等厚褶皱。在碎屑岩和块状灰岩接触部位,碎屑岩中往往形成复杂不对称褶皱(图5-16)。

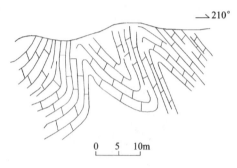

图5-15 结扎群波里拉组灰岩中不对称褶皱素描图

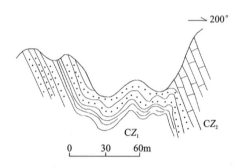

图5-16 杂多群碎屑岩组与碳酸盐岩组接触面

2. 主要褶皱描述

测区由于受多期次构造挤压作用及构造叠加,断裂构造特别发育,造成地质体多为断块产出,褶皱除少数规模较大外,多数以小规模的背、向斜褶皱构造为特点,此处主要就规模相对大一点的褶皱构造进行描述。

(1) 龙仁科背斜(M_1)

该褶皱位于治多县以北龙仁科一带,轴向北西-南东向,发育于巴颜喀拉山群砂岩组中,北翼产状50°∠45°,南翼产状235°∠45°,褶皱轴向直立,枢纽产状近水平,轴面劈理极发育,核部较紧闭,轴面劈理产状220°∠68°,劈理透入性置换原始层理(S_0),在核部两侧20～30m范围之内,褶皱两翼地层中小型褶皱极其发育,褶皱形态复杂,多呈不协调复杂褶皱。

(2) 阿娘考向斜(M_2)

该向斜位于测区面北角口前曲上游娘考—加勒加龙弄一带,轴向北西西,发育于晚三叠世结扎群波里拉组中,由一个背斜和一个向斜构成,其中向斜构造规模较大,核部出露宽度1.5～2km左右,轴向近直立,核部开阔,劈理不发育,北翼产状242°∠55°,南翼产状30°∠48°,该向斜为一倾伏向斜、枢纽向北西扬起,向南东倾伏,侧伏向110°,侧伏角20°～25°左右,核部灰岩构成高山主脊,轴向沿走向被北西向断层所切。

(3) 日啊日斜纵向斜(M_3)

该褶皱位于测区西北部日啊日曲上游日啊日斜纵—日啊日坑也一带,轴向北西-南东向,发育在晚三叠世巴塘群火山岩组、碳酸盐岩组中,核部地层为古近纪—新近纪碳酸盐岩组灰色厚—巨厚层状亮晶灰岩,中层状含生物碎屑灰岩,褶皱轴向倾向南西,产状为220°∠75°,核部开阔,轴面劈理间隔性发育,枢纽向北西倾伏,侧伏向300°,侧伏角20°～30°左右,为一倾伏等厚褶皱,北翼产状220°∠45°,南翼产状30°∠58°。

(4) 孙龙荣向斜(M_4)

该褶皱位于多彩南孙龙荣一带,轴向北西-南东,发育在晚三叠世巴塘群碳酸盐岩组灰色厚—巨厚层状亮晶灰岩、中—厚层状含生物碎屑灰岩及中—厚层状角砾状灰岩中,褶皱轴面近直立,枢纽近水平,侧伏向125°,侧伏角5°,枢纽略向南东倾伏,北翼产状220°∠50°,南翼产状42°∠45°,核部出露宽度近700m,为一短轴等厚向斜构造。

(5) 征毛涌向斜(M_5)

该褶皱位于当江乡南西征毛涌一带,轴向北西-南东,发育长度约12km,卷入地层为晚三叠世巴塘群碎屑岩组中,轴面倾向北东,其产状为40°∠70°,枢纽水平,北翼产状230°∠56°,南翼产状50°∠45°,核部出露宽度150m左右,核部劈理间隔性发育,转折端圆滑,两翼岩层对称性较好,为一长轴等厚褶皱。

(6) 那锐弄向斜（M_6）

该褶皱位于测区西南色的日南东那锐弄一带,轴向在毒龙弄一带,呈近南北向,那锐弄—曲阿弄一带呈北西向,宏观上轴向呈向南西凸出的弧形,发育在早—中二叠世开心岭群诺日巴尕日保组灰色、紫红色、褐黄色细粒长石石英砂岩夹灰色中—厚层状灰岩中,在毒龙弄一带,轴向近南北向,轴面近直立,枢纽向170°方向倾伏,侧伏角15°~19°左右,西翼产状85°∠60°,东翼产状270°∠50°,在曲阿弄一带,轴向315°~330°左右,北翼产状220°∠45°,南翼产状35°∠40°,枢纽向南东120°方向倾伏,倾伏角10°左右,该褶皱原始轴向为北西-南东,后期由于受褶皱附近北西向、北北西向断层活动影响,使其轴向发生弯曲,褶皱总体上表现为轴面近直立,核部开阔,核部劈理间隔性发育,两翼对称性较好,为一等厚向斜构造。

(7) 东地曲复背斜（M_7）

该褶皱位于测区南西索莫日—教穷弄一带,轴向北西-南东,发育在晚三叠世结扎群甲丕拉组和波里拉组中,褶皱轴向延伸约50km左右,两翼被北西向逆冲断层所破坏,发育宽度约19km左右,该褶皱宏观上表现为甲丕拉组碎屑岩沿东地曲—教穷弄沟谷及两侧北西向分布,波里拉组碳酸盐岩分布在两侧,构成高大山体主脊,地层走向北西向,与岩脉走向一致,两岩组之间为整合接触,甲丕拉组和波里拉组中发育一系列等厚褶皱,发育宽度一般30~45m不等,褶皱轴面近直立,枢纽向325°方向倾伏,侧伏角20°~35°不等,褶皱转折端圆滑,核部劈理不发育,在碎屑岩和碳酸盐岩整合接触部位,由于受岩石能干性影响,灰岩变形极弱,不发育褶皱构造,而碎屑岩中发育一系列小型不协调复杂褶皱,而且粉砂岩中多形成顶厚褶曲(图5-17)。

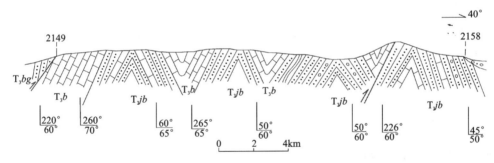

图5-17　东地曲复背斜素描图

(8) 宗牙依多改倾伏向斜（M_8）

该褶皱位于测区南东子曲以北宗牙依多改—治共俄玛一带,轴向北西,延伸约16km左右,褶皱两翼受北西向逆冲断层破坏,而发育不完整,褶皱分布在晚三叠世结扎群波里拉组,灰色中—厚层状粉晶灰岩,角砾状灰岩中,北翼产状190°∠87°,南翼产状35°∠80°,轴面产状20°∠80°,核部较紧闭,核部岩层产状较陡,核部劈理不发育,转折端圆滑,枢纽向南东120°方向倾伏,侧伏角20°~25°左右,为一倾伏向斜构造。

(9) 康桑能背斜（M_9）

该褶皱位于测区南部扎青乡以北康桑能一带,轴向北西,分布在早—中二叠世开心岭群诺巴尕日保组灰色粉砂岩夹灰色中层状亮晶灰岩中,北翼产状25°∠50°,南翼产状210°∠45°,轴面直立,核部较开阔,枢纽平直,核部劈理不发育,局部由于岩石能干性差异,粉砂岩中发育小型层间剪切褶皱。

(10) 阿涌倾伏背斜（M_{10}）

该褶皱位于测区南西阿涌—地呀坎多一带,轴向北西,延伸长约30km,发育宽度3~5km,该褶皱北西端被古近纪地层沱沱河组角度不整合覆盖,南翼地层由于北西向逆冲断层破坏,而发育不全,卷入地层为早石炭世杂多群碎屑岩组和碳酸盐岩组,褶皱在阿涌一带,北翼产状30°∠50°,南翼产状210°∠51°,轴面近直立,枢纽向300°方向倾伏,侧伏角10°左右,在晓格赛一带,北翼产状10°∠53°,南翼产状190°∠55°,枢纽仍向北西倾伏,侧伏角15°~20°左右,在地呀坎多以东,三考扎玛一带,北翼产状40°∠50°,南翼产状210°∠48°,枢纽向310°方向倾伏,侧伏角10°~15°,宏观上褶皱轴向呈波状弯曲,核部地层为杂多群碎屑岩组,两翼对称出现碳酸盐岩组,而且构成山体主脊,碎屑岩中多发育次级小型不协调褶皱,砂岩有透镜化现象,该褶皱为一长轴倾伏等厚背斜。

(11) 日啊日涌倾伏背斜（M_{11}）

该褶皱位于测区西南扎青乡以北俄牙能—日啊日涌—宗青涌一带,轴向北西-南东,延伸长约23km左右,发育宽度4~5km,分布在晚三叠世结扎群甲丕拉组和波里拉组中,甲丕拉组出露在褶皱构造核部,两翼对称出现波里拉组中,褶皱北翼产状45°∠65°,南翼产状185°∠62°,核部较开阔,轴面近直立,枢纽向南东倾伏,其枢纽产状侧伏向120°,侧伏角11°左右,核部岩层中发育一系列小型背斜、向斜,轴向产状多变,但总体构成一背斜构造,转折端圆滑,为一等厚倾伏背斜（图5-18）。

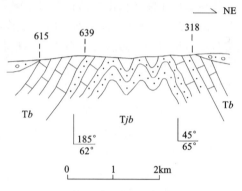

图5-18 日啊日涌背斜构造素描图

(12) 洒热弄背斜（M_{12}）

该褶皱位于测区南东角子曲北东洒热弄一带,轴向北北西向,分布在早二叠世尕笛考组中,北翼产状52°∠80°,南翼产状228°∠40°,轴面近直立,枢纽平直,核部较紧闭,出露宽度150~200m左右,核部岩层产状较陡,有顺层间隔性劈理化现象。

二、断裂构造

区内断裂从浅层次韧性剪切带到表部构造层次脆性逆冲断裂均有发育,尤以脆性逆冲断裂发育,活动性明显,并对早期韧性断裂进行了强烈的脆性叠加改造为特点,构造线方向以北西向为主,宏观上表现出由不同时期,不同层次断裂分割,块体拼贴的格局。

(一)边界断裂

1. 俄巴达动—荣格断裂（F_1）

该断裂位于测区北部沿多县一带,西起俄巴达动,经加及科,东至荣格一带,区内断续延伸约33km,在查涌及治多县一带,被晚更新世冲洪积物所覆盖,东端沿走向进入邻幅,是区内巴颜喀拉双向边缘前陆盆地与通天河蛇绿混杂岩带二级构造单元分界线,呈北西向延伸,断面总体倾向北东,在荣格一带断面倾向南西,总体呈舒缓波状弯曲,倾角50°~60°左右,沿断裂发育20~30m宽的断层破碎带,带内主要由杂色断层泥及少量灰岩、砂岩构造透镜体组成,灰岩、砂岩均为透入性片理化,灰岩中发育条带状构造,其表面多具擦痕、阶步,擦痕线理侧伏向为110°,侧伏角52°,在荣格一带下盘砂岩中,发育大型牵引倾伏背斜,枢纽向32°方向倾伏,侧伏角23°,另外岩石中多发育顺层挤压劈理,岩石多呈板状、透镜状,局部发育北倾逆冲断层,其形变带宽度一般50~100cm,带内发育挤压透镜体,上盘砂岩中发育透入性挤压劈理,其产状为45°∠68°,该断裂具左行斜冲性质（图5-19、图5-20）。

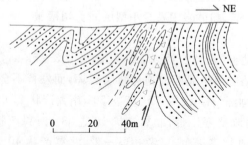

图5-19 俄巴达动断层破碎带变形素描图

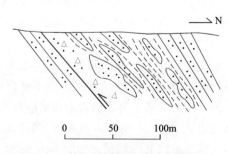

图5-20 荣格层间断层变形素描图

2. 昂欠涌曲—格莫砍特断裂（F_3）

该断裂位于测区北部治多县—多彩以南一带，西起口前曲一带多起弄，东经昂欠涌曲至当江乡南格莫砍特，两端均延伸进入邻区，区内出露长约137km左右。该断裂为巴塘陆缘弧与结扎弧后前陆盆地之间的分界断裂，呈北西向延伸，断面倾向南西，倾角65°～70°不等，发育200～300m宽的断层破碎带，带内构造角砾岩、构造挤压透镜体及透入性挤压劈理极其发育，劈理化带内岩石均呈薄片状、板状，劈理（S_1）完全透入性置换原始层理（S_0），其沉积序列关系仅靠灰岩等特殊成分层标志加以恢复和判断（图5-21）。其劈理构造面上断层阶步、擦痕线理及摩擦镜面常见，擦痕线理近水平，侧伏角5°～7°左右，劈理产

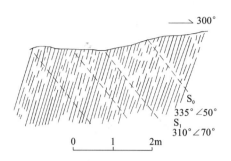

图5-21 断层附近巴塘群地层中劈理转换关系素描图

状为210°∠70°，下盘岩层中发育南倾逆冲断层，其断面产状为215°∠55°，航卫片上线形影像特征极其清楚。沿断裂带形成一系列北西向展布新近纪沉积盆地，反映出该断裂喜马拉雅期复活，对沉积盆地形成及展布控制作用明显。断裂性质变化大体可分为两个阶段。印支期主要是断面南倾逆冲断，控制了晚三叠世结扎群、巴塘群地层的展布；喜马拉雅期断裂复活，主要表现为左行走滑，控制了新近纪走滑拉分盆地的形成及展布。1975—1986年曾先后有4次震级ML＝3.3～5.0地震发生，震中均位于断裂变形带上，表明现代该断裂仍处于强烈活动期。

（二）脆性断裂

测区脆性断裂特别发育，分别出现在各构造单元中。主体以与区域构造线一致的北西向断层为主，其次为少量的北东向断层、北北西向断层和近东西向断层。

1. 北西向断层

图区该组断裂十分发育，但是由于受到第四纪冲洪积物的覆盖，且受后期北北西-南南东向断裂的改造，该组断裂在走向上往往具有不连续性，多为断续分布的延伸较小断层。该组断裂是测区主要断裂，与区域构造线一致。该组断裂中的更直涌—征毛涌断裂、谷涌—东莫达断层等都是测区主要的大地构造分区断裂。同时该组断裂的后期活动性较强，以下择其主要几条予以描述，其余见断层一览表（表5-2）。

（1）更直涌—征毛涌断裂（F_2）

该断裂分布在测区中北部更直涌、当江荣、征毛涌、松莫茸一带，断层规模较大，两端延伸进入邻区，区内全长为104km。

该断裂是测区内多彩蛇绿混杂岩亚带构造单元与巴塘陆缘火山弧构造单元的分界断裂。断裂走向北西-南东，断面倾向北东，倾角50°～56°的逆断层，断层上盘为多彩蛇绿混杂岩，下盘为晚三叠世巴塘群、早中三叠世结隆组地层，断层通过处负地形明显，岩石破碎，发育断层泥及构造角砾，活动性明显。该断裂卫片影像反映清楚，线状负地形明显。

该断裂切割晚三叠世巴塘群，局部地段晚更新世冲洪积物明显被切断，说明该断层形成于晚三叠世晚期喜马拉雅期强烈活动。

（2）谷涌—东莫达断裂（F_{15}）

该断裂呈北西-南东向分布在测区中部谷涌—纳日贡玛—东莫达一带，沿走向两端进入邻幅，区内全长133km，规模巨大。

该断层上盘为以晚三叠世结扎群地层，早中二叠世尕笛考组为主，其次为早中二叠世开心岭群；下盘以早中二叠世开心岭群为主，其次为晚三叠世结扎群地层。断层走向北西，倾向北东，倾角51°～57°，逆断层性质。断层破碎带宽50～100m，带内常见断层泥及构造角砾岩，并有断层泉存在，地貌上负地形

明显,航卫片上线形影像清楚。

该断层形成于晚三叠世晚期喜马拉雅期强烈活动。

2. 北北西-南南东向断裂

该组断裂较少,主要分布在测区然者涌上游和图区西南角涌曲一带,走向340°~160°,切割北西-南东向断层,后期被北西-南东向断层切割围限,断面产状较陡,70°~90°,具左型走滑性质。断裂广泛切割二叠纪、三叠纪地层。

3. 北东-南西向断裂

该组断裂在测区分布很少,除了一些小型的平移断层之外,未见较大规模的断层出现,此处不再赘述。

(三) 韧性断裂

测区韧性断层只分布在当江—多彩蛇绿混杂岩带中,整个单元除侏罗纪花岗岩外,均卷入了韧性剪切带变形,只是变形强弱不同。其中位于聂恰曲一带的韧性剪切带(F_4)变形较强,为一强韧性变形带。

表 5-2 测区断裂一览表

断层编号	断层名称	产状	规模	断层特征	性质	形成时期
F_5	纳日查理—康利勤断裂	走向北西-南东,断面倾向北东,倾角62°	断层规模较大,北西端进入邻区,区内全长33km	上盘为查涌蛇绿混杂岩,下盘为多彩蛇绿混杂岩,两侧岩石破碎,变形强烈,活动性明显,被晚更新世冲洪积物明显切断,形成2~3m高的陡坎,有地震鼓包,泉水沿断裂线状分布	逆断层	形成于晚三叠世晚期喜马拉雅期强烈活动
F_6	麦龙涌—征毛涌断裂	走向北西-南东,断面倾向北东,倾角60°	沿走向与F_2断层复合,区内全长63km	断层两侧均为巴塘群,沿断层岩石破碎,破碎带宽11~15m,由杂色断层泥、断层角砾构成,胶结疏松,两侧地层产状混乱,具牵引褶曲	逆断层	形成于晚三叠世
F_7	草赤涌—多日能断层	走向北西-南东,倾向南西,倾角57°~59°	规模巨大,北西端进入邻区,南东端被F_3断层所错断,区内长91km	断层两盘为巴塘群,断层带内岩石破碎,石英脉发育,两侧岩石中产状紊乱,发育挤压劈理,沿断层新近纪沱沱河组地层被切断,航卫片线形影像特征明显	逆断层	形成于晚三叠世喜马拉雅期活化
F_8	斩青茸—巴切赛断裂	走向北西-南西,倾向南西,倾角55°~60°	规模较大,北西端被F_3断层所切,南东端被第四系覆盖,全长40km	断层上盘为结扎群,下盘为沱沱河组,沿断层具20~30m宽的断层破碎带,岩石破碎,沿断层有泉水分布,形成大量泉华,地貌上负地形明显,航卫片线形影像清楚	逆断层	形成于晚三叠世喜马拉雅期活化
F_9	米曲—沙俄能断层	走向北西-南西,倾向南西,倾角50°~56°	规模较大,北西端被F_3断层所切,南东端延伸进入邻区,区内全长62km	断层两侧地层均为结扎群,两侧岩石破碎,产状紊乱,岩石片理化,发育牵引褶曲,沿断层新近纪沱沱河组被错断,泉水发育	逆断层	形成于晚三叠世喜马拉雅期活化

续表 5-2

断层编号	断层名称	产状	规模	断层特征	性质	形成时期
F_{10}	草龙涌—玛可弄断层	走向北西-南东，倾向南西，倾角 47°～53°	规模较大，南东端进入邻幅，北西端被 F_{11} 断层所错，区内长 70km	断层两侧地层为巴塘群，上盘局部有新近纪地层分布，沿断层地貌上呈负地形，航卫片上线形影像清楚，断裂带岩石破碎，发育断层泥砾	逆断层	形成于晚三叠世喜马拉雅期活化
F_{11}	索莫不久—子曲断层	走向北西-南东向，倾向南西，倾角 57°～68°	规模巨大，两端延伸进入邻区，区内长 141km	断层两侧地层为结扎群，局部下盘为中二叠世尕笛考组，具 50m 宽的断层破碎带，两侧岩层中岩层变形强烈，发育同斜褶皱及透入性挤压劈理，劈理宽 50～150cm，沿断层负地形明显，航卫片上线形影像清楚	逆断层	形成于晚三叠世
F_{12}	草龙涌—拉从涌断层	走向北西-南东，倾向南西，倾角 63°	规模较大，沿走向与 F_{11} 断层复合，长 41.5km	上盘为结扎群，下盘主体为新近纪沱沱河组，沿断层发育破碎带，宽为 5～8m，具有 2～3m 断层泥、角砾岩、构造透镜体发育，具牵引挠曲	逆断层	形成于喜马拉雅期
F_{13}	瓦牛加—日阿东弄断层	走向北西-南东，倾向北东，倾角 58°	规模较大，北西延伸进入邻区，南东端被北北西向断层所错	断层两侧地层均为结扎群，下盘局部有始新世中酸性侵入岩，并被断层切错，发育破碎带，两侧岩石中发育挤压劈理，产状较乱，地貌上沟谷状、鞍状负地形明显	逆断层	形成于喜马拉雅期
F_{16}	公曲—暖切断裂	北西端呈东西向，南东端呈北西弧形，倾向北东，倾角 52°	规模较大，两端分别为 F_{11} 和 F_{15} 断层所错，区内长 40km	上盘为结扎群，下盘为开心岭群，见断层破碎带，发育擦痕、阶步、山脊被错断，地貌多呈沟谷状地形	逆断层	形成于晚三叠世
F_{17}	扎郎纳—扎龙贡玛断层	走向北西，倾向南西，倾角 65°	北西端被第四系覆盖，南东端被 F_{15} 断层所切，区内长 85km	断层切割二叠世尕笛考组、开心岭群及三叠纪结扎群，见断层破碎带，带内主要为松散断层泥和断层角砾，地貌上负地形明显	逆断层	形成于晚三叠世
F_{18}	折莫—子群涌断层	走向北西，倾向北东，倾角 54°	北西端被新近纪地层覆盖，南东端被 F_{15} 断层所切，区内长 76km	断层切割二叠世尕笛考组、晚二叠世火山岩及晚三叠世结扎群，具断层破碎带，两侧岩石破碎，带内主要是杂色断层泥及断层角砾，具擦痕，下盘岩层中发育挤压劈理，局部具牵引现象	逆断层	形成于晚三叠世
F_{19}	勃君龙断层	走向北西-南东，倾向南西，倾角 50°	两端分别被 F_{18} 和 F_{15} 两条断层所错，区内长 28km	断层下盘为尕笛考组，上盘为结扎群，具破碎带，可见大量的断层角砾及擦痕	逆断层	形成于晚三叠世
F_{20}	南龙—巴米弄断层	走向北西，倾向北东，倾角 67°	规模较大，两端分别被 F_{15} 和 F_{21} 断层所错，区内长 44km	上盘为结扎群，下盘为中二叠世开心岭群，见断层破碎带，地貌上多为沟谷，两侧产状相顶，发育挤压劈理。多为石英脉充填，大部分已被破碎呈角砾状	逆断层	形成于晚三叠世
F_{21}	穷木—甘藏断层	走向北西-北东	规模较大，北西端与 F_{18} 复合，南东延伸进入邻区，区内长 66km	断层切割开心岭群、结扎群，断层被北东向断层所错，具断层破碎带，两侧产状紊乱，发育牵引褶曲，地貌上负地形明显	逆断层	形成于晚三叠世

续表 5-2

断层编号	断层名称	产状	规模	断层特征	性质	形成时期
F_{22}	日啊日涌—玛日赛断层	走向北西-南东，倾向北东，倾角 $58°\sim67°$	规模巨大，两端被 F_{18} 和 F_{21} 断层所错，区内长 95.5km	断层切割杂多群、开心岭群、结扎群，破碎带宽 50m，角砾发育，多具擦痕，地貌上负地形明显，石英脉较发育，多已破碎	逆断层	形成于晚三叠世
F_{23}	永崩涌—额弄断层	走向北西-南东，断面倾向北东，倾角 58°	断层规模较大，两端被 F_{24} 断层所错，南东延伸进入邻区，区内长 52km	断层切错尕笛考组、结扎群地层，破碎带宽 40～60m，两侧地层挠曲、破碎、发育挤压劈理，地貌上呈鞍状负地形。航卫片上线形影像特征明显	逆断层	形成于晚三叠世
F_{24}	扎龙能—俄牙能断裂	走向北西，断面倾向北东，倾角 60°	北西端被新近纪地层覆盖，南东与 F_{25} 断层复合，区内长 54.5km	切割地层为中二叠世开心岭群，具破碎带，发育挤压劈理，地貌上负地形显著	逆断层	形成于晚三叠世
F_{25}	尔日能—叶夏日断裂	走向北西-南东，断面倾向北东，倾角 62°	北西端被第四系覆盖，南东端进入邻区，区内长 68km	切割尕笛考组、结扎群、沱沱河组地层，具 30～50m 宽破碎带，岩石破碎，发育角砾岩，见擦痕，地貌上呈沟谷状，负地形明显	逆断层	形成于晚三叠世喜马拉雅期活化
F_{26}	割青—右那龙断层	走向北西，倾向南西，倾角 60°	北西端被古近系—新近系覆盖，南东进入邻区，区内长 48km	切割地层为杂多群、开心岭群及沱沱河群地层，具破碎带，岩石破碎，发育杂色断层泥及断层角砾岩，具牵引褶皱	逆断层	形成于晚三叠世喜马拉雅期活化
F_{27}	查勒能断裂	走向北西，倾向北东，倾角 60°	两端延伸进入邻区，区内长 55km	切割尕笛考组、杂多群、沱沱河组和雁石坪群地层，具 60m 宽破碎带，岩石破碎，褶曲发育，产状紊乱，发育杂色断层泥及构造角砾岩，负地形明显	逆断层	形成于晚三叠世喜马拉雅期活化
F_{28}	耶格—夹荣涌断层	走向北西，倾向北东，被北北西向断层所错。倾角 67°	两端延伸进入邻区，区内长 35km	切割杂多群、沱沱河组和雁石坪群，断层附近地层产状紊乱，破碎带内岩石破碎，有断层角砾岩，发育挤压劈理，局部具牵引现象	逆断层	形成于晚三叠世喜马拉雅期活化
F_{29}	德龙能断层	走向北西，倾向北东，倾角 58°	两端延伸进入邻区，区内长 18.5km	切割沱沱河组和雁石坪群地层，地貌上负地形明显，破碎带内具角砾岩，构造透镜体	逆断层	
F_{30}	孙龙荣—加修改断层	走向北西西向	规模中等，东端延伸进入邻幅，区内长 57km	活动断层，沿断裂形成 100～150m 宽的断层破碎带，带内均为断层泥及构造角砾，断裂切割晚更新世冲洪积物，形成宽 10m、深 1～3m 的直线状沟谷，水系具直角拐弯现象，地貌上沟谷状负地形明显，航卫片上线形影像特征清楚，泉水呈串珠状展布，现代地震震中分布在断裂带及附近，破碎带中热释光同位素测年获得 35.42±3.31ka 年龄值	左行走滑	

聂恰曲一带的韧性剪切带(F_4):位于测区北部多彩乡南克俄赛超一带,呈北西向带状展布于当江—多彩蛇绿混杂岩亚带中,发育宽度约 2.5km 左右,平面上具有强、弱变形带呈平行间隔状产出,剖面上具叠瓦状排列的特征。发育在中—新元古代宁多群、早二叠世蛇绿岩组合辉长岩、辉绿岩、中二叠世中酸性火山岩组及晚三叠世聂恰曲中酸性侵入岩中,剪切面理总体倾向南西,产状一般 170°∠56°~200°∠60°之间,岩石中拉长的眼球状长英质矿物构成一组矿物拉伸线理,产状为 100°∠45°。在强变形带内,发育以糜棱岩系列为主的动力变质岩,岩石中条带状构造、眼球状构造、片麻状构造极其发育,具"δ"旋转碎斑系,S-C 组构图(图 5-22~图 5-25),弱变形域内,岩石普遍片理化,岩石中原岩特征及原始接触关系特征保留较为完整,宏观上该变形带具强、弱变形相间产出的特征,二者之间无明显截面,呈渐变过渡关系,显微构造中钠长石双晶弯曲,石英块状、带状消光,长英条带与云母质条痕绕过长石、角闪石碎斑,构成显著的糜棱叶理,碎斑两端分布着重结晶的黑云母或石英组成的结晶尾,构成"δ"碎斑系,显示核幔构造。糜棱岩中较普遍出现石英、斜长石、黑云母、白云母、角闪石、绿泥石、绢云母等特征变质矿物组合,反映其变形环境为高绿片岩相,宏观运动学标志判断具右行斜冲性质。剪切带基性糜棱岩中获得 Ar-Ar 年龄值为 151.9±2.1Ma。系晚侏罗世陆内汇聚时期形成韧性右行斜冲剪切带。

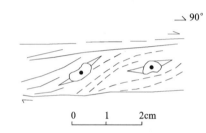

图 5-22 日啊日涌背斜构造素描图

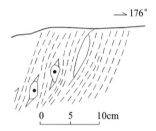

图 5-23 俄巴达动断层破碎带变形素描图

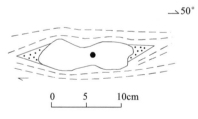

图 5-24 荣格层间断层变形素描图

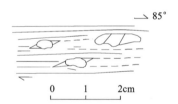

图 5-25 断层附近巴塘群地层中劈理转换关系素描图

第三节 新构造运动

一、新构造运动概述

新构造运动是铸成现代盆山地貌景观的主要原因。测区新构造运动表现强烈,形式多样,断裂活动、褶皱作用、岩浆活动、地壳间歇性抬升和掀斜、地震等十分显著。

(一)活动断裂

测区内活动断裂极其发育,约占断裂总数的 80%,多为先成断裂的复合。已有资料及现代地震资料表明:其变形机制由原来的以挤压为主的逆冲断裂构造转化为以挤压为主兼走滑性质的斜冲断裂及以走滑为主的走向滑移断裂,区内主要活动断裂特征择述如下。

1. 俄巴达动—荣格活动断裂

该断裂西起俄巴达动,经加及科至当江阿谷、东西两端沿走向进入邻幅。断裂区内全长约60km,系区内北部巴颜喀拉双向边缘前陆盆地,南部通天河蛇绿当江—多彩构造混杂岩带两大构造单元分界断裂。断面向北东倾斜,倾角一般在50°~60°,沿断裂分布一线,泉水呈线形泄出,充水性明显,地表形成含水草甸,植被发育,航卫片上线形影像特征清晰,地球物理场特征显示,两侧地球重力、航磁异常具明显的差异,证实为一超岩石圈断裂。该断裂形成于海西期,印支期、燕山期再次活动,控制了印支期中酸性侵入岩形成及展布、白垩纪风火山上叠盆地的形成与演化;喜马拉雅期复活,新生代早期左行斜冲,控制治多、崩曲等走滑拉分盆地的形成,上新世以来转化为以挤压为主兼左行走滑断裂。

2. 孙龙涌—加修改断裂

该断裂西起尕确,经当江涌至加修改。区内长57km左右,断裂呈北西西向延伸,为一活动断裂,该断裂形成100~150m宽的断层破碎带,带内均为杂色断层泥及构造角砾,没有胶结,断裂切割晚更新世冲洪积物,形成宽10m,深1~3m的直线状沟谷,水系成直角状拐弯现象,地貌沟谷负地形明显,航卫片上线形影像特征清楚,泉水呈串珠状展布,现代地震震中多分布在断裂带及附近,破碎带中热释光同位素测年获得32.42±3.31ka年龄值。

3. 多彩曲—昂欠涌曲断裂

断裂西起多彩谷地,向东经昂欠涌曲,格莫砍特至宗可,两端均延伸进入邻区,区内出露长约147km。该断裂为巴塘弧火山岩带与结扎群类弧后前陆盆地之间的分界断裂,呈北西向延伸。通过本次工作厘定,向东断层走向、位置与前人划分位置偏北。断面倾向南西,倾角65°~70°不等,发育200~300m宽的断层破碎带,带内构造角砾岩、构造挤压透镜体及透入性挤压劈理极其发育,其劈理构造面上断层阶步、近水平擦痕线理及摩擦镜面常见,航卫片上线形影像特征清楚,沿断裂带形成一系列北西向展布新近纪沉积盆地,反映出该断裂喜马拉雅期复活,对沉积盆地形成及展布控制作用明显。断裂性质变化大体可分为两个阶段。印支期主要是断面南倾逆冲冲断,控制了晚三叠世结扎群、巴塘群地层的展布,喜马拉雅期断裂复活,主要表现为左行走滑,控制了新近纪走滑拉分盆地的形成及展布。1975—1986年曾先后有4次震级ML=3.3~5.0地震发生,震中均位于断裂形变带上,表明现代该断裂仍处于强烈活动期。

(二)地震

地震是现代地壳活动的直接证据和主要的表现形式之一,研究区地处三江地震多发地带,据地震记录资料,自1970—1999年间,研究区共发生ML=4.2~4.8级地震4次,ML=5.0~5.5级地震5次,ML=3.3~3.8级地震3次,震中均位于北西向,北西西向断裂带中。另据区域资料,在该地震带上,地震活动十分强烈,据不完全统计,在研究区西部沱沱河一带,自1952—1972年间,共发生6次地震,其中ML=4.50~4.75级地震3次,ML=5.0级地震1次,ML=4.2~4.5级地震2次,1986年、1988年唐古拉地区分别发生的ML=6.7级、ML=7.0级大地震正处于该地震带西端乌兰乌拉湖附近,在东邻玉树一带,自1970—1999年间,共发生ML大于3.0级地震19次,其中ML=3.0~3.8级地震11次,ML=4.3~4.9级地震4次,ML=5.0~5.6级地震4次。

(三)褶皱

区内褶皱构造发育,新构造运动产生的褶皱基本存在着两种形成方式:一是借助走滑拉分盆地的起伏造成的原始沉积的背斜、向斜形态,在新构造运动时期挤压作用下,进一步弯曲变形,形成现今的构造盆地;二是断层活动造成的,形成牵引褶皱,断块之间挤压形成短轴、开阔的等厚褶皱,该类褶皱规模较大,由于断裂后期受剪切与走滑改造,形态多不完整,有时呈两翼宽度极不对称的单斜,且枢纽多具倾伏现象。

(四) 火山岩浆活动

区内新生代火山岩浆活动强烈,而且以酸性—中酸性浅成—超浅成岩浆作用有关的铜、钼、金、铅、锌等多金属矿化为特点,是著名三江构造-岩浆带和多金属成矿带的重要组成部分。

火山活动主要为始新世查保玛组,主要分布在查日弄—昂欠涌曲一带,主要为一套中酸性火山岩,火山岩系中基本无正常沉积夹层;岩浆活动主要分布在纳日贡玛及查纪永池一带浅成—超浅成中酸性侵入岩,具有岩体小,分布范围广,以花岗岩为主,普遍具有铜、钼多金属矿化的特点,岩石类型主要有二长花岗岩、黑云母二长花岗岩、黑云母花岗斑岩、石英二长花岗斑岩、花岗斑岩等,斑岩中K-Ar同位素年龄值20.2~49Ma,属始新世—中新世,岩石化学特征显示,具有碰撞性壳内重熔花岗岩特点,系在新特提斯洋闭合,雅鲁藏布江洋板块向北俯冲消减的构造背景下,沿断裂带发生陆内汇聚作用,形成壳幔混合型、壳内重熔型花岗岩。

(五) 河流阶地、洪积扇

区内河流阶地极其发育,主要分布于扎曲、多彩曲子曲河谷两岸,一般发育Ⅰ、Ⅱ、Ⅲ级阶地,其中Ⅰ、Ⅱ级由全新世冲积砂砾石层组成,阶差4~7m,Ⅲ级阶地由晚更新世冲洪积砂砾石组成,一般保存不完整,两岸阶地发育程度具有差异,多不对称。测区深切割河谷中,一般在河谷口较宽阔地带由晚更新世冲洪积砂砾石构成山前洪积扇,冲洪积扇由于后期大幅度抬升,河流强烈下切,形成前缘高度10~30m不等的洪积扇阶地。

(六) 夷平面

夷平面是在外力剥蚀夷平作用下形成的近似平坦的地面。它是在构造运动比较缓和的条件下,即外力剥蚀强度大于微弱的正向上升运动的情况下生成的,它的形成需要长期的构造相对稳定期。喜马拉雅运动以来至少有3次构造运动相对平静时期,因此可以大体划分出二级山地夷平面。侯增谦(2004)认为35Ma前青藏地区曾有抬升,但高度有限,总的高度在2000m以下,因为棕榈和榕树的化石表明当时为湿热的气候条件。35~3.4Ma期间,青藏高原曾有两次抬升,但随后山麓被剥蚀夷平,总高度在1500~2000m之间,高山栎、杜鹃、云杉和三趾马等化石的发现证明了这一点。3.4Ma以后青藏高原整体快速隆升(1987)及潘保田等根据大西洋有孔虫氧同位素变化与青藏高原大气候的关系划分了三次构造运动:冈底斯运动(40~35Ma)、喜马拉雅运动和青藏运动。

测区地处青藏高原腹地,地貌形态呈山系高大、河谷深切的高山峡谷发育地带,其早期夷平面由于强烈的抬升导致的剥蚀作用,使其遭到强烈破坏,其特征已消失殆尽,但从地貌形态仍可以看出具有二层结构特征(图5-26)。

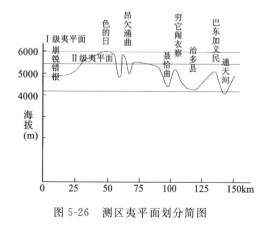

图5-26 测区夷平面划分简图

1. Ⅰ级夷平面

最高的Ⅰ级夷平面(山顶面),海拔一般5400~5700m,呈北西西向分布在图幅中偏西的荣卡曲莫、兴赛莫谷、色的日、牙迪群、驳穷日、麻吉仁青垮扎等地。地貌上呈浑圆平坦的峰顶面，与所在的老构造线方向一致。切割的最新地层为上白垩统，其上除有冻融岩屑和第四纪冰碛物外，别无其他堆积物，在测区一带，保存有现代冰川，且呈逐年消退之势。旁侧构造盆地中此级夷平面的相关沉积为古近系—新近系，其粒度自下而上逐渐变细，呈现明显的韵律结构。以该夷平面高峰线连线作为测区主分水岭。

2. Ⅱ级夷平面

海拔一般4600～5400m，呈近北西向，主要分布于图幅的阿文俄育、雅龙卓角、巴东加义民、尕切孙它和靠南的高杂加、格龙涌曲、肖恰错、地错一带地貌上为浑圆平坦的山地面上，其上除有冻融碎屑外，还有残余的冰蚀湖。在高地朴一带，可见其切割的最新地层为古近纪的地层，旁侧盆地中此级夷平面的相关沉积，区内仅见下更新统冰碛砾石层，粒度上总体有自下而上变细的趋势，同样反映山地构造运动强度的逐渐缓和及地形的渐次蚀低。

侵蚀基准面高度在4000～4200m。近北西向分布多彩—治多和扎青盆地一带的低缓小山上，以治多盆地较为典型，现有河谷已切穿盆地中的中上新统冲洪积地层。从夷平面划分图上可以明显看出通天河与基准面有明显高差，说明测区近期河流下蚀作用的强烈。

综上所述，可将本区两级夷平面的形成时期与构造抬升时间大体归纳为：Ⅰ级夷平面形成于古近纪初期，在中新世末（或晚期）的喜马拉雅运动Ⅰ幕开始抬升；Ⅱ级夷平面形成于中新世末，上新世末至早更新世初的喜马拉雅运动Ⅱ幕开始抬升。

二、高原隆升特征

（一）高原隆升研究现状

青藏高原隆升及其对周围环境的影响是青藏高原研究的热点。20世纪60年代，自中国学者首次在希夏邦马峰北坡海拔5000m以上的上新世地层中发现高山栎化石以来，高原在新近纪以来强烈隆升的观点已在学术界得到大多数学者的认可。70～80年代中国学者相继在昆仑山北坡海拔4600m处发现了上新世—早更新世落叶阔叶林植物化石，在藏南吉隆盆地、藏北布隆盆地、喜马拉雅山北坡札达盆地中发现了三趾马动物群和小古长颈鹿化石，指明了上新世早期青藏高原不超过1000m。90年代以来中国学者又通过对古岩溶、夷平面、古土壤、孢粉及古冰川遗迹等深入系统的研究，为高原在新生代隆升提供了大量证据。特别是"八五"攀登计划有关青藏项目研究开展以来，从天然剖面、古湖泊岩芯和冰芯及大地貌、新构造、冰川沉积物等方面进行详细地质记录的提取，并对古环境进行恢复，从而揭示出了晚新生代以来高原隆升的历程。

有关青藏高原隆升及其对周围环境的影响已有相当多的学者进行了系统研究，根据各自的资料形成了不同的观点。如Harrison等主张青藏高原在8.0Ma之前，大体已达到现代高程接近的高度，并因此强化或激发了印度洋季风（Harrison等，1992）；Coleman等主张青藏高原在14Ma前已达到最大海拔高度，以后因地壳减薄，发生东西拉伸塌陷，一方面产生地堑谷，高原平均高度开始下降（Coleman等，1995）。关于青藏高原在新生代晚期发生突然加速上升的原因，国外学者多数主张用岩石圈下部发生突然的"脱落"或"拆离"来解释（Deway等，1989；Molnar等，1993）。李廷栋（1995）将青藏高原的隆升分为3个阶段：俯冲碰撞隆升阶段，发生于晚白垩世、古新世和始新世，时间为35.40Ma前；汇聚挤压隆升阶段，发生于渐新世和中新世，时间为35.4～5.20Ma；均衡调整隆升阶段，发生于上新世、更新世和全新世，时间为5.20Ma以后。并将喜马拉雅运动划分为3个幕，其时间分别为35.40Ma、5.2Ma和1.6Ma。

(二) 古近纪—第四纪沉积盆地形成与演化趋势

1. 盆地划分与构造特征

区内新生代盆地是在白垩纪陆内后造山期对冲扩展式盆地的基础上发育起来的,因其间山体的分割而成为两个相对独立的盆地,即治多盆地和昂纳涌曲—解曲—着晓盆地。其中在本图幅内以治多盆地为最大,次者为格龙涌曲—托吉涌曲盆地,另有一系列的小盆地如多彩盆地、宗可曲盆地、扎青盆地。

(1) 治多盆地

该盆地呈北西西向展布在治多县县城一带,向北西延伸出图,断续延伸于扎河乡带,是古近纪以来山体抬升过程中因断裂活动而形成。主要表现为伸展机制下形成的盆地,盆地充填物为曲果组,是一套陆相近源红色碎屑岩为主的沉积组合。沉积类型是山麓—河流沉积体系。此外还充填有晚更新世冲洪积及全新世冲积。

(2) 格龙涌曲—托吉曲涌盆地

该盆地呈北西西向展布于图幅南西偏北一带,向北西延伸出图,断续展布在格龙涌曲—托吉曲涌下游一带,盆地呈北北西向的长方形状。盆地充填物主要为沱沱河组、雅西措组及曲果组,仍为一套陆相近源红色碎屑岩-碳酸盐岩-膏盐沉积组合。该盆地与治多盆地的不同之处:一是见有曲果组不整合在其下的沱沱河组和雅西措组;二是晚更新世冰水堆积较发育。另有零星分布的中更新世冰碛、晚更新世冲洪积及全新世不同成因类型的松散堆积物。

(3) 其他盆地

小盆地中多彩盆地与治多盆地类似,而宗可曲盆地和扎青盆地则与格龙涌曲—托吉曲涌盆地相近。

随着盆地的形成伴随有强烈的岩浆活动。在盆地形成的早期有一期碱性岩浆事件,该岩浆事件是在喜马拉雅构造带闭合的大背景下,前缘挤压、后缘滞后扩张的机制下形成的。反映出盆地是在伸展机制下形成的,碱性岩侵入于沱沱河组地层中。具体的碱性岩浆岩分布于南邻幅杂多县幅阿多一带。而在本图幅中部的纳日贡玛—色的日地区发育了富钾钙碱性的深源浅成的花岗岩和一套以安山质为主的火山沉积地层即查保玛组。

2. 盆地演化与成山作用阶段分析

由于构造抬升作用使上新世以前形成的盆山格局发生多次变形、变位等改造,现今盆山格局已非昔日之面貌。因此盆地演化与成山作用阶段问题的解决须从沉积、控盆构造、盆地演化历程、成山作用特点等多方面的综合研究、精细刻画才能达到正确恢复盆山的原来面貌。现仅根据已有资料作如下初析。

始新世中期随着新特提斯残留海彻底消失,青藏高原北、东大部上升为陆,进入陆内演化阶段。与此同时或稍前该地区因受喜马拉雅运动影响伴有碱性岩浆事件,碱性岩侵入于沱沱河组地层中。反映出盆地先是在伸展机制下形成的,后在先成断裂的复活叠加了走滑拉分性质。至渐新世,该地区的海拔高度可能在500m以下(结合区域资料)。盆山形成过程中,在盆地间的相对上升的山体中有较强的岩浆作用。中新世时,盆地进一步加深扩大,统一的昂纳涌曲—解曲—着晓古湖盆形成,上新世曲果组山麓类磨拉石的出现标志着中新世晚期盆地曾一度受斜向挤压而萎缩。该区被抬升到近1000m的高度,统一的湖盆逐渐分解,在本图幅内以格龙涌曲—托吉曲涌盆地为其代表。在治多一带形成了治多盆地,沉积以曲果组为主的山麓—河流沉积体系,其形成稍晚于格龙涌曲—托吉曲涌盆地。北西西向或近东西的盆山格局雏形出现。

上新世以来,山体强烈抬升与盆地快速沉降相耦合,盆山格局进一步发展壮大。

晚更新世—全新世初,发生于该区的构造运动使该区强烈隆升,将昂纳曲涌—托吉曲涌抬升到雪线以上,沿山麓发育冰碛堆积。在沿托吉曲涌一带的冰碛物所采热释光测年样反映最早为129.76±6.10ka,近于中—晚更新世的分界。由构造差异隆升造成的盆山格局最终定型。

全新世以来随着差异升降的加大,近东西向盆山格局逐渐发展最终定型,形成当今看到的地貌景观,以高地朴—纳日贡玛—色的日一线为澜沧江与长江水系的分水岭。

3. 盆地演化与岩浆活动

在白垩纪造山后伸展机制下形成盆地的过程中伴有碱性岩浆事件,该岩浆事件是在喜马拉雅构造带闭合的大背景下,前缘挤压、后缘滞后扩张的机制下形成的,碱性岩侵入于沱沱河组地层中。反映出盆地先是在伸展机制下形成的,后在先成断裂的复活叠加了走滑拉分性质。具体的碱性岩浆岩分布于南邻幅杂多县幅阿多一带。在进入陆内俯冲造山在盆山形成过程中,在盆地间的相对上升的山体中有较强的岩浆作用。在本图幅的中部的纳日贡玛—色的日地区发育了构造演化进入陆内俯冲造山阶段的背景下,大陆板片俯冲诱发的软流圈物质上涌,导致了加厚的下地壳物质部分熔融形成岩浆,侵位而成富钾钙碱性的深源浅成的花岗岩和一套以安山质为主的火山沉积地层即查保玛组,查保玛组喷发不整合于沱沱河组之上,而未见沱沱河等组与花岗岩的接触,该期岩浆活动明显晚于碱性花岗岩事件。

(三) 测区高原隆升测量

区内第四纪沉积史从测年样分析显示为晚更新世,自晚更新世至今这一时期高原的隆升在测区河流沉积物中有一定的反映。河流阶地的形成主要原因是高原不断的抬升导致侵蚀基准面相对降低引起河流下蚀的结果。相邻杂多县幅测区的解曲河阶地中采集了热释光测年样来对高原隆升进行初步的研究。其测年样反映时代为晚更新世沉积。时限从 119.77 ± 8.48~47.50 ± 2.79 ka。现在河流的河漫滩海拔高度 4299.00m,其中的 I 级阶地以现在时代(即为零)来计算显得数值偏小。其余阶地的抬升以前一级阶地为标准来计算。平均抬升速率为 0.37 cm/a,这个数值与现代高原的隆升相比明显偏低。

在本图幅中纳日贡玛一带的岩体中采有裂变径迹样来正演本地区的隆升。裂变径迹样采自纳日贡玛北部的花岗岩岩体中,从山顶往下,自海拔标高 5350m 开始,每降低 100m 采一个样,共采集了 5 个样品,分析成果见表 5-3,裂变径迹直方图见图 5-27。分析结果显示时限为 27.3 ± 2.5~7.7 ± 2.2 Ma,反映时代为中新世。侯增谦(2004)认为 35Ma 前青藏地区曾有抬升,但高度很有限,总的高度在 2000m 以下。设定中新世海拔高度为 1500m,现在标高 5000m,以最大年龄 27Ma 为时间来计算平均抬升速率,则抬升速率为 1.29cm/a。若以后面的年龄计算则速率是不同的,说明在测区抬升的速率是不均匀的,有快速抬升,也有缓慢抬升。

表 5-3 纳日贡玛地区花岗岩裂变径迹分析结果

样号 (Out/indoor)	高度 (m)	N_c	$\rho_d(\times10^6$ cm$^{-2})$ (N_d)	$\rho_s(\times10^5$ cm$^{-2})$ (N_s)	$\rho_i(\times10^6$ cm$^{-2})$ (N_i)	$w(U)$ (10^{-6})	$P(x^2)$ %	r	裂变径迹年龄 (Ma$\pm1\sigma$)	平均径迹长度 (μm$\pm1\sigma$) (N_j)	标准离差 (μm)
Ⅷ003FT18-1 ApJ54	5350	28	1.275 (3187)	0.906 (77)	0.959 (815)	9.2	52.8	0.543	21.2$\pm$3.1	13.76$\pm$0.46 (12)	1.60
Ⅷ003FT18-3 ApJ55	5250	4	1.270 (3174)	0.367 (11)	0.517 (155)	5.0	67.1	0.283	15.9$\pm$5.1	12.16$\pm$0.49 (4)	0.99
Ⅷ003FT18-5 ApJ56	5150	20	1.265 (3162)	0.389 (22)	1.172 (662)	11.4	1.4	-0.076	7.7$\pm$2.2	13.58$\pm$0.41 (7)	1.08
Ⅷ003FT18-6 ApJ57	5050	25	1.260 (3149)	5.253 (696)	4.1266 (5653)	41.6	23.4	0.953	27.3$\pm$2.5	13.06$\pm$0.23 (32)	1.34
Ⅷ003FT19-1 ApJ58	5000	20	1.255 (3137)	0.156 (78)	0.151 (759)	1.5	94.0	0.703	22.7$\pm$3.3	13.61$\pm$0.27 (25)	1.38

注:N_c. 测试颗粒总数;ρ_d. 诱发径迹密度;N_d. 诱发径迹数量;ρ_s. 自发径迹密度;N_s. 自发径迹数量;ρ_i. 外测白云母诱发径迹密度;N_i. 外部白云母诱发径迹数量;U. 单颗粒铀含量;P. 自由度为$(n-1)$;r. 自发径迹与外测白云母诱发径迹相关系数;N_j. 水平方向测量的径迹数量;标准离差[标样为 Apatite-Zeta$_{SRM}$612=352.4$\pm$29 (J. L. Wan)]。

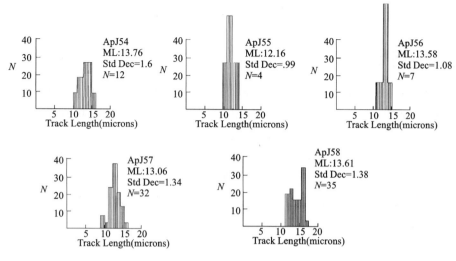

图 5-27　裂变径迹直方图(室内编号标注参见表 5-3)

三、新构造运动与高原隆升的环境效应

1. 测区两次地面抬升期

结合区域资料及测区两级夷平面发育史分析,第一次地面抬升约发生于始新世末的冈底斯运动,抬升至2000m后,又经渐新世夷平至500m以下。据渐新世—中新世沉积记录反映,夷平面形成时为干旱的副热带气候;第二次地面抬升发生于中新世早中期的喜马拉雅运动,但其高原仍不超过2000m,后经中新世中期至上新世中期构造稳定期夷平至1000m以下。此时高原南缘为亚热带潮湿气候,北缘为干燥的荒漠草原环境,而含测区在内的中间地带为亚热带森林和森林草原景观。

2. 青藏运动(3.4～1.7Ma)在测区的表现

由李吉均等(1992,1996,1998)创立。此次运动是以整体隆起青藏高原,瓦解主夷平面形成一系列断陷盆地和浅色沉积替代红色沉积为特点的强烈的构造运动,是从喜马拉雅运动(三幕)中分离出来的一次构造运动。并进一步分为A、B、C三幕,分别为3.4Ma、2.5Ma、1.7Ma。

从3.4Ma开始,青藏高原整体强烈隆起,使其周边山地环境发生了巨大的变化,高原统一的主夷平面开始解体。山间和山前盆地中堆积了巨厚的山麓砾石层。地处高原内部的测区,风火山强烈抬升,在治多县盆地中堆积了一套曲果组山麓类磨拉石砾石层,并使沱沱河组、雅西措组、五道梁组发生褶皱,甚至被断层推挤碾压于老地层之上,在杂多县幅结多乡见沱沱河组逆冲于杂多群之上。由于力偶作用甚至使某些盆地边界断裂也发生了褶皱。此次运动以浅色沉积替代红色沉积为标志,表明古气候和古地理格局发生了巨大变化。现代亚洲季风(包括冬季风)基本形成和完善。从区域地貌特征来看,经过这次运动后,高原整体轮廓、构造—沉积格局和当今重大水系格局已基本形成。但就区内而言,尚无贯通的大河存在。此时高原的海拔高度推测仍在1000m以下。

新近纪末—早更新世(2.5～0.8Ma)推测高原已逐步隆升至1000～2000m海拔高度,并与全球降温相耦合,迎来了地球史上(主要指北半球)新生代第三次大冰期。于是在区内发育了第一次冰期——托吉涌冰期,堆积了一套中更新世冰碛物。由于中晚更新世以来的剥蚀作用,对该期冰川地貌进行了强烈的改造,使该期的冰蚀地形消失殆尽,其冰碛物仅在托吉涌一带有少量残留。但就整个高原所发现为数不多的该期冰碛物孤立地分布于一些山地的峰顶上分析,其冰川类型属山谷冰川或山麓冰川,可能没有形成一些学者提出的统一的大冰盖。

约 1.7Ma 的青藏运动 C 幕,使高原进一步快速隆起。澜沧江上游的扎曲、聂恰曲等水系大致于此时切穿该区而诞生。

3. 昆仑—黄河(昆黄)运动(1.1～0.6Ma)

由崔之久、伍永秋(1998)作了系统总结,指距今 1.1～0.7Ma 前后(早更新世末—中更新世初)发生的一次构造运动,这次运动具有突然性和抬升幅度大的特点,是青藏高原隆起的又一阶段。随着昆黄运动的构造抬升和气候变冷,含测区在内的青藏高原已上升到了冰川作用的临界高度 3500m,高原上升的降温或称为中更新世革命的全球性轨道转型相耦合与青藏高原迅速响应,并首次全面地进入冰冻圈(张青松等,1998),导致了高原第四纪以来最大冰期的发生。这期冰期之后测区主要表现为侵蚀期,中更新世冰碛物呈黄褐色,表明气候已变温暖。此次运动引起了大气环流的改变,冬季风盛行,并使中更新世以前古近纪、新近纪植物种属很快消失,之后青藏高原气候总体向干旱方向迅速发展,但在该区地处高原东南近边缘较为湿润。地形大切割时期也即将来临。

4. 共和运动(0.15Ma－Rec)

共和运动约发生于 0.15Ma,使青藏高原经历了又一次强烈的构造运动,受此运动影响共和盆地中的共和组发生了褶皱变形。构造抬升运动使黄河切穿龙羊峡溯源侵蚀,终于在晚更新世末把源头延伸到现在的位置,龙羊峡自 150ka 以来下切达 800m 左右。受此运动影响,青藏高原急剧上升,喜马拉雅山终于接近或达到现代 6000m 以上的高度,测区纳日贡玛一带也接近现在的高度。喜马拉雅山强烈的抬升成为印度洋季风北进的严重障碍(潘保田等,1998),使含测区在内的高原冬季风空前强大,变得更干旱、更寒冷,与又一次全球性的气候转型相耦合,又一次冰期来临(相当于倒二冰期),在测区发育了一套晚更新世冰水堆积。区内近南北向山顶裂谷的进一步发展,晚更新世冰水堆积的微弱变形,一些河流的Ⅲ级以上的高阶地、叠置型冲洪积扇形成。

全新世早期(10.4～7.5ka),全球气候转暖,可能使其早期冰川作用规模明显缩小,发育了一套湖相或湖沼相堆积。间歇性的地壳抬升形成了河流Ⅰ、Ⅱ级阶地。约 3.2ka 前后,全新世存在突发降温事件,温度和湿度迅速下降,冷湿和冷干频繁波动,此后测区大部分地区处于海拔 4000m 以上,在测区中部的纳日贡玛一带有较强裂的冰川活动,仍处于干、冷冰缘环境,形成了广泛分布的冰缘地貌(融冻湖塘与冻土草沼遍布)和寒冻风化物及冲(洪)积物及中部地区的冰川地貌(角峰、刃脊)。随着隆升进一步加剧,河流以超强的侵蚀能力向山体扩展,现今地表切割及地形反差面貌形成。

据大范围重复水准测量,高原现代仍以 5.8mm/a 的速率继续上升,而川藏公路炉霍以东呈现相对下降,这可能反映青藏地块东部受东西方向的拉伸而向东挤出滑移的特性。

第四节 构造发展阶段划分

综合研究区各种地质作用事件,结合区域地质构造发展,将研究区大地构造演化阶段(图 5-28)概括如下。

一、古中元古代结晶基底形成演化阶段

主要为古中元古代宁多岩群形成阶段(斜长角闪片岩中 2156±61Ma 的 Sm-Nd 等时线模式年龄;片麻岩中 1294±377Ma 单颗粒 U-Pb 锆石年龄),组成三江造山带古老结晶基底。宁多岩群是以片麻岩、片岩、大理岩、石英岩等为主的中深变质岩系,其原岩组合为一套成熟度较高的副变质碎屑岩夹火山

岩、碳酸盐岩建造。晋宁期发生区域动力热流变质变形，形成低角闪岩相区域热流动力变质岩。

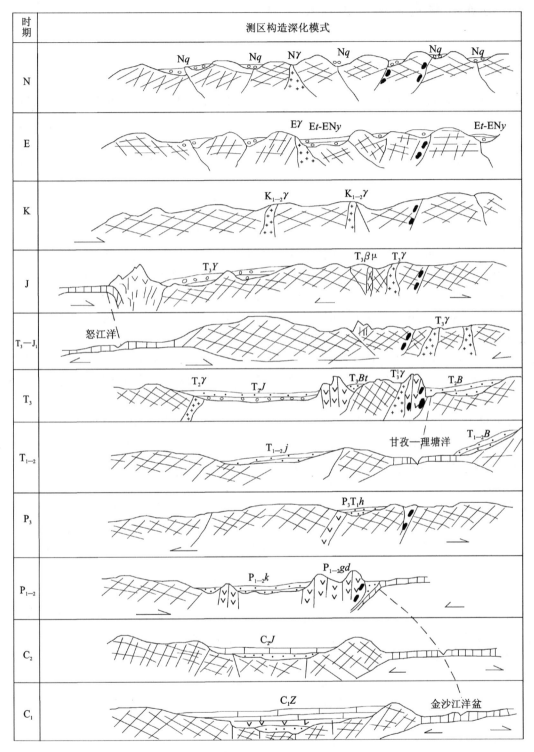

图 5-28　测区地质发展演化示意图

二、早古生代前造山构造演化阶段

区内缺失该时期物质记录，区域上在玉树以南巴塘一带有早奥陶世青泥洞组浅变质砂板岩夹薄层灰岩的碎屑岩、碳酸盐岩较稳定沉积，系早古生代造山带原特提斯构造演化过程中的物质记录。

三、海西—印支期主造山演化阶段

(一) 泥盆纪—石炭纪古特提斯多岛洋扩张阶段

金沙江缝合带区域上在西金乌兰湖一带移山湖、明镜湖北(辉长)辉绿岩墙群[345.8±1Ma,345.9±0.91Ma(Ar-Ar)]代表着古特提斯多岛洋已进入初始离散期,并在随后的扩张作用下,宁多岩群变质结晶基底从母体羌塘陆块中裂离出来,散布在古特提斯扩张洋盆中,构成了古特提斯多岛洋板块构造格局。区内表现为早石炭世杂多群沉积,为活动陆缘浅海陆棚相—海陆交互相含煤碎屑岩、碳酸盐岩建造沉积。

(二) 石炭纪—二叠纪洋—陆转换阶段

石炭纪—早二叠世古特提斯多岛洋扩张进入高潮,金沙江洋盆中开始出现洋壳物质,区内沿聂恰曲一带分布的多彩蛇绿岩则是该时期的物质记录。区内在当江北紫红色硅质岩中发现 $Pseudoalbaillella\ fusiformis$(纺锤形假阿尔拜虫)和 $Pseudoalbaillella$ spp.(假阿尔拜虫众多未定种)的放射虫化石,其时代为早—中二叠世,与扩张洋盆形成时期相吻合,该放射虫与金沙江蛇绿岩中所产放射虫一致。区域上在巴音查乌马辉长岩中获得 Rb-Sr 等时线年龄为 266±41Ma(苟金,1990),并见有早—中二叠世放射虫组合,与调查区特征一致。调查区多彩蛇绿岩组合较齐全,主要由超镁铁质岩、镁铁质堆晶岩、枕状洋脊玄武岩、紫红色放射虫硅质岩及辉绿岩岩墙等组成。镁铁质岩、镁铁质堆晶岩、枕状洋脊玄武岩中岩石地球化学特征显示,测区多彩蛇绿岩并非产在大洋脊,而是产在具有大洋岛的构造环境。

中二叠世,金沙江扩张有限洋盆开始闭合,向南发生 B 型俯冲,形成中二叠世陆缘火山弧和弧后盆地;区内中二叠世尕笛考组岛弧型火山岩则是该期事件火山活动的直接表现;中二叠世开心岭群诺日巴尕日保组,九十道班组为弧后盆地碎屑岩、碳酸盐岩、火山岩沉积,邻区侵入于杂多群辉长杂岩(276Ma,Ar-Ar)则为弧后盆地扩张环境下侵位基性岩。晚二叠世洋盆闭合,弧—陆碰撞对接,古特提斯多岛洋彻底闭合,西金乌兰—金沙江一带形成由复理石增生楔、洋岛型蛇绿岩块、残留基底岩块、岛弧型火山岩块等构成的蛇绿构造混杂岩带,并形成高绿片岩相变质与韧性右行剪切变形。测区晚二叠世—早三叠世磨拉石、陆相碱性火山岩及不整合的出现,反映出西金乌兰—金沙江结合带构造演化的结束。

(三) 三叠纪洋—陆转换阶段

早中三叠世沿区域上甘孜—理塘带发生扩张,形成有限洋盆,区域地质研究成果表明,该洋盆裂陷扩张由南向北逐渐扩张形成,南段(土官村)玄武岩时代为晚二叠世,中段(理塘)放射虫时代为 T_1,北段(甘孜以北)为 T_3^1,表明洋盆打开时间南部较早,北部较晚。区内扎青乡以北一带晚二叠世—早三叠世陆相碱性火山岩组堆积和中三叠世结隆组沉积为这一事件物质记录。晚二叠世—早三叠世碱性火山岩喷发,代表着整个三江北段造山带进入陆内扩张伸展时期,而中三叠世结隆组碎屑岩、碳酸盐岩沉积为这一时期洋盆沉积组成部分。早中三叠世,研究区内沿金沙江结合带发生扩张,洋盆中出现洋壳物质,区内多彩乡北查涌一带分布的查涌蛇绿岩为这一时期的物质记录。蛇绿岩组分较齐全,原始层位的改造较小,呈构造岩块产出,岩石类型主要有镁铁质岩、辉绿岩墙群、枕状玄武岩、硅质岩,岩石地球化学特征研究为亚系,是洋中脊扩张的产物。

晚三叠世早期,洋盆洋壳向南发生俯冲消减,形成查涌蛇绿混杂岩,由北向南发育巴颜喀拉双向边缘前陆盆地、达龙增生楔、格仁岛弧及弧花岗岩带、当江—多彩陆块、巴塘陆缘火山弧、结扎弧后前陆盆地等较完整的沟—弧—盆体系,晚三叠世晚期形成区内通天河复合性蛇绿混杂岩带,并在靠近巴颜喀拉双向边缘前陆盆地一侧发生中酸性岩浆侵入。至此,整个造山带结束大规模洋—陆转换构造演化,进入侏罗纪陆内造山演化时期,形成甘孜—理塘结合带。

四、侏罗纪—白垩纪后造山构造演化阶段

侏罗纪早期随着班公湖—怒江构造带发生伸展和裂陷,形成具有活动性质和蛇绿岩组合的班公湖—怒江洋,中晚期区内测区南部形成侏罗纪雁石坪前陆盆地,主要表现为在其局部地带以中—晚侏罗世雁石坪群海相—海陆交互相碎屑岩、碳酸盐岩为主的沉积,通天河复合性蛇绿混杂岩带中发生陆内伸展形成壳幔混合型花岗岩侵入(152~160Ma)和大量的基性岩脉穿插在巴塘群地层中,形成脆韧性右行斜冲性质为主的走滑型脆韧性剪切变形带(148~151Ma),形成北西向展布的晚侏罗世韧性剪切带。白垩纪随着班公湖—怒江洋盆闭合碰撞,测区南部的杂多地区内局部地段断陷盆地中接受风火山群河湖相粗碎屑岩、碳酸盐岩沉积,陆内冲断作用,区内表现为中酸性花岗岩侵入,在夏结能、不群涌一带形成壳内重熔型花岗岩。

五、新生代高原隆升阶段

进入新生代,地壳演化进入一个崭新的时期,古近纪—新近纪受印度板块与欧亚板块的碰撞影响,新特提斯洋闭合,区内早期断裂继承性活动,在南北向强烈挤压下,陆内断块差异升降,沿断裂发育一系列北西向延展的断陷盆地、走滑拉分盆地,接受沱沱河组、雅西措组、查保玛组、五道梁组及曲果组等河湖相碎屑岩、碳酸盐岩沉积,在"前缘挤压、后缘滞后扩张"的构造环境下,沿断裂带发生浅成—超浅成中酸性岩浆侵入,中酸性火山岩喷发,邻区发生碱性花岗岩侵入事件。这次岩浆侵入事件,以 Cu、Mo 为主的具明显的多金属矿化为特征,沿侵入岩带往往形成斑岩型 Cu、Mo 矿化带,三江成矿带著名的玉龙铜矿床、马拉松多铜矿床及区内纳日贡玛 Cu、Mo 矿床等均产在该侵入岩带中。进入第四纪,高原进一步快速隆升,形成现今地貌格局。

第六章 专项地质调查

第一节 成矿地质背景

测区属著名的三江多金属成矿带,自20世纪50年代始,青海省地质矿产局、冶金、有色、煤炭等部门陆续在该区开展了各有特色的矿产普查评价工作。1994—2000年青海省地质矿产勘查开发局遥感站和青海省地质调查院先后开展了1:100万青海省玉树—果洛地区金矿遥感解译及三江北段矿产资源潜力遥感分析工作,2002—2003年青海省地质矿产勘查开发局完成了"青海省第三轮成矿远景区划研究及找矿靶区预测"工作,对区内成矿类型、成矿规律、成矿潜力进行了总结。2001年起青海省地质调查院在测区纳日贡玛—众根涌、子曲中游等地进行了资源评价工作。经过艰苦的地质矿产勘查工作,发现了许多矿床、矿(化)点及矿化线索。有黑色金属、有色金属、贵金属、非金属和燃料矿产。铁、铜、钼、铅、锌、金、银等黑色金属、有色金属及贵金属矿床、矿(化)点、矿化线索45处(包括砂金矿化点1处),石棉矿化点1处,彩石矿点1处,膏矿点5处,盐类矿产1处,煤矿点4处,共计58处。前人主要完成的矿产工作及评价见绪言部分,此处不再叙述。

本书中,资料收集齐全,规模较大,成因类型有一定代表性,在区域上有一定找矿指导意义的矿床、矿点在此处不再叙述。

一、地球物理、地球化学特征

测区物探工作始于20世纪60年代末,小比例尺主要有原地质部航空物探大队所进行的1:50万和局部1:25万航空磁测工作。较大比例尺的物探工作多用于普查找矿及少量航磁异常的地表检查。

区内化探工作开展于20世纪60年代,在进行1:20万区域地质调查的同时,同步开展了同比例尺低密度水系沉积物和水系重砂测量工作。局部地段进行了1:1万、1:5万、1:10万化探普查工作。2001—2002年青海省地质调查院在测区进行了1:20万治多县幅、杂多县幅范围内。这些物化探工作所提供的大量有益的地球物理、地球化学信息,对测区确定找矿方向及提高综合研究奠定了基础。

(一)地球物理特征

1. 区域重力特征

测区区域重力异常(图5-1)显示幅值较大的负异常,异常等值线方向与测区大地构造线方向一致,呈北西-南东向,重力异常值在$-505\times10^{-5}\sim515\times10^{-5}$ m/s²之间,异常值变化不大。重力异常与测区大地构造关系密切,与矿产关系不大。

2. 区域航磁异常特征

区内1:50万航空磁测(ΔT)异常22处(图5-1),异常形态特征分区性明显。以治多—当江北西向梯级异常带为界,以北为平静的负异常区,形态不规则,总体呈北西向,航磁强度峰值-60nT,异常与矿产关系不明显,以南航磁异常表现为北西向展布的线性梯级异常,异常形状具纺锤状、串珠状,正负异常相间产出的特征,航磁强度峰值达 70~90nT,异常与中基性岩浆及火山岩中的磁性矿物及磁性地质体或深部可能存在的磁性地质体有关。

其中以宗可—口前曲为界,航磁异常区域展布呈与构造线方向一致的两个条带,北东部与区域地球化学 Cr、Ni、V、Ti、Co 反映中基性侵入岩及火山岩的高背景及局部异常完全吻合,说明中基性侵入岩及火山岩中磁性矿物及磁性地质体的存在,南西部异常带与区域化探主要元素组合复杂的高强度异常集中区吻合,佐证了航磁成果推测深部有磁性地质体的存在。

(二) 地球化学特征

测区复杂的构造演化控制着区内沉积构造及岩浆活动的分布格局,决定了地球化学元素含量变化在空间上的成带性、时间上的继承性,测区 1:20 万低密度和中密度化探扫面及低密度水系重砂测量共圈定百余个单元素或单矿物异常及多元素或多矿物综合异常。

1. 水系重砂异常

测区低密度重砂测量共圈定各类水系重砂异常 29 处(表 6-1)。

表 6-1 测区重砂类异常一览表

异常名称	位置	异常分类	面积(km^2)	主要异常特征描述(粒或 g/30kg)
打古贡长	94°40′ 33°37′	甲	29	n_6,辉钼矿:Ⅰ级一片(2),Ⅱ级 5~10 粒(4)
纳素巴玛	94°44′ 33°47′	甲	140	n_{29},辰砂:Ⅰ级 1~3 粒,Ⅱ级 4~29 粒,Ⅲ级 33~47 粒
纳日贡玛	94°45′ 33°38′	乙	80	n_{14},方铅矿:Ⅰ级 0.0015g,Ⅱ级 0.003~0.02g,Ⅲ级 0.128g
纳日贡玛	94°45′ 33°33′	甲	124	n_{26},黄铜矿:Ⅰ级 1~8 粒,Ⅱ级 9~15 粒
陆日格	95°52′ 33°31′	乙	190	n_{46},方铅矿:Ⅰ级 3 粒~0.0015g,Ⅱ级 0.0025~0.02g,Ⅲ级 0.026~0.2g
色的日	95°01′ 33°32′	甲	126	n_{45},方铅矿:Ⅰ级 3~30 粒(13),Ⅱ级 30~100 粒(2),Ⅲ级>100 粒(29) 铋矿物:Ⅰ级 3~30 粒(8),Ⅱ级 30~100 粒(12) 黄铜矿:Ⅰ级 4~10 粒(15),Ⅱ级 11~30 粒(4),Ⅲ级>30 粒(1) 辉钼矿:Ⅰ级 1~10 粒(15),Ⅱ级 11~30 粒(7),Ⅲ级 31~75 粒(3),Ⅳ级>75 粒(7) 白钨矿:Ⅰ级 4~30 粒(6),Ⅱ级 31~100 粒(5),Ⅲ级>100 粒(15)
让勤苏拉纠	95°52′ 33°47′	甲	7	n_2,闪锌矿:Ⅲ级 30~35 粒(2)
达额尼不拉塞	95°42′ 33°25′	甲	110	n_{53},铅矿物:Ⅰ级 3~30 粒(12),Ⅱ级 31~100 粒(12),Ⅲ级>100 粒(29)
格群涌	95°39′ 33°22′	甲	18	n_{11},铅矿物:Ⅰ级 3~30 粒(3),Ⅱ级 30~100 粒(6),Ⅲ级 100 粒(6)
俄套闻腰	95°02′ 33°51′	甲		n_{11},铅矿物:Ⅰ级 3~30 粒(3),Ⅱ级 30~100 粒(6) 闪锌矿:Ⅰ级 1~10 粒(5)

续表 6-1

异常名称	位置	异常分类	面积 (km²)	主要异常特征描述(粒或 g/30kg)
尕龙格玛	95°15′ 33°50′	甲	约50	n_{13},铅矿物：Ⅰ级 3～30 粒(3)，Ⅱ级 30～100 粒(8) 黄铜矿：Ⅰ级 4～10 粒(1)，Ⅱ级 11～30 粒(2)，Ⅲ级＞30 粒(1)
缅动扎高格	95°15′ 33°50′	乙	64	n_{29},铬铁矿：Ⅰ级 0.0001～0.01g(9)，Ⅱ级＞0.01g(17) 钛铁矿：Ⅰ级 0.006～0.1g(15)，Ⅱ级 0.1～1g
毒龙弄	95°02′ 33°37′	丙	44	n_{12},黄金：Ⅰ级 1～5 粒(11)，Ⅱ级＞5 粒(1)
块切弄	95°07′ 33°17′	乙	28	n_{31},黄铜矿：Ⅰ级 7～15 粒(3)，Ⅱ级 16～100 粒(2)，Ⅲ级 101 粒～0.008g(5) 铅矿物：Ⅰ级 9～30 粒(14)，Ⅱ级 30～100 粒(1)，Ⅲ级 101 粒～0.8g(6)
阿夷则玛	95°06′ 33°12′	乙	18	n_{10},黄铜矿：Ⅰ级 7～15 粒(6)，Ⅱ级 16～100 粒(2)，Ⅲ级 101 粒～0.008g(2)
东角涌	95°22′ 33°08′	甲	200	n_{33},铅矿物：Ⅰ级 9～30 粒(39)，Ⅱ级 30～100 粒(20)，Ⅲ级 101 粒～0.8g(70) 白钨矿：Ⅰ级 6～30 粒(11)，Ⅱ级 31～124 粒(5)，Ⅲ级 125 粒～0.0001g(30) 黄铜矿：Ⅰ级 7～15 粒(27)，Ⅱ级 16～100 粒(4)，Ⅲ级 101 粒～0.008g(1) 铋矿物：Ⅰ级 5～10 粒(14)，Ⅱ级 11～30 粒(2)，Ⅲ级 31～100 粒(7) 黄金：Ⅰ级 1～10 粒(19)
耐千涌	95°27′ 33°02′	甲	45	n_{38},铅矿物：Ⅰ级 9～30 粒(11)，Ⅱ级 31～100 粒(15)，Ⅲ级 101 粒～0.8g(30) 黄铜矿：Ⅰ级 7～15 粒(27)，Ⅱ级 16～100 粒(4)
拉美涌	95°02′ 33°23′	乙	30	n_{76},铅矿物：Ⅰ级 3～30 粒(31)，Ⅱ级 30～100 粒(7)，Ⅲ级＞100 粒(33) 闪锌矿：Ⅰ级 1～10 粒(10)，Ⅱ级＞10 粒(3) 辰砂：Ⅰ级 1～5 粒(20)，Ⅱ级 6～20 粒(12)，Ⅲ级＞20 粒(1)
约曲	94°28′ 33°20′	甲	124	n_{94},黄铜矿：Ⅰ级 1～10 粒(35)，Ⅱ级 11～30 粒(17)，Ⅲ级＞30 粒(43) 铅矿物：Ⅰ级 3～30 粒(30)，Ⅱ级 31～100 粒(12)，Ⅲ级＞100 粒(15)

测区内重矿物的分布有明显的规律性，它们与地层、岩浆岩及构造有密切的关系，大致可分为 5 个不同的地段。

(1) 晚三叠世巴颜喀拉地层分布区

该区重矿物种类较少，含量也比较低，分布较为普遍的重矿物有钛铁矿石和锆石，在印支期中酸性侵入体出露区则白钨矿含量较高。

(2) 通天河蛇绿混杂带

带内断裂构造十分发育，岩浆活动强烈，热液活动与岩石蚀变比较强烈。带内除钛矿物、锆石分布比较少外，在印支期中酸性侵入体周围白钨矿有广泛分布，局部尚有锡石分布，铜、铅、锌矿物分布普遍，局部构成异常，且异常与已知成矿事实套合较好，是区内寻找热液型、火山型矿床有利地段。

(3) 结扎群分布区

该区岩浆活动和热液活动比较弱，重矿物种类少，比较突出，并有一定找矿意义水系的是结扎群甲丕拉组分布区，铅矿物（局部还有闪锌矿）分布比较集中，并形成一系列重砂异常区，这对于寻找沉积型砂岩铅矿或砂铅矿是值得注意的地段。

(4) 喜马拉雅期侵入岩分布区

在喜马拉雅期侵入岩及其周边地区有为数众多的矿（化）种和类型钼铜矿床，在这一地区重砂矿物种类繁多，含量较高。形成铜、铅、钼、铋、锌、钨等矿物异常或组合异常，是寻找与喜马拉雅期侵入岩有关的有色金属矿床的有利地段。

(5) 二叠世地层分布区

该区地层中有较多的火山岩,火山活动与热液活动强烈,这一地区铅矿物、闪锌矿、辰砂等重矿物分布普遍,含量也较高,是寻找以铅为主的有色金属矿床有利地段。

2. 水系沉积物异常

测区 1∶20 万化探扫面共圈定各类单元素异常、多元素综合异常数十处(表 6-2),多与已知矿点吻合,且通过化探异常三级查证,发现了一些新的矿床(点),如东莫扎抓多金属矿床等,证实了化探异常的真实存在。区内呈现错综复杂而又有一定规律的地球化学景观,是区内长期多体制构造演化的结果,对各元素时空变化规律和分布特征的探讨,对区内资源潜力的评价及普查找矿具一定的指导意义。

(1) 元素富集离散特征

据 1∶20 万治多县幅、杂多县幅地球化学图说明书(2002,青海地调院)资料,测区各元素富集离散具以下特征。

含量变化幅度很大,高强度数据很多,富集成矿可能性很大的元素有 Hg、Sb、Pb、Bi、Ag。Pb、Ag、Sb 已发现成矿事实,Bi、Hg 虽无成矿事实,但有多处水系重砂、铋矿物、辰砂异常佐证,Bi 异常多与 W 异常伴生,除具有寻找岩浆热液型 W 矿的指示作用外,仍有独立成矿的可能,Hg 异常多指示深大断裂的行迹,但在然者涌—东莫扎抓一带有富集成矿的可能。

含量变化幅度大,高强度数据多,富集成矿可能性大的元素有 Mo、Ba、Cd、As、Sn、Cu、Sr、MgO、W 等。Zn、W、Cu、Mo 在区内已发现较多的成矿事实,Zn、Cu、Mo 成矿潜力得到了印证。

含量变化幅度中等,高强数据多,富集成矿可能性较大的元素有 CaO、Cr、Ni、等,CaO、Cr、Ni、B 等均反映特定地质体,Cr、Ni 有局部富集的可能,Au 在然者涌发现矿化体,但独立成矿可能性小。

含量变化幅度小,高强度数据少,富集成矿可能性较小的元素有 Na_2O、Li、Mn、Sn、Co、Th、Ti、Al_2O_3、Rb、Zr、La、Nb、Be、SiO_2、F、P、Y、V 等,这些元素多与岩性有关。

综上,可以得到以下认识:测区主要成矿元素是:Cu、Pb、Zn、Ag、Cd、Mo、Bi 等,Au、W、Hg、Ba、As、Ni 未发现成矿,但它们的含量起伏变化大,局部富集成矿可能性很大。

表 6-2 测区各类水系重砂异常表

异常名称	异常分类	异常位置	异常面积 (km^2)	元素组合特征		主元素		
				主元素	其他元素	峰值 ($w_B/10^{-6}$)	均值 ($w_B/10^{-6}$)	衬度
打古贡长	甲	94°41′00″ 33°37′40″	21.6	Mo	W	6.5	5.8	2.30
纳日贡玛	甲	94°46′40″ 33°31′38″	180.0	Cu	Mo、W、Pb、Zn、Ag	1066	136	2.10
格龙尕纳	甲	94°46′40″ 33°32′38″	347.2	Cu	Pb、Zn、Ag	33	25	1.60
色的日	甲	94°59′30″ 33°33′20″	>300	Mo	Cu、W、Sr、Pb、Zn、Ag	45	30	1.80
多彩地玛	乙	94°55′,33°47′	36	Pb	Ba、As	70	50	1.60
纳素巴玛	乙	94°40′,33°44′	16	Cu	Ba、Zn	67	54	1.30
者日曲纳邦	乙	94°37′,33°25′	30	Pb	Zn	75	60	1.50
宋卡赛玛	乙	94°13′,33°21′	60	Mo	Cu、Zn、Pb	6	2.2	1.70
日啊腾日多	乙	94°47′,33°21′	40	Mo		18	5.6	4.27
兴赛莫谷	乙	94°51′,33°46′	110	Cu	Zn、Pb	502	112	2.10

续表 6-2

异常名称	异常分类	异常位置	异常面积 (km²)	元素组合特征 主元素	元素组合特征 其他元素	主元素 峰值 ($w_B/10^{-6}$)	主元素 均值 ($w_B/10^{-6}$)	衬度
口前曲	乙	94°50′,33°51′	37.2	Fe	Co	56 800	55 750	1.10
康利勤	乙	95°19′,33°56′	128	Ni	W、Cr、Au	307.99		2.79
尕龙格	甲	95°14′,33°52′	52	Cu	Ba、Zn、Pb、Cd、Ag、Bi	233.3	72.3	2.50
机腰格	乙	95°41′,33°45′	40	Cr	Ni	440.1	358.2	2.76
当江阿谷	乙	95°48′,33°42′	47	Cr	Ni、V	308.27	257.2	1.40
征毛涌	乙	95°50′,33°34′	80	Pb	Ba、Zn、V、Zr、Mn	52.4	37	1.80
米何	乙	95°38′,33°35′	86	Pb	Ba、Sr	78.7	41.2	2.10
众根涌	乙	95°02′,33°22′	>350	Cu	Mo、Hg、Pb、Zn、Ag、Ba、Bi	500	173	8.20
然者涌	甲	95°23′,33°13′	>260	Cu	Ba、Zn、Pb、Sb、Ag、Hg	190.3	85	2.13
东角涌	乙	95°19′,33°07′	>200	Pb	Zn、Au、Sb、Ag、Bi	340.5	89.91	3.67
俄弄	乙	95°26′,33°03′	>150	Pb	Zn、Sn、Sb、Ag、Bi、Cu	101.94	78	1.56
加俄弄	乙	95°30′,33°07′	>200	Pb	Ag、Ba、Hg、Cu	141.7	92.1	4.24
东莫扎抓	甲	95°45′,33°06′	>120	Pb	Zn、Hg、Ag、Cd、As	315.5	138	1.83
高各查依	乙	95°42′,33°01′	58	Mo	Bi	6.0	5.1	1.02
叶龙达	乙	95°51′,33°00′	>100	Mo	Zn、Ag、Pb	4.5	3.2	4.95
那日赛根	乙	95°10′,33°48′	>150	Cr	Zn、Ni、Ti	238.41	204.21	1.43

(2) 元素在不同地质单元中的分布特征

反映中基性侵入岩、火山岩的 Ti、V、Cr、Co、Ni、Fe_2O_3 相对富集于多彩—当江蛇绿混杂岩及晚三叠世巴塘群及早中二叠世尕笛考组中。

Cu、Pb、Zn、W、Mo、Sn、Bi、Hg 相对富集于早中二叠世尕笛考组、早—中二叠世开心岭群及晚三叠世结扎群中。在上述地层分布区是寻找有色金属矿产有利地段，众多的成矿事实亦证明这一点。

Mo 在不同时代的各类地质体中分布区，其背景值一般较高，多在 $0.5×10^{-6} \sim 0.9×10^{-6}$ 之间，无太明显的变化，但在喜马拉雅期侵入岩分布区，其背景值骤增至 $23.7×10^{-6}$，Mo 异常的分布与之密切相关，因此喜马拉雅期侵入岩分布区是寻找 Mo 矿产的有利地段，纳日贡玛钼铜矿床的成矿事实亦证明了这一点。

二、成矿作用与成矿规律

（一）与沉积作用有关的矿（床）点的时空分布规律

测区与区域地层有关的沉积作用形成的矿产较多，其中以石膏、煤、有色金属和黄铁矿最具规模，这些沉积作用形成的矿产明显受沉积建造、岩相古地理和古气候的控制，部分有色金属、贵金属矿（床）点虽有后期热液活动的叠加改造，但早期的沉积作用富集了部分矿质是这些矿床点富集成矿的必要条件之一，与地层有一定的依赖关系，与各时代地层有关的矿床（点）见表 6-3。

表 6-3 与各时代地层有关的矿床(点)一览表

矿床(点)编号	矿种	矿点名称	赋矿地层	与地层关系	矿床(点)成因类型
49	有色金属、贵金属	尕牙先卡铅矿点	早石炭世杂多群碎屑岩为一套浅海陆棚滨浅海相—海陆交互相含煤碎屑岩、碳酸盐岩。岩性为砂岩、粉砂岩、炭质页岩、板岩夹灰岩及煤层	矿体产于 C_1Z_1 灰岩夹页岩中	低温热液交代型
48		尕牙根铅矿点		矿体产于 C_1Z_1 灰岩夹层中	沉积型
53	燃料矿产	格玛煤矿点		煤层产于 C_1Z_1 含煤碎屑岩中	沉积型
15	有色金属	纳日贡玛下游铜矿点	早中二叠世尕笛考组($P_{1-2}gd$),岩性为安山岩、安山玄武岩、玄武岩、中酸性火山岩碎屑岩夹灰岩、碎屑岩,该组岩石化学特征具活动大陆边缘火山岩特征	矿化体赋存于 $P_{1-2}gd$ 灰绿色安山岩中	热液型
11		纳日俄玛西铜矿化点		矿化沿 $P_{1-2}gd$ 青盘岩化安山玄武岩裂隙充填	热液型
18		陆日格铜钼矿化点		矿化产于似斑状二长花岗岩与 $P_{1-2}gd$ 火山岩接触带	热液型
10	有色金属	勒林林宝山钼矿化点		矿化产于 $P_{1-2}gd$ 安山岩中	热液型
17	有色金属	醒报龙铜矿化点	早中二叠世诺日巴尕日保组,为一套海陆交互相,浅海相含煤碎屑岩、碳酸盐岩、火山岩建造,岩性为灰—灰绿色砂岩、粉砂岩、板岩夹灰岩、煤层、石膏层,局部夹火山岩、火山碎屑岩	铜矿化赋存于 P_2nr 碎裂岩化凝灰岩中	热液型
52		东莫扎抓铅锌矿点		铜矿化赋存于 P_2nr 火山岩附近的灰岩中	火山喷发沉积—热液改造型
46		东脚涌多金属矿点		铜矿化赋存于 P_2nr 灰岩、砂岩夹中基性火山岩中	接触交代—热液型
50	石膏	色过能石膏矿点		石膏矿产于 P_2nr 碎屑岩夹灰岩地层中	蒸发沉积型
40		阿夷能石膏矿点		石膏矿产于 P_2nr 碎屑岩夹灰岩地层中	蒸发沉积型
43		君来曲肉石膏矿点		石膏矿产于 P_2nr 碎屑岩夹灰岩地层中	蒸发沉积型
45		扎拉尕否石膏矿点		石膏矿产于 P_2nr 碎屑岩夹灰岩地层中	蒸发沉积型
55	煤	东莫达煤矿		煤产于 P_2nr 含煤碎屑岩中	沉积型
51		暖莫交依煤矿		煤产于 P_2nr 含煤碎屑岩中	沉积型
57	有色金属	尕草曲铅矿点	中二叠世九十道班组,岩性为灰岩夹少量砂岩、粉砂岩	矿化赋存于 P_2nr 灰岩裂隙中	热液型
36	有色、贵金属	然者涌铅锌银矿点	晚二叠世—早三叠世火山岩组(P_3T_1h)岩性为中基性火山岩、火山碎屑岩夹少量流纹岩	矿体赋存于 P_3T_1h 火山岩组中之砂岩夹灰岩中	热液型

续表6-3

矿床(点)编号	矿种	矿点名称	赋矿地层	与地层关系	矿床(点)成因类型
6	有色金属	加及科铜矿点	晚三叠世巴塘群,岩性为灰夹碎屑岩夹火山岩,火山碎屑岩	矿体产于T_3Bt_2灰岩裂隙中	次生氧化淋滤型
28	铁	征毛涌磁铁矿点		矿体产于T_3Bt_2安山岩、凝灰岩中	火山喷发沉积型
35	有色金属	赛月拉铜矿点	晚三叠世结扎群甲丕拉组(T_3jp),其为一套浅海陆表海相碎屑岩、碳酸盐岩、火山岩建造,岩性为砂岩夹灰岩,局部夹火山岩	矿体产于T_3jp砂岩、砾岩裂隙中之石英脉中	热液型
38		日啊日尕庆铜矿点		矿体产于T_3jp角砾状灰岩中	热液型
1		安牛河铜矿化点		矿体产于T_3jp砂岩中	沉积型
39	黄铁矿	阿夷则玛黄铁矿床		矿体产于T_3jp角砾状灰岩中	沉积热液叠加改造型
47		南岸作黄铁矿点		矿体产于T_3jp灰岩中	沉积型
22	有色金属	众根涌铜矿点	晚三叠世结扎群波里拉组(T_3b),为一套浅海相碳酸盐岩建造,岩性为灰岩夹砂岩,局部夹中基性火山岩、火山碎屑岩	矿体产于燕山期似斑状二长花岗岩与T_3b灰岩接触带中	接触交代型
27		穷日弄铜矿点		矿体产于燕山期似斑状二长花岗岩与T_3b灰岩接触带中	接触交代型
24		乌葱察别铜矿点		矿体产于燕山期似斑状二长花岗岩与T_3b灰岩接触带中	接触交代型
23		红沟铜矿化点		矿体产于燕山期似斑状二长花岗岩与T_3b灰岩接触带中	接触交代型
26		查日弄铜矿化点		矿化产于燕山期似斑状二长花岗岩与T_3b砂岩接触带	热液型
42	石膏	须毛日石膏矿点		石膏矿产于T_3b灰岩中	沉积型
54	铁	地错弄赤铁矿化点	晚三叠世结扎群巴贡组(T_3bg)为一套海陆交互相含煤碎屑岩建造	赤铁矿产于T_3bg砂岩地层中	沉积型
34	煤	众根涌煤矿点		煤产于T_3bg含煤碎屑岩中	沉积型

1. 沉积型铁、有色金属、贵金属矿产

测区沉积作用形成的铁、铜及含铜黄铁矿赋存于早石炭世杂多群碎屑岩组和晚三叠世结扎群甲丕拉组中。

(1) 早石炭世杂多群碎屑岩组中的赤铁矿

早石炭世杂多群碎屑岩组在空间上分布于杂多晚古生代浅海陆相构造单元中,为一套浅海—海陆交互相碎屑岩、火山岩、碳酸盐岩建造,由于受古地理、古气候环境影响,在滨浅海的边缘地带,海水时进时退,往往形成滨海沼泽和陆相小型盆地,海水和湖泊中富含有机物,来源于蚀源区的铁的胶体溶液在温暖潮湿的气候条件下,氧化作用明显,在盆地底部形成了赤铁矿堆积。地错弄赤铁矿点即为其代表。

(2) 晚三叠世结扎群甲丕拉组地层中的铜及黄铁矿

甲丕拉组为弧后盆地沉积的一套碎屑岩夹碳酸盐岩、火山岩建造,空间上分布于结扎弧后盆地单元中,测区自进入三叠纪弧后盆地演化阶段以来,大量的蚀源区物质被带入盆地中沉积,具变价性,亲硫性的铁、铜离子在酸性介质和氧化条件下也随之被带入盆地,在碱性介质和还原条件下由于有机质的吸附作用,以铁、铜的硫化物形式沉积下来,形成了黄铜矿和含铜黄铁矿,南岸作黄铁矿点,安牛河黄铜矿点即为其代表,阿夷则玛黄铁矿床虽有后期热液的叠加改造,但早期的沉积作用形成的黄铁矿是其成矿的必要条件,该矿床的成矿事实也说明了多种成矿作用叠加往往能够形成大型矿床。

2. 含煤层位

根据已知的成矿事实,测区含煤地层由老到新依次为早石炭世杂多群碎屑岩组、晚三叠世巴贡组。为一套浅海—海陆交互相含煤碎屑岩、火山岩、碳酸盐岩建造,岩石组合特征和古生物组合特征,反映了当时古气候或温暖潮湿气候与干旱气候交替出现,当气候处于温暖潮湿时,海陆交界的沼泽地区,植物大量繁殖、生长、死亡、堆积而形成煤,但由于植物堆积后,保存条件欠缺,加之植物增殖时间较短,腐殖质难以长期堆积,对煤的形成不利,因此仅在局部保存和埋藏条件较好地区形成了少量煤矿,这些煤矿可采煤层少,煤层薄且断续出露,含煤层位也不稳定,难以形成规模较大的工业矿床,均为煤矿点。主要有早石炭世杂多群碎屑岩组格玛煤矿点,晚三叠世结扎群巴贡组发现2处煤矿点。

3. 含石膏层位

该层位分布在治多县幅,含石膏层位有两处,石膏是测区主要沉积矿产之一,分布较为普遍,共发现矿化点14处,系干燥炎热气候条件下,经风化聚积的大量碱金属和碱土金属化合物经地表水被带入海湾泻湖或陆相湖泊中,后期经湖盆萎缩使湖中的卤水浓度愈来愈高,大量的高盐沉淀,形成区内重要的石膏矿产,根据已知的成矿事实,区内含石膏层位由老到新依次为早—中二叠世开心岭群诺日巴尕日保组、晚三叠世甲丕拉组中共发现矿化点5处。

4. 含盐层位

根据现有资料,测区含盐层位为:新近纪曲果组,矿化点有色汪涌盐泉矿点,是活动断层带中形成的盐丘矿产。

(二)与火山作用有关的矿床(点)的时空分布规律

测区火山活动强烈,且具多旋回多期次的特点,铁、有色金属、贵金属成矿与火山活动关系密切,与火山作用有关的矿床点有2个成矿期,即海西期和印支期,以海西期成矿事实最为显著。而喜马拉雅期火山岩与成矿关系不密切,尚无成矿事实,这些与火山作用有关的矿床点层控、时控十分明显(如尕龙格玛铜矿床,赋矿地层为二叠纪火山岩组,赋矿岩性为霏细岩)。主矿体常呈似层状,与火山岩基本顺层产出,火山作用即是成矿物质的主要来源,又可直接形成容矿场所,同时又与沉积作用交织在一起,再加上后期的各种改造作用,组成了一个较为完整的成矿系列,在这个系列中由于相对于火山体的远近,时间的先后,火山沉积作用的强弱以及叠加改造作用的形式和程度因素的差异,依次表现为火山岩浆型、火山气液型、火山沉积型及各种改造型,成矿元素包括铁、铜、铅、锌、银等,各种元素或各种矿物均能形成各自独立的矿体,但更多的是形成多元素多矿物的综合矿体,其中,火山岩浆型常只形成单一的磁铁矿体,且与印支期火山作用关系密切,空间上分布于巴塘弧火山岩带中,代表性矿点有征毛涌磁铁矿点,火山气液型、火山沉积型及各种改造型常形成铜、铅、锌、银等矿体,它们或呈单一元素的独立的矿体,或呈多元素综合型矿体,与海西期火山作用关系密切,且更容易受后期改造,在空间上分布于多彩—当江蛇绿混杂岩带和开心岭岛弧带中,代表性矿床点有尕龙格玛铜矿床,东莫扎抓铅、锌矿点,然者涌铅、锌、银矿点等。

(三)与侵入岩有关的矿床(点)的时空分布规律

测区由于受多期造山事件的影响,岩浆活动较为频繁,海西期、印支期、燕山期、喜马拉雅期均有规模不等的岩浆活动,尤以标志着特提斯陆内盆山转换构造演化阶段的印支期岩浆活动最为强烈。其中以印支期侵入岩规模最大,空间上分布于巴颜喀拉山双向前陆盆地和通天河蛇绿混杂岩带中的印支期中酸性侵入岩和海西期基性侵入岩,与矿产关系不密切,未形成显著的成矿事实,其成矿专属性尚不清楚。而在空间上分布于开心岭岛弧带和结扎弧后盆地中的印支期、喜马拉雅期中酸性侵入岩与成矿关系密切,成矿专属性较为显著,印支期侵入岩与铁矿关系密切,形成岩浆岩性磁铁矿,代表性矿点有车拉涌磁铁矿点,与岩浆作用有关的热液活动未造成明显的矿化,仅在岩体内外接触带形成各种蚀变,喜马拉雅期侵入岩与有色金属矿产关系密切,往往形成规模较大的铜钼矿床,如纳日贡玛铜钼矿床。矿化以岩体为中心,向外呈多层次环带分布,以色的日斑岩体为例,岩体内部以斑岩型铜钼矿化为主,岩体内外接触带以热液型、接触交代型等以铜为主的多金属矿化,岩体外围则以热液铜为主的多金属矿化,它们在物源上、成因、空间上与喜马拉雅期侵入岩存在内在的联系,共同构成一个成矿系列,因此喜马拉雅期浅成中酸性侵入岩分布地区是测区最具资源潜力的地段。

总之,测区矿产成因上虽然与沉积作用、火山作用、岩浆侵入作用紧密相关,但多数规模较大的矿床、矿(化)点,其成因除与上述成矿作用有关外,后期往往伴随有岩浆期后热液或与断裂活动有关的热液叠加改造,早期的沉积作用、火山作用及岩浆侵入作用富集了部分矿质,后期的热液活动叠加使矿质在成矿有利部位进一步富集,往往形成规模较大的矿床、矿点。

三、成矿带划分与成矿远景区圈定

(一)成矿带划分

在青海省第三轮成矿远景区划研究及找矿靶区预测中将测区由北至南划分为可可西里—南巴颜喀拉印支期(金、银、钨、锡、锑、稀有)成矿带,西金乌兰—玉树印支期、燕山期 Cu、Pb、Zn、Ag、Au 成矿带,下拉秀印支期 Pb、Ag、(W、Sb、Au、稀有)成矿带,沱沱河—杂多海西期、喜马拉雅期 Cu、Mo、Pb、Zn、Ag(稀有、稀土、Co、Au)成矿带。根据测区已知的矿产信息的分布特征,结合测区大地构造单元划分,测区由北至南划分的3个成矿带分别为巴颜喀拉成矿带、巴塘多金属成矿带、纳日贡玛—子曲多金属成矿带。

1. 巴颜喀拉成矿带(Ⅰ)

该成矿带位于测区北东部俄巴达动一带江科断裂以北,与测区内大地构造单元——巴颜喀拉双向边缘前陆盆地相一致,区内岩性单一,由晚三叠世巴颜喀拉山群组成,其为一套深海—半深海相碎屑岩质浊流沉积的砂板岩,区内印支期中酸性侵入岩较发育,区域上该构造带内岩浆活动微弱,断裂构造发育。该成矿带在测区尚未发现有成矿事实。但巴颜喀拉山群地层含金丰度值较高(据1:20万区调资料),且在地貌上呈高山峡谷,河流侵蚀作用强烈,河流阶地发育,是沉积型砂金成矿有利地段,邻区称多县赛柴沟、曲麻莱县白的口大型砂金矿的成矿事实说明,该成矿带中沉积型砂金矿是其今后的找矿方向。

2. 巴塘多金属成矿带(Ⅱ)

该成矿带位于测区北部俄巴达动—当江科区域性断裂以南,多彩曲—昂欠涌曲区域性断裂以北,与测区大地构造单元——通天河蛇绿混杂岩带一致,其由查涌蛇绿混杂岩亚带、当江—多彩蛇绿混杂岩亚带和巴塘陆缘弧组成,查涌蛇绿混杂岩亚带是甘孜—理塘带的组成部分,主要由火山岩、火山碎屑岩、碎屑岩、硅质岩及辉石岩、枕状玄武岩、超基性岩及辉绿岩墙群组成。当江—多彩蛇绿混杂岩亚带是西金乌兰—金沙江结合带的组成部分,系石炭纪—早二叠世与特提斯多岛洋离散扩张,中二叠世B型消减,晚三叠世弧陆碰撞形成的混杂岩带,主要由前寒武纪结晶基底变质岩、基性、超基性岩、基性火山岩、片麻状中酸性侵入岩、强片理化中酸性火山岩、硅质岩及砂岩、板岩组成,构造变形强烈;巴塘陆缘弧火山岩带系晚三叠世陆内俯冲,在混杂岩带边部形成的弧火山岩带,主体由晚三叠世巴塘群组成,主体建造由3个岩组组成,下组为灰色碎屑岩夹灰岩建造,中组为一套基性—中酸性火山岩火山碎屑岩,碳酸盐岩夹碎屑岩、硅质岩建造，上组为碎屑岩。

该成矿带呈狭窄的长条状分布，其中岩浆活动强烈，断裂及褶皱发育，后期热液活动普遍，岩石破碎，蚀变强烈，成矿期为印支期，以形成火山喷发沉积－热液改造型铁、铜、铅、锌多金属矿化为特征，已知的成矿事实有尕龙格玛铜矿床、达迪欧玛铜矿化蚀变带，加及科多金属矿点、征毛涌磁铁矿点、龙也彩石矿点、切根茸石棉矿点等，已知的铁及有色金属矿产成矿因素中时控、层控特征明显，铁矿含矿层位为晚三叠世巴塘群中组火山岩及火山碎屑岩，有色金属含矿层位为晚二叠世火山岩组，在该成矿带中圈出水系重砂铜、铅、锌异常2处，钛铬异常1处，水系沉积物测量圈出以铬、镍为主元素的乙类化探异常8处，铜、铅为主元素的甲类异常2处。铜、铅异常浓集中心明显，与尕龙格玛铜矿床及拉迪欧玛铜矿化范围套合良好。钛铬镍异常与带内的蛇绿岩有关，大范围异常的存在表明构成蛇绿岩组分的基性、超基性岩及玄武岩中可能存在钛铬镍矿化。

3. 纳日贡玛—子曲海西期、喜马拉雅期有色金属、非金属、煤成矿带

该成矿带位于测区中南部，北以多彩曲—昂欠涌曲区域大断裂为界，与测区二级构造单元结扎弧后盆地和开心岭岛弧带基本一致，由于纳日贡玛地区中型铜钼矿床及其周边密集分布的多金属矿化点，其成因上与喜马拉雅期侵入岩紧密相关，构成斑岩型成矿系列，故将成矿带划分为两个成矿亚带，即纳日贡玛喜马拉雅期有色金属成矿亚带和索莫不久—子曲海西期、印支期有色金属、非金属、煤成矿亚带。

(1) 纳日贡玛喜马拉雅期有色金属成矿亚带

该成矿带分布于纳日贡玛—色的日一带，与喜马拉雅期侵入岩在空间上的分布范围基本一致，以形成斑岩型、矽卡岩型、热液型有色金属矿床、矿化点为特征，已知的成矿事实有纳日贡玛中型铜钼矿床及其周边密集分布的矿化点群、矿床、矿化点。控矿因素中时控、层控特征明显，多金属成矿与喜马拉雅期浅成、超浅成侵入岩关系密切，矿化以岩体为中心向外呈层次环带分布，岩体内部以斑岩型铜钼矿化为主，岩体内外接触带以热液型、接触交代型铜多金属矿化为主，岩体外围则以热液型铜、多金属矿化为主，它们在物源上、成因上、空间上与喜马拉雅期侵入岩存在内在的联系，共同构成一个成矿系列，是测区最具资源潜力的地区。

(2) 索莫不久—子曲海西期、印支期有色金属、非金属、煤成矿亚带

与测区二级构造单元结扎弧后盆地和开心岭岛弧带基本一致，分布于测区中、南部，带内岩浆侵入活动微弱，北西-南东向断裂构造发育，断裂构造对带内地层的展布起一定的控制作用。

结扎弧后盆地沉积建造主体由晚三叠世结扎群甲丕拉组、波里拉组、巴贡组组成，其为一套浅海陆表海—海陆交互相碎屑岩、碳酸盐岩及火山岩建造，构造变形以发育北西-南东向脆性逆断裂及宽缓褶皱为特征。

开心岭岛弧带总体呈北西-南东向断续展布，主体由早二叠世尕笛考组和早中二叠世开心岭群诺日巴尕日保组、九十道班组、晚二叠世火山岩组组成，尕笛考组由火山碎屑岩、火山岩夹生物碎屑灰岩及碎屑岩组成，火山岩以中基性岩为主，诺日巴尕日保组为浅海—次深海相泥砂质复理石建造，九十道班组为一套浅海相碳酸盐岩建造，晚二叠世火山岩组由玄武岩、安山岩、中基性火山碎屑岩夹少量流纹岩组成。

该成矿带以形成火山热液型、沉积型、沉积-热液改造、火山喷发沉积—热液改造型及与火山活动有关的矽卡岩型铁及有色金属、贵金属、非金属化工原料矿产及燃料矿产——煤为特征，其中以沉积-热液改造型化工原料矿产黄铁矿和火山喷发沉积热液改造型有色金属、贵金属矿产最具规模，已知的成矿事实有阿夷则玛大型黄铁矿床、东莫扎抓铅、锌、银矿点及其他铜、铅矿化点，石膏矿点、煤矿点数十处，这些矿床、矿化点控矿因素中层控、时控特征明显，区域化探扫面和水系重砂测量圈定出各类综合异常十余处，且大部分综合异常与已知的成矿事实吻合良好。

早中二叠世开心岭群诺日巴尕日保组、晚三叠世结扎群浅海滨浅海—海陆交互相碎屑岩、碳酸盐岩及火山岩沉积建造是该成矿带沉积型非金属、有色金属及煤矿成矿的地质条件保证，二叠纪火山活动是该成矿带火山热液型、火山喷发沉积型及火山喷发沉积-热液改造型铁、有色金属、贵金属成矿的地质条件保证。

在邻幅杂多县幅中,早石炭世杂多群、晚石炭世加麦弄群中众多沉积型、火山喷发沉积型及热液改造型有色金属、贵金属矿的成矿事实说明,上述两套地层是良好的矿源层,而二叠纪火山活动又提供了热源及矿源,因此,测区早中二叠世弧后(间)盆地,具有形成大型银、铅多金属矿床的构造环境的条件。认为该成矿带具有形成大型银、铅多金属矿床的良好地质条件。

(二)成矿远景区预测

成矿远景区一般指在同一区域成矿背景下,成矿地质条件优越,矿化信息清楚,有比较明确指导找矿方向的区段,成矿远景区圈定原则是:①已知矿化信息丰富,具有显著成矿事实的地区;②区域对比具有相同或相似的成矿、控矿条件,有一定的矿化信息,具有一定找矿潜力的地区;③成矿地质条件良好,物化探异常明显的区段。根据以上原则,测区共圈定出3个成矿远景区。

1. 多彩多金属远景区

该远景区东起扎茶也改,西至拉迪欧玛,长约38km,宽约8~13km,呈北西-南东向条带状,远景区处于通天河蛇绿混杂岩带中,构造变形强烈,即有浅表层次的脆性断裂,亦有中浅构造层次的韧性剪切变形。区内出露地层为晚二叠世火山岩组,印支期中酸性岩浆侵入活动强烈,区内已发现尕龙格玛铜矿床中的矿体主要赋存于绢云母化霏细岩中,部分存于霏细岩与安山质火山角砾岩或灰岩透镜接触地段,从控矿因素来看,构造控制着矿体形态、分布及延展,地层岩性控制着矿体赋存部位,从成矿地质条件及矿化特征来看,尕龙格玛铜矿床与黑矿型矿床或川西呷村矿床十分接近,与成矿有关的蚀变十分强烈,蚀变带规模区大,此外电法及化探均有较好的异常显示,另外,以往工作中在贵金属方面所做工作甚少,因此,尕龙格玛铜矿床尽管目前认定为小型矿床,但实际资源潜力仍很大,加之处于同一构造带相同层位的拉迪欧玛地区亦有成因与尕龙格玛铜矿床近似的规模巨大的矿化蚀变带,是测区最具资源潜力的成矿远景区之一。

2. 纳日贡玛地区斑岩型多金属成矿远景区

该成矿远景区位于测区纳日贡玛一带,区内出露地层有早中二叠世尕笛考组及晚三叠世结扎群甲丕拉组和波里拉组,燕山期似斑状二长花岗岩(色的日岩体)和喜马拉雅早期浅成超浅成花岗斑岩体发育,前人在该远景区发现了纳日贡玛斑岩型铜钼矿床及许多斑岩型、矽卡岩型、热液型铜、钼、铅、锌矿(化)点。纳日贡玛铜钼矿床矿区围岩蚀变强烈,斑岩体内蚀变主要有粘土化、硅化、绢云母化及钾化,具带状分布特点,围岩中蚀变主要为黄铁矿化、青磐岩化,次为角岩化、矽卡岩化,具面型分布特征,呈环带状围绕内蚀变带展布,钼矿体主要赋存在岩体内部,与硅化-绢云母化条带相一致,铜矿体主要赋存在斑岩型外接触带及捕掳体中,一般不与铜矿体重合。该矿床在空间、时间、成因及物源上均与喜马拉雅期斑岩体密切相关。

在纳日贡玛铜钼矿床周边的早中二叠世尕笛考组火山岩和斑岩体中,见有数个铜(钼)矿(化)点,这些矿(化)点亦往往与喜马拉雅期斑岩体或斑岩脉关系密切。距纳日贡玛铜钼矿床东约20km处的喜马拉雅期似斑状二长花岗岩内部及周边亦发现有大量的铜、钼、铅、锌矿(化)点,矿化以岩体为中心向外呈多层次环带分布,岩体内部主要为斑岩型铜矿化,即色的日铜矿化,岩体外接触带包括与葱察别、穷日弄、众根涌、查日蜡、红沟等一系列矿化点,它们的共同特点:矿点经接触带围绕岩体分布,组成第二环带,岩体与围岩接触带上发育接触交代作用形成的矽卡岩或热接触变质作用形成的角岩,矿化即发育于矽卡岩或角岩中。以围岩向岩体内突出的舌状体或悬垂体为矿化最有利部位,岩体外围的各类热液型矿化即为第三环带,但分布零星,规模小。岩体、蚀变、矿化组成五个整体,它们具同心环状带,表明含矿流体自中心向四周运移的物理-化学递降演化序列,表明它们在物源、成因、空间上存在的内在联系,共同组成一个完整的成矿系列,具有极大的资源评价潜力。

远景区区域化探扫面及水系重砂测量圈定铜、铅、锌异常多处,异常强度大,异常范围与斑岩体出露部位及已知成矿事实具良好的一致性,是寻找斑岩型铜钼矿产最具潜力地段。

3. 阿夷则玛—东莫扎抓多金属及黄铁矿成矿远景区

该成矿远景区位于扎曲—子曲之间,经阿夷则玛—东莫扎抓呈北西-南东向带状展布。区内出露地层主要为早中三叠世开心岭群诺日巴尕日保组、九十道班组、晚三叠世结扎群甲丕拉组和波里拉组,区内岩浆侵入活动微弱,北西-南东向断裂构造发育,断裂构造对地层的展布起一定的控制作用,已发现热液型、接触交代型、沉积热液改造型、火山喷发沉积-热液改造型。沉积型金属、非金属矿床、矿(化)点多处,铜、铅、锌重砂、化探异常集中展布,规模大,强度高,与矿化范围一致,已知的成矿事实表明,无论是赋存于早中二叠世诺日巴尕日保组中的铜、银、铅、锌金属矿产(如东莫扎抓铅、锌、银,东脚涌多金属矿点),还是赋存于晚三叠世甲丕拉组中的非金属矿产(如阿夷则玛大型钠铁矿床),复合成因的矿床(点)规模均较大。早期的沉积或火山喷发沉积富集了部分矿质,晚期的热液叠加改造使矿质进一步富集成矿,矿化与蚀变强度呈正相关亦说明了这一点。

与火山作用有关的矿床(点)中二叠世诺日巴尕日保组火山岩地层,从构造环境反映为中二叠世岛弧之间的弧间盆地,通过本次工作认为该地区存在多彩—当江、纳日贡玛—子曲、苏鲁—尕羊 3 条中二叠世金沙江岛弧带,其弧间盆地地层为赋矿地层,为中二叠世诺日巴尕日保组火山岩,依据世界上该弧间盆地最易形成铅、银等多金属大型矿的事例,中二叠世诺日巴尕日保组火山岩为很好的含矿层,本次工作获得该带的 Ar-Ar 同位素一致记录的热事件在 250Ma 左右,说明区内晚二叠世的强烈构造热事件,提供了成矿的热源,具有很好的成矿背景。目前在三江地区发现的东莫扎抓铅、锌、银矿床、东脚涌多金属矿点、然者涌铅锌银矿点、解尕银铅矿点、结龙铅锌矿点、唐古拉一带的铅、锌、银矿点化探异常,均与该火山作用成矿有关。

因此,在该远景区中上述地层中热液蚀变强烈地段是寻找银、铜、铅、锌多金属及黄铁矿最有利地段。

第二节 生态环境地质

调查区地处青藏高原腹地的三江源国家级自然保护区,澜沧江的发源地纳日贡玛是长江水系和澜沧江水系的分水岭。地域辽阔,地形复杂多变,生态环境脆弱,近几十年来,随着全球气候变化和人类活动综合影响,测区气候、土壤、植被、生物多样性、多年冻土、地下水资源、森林、湿地等生态环境敏感因子均出现了明显的变化,气候干旱、严酷,生物多样性锐减,湖泊及地下水水位下降,湖泊面积萎缩、沼泽湿地退化及多年冻土萎缩已成为测区生态环境恶化的重要标志。三江源区的自然生态环境保护已提到国家战略发展计划,它的成败与否直接关系着国家长远发展。现在国家已投资几十亿元资金来保护三江源的生态环境,如何从根源上进行根本治理,生态环境地质研究必不可少。

测区深居大陆内部,气候寒冷,四季不明,冰冻期长,水资源丰富,而丰沛的水资源孕育着优良的土壤、植被。近年来,随着气候的变化,加之人为因素的影响,导致高海拔极高山区雪线上移,冰川后退,降水及径流量减少,造成局地植被退化、土壤沙化、植被群落结构简单、生物多样性减少及动物种群减少等,生态环境逐渐趋于脆弱化。

一、生态环境地质现状

(一)地貌特征

测区地貌多为大—中起伏的高山河谷地貌,具丘状山原盆地特征,地形相对缓和。区域地貌受盆—岭构造地貌控制,也具断块山—断陷盆地的特点。由于受地貌分异作用的控制,导致区域生态环境地质景观相应表现出明显的纬度地带性、经度地带性和垂直地带性分布规律。

地貌类型主要包括构造地貌、流水地貌、风化-重力地貌、岩溶地貌、湖泊地貌、冰川冰缘地貌等,由于其物质组成、形态特征、形成时代及其分布规律的差异性,造成测区生态环境多样性特征明显。

在内外动力地质作用及人为驱动下,地貌都始终处于动态变化中,近代诸多生态环境地质变化、退化或恶化也大都由地貌的动态变化表现出来,如湖泊干涸使水域变为陆地,砂质荒漠化形成的移动沙丘砂地,寒冻风化作用导致的冻融荒漠化扩大,冰缘气候环境下的冻胀－融陷地质作用的冻胀丘、热融湖塘,河流侵蚀导致岸坡侵蚀、凹岸后退、溯源侵蚀等现象。

作为下垫面最直接的土壤、植被景观,受地貌类型分布规律的差异性影响也具明显的水平、垂直分布特征,存在不同程度的退化现象,近年来逆向演替趋势更加明显。

(二) 土壤环境

1. 土壤基本功能

在土壤生态系统中,物质和能量流不断的由外界环境向土壤输入,通过土体内的迁移转化,必然会引起土壤成分、结构、性质和功能的改善,从而推动土壤的发展和演变,物质和能量从土壤向环境的输出,也必然导致环境分异、结构和性质的改变,推动环境的不断发展。

土壤是生物食物链的首端,其功能主要表现在以下3个方面:土壤从环境条件和营养条件两方面供应和协调植物生长发育的能力,土壤肥力是土壤理化、生物特性的综合反映,是一个动态的过程,可以变好,也可以向劣性发展;土壤是人类环境的一个主要组成要素,它具同化和代谢外界环境进入土体的物质能力,使许多有毒有害的污染物变成无毒物质,甚至化害为利,可见,土壤是环保的主要净化体;土壤作为一个生态系统,具维持该系统生态平衡的自动调节能力,即土壤的缓冲性能,它是土壤的综合协调作用的反映。土壤也是土地资源的主体,在植被及其他物质生产中是不可或缺的资源,也是整个人类社会和生物圈共同繁荣的基础。而一切不良活动都最终导致水土流失、土地荒漠化、土壤盐碱化、土壤化学性质恶化、土壤污染,最终导致丧失的土壤、植被在短期内难以恢复。

2. 土壤基本类型

土壤类型的分布、性状及其变化较复杂,其形成受地形、气候、生物、成土母质和时间五大因素的制约,在不同母质地域条件下的不同历史时期有着不同的地面形态和气候生物条件,进而所形成的土壤类型及其性状均有所差异。参照《青海省土壤分类系统》,将测区土壤分类,即高山寒漠土、高山草甸土、山地草甸土、灰褐土、沼泽土、泥炭土及雪被。

3. 土壤基本特征

(1) 高山寒漠土

由于测区多处于高海拔大起伏高山地区,海拔多在4000m以上,高山寒漠土分布较为广泛,遍及全区,主要分布于扎青、当江、地呀坎多、多彩、昂赛、子吉塞等大起伏高山地区。海拔4700~5500m,该类土地处高峻的山顶、气候恶劣、寒冻机械物理风化明显,成土过程微弱,地表大多为裸岩、碎屑和流石,土被不连续,具特有的高山寒漠景观,地表高等植物稀少,仅在碎石隙间或底洼平坦处有低等植物和地衣苔藓生长。常见的植被有雪莲、红景天、苔状蚤缀等。这类土脱离冰川最晚,成土年龄最短,以寒冻原始成土过程为主。

(2) 高山草甸土

该类土为测区内主要的土壤类型,在区内分布较广,主要分布于扎青、当江、多彩、子吉塞等地附近的丘陵区、平原区及河谷阶地,或呈条带状、不规则状展布。海拔4400~4800m,所在地形多为山地阴、阳坡,部分为河谷倾斜的滩地,气候寒冷,半湿润,成土母质多为砂岩和页岩的坡积或残坡积,部分属冲积、洪积母质。

受地形、气候、岩性等诸因素的主导,土壤表层颜色较浑暗,上体坚实、浅薄,风蚀严重,草皮层富有弹性而坚。

(3) 山地草甸土

该类土主要分布于扎青、当江、多彩、治多县附近、哼扎包等地高、宽谷及周围的山地、阳坡及山前倾斜滩地、冲洪积扇及平原地区。海拔4100～4500m,气候温凉干旱,成土母质为坡积和洪积冲积物,质地粗,地表常多石块。

这类土为草甸向草原过渡的类型,植被以针茅、苔草、小蒿草等为优势种。成土母质为坡积和洪积物,多为粗疏的粗砾、碎屑物质或砂砾质物质等,草皮层薄而疏松,有机质分解弱。

(4) 灰褐土

灰褐土是温带干旱、半干旱地区山地垂直带的土壤,主要发育在海拔3900～4500m的山地以及山麓地带的滩地、洼形地。成土母质为砂岩、石灰岩。在土壤形成过程中具有草甸形成的腐殖质积累过程,同时还具有弱黏化和盐基淋溶的过程,土层较薄,有机质含量6%～12%。

(5) 沼泽土

沼泽土是在地形低洼、母质黏重、土质潮湿、地表常年或季节性积水,地下水质高,并由古冰碛、冲积物母质参与下发育而成的土壤。

在海拔4700m的山地阴坡、自地表向下70～100cm处可见冻土层,这些冻土层成为良好的隔水层,为沼泽土的形成创造了良好的条件,生长植物为喜水性的藏蒿草、小蒿草及苔草等,植被覆盖度在70%～90%以上。为植被高覆盖度区的主要土壤类型。

属沼泽与草甸的过渡性土壤,生长植被以藏蒿草为优势种,表层无泥炭层,有机质色暗、多锈斑,成土母质为洪积-冲积物。沼泽土泥炭层厚度大于30cm,局部泥炭层厚度大于50cm。

(6) 泥炭土

一般分布在沼泽中心腹部及高海拔高山山谷低洼处、河漫滩及封闭的沟谷盆地的滩地外围、河流上游的平缓坡地、分水岭的鞍部,泥炭层厚度大于50cm以上。表层泥炭厚度在30～50cm,下部为潜育层或冻土,地表一般长年积水,多为水蚀坑,土壤通透性差,因此引起泥炭土的碟形洼地以及山体滑坡中下部生长喜湿性的蒿草、苔草等。成土母质为湖积和冲积土壤,生草过程强烈。

(7) 雪被

测区由于地势高亢、气候严寒,在多彩、扎青、当江、地呀坎多等高海拔大起伏极高山区顶部及缓倾斜坡地段常常堆积着较厚的冰雪层,形成山麓冰川等地貌景观。

4. 土壤垂直带谱

该区在扎青、哼扎包、当江、多彩、尕乌促纳等地土壤垂直带谱较为明显。

常在海拔4500～5200m处,高海拔大起伏极高山区的高山顶部广布着寒冻机械风化作用强烈的高山碎石和高山寒漠土,植被稀疏,以低级的低等植物为主;海拔4300～4700m的山体中下部与高山坡麓及缓倾斜坡地带,由于气候逐渐温湿,微生物稍有活动,生草作用逐渐强烈,发育着大面积的高山草甸土、山地草原土;海拔4100～4400m的东部当江、多彩、治多县附近、尕乌促纳等地区,虽然降水量较充沛,但受气候的影响,土壤石质性强,砂性大,水土流失严重,土壤本身缓冲性能差,生草过程微弱,土壤有机质分解大于积累,因而发育成山地草原土;在地形较为平坦的通天河流域,海拔在4200m左右的平原、河谷地及坡麓地带,丰沛的雨水经地下水径流,在河谷地及坡麓地带以泉、泄出带的形式流出,补给地表,在地表形成沼泽湿地、湖泊,经湖水及小积水坑长期浸润,发育沼泽土及泥炭土,局部泥炭土层较厚。

在当江、多彩、通天河流域等高台地、阶地上,由于风蚀作用强烈,使下伏物质就地剥蚀起砂,经长期的剥蚀、搬运、堆积而在局部地带土壤逐渐砂化,但范围规模较小,随气候的持续干旱及人为因素的影响下,砂化范围有进一步扩展的趋势。

(三) 植被环境

1. 植被的生态功能

在植被和环境的相互关系中,一方面环境对植被具有生态作用,能影响植被的形态结构和生理、生化特性,另一方面,植被对环境也具有适应性,植被以自身的变异来适应外界环境的变化。由于测区地势高,地形复杂多变,生态环境多样,因此,广泛分布于测区的高寒草甸类植被在长期适应高寒环境的过程中,通过趋同适应或趋异适应,形成了一些在生态环境中互有差异的、异地性的个体种群,它们具有稳定的形态、生理和生态特征,并且使这些变异在遗传性上被固定了下来,形成了不同的植被类型。因此,同一个种群在不同生态环境下的生长发育和物候特征也各有不同。

由于植被是生态系统的生产者,具有维持生态系统平衡,对生态环境起着的天然屏障,对防风固沙,水土保持,净化空气,增加降水,减少地表径流,调节、蓄养水源起了重要作用,不仅是牧业经济赖以生存的物质基础,还对改造自然、保护环境起着重要作用。

2. 植被的基本类型

植被类型的形成是气候、地貌、土壤、地质作用等多种自然因素长期共同作用的结果。植被是草地资源的主体和人类利用的直接对象,同时也是自然条件与生物活动等诸因素综合作用的直接反映,在不同植被形成的过程中,植被又反过来影响其周围的环境条件,地形、地貌可引起植被对水、热、光合作用等条件的再分配,制约着草地植被的发生和发展,同时也决定着植被的经营方式和利用特点。由此,采用1984年厦门会议制定的《草场分类原则及系统》,将测区植被分为类、亚类及组,填图单位以组为主(表6-4)。

表6-4 测区植被分类表

类	亚类	组	代号
高寒草甸（I）	高山、亚高山草甸（I_1）	莎草草地组	I_{1-1}
		禾草草场组	I_{1-2}
	沼泽化草甸（I_2）	莎草草地组	I_{2-1}
	灌丛草甸（I_3）	灌丛草地组	I_{3-1}
	疏林草甸（I_4）	乔木草地组	I_{4-1}
非牧地（II）		基岩、裸地、冰川	II_1

(1) 类:以水、热、光为中心的气候及植被特征,且地形大致相似,而各类之间具独特的地带性。同时,在自然条件等诸方面均具质和量的差异,相互具关联性。用 I、II 来表示。

(2) 亚类:具一致的地形及基质条件,用 I_1、II_2 等表示。

(3) 组:植被优势种群相同、地貌一致,用 I_{1-1} 等表示。

3. 植被的主要特征

1) 高寒草甸类（I）

常占据海拔4000～4800m的滩地、宽谷、河岸阶地及丘陵山坡浑圆山顶地带,气候寒冷、日照充足、植被返青迟、枯黄早、生长期短,一般在110天左右,有机质不易分解,养分释放缓慢,土层薄,一般厚约30～50cm,质地以轻壤和沙壤为主,淋溶作用强,腐殖质含量丰富,水分含量适中,以寒冷旱生、多年生的高山蒿草、矮蒿草、线叶蒿草、异穗苔草为优势种群。

(1) 高山、亚高山草甸亚类（I_1）：该亚类是测区主要的植被类型，分布在扎青、当江、地呀坎多、多彩、昂赛、哼扎包、子吉塞等地区，多处在山地阳坡、半阳坡、浑圆山顶和山地坡麓、滩地等部位，排水条件较好，气候寒冷湿润，植被生长期短，植被种群繁多，主要优势种为高山蒿草、矮蒿草、线叶蒿草、苔草等，土壤以高山草甸土及沼泽土为主，土层厚，微生物活动强烈，质地以轻壤为主，多呈棕褐—浅棕褐色，腐殖质含量丰富，分解缓慢，因鼠害猖獗，致使该植被盖度降低，植被生产能力下降。

据植被生境及水、热、气等生态因子的异同性，将高山草甸亚类划分为莎草草场组和禾草草场组两个组。

莎草草场组：主要分布在扎青、当江、多彩、子吉塞等地的浑圆山顶和山地阳坡、半阳坡、阴坡、半阴坡，气候寒冷，湿润，海拔在4400～4800m，土壤湿度中等或稍干燥，牧草生长期不足110天。

该组受土壤、气候、海拔高度、水、热条件影响，植被种群及层次结构也呈现差异性，土壤以高山草甸土为主，土层厚，微生物活动强烈，植被优势种主要由蒿草、矮蒿草、线叶蒿草、株芽蓼等，次优势种有早熟禾、凤毛菊、多枝黄芪、扁穗冰草等，草群层次结构明显，种群复杂，为测区主要的草场组，然而受气候干旱、地表持续的旱化、沙化，导致鼠害猖獗，植被盖度降低，生态环境趋于恶化。

禾草草场组：主要分布在当江、扎青、通天河两岸、子吉塞等地的滩地、坡麓及阴、阳坡地带，其分布受海拔、水、热、气条件的制约，土壤以高山草甸土为主，基质粗，有机质含量低，淋溶作用强烈，水蚀及风蚀作用严重，土壤保水率低，土壤肥力流失严重，土壤颗粒结构基本已破坏，植被盖度20%～65%，主要优势种群为禾叶凤毛菊、沙蒿、蓼状点地梅、高山早熟禾、沙生凤毛菊、线叶凤毛菊、火绒草等，层次结构简单。

(2) 沼泽化草甸亚类（I_2）：主要分布于扎青、当江等地，生长条件为积水、潮湿的滩地、沟谷、河流阶地，此外，在山顶或较缓坡的鞍部及滩地的低洼地段多呈零星片状展布，海拔4200～4700m，土壤为沼泽土，地下水位高，地形平缓，排水不畅，气候寒冷而潮湿，土壤冻结期长，在这样的环境条件下，形成了以喜水植物为建群种的植被环境，地表常有冻胀丘、冻土草沼等微地貌，积水坑及热融湖塘星罗棋布。植被群落及层次构造简单，多由湿生和冷湿中生的多年生草本植物组成，以藏蒿草、蒿草、小蒿草、甘肃蒿草、苔草等为建群种。

据植被生境及水、热、气等生态因子的异同性，将沼泽化草甸亚类划分为莎草草场组。

莎草草场组：该草地组是测区主要草地类型之一，全区分布广泛，但主要分布在当江、多彩、治多县附近、子曲河谷曲、通天河两岸等地，其生长条件为积水、潮湿的滩地、坡麓、河流阶地、平缓的山顶、坡面、地势低洼地段均有所分布，海拔4200～4600m，土壤为沼泽土，地下水位较高，土壤冻结期长，甚至伴随永冻层，这样的生长条件下，形成了以湿生植被为建群种的植被群落，生草过程强烈，腐殖质积累多，分解少，土层较厚。季节性水量充沛，气候寒冷，水土保持良好，有利于地下水位的调蓄。

(3) 灌丛草甸亚类（I_3）：在多彩、治多县附近等地的阴坡中下部和滩地零星分布，海拔4300～4600m，气候寒冷、潮湿，分布范围小，土壤为高山草甸土，有机质积累过程强烈，分解微弱，土层厚，一般为40～60cm，最厚可达135cm，植被以百里香杜鹃、山生柳、高山绣线菊、箭锦鸡儿、金露梅等为建群种，这类植被能调节气候，改善环境，蓄养水源，调节地下水资源。

灌丛草地组：该类草地分布区气候寒冷，干燥，降雨量少，蒸发量大，地势陡峻，坡度在10°～30°，气候阴冷潮湿，土壤为高山草甸土，土层厚，腐殖质含量高、肥力高、分解缓慢，种群层次结构差异明显，底部为草本植物，株高8～17cm，顶部为灌丛，株高一般为30～75cm，优势种群为高山柳、金露梅、百里香杜鹃、山生柳等。

2）非牧地（Ⅱ）

该区非牧地主要为基岩山区、裸地、冰川等。主要分布于扎青、当江、多彩、子吉赛等大起伏高山顶部，海拔4700～5500m，气候恶劣，寒冻机械物理风化明显，地表大多为裸岩、碎屑和流石，土层不连续，具特有的高山寒漠景观，地表高等植物稀少，仅在碎石隙间或低洼平坦处有低等植物和地衣苔藓生长。常见的植被有雪莲、红景天、苔状蚤缀等。

（四）生态系统多样性基本特征

测区独特的地理位置及自然环境的特点,形成生态系统多样性的独特性、原始性及脆弱性。在独特的高海拔环境条件下,高寒生态系统经过长期的高原隆升、气候环境演变过程中演化和发展而形成。生态环境属于高寒半干旱到半湿润环境,土壤类型以高山荒漠土、高山草甸土、山地草甸土等为主,植被类型为林地、高寒灌丛草甸、高寒草甸等,其中以高山、亚高山草甸亚类是分布面积最大的植被类型,植物群落中优势度最大的植物属于禾本科、莎草科、豆科、菊科、石竹科及报春花科六大科（郭柯,1996）,野生动物主要有野驴、藏羚羊、黄羊及鼠类等。禽类有黄鸭、岩鸽、胡秃鹫等,牲畜主要以牦牛、藏绵羊、玉树马等为主,农作物品种有青稞、豆类、马铃薯和蔬菜等,经济类植物主要有冬虫夏草、蕨麻、贝母、大黄等。

区内海拔大多均处于 4000m 以上,有些山峰可高达 6000m 以上,多数地区的生态类型和自然景观受到人类活动的干扰很少,处于原始自然状态,由于地势高、山脉众多、河流湖泊广布、地形地貌复杂及气候环境多样性等,其生态系统明显具有多样性的特点。

高寒生态系统在区内十分脆弱,主要表现为系统结构简单,生产力水平低,稳定性差及自我恢复能力弱等特点,容易因受外界因子的干扰和破坏而发生变化,恢复难度极大且恢复过程缓慢。

（五）生态环境脆弱化的宏观表征

1. 植被退化及生物多样性减少

据有关资料显示,测区草地平均鲜草产量 400.5kg/公顷（1 公顷 = $10^4 m^2$）,植被盖度在 30%～85%,在植被结构中,优势建群种的比例只占 14%,杂毒草呈蔓延趋势。受水蚀、冻融侵蚀及人类生产-工程活动等影响,造成的植被退化与生物多样性减少现象十分普遍。

2. 荒漠化程度加剧

土地荒漠化与植被退化密切相关,植被退化严重地区,土地沙化、次生裸地逐年发生和扩大,水土流失及冻融侵蚀中度以上的地区主要分布在测区内,且局部形成极强烈的侵蚀区。荒漠化主要为水蚀荒漠化及岩漠化。测区暖季多雨,降雨量占全年雨量的 80% 以上,故水蚀荒漠化尤为显著;融冻为基岩山区主要的外动力地质作用之一,导致陡倾斜坡地段土壤、植被严重退化,寒冻风化岩屑坡下移等现象。

3. 水土流失加剧

由于暖季受来自孟加拉湾西南气流的影响,造成这一带地区暖季雨量丰沛。丰沛的雨量致使河水暴涨暴落,洪水期泥砂淤积于河道使行洪不畅,引起岸坡坍塌、侧蚀、淘蚀、溯源侵蚀加剧,河流改道以及滑坡、泥石流、崩塌等地质灾害频繁发生。

4. 土壤侵蚀和土地资源退化

在口前曲、索莫不久、多彩乡等地土壤侵蚀和土地资源退化严重。土壤在水、风、冻融、重力等作用下,土壤、土壤母质及其地面组成物被冲刷、吹失、分离、剥蚀,造成土壤养分流失、性状恶化、生产能力降低、生态功能下降,破坏土地资源;导致土地支毛沟密布、沟道纵横,使土地失去利用价值;导致下游河床、湖泊、水库淤积,影响其蓄水调洪等作用;污染水体,流失的泥砂使水质下降,严重影响水体的利用功能。

（六）生态环境分区评价

从自然地理位置和生态环境的特征来分析,测区基本为构造所控制的高平原地貌,具有地势高峻,气候恶劣的特点。在子吉塞、扎青、当江等地多为高山峡谷地区,典型的地理位置及高山地貌造就了测区生态类型相对复杂多样,在子吉塞、扎青、当江等地一带为生态环境良好区,表现为物种群落相对丰富,植被种群多样,系统结构复杂,稳定性相对较好,为植被物种多样性的丰富区。该生态环境趋于良性循环。而在多彩、治多县附近等地为测区的半干旱气候的分布区,植被、土壤发育不全,表现为系统结构简单,稳定性不良,生态环境明显处于恶化状态,局部地带已经发展形成沙漠化,为植被物种多样性的中等区。在尕乌促纳、哼扎包、低呀坎多等地为测区生态环境问题最为突出的地区,处于测区的西侧,由于地形地貌条件的差异、气候条件的不同以及人类活动的影响,总体表现出生态系统脆弱、抗逆性差、生物多样性逆行演替及受到破坏后不易恢复等特点,为植被物种多样性贫乏区。

从总体上分析,测区生态环境类型中,虽然各种生态类型内部的差异和变异巨大,但是从各种生态类型的总体结构特征,生态系统的稳定性及其外部表现形式来分析,测区内森林生态类型的结构和稳定性最好,生态环境质量现状也处于各种生态类型之首。其次是高寒草甸类型相对稳定,生态环境质量良好。高山、亚高山草甸生态类型的结构相对简单,系统稳定性差,并且生态环境的恶化趋势明显,生态环境退化的发生比例较高,生态环境质量较差。

二、生态环境地质效应

测区生态环境地质问题的产生和发展是一个漫长的历史过程,既有自然环境变迁改变生态要素特征而导致大气环境问题的发生发展,同时也有人为不合理活动而引发和加剧的生态环境问题,测区生态环境变化的影响因素较为复杂,多种因素相互关联、相互作用、互为因果,具体到每一种生态环境问题产生的原因和控制影响因素,虽然不外自然和人为两方面,但是受到的自然环境演变影响及人为活动干扰的控制影响程度不同,在具体表现形式上也有所不同,因此,每种生态环境问题的产生与发展,无论是在其内部的结构和外部的表现形式上均存在显著的差异性。

(一)高原隆升引起的生态环境地质效应

青藏高原隆升及其与环境效应的影响是青藏高原地质研究的热点。调查区位于青藏高原腹地,高原隆升已成为影响与控制测区生态环境地质的主导因素之一,并具有整个青藏高原隆升的共性,由于其所处特殊地理位置而决定其具有的特性。自始新世青藏高原全部脱离海侵(特提斯海消失),晚新生代多次构造应力体系的转换导致测区新构造作用的阶段性和多样性,新近纪为青藏高原主夷平面和古岩溶发育区,推测中新世—上新世地面高度大约在1000m左右,属亚热带干旱炎热的古气候环境。

更新世以来不同阶段的高原持续隆升,对生态环境也产生了相应的效应:进入更新世高原进一步快速隆升,早更新世后期1.1～0.6Ma的昆黄运动,使得测区早更新世之前形成的湖泊消亡或大幅度萎缩。随着气候转冷,测区进入倒数第二次或第三次冰期,也是最大冰期,此时青藏高原已达到冰川作用的临界高度3000m左右,大气环境发生明显变化,高原季风形成。区内在尕吉格、兴塞莫谷、色的日、托吉涌等地堆积了中更新世冰碛物,呈灰黄色,反映当时气候环境相对较温暖。

更新世晚期,喜马拉雅等高原周边山脉的高度接近或达到现今的6000m以上的高度,巨大的屏障作用足以阻挡大部分印度洋暖湿季风进入高原内部,极大地削弱了来自孟加拉湾西南季风的影响,大量的水汽受到高原山地的阻挡而降落在高原外围。因而广大的高原内部变成更加干燥、寒冷的大陆性气候。但降水量亦比今日要大,冰川作用的规模和范围亦越来越小。早期以山岳冰川为主,晚期以冰斗、冰川为主。

晚更新世0.15Ma的共和运动,促使测区又经历一次较强烈的构造抬升,盆山之间出现强烈的差异构造运动,气候波动更加强烈,经历了冰期和间冰期,随着高原进一步抬升,高原达到4000m左右的新高度,水汽来源减少,气候日趋干燥,冰川范围不断缩小。此时为较干、寒的气候环境。

全新世早期(10.4～7.5ka)气候转暖,湖相地层沉积于末次冰期的冰碛物之上,进入全新世中期

(7.5~3.5ka),青藏高原为大暖期,气候温暖湿润。约 3.2ka 前后,全新世存在突发降温事件,温度和湿度迅速下降,气候波动频繁。此时测区处于 4500m 以上,蒿属、禾本科等草本植物占优势,表明此时气候处于寒、干、冷的冰缘环境,最终演化形成现今的寒、冷气候下的森林、植被草原环境。总之,全新世时测区始终处于冰缘环境的笼罩下,即使是冰后期的相对温暖期,气温回升幅度不大,气候仍很干、寒、冷,最后演化成现今的生态格局。

(二) 内动力地质作用引起的生态环境地质效应

1. 地震

测区地处三江地震的多发地带,据有关统计资料,自 1970—1999 年 20 年间,共发生地震 29 次,其中 ML＝5.0~6.7 级地震就达 12 次,平均每年震数达 1.45 次,而测区地震多发生于断裂带上,断裂呈北西、北西西向展布,地震引起地表塌陷、裂缝及岩体失稳等地质灾害,导致局地植被、土壤破坏严重。

2. 断裂

测区内活动断裂极其发育,约占断裂总数的 80%,且规模大、延伸远。区内主要活动断裂为:俄巴达动—当江科活动断裂、多彩曲—昂欠涌曲断裂、吉曲断裂及子曲断裂等,其多期活动易引起区域性、地带性生态环境地质效应。

(三) 外动力地质作用引起的生态环境地质效应

1. 鼠虫害猖獗

近年来鼠害发生周期短、规模扩大,这对原本恶化的草原生态无疑是雪上加霜,鼠类大量啃食植被根茎和草籽,草场无法恢复,致使局部草场已荒漠化。据统计在索莫不久、扎青、地呀坎多等地,每公顷面积上鼠兔的平均洞口数为 3500 个,有效洞口数为 987 个,鼠兔密度高达 315 只/公顷,每公顷鼠类密集度平均达 170 只左右,而每只鼠每年啃食的鲜草就达 49kg。据统计,治多县有 40% 的退化草场是因鼠害所致,在多彩乡、当江乡等地的大片草场已被荒漠化所吞噬,有些地方几乎已成为不毛之地。

无处不在的鼠类不仅破坏了大量的植被,加快了荒漠化的形成,有些地方已成为"鼠进人退"的地步。鼠类的大量繁衍更加剧了疫病的传染,2004 年就有人因鼠疫而死,应引起有关部门对鼠疫的预防措施。鼠兔不仅采食大量优良牧草,更为严重的是其所掘洞穴四通八达、纵横交错,密如蛛网。土壤植被不同程度地受到破坏。

2. 多年冻土退化

测区由于地理位置偏南,降水条件相对较好,但地处高寒,冻土十分发育,随着气候暖干化趋势的发展,冻土发育地区地温的增高,冻土及冻土环境的退化问题也逐步成为该区严重的生态环境问题。同时也成为植被、土壤退化和湿地萎缩的重要原因之一。自 20 世纪 70 年代以来,气候持续转暖,气温年温差逐年缩小,导致自然条件下冻土呈区域性持续退化,岛状冻土区更为显著,表现为地温逐年增高,在季节性冻土区、岛状冻土区含冰量较小的地段年平均地温升高 0.3~0.5℃,大片连续多年冻土区内地温升高 0.1~0.3℃,多年冻土下界普遍升高 40~80m(王绍令,1997),导致测区雪线上移、冰川后退,多年冻土季节性融化层增厚,如甘尕俄玛、吓根拉通、采吾涌、尕吉格、兴塞莫谷弄等地多年冻土退化显著,冰川退缩使测区内气候环境的反馈作用和河流的调节作用减弱,并引发和促进生态环境问题的产生,生态环境趋于恶化。

3. 气候严酷及其暖干化趋势加剧

测区处于地势高峻,空气密度稀薄、干燥少云等现状,年均气温低于0℃以下的月份长达7个月,冬季长达6~8个月,且冷季受西伯利亚冷气流的影响,气候干燥寒冷,雨量不到全年降水量的20%,表明测区寒、旱化趋势逐渐加剧。

在全球大气候暖干化发展趋势的背景下,测区气候也不例外,据资料表明,近40年来,长江源区的年平均气温有显著变暖趋势,约为0.06℃/10a(王青春等,1998),而同期测区内降水量明显减少,根据气象观测站资料,平均每10年降水减少5~7mm。气候暖干化最明显的佐证是冰川消融和退缩及湖泊、湿地的萎缩和退化,测区哼扎包、索莫不久、子曲、当江乡等地的湿地持续退化,伴随盐碱度增高,逐步趋于盐渍化。

4. 荒漠化加剧

测区荒漠化类型主要为水蚀荒漠化及岩漠化。由于暖季雨量集中丰沛,在多彩曲、聂恰曲、通天河等河流两侧造成岸坡坍塌、失稳、侧蚀、淘蚀以及溯源侵蚀等侵蚀现象。而陡倾斜坡地带,水蚀冲沟、滑坡、崩塌、泥石流及岩体失稳等地质灾害现象频繁。

岩漠化景观主要分布于高海拔极高山区顶部,受冷季严酷气候的影响,在口前曲等地的基岩区冰劈、冰裂、寒冻风化等冰缘作用强烈,致使岩屑坡范围不断处于扩展趋势。

5. 灾害地质频繁

测区地质灾害与土壤侵蚀、植被退化、生物多样性减少的灾害有:洪涝、土溜、滑坡、崩塌、泥石流、岩体失稳及冻融蠕移等。其空间分布表现为水平分带性,时间分布表现为同发性。地质灾害严重的地带分布于哼扎包、索莫不久、子曲以及扎青乡等地一带,在陡坡、相对高差大的斜坡地带,地质灾害在垂向上具分带性,表现为崩塌、危岩坠落,在斜坡上部、中下部堆积的崩积物、残积物结构松散,裂缝发育易产生滑坡,形成上崩下滑的分布特点。这些地层本身较软弱松散,由于坡脚被河流掏空或流水沿节理面、层面渗透,从外部或内部破坏了静止平衡而沿节理或层面发生滑动。如在扎青乡附近布当曲发生的滑坡显示(图6-1),在沟谷壁上发育直立的张性裂隙,裂隙宽度10~30cm,呈锯齿状延伸,在暴雨季节,滑坡体沿陡壁(40°~60°)

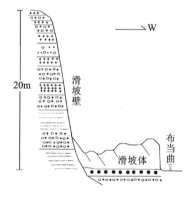

图 6-1 布当曲一带滑坡素描图

向谷底滑动,滑坡体南北向展布,最长为20m,后缘与前缘落差约5m,后缘多呈弧形,前缘受挤压多呈一系列小鼓丘,滑坡在平面形态上呈舌状,舌体部分延伸约15m。

地质灾害在时间上的分布主要集中在每年的6—9月,尤其以7—8月份最为集中,特别是泥石流具有明显的同发性,往往一场暴雨过后,河水暴涨,引发相邻区的数条乃至数十条沟谷暴发泥石流、洪涝,在斜坡地带规模不等的滑坡及崩塌比比皆是。

滑坡、崩塌、泥石流等地质灾害发生的同时,也对覆盖的植被造成毁灭性的破坏。

6. 水蚀作用强烈

高海拔高—中起伏的陡峻山地斜坡地带为主要的水蚀作用区,如在哼扎包、索莫不久、子曲以及扎青乡、当江乡等地一带的斜坡地段水蚀作用强烈,形成的支毛细沟,既破坏了土壤、植被,又使土壤表层的营养组分流失严重,在雨季受强烈的暴雨冲刷,支毛细沟已沦为切沟、冲沟、深切沟,本就不甚发育的表层土壤侵蚀更为强烈。而通天河、口前曲、吉曲、子曲等河谷区因河流的侧蚀、下蚀、淘蚀以及溯源侵蚀,导致河流岸坡坍塌、阶地消失、迂回扇发育、土地资源及生物多样性减少,地下水位下降,地下水调蓄功能锐减,沿河谷区生态环境恶化(图6-2)。

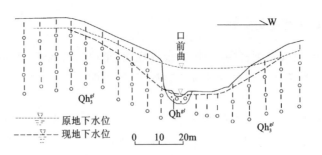

图 6-2 口前曲河流侵蚀导致地下水下降模式图

7. 冻融作用

冻融作用发育地区所形成的冻融地质现象主要有：冻胀丘/冰锥、热融滑塌、热融湖塘、寒冻风化碎石坡及石川、石海等。

冻胀丘外形呈半圆—半椭圆丘状，一般直径 2～5m，高 0.5～1.2m。表面有植被生长，发育裂缝。冰锥外表呈圆锥状，高度一般几十厘米至 1～2m。冻胀丘分布于山前斜地及高平原地带。冰锥一般在冰碛或冰水扇山前地带，有的沿断裂带发育，分布于上升泉出露处。两者一般均为一年生，冬季开始隆起，次年 4—5 月份开始融化，到 7—8 月份完全消融。在冰锥消融后遗留下穴状小凹坑，并有泉水溢出，在夏季常使地下水不断出露，冬季冻结成冰，形成各类冰锥。

热融滑塌，多呈不规则的长方形，一般长十余米到百余米，宽数十米，坡度较缓。多分布于黏性土组成的平缓山坡，且有地下冰（永冻层）分布的地方，如：等额曲阶地、当江等地。热融滑塌主要是由于地下冰层融化沿着融化界面在自身重力作用下引起滑塌。在局部滑塌体内形成冻融褶皱现象（图6-3），由于人类活动和过度放牧，破坏了植被保护层，造成地下冰大面积暴露，产生严重的热融滑塌并每年溯源侵蚀，形成大面积的热融滑塌体，使草场退化。

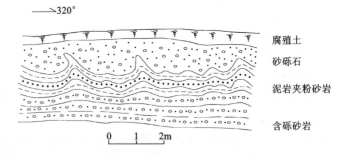

图 6-3 滑塌体内形成冻融褶皱现象

热融湖塘，表面形态呈圆形和不规则椭圆形，直径数十米至数百米，分布于扎青、多彩及布当曲等山间盆地内。热融湖塘，主要由于自然营力破坏了多年冻土热平衡，使地表下沉而成。疙瘩状草沼是由于冰胀形成裂缝，切割表面呈块体地表水沿裂缝冲刷而成疙瘩草沼，由于人为的乱挖乱采，不仅破坏了植被和土被、导致多年冻土和地下冰的融化。

寒冻风化碎石坡及石川、石海多分布于较陡峻的石坡山坡上，碎石遍布，碎石大小不等，一般分布于现代雪线之下，基岩裸露的山坡上，围绕山峰成环带状，在冰融作用下冰劈作用对岩石破坏较强。

事实上冰冻与热融这两个方面常常是相互关联的，在同一个地点，在不同的时间里总是交替地受到冻融作用的影响，有时以某一方面为主，因此，先后表现出不同季节融化下沉和冻胀，导致冰冻危害。在干旱的气候条件下，植被破坏将导致风蚀与沙埋作用的加剧，而表层植被的丧失，将会导致多年冻土发生融化，冻土的融化又导致土壤水分枯竭，进一步加剧沙漠化进程，恶性循环将不可避免。

（四）人为地质作用引起的生态环境地质效应

1. 过度放牧、长期超载

在早期的畜牧业生产和发展中受到盲目追求牲畜存栏数错误思想的影响，测区多数天然草地超载放牧十分严重，尤以 20 世纪 70 至 80 年代为甚，但现在许多地区仍然存在此种现象。长期的超载轮番放牧是土壤侵蚀、生物多样性减少的主要因素之一,长期的蹄蚀、蹄践而造成土壤板结,土壤生产力下降,表层营养组分随风蚀、水蚀而流失,植被低矮、植被种群结构逐渐趋于简单,因风、水蚀作用强烈,地表砾石化、旱化、盐碱化程度加剧,据调查,在等额曲、托吉曲、子曲、通天河两岸等地,由于过度放牧,造成植被覆盖度降低,杂毒草孳生,地表侵蚀和鼠害大面积横生,植被结构中优势种群逆向演替,生物多样性减少,由此引发一系列生态环境问题。

2. 廊道效应

在多彩、哼扎包、扎青等地的草原上,交通大多是非固定的土路,雨天泥泞难行,旱天扬灰播尘、草原空旷、平缓,车辆肆意横行,造成植被枯萎,引起一般的道路生态效应。

3. 乱挖草皮砌围栏

在索莫不久、口前曲、等额曲等地不少网围栏破损处,为防牲畜越栏,牧户就地切挖草皮砌墙护围栏,甚者有些牧户全用切挖的草皮进行围栏,引起局地生态环境恶化。

4. 采金及修建公路、水库、电站

随着社会经济的快速发展,经济结构的多元化发展,对资源的需求日益增大,在经济利益的驱动下,资源的不合理开发利用,尤其是以破坏生态环境为代价的开发活动导致了区域生态环境问题的进一步发展和扩大。在治多县附近对沿路两侧砂石的开挖,车辆在草原上肆意横行,而人为的破坏土壤、植被以及人工塑造地形、人工搬运、人工堆积等形成了人类改变的环境,其中尤以修建水库、电站为甚,以大型机械开采砂石,开采的砂石就地堆积或异地堆放,致使土壤植被在短期内难以恢复原状。

综上所述,测区由于地处高寒,气候严寒,物质循环缓慢,物种生长发育明显低于其他地区,不仅物种群落结构简单,且层次分化不明显,加之气候严酷,物质、能量流动缓慢,群落生物学产量低下,生态环境无论在脆弱性和抗逆性方面均较差。因此,测区生态环境在内部结构和外部宏观表征等方面均具有十分明显的脆弱性。由于系统结构简单,系统发生逆行演替的同时都会伴随系统不同程度的崩溃,一旦生态环境发生退化,往往都是不可恢复的逆行演替。

另外,人为活动对生态环境的影响在一定时期内将仍然会以生态环境演变的方式持续发展,但是可以肯定,这种发展趋势将会在人为意识改善行为方式、方法与建设生态环境中得到全面的遏制,并最终转向良性发展趋势。

第三节 旅游地质

一、探险

在雄伟神奇的青藏高原,旅游者可探险澜沧江水系的发源地,位于测区的纳日贡玛,是长江与澜沧江水系的分水岭,独特的高原冰川地貌,巍峨险峻的雪域群山,高原的奇特景观是挑战人类体能极限的理想旅游地。

二、民族风情

在这世界屋脊之上,离天最近的地方,生活着这样一个民族,他们勤劳、朴实,乐天知命,虔信佛教,热情好客,能歌善舞。本区地处长江水系与澜沧江水系的交汇部位,澜沧江水系的发源地位于测区纳日贡玛一带,长江水系宽广的大草原和澜沧江水系陡峭的山峰、美丽的灌木林等形成独特的自然环境,高原旅游资源丰富。藏族人民有着独特的生活习俗,他们酷爱歌舞,不论男女老少,聚集于宽阔的草地和庭院里,都能放歌起舞,歌声嘹亮,舞姿翩翩,抒发他们对劳动、生活及大自然的热爱之情。藏族舞蹈等以民俗风情为内容的节目相当丰富,最为常见的有"卓"、"伊"、"则柔"、"热巴"等。"卓"又分为以歌颂山川河流、家业兴旺为内容的"孟卓"和以颂扬宗教寺庙、活佛为内容的"秋卓"两种形式。由于"卓"舞有较丰富的内容和多变的舞姿,在社会上享有盛名。"伊"是流行极广的一种藏族民间舞蹈,动作起伏大,节奏对比性强,是歌舞结合的一种形式。"则柔"汉语意为"玩耍",是另一种以舞伴歌的表演艺术形式,多在婚嫁、迎宾、祝寿、添丁等欢庆宴席中出现。"热巴"汉语为"流浪艺人"之意,是由民间训练有素的艺人组成的班子,到各地流动表演的一种舞蹈。这种舞蹈技巧娴熟、表演诙谐。

玉树是天然美丽富饶的草原。每年7、8月,玉树草原牧草茂盛,一片碧绿,到处盛开着一束束、一簇簇姹紫嫣红、灿若云霞的各种野花。草原上一年一度的大型歌舞表演、赛马会拉开了康巴艺术节的帷幕。届时,会场周围几公里内搭满了各式各样、五彩缤纷的帐篷,远远望去,犹如一座独具风情的帐篷城。玉树歌舞在青海民族歌舞中独树一帜。

三、佛教圣地

调查区分布着规模大小不等、具有民族风情的许多寺院,寺内有造型各异的佛像、佛画、经堂、佛殿,典雅庄重,别具风格,具有极高的艺术欣赏价值。其中位于调查区玉树藏族自治州治多县城以西15km处的寺院,依山而建,规模宏大,环境宜人。释迦牟尼佛像高达25m,是世界上最大的殿内佛像,并已申报吉尼斯世界纪录,是青海省玉树藏族自治州的品牌旅游地。

第七章 遥感解译

在自然地理条件恶劣、地域跨度大、通行不便、工作环境艰险的高海拔半荒漠地区的地质调研工作中,应用通过对地物的凝缩而再现、反演自然界并逆向认识自然的遥感手段来补充地面调查的不足和进行地质宏观分析是不可或缺的,其技术优势也是显而易见的。作为青藏高原艰险区(B类区)区域地质调查工作的先导和重要环节,遥感工作应发挥遥感影像对下垫面高度概括、多元性、综合性、波谱量化性、信息量大和遥感调查不受地面条件限制的优势来配合地面调查,共同推进填图研究工作的深入,提高区域地质调查的高科技含量、质量与效率。测区基岩裸露程度相对较高,所以全面翔实、多层次的遥感解译对研究地质单元间的分界性质及划分特征,结合路线调查精确圈绘各类地质填图单元及隐伏地质体的形态、空间展布,探究其属性、相互关系等都很有利。本次影像学研究将通过先行一步的遥感地质解译和与路线调查紧密配合的实地解译来增强填图工作的地质预见性、观察的主动性和成果的可靠性,指导总体工作部署。在保证填图精度的前提下,通过有序、高质量的遥感解译,减少艰险区野外实地地面调查工作量,提高图幅整体调查水平、效率和专题研究效果,同时也将侧重于测区矿产资源和生态环境的遥感信息提取,强调解译者立足实地与影像间的感性认识,区域地质系统构成要素解译与地质问题解释并举。

第一节 遥感资料收集与遥感工作方法

一、遥感信息源配置和信息提取平台

目前在陆地资源及环境调查中较常使用的遥感信息源是 LandsatTM/ETM、LandsatMSS、SPOT、CBERS 等卫星图像数据和红外、全色航空像片。本项目已由中国地质调查局提供了测区 ETM 数据,项目组根据需要补充了一些遥感数据和图像,使其可以作为一个遥感信息系统库加以利用。遥感信息源按经济适用、易于获取的原则并兼顾地质环境问题解译中图像时相要求作如下配置。

1. ETM 数据

测区涉及 4 个景,PATH—ROW 号分别为 136—37、135—37、136—38、135—38,分别系 2000 年 12 月 21 日、2000 年 12 月 1 日、2000 年 12 月 21 日、2000 年 12 月 14 日接收,做去噪、提高增益等预处理工作。该数据的图像可解性较高,地面分辨率多波段为 30m,全色波段分辨率为 15m,波段融合后图像分辨率达 15m。数据噪音低,基本无云层、云影覆盖(CC 分值接近 0),雪覆盖面小(5%以下),波谱范围广 ($0.45\sim2.35\mu m$、$10.4\sim12.5\mu m$),便于结合 20 世纪 70 年代 MSS 图像、90 年代 TM 图像进行短时间尺度的下垫面变迁的对照研究,是该区区域地质全面解译和反映现实景观的主要遥感信息源。

2. TM 数据

测区涉及景数和 PATH—ROW 号同 ETM 数据。136—37 景系 1994 年 11 月 11 日接收,135—37 景系 1999 年 4 月 24 日接收,136—38 景系 1994 年 12 月 29 日接收,135—38 景系 1999 年 9 月 23 日接收。波谱范围 $0.45\sim2.35\mu m$、$10.4\sim12.5\mu m$,图像地面分辨率为 30m,云层、云影、雪覆盖均小。它便

于与ETM数据分辨率、相似波谱合成对照分析,代表了该区20世纪90年代中—后期的影像或景观。由于该数据波段间的相关系数明显比上述ETM数据要小(ETM数据可能在接收时处于融雪期间,地表湿度大,造成波谱特征单调,异物同谱现象较多),所以其波谱信息相对丰富,是区域宏观解译和配合ETM数据进行全面地质解译的良好遥感信息源。

MSS图像涉及景数基本上同ETM、TM,系1974—1976年接收制作的分景纸介质图,经扫描输入、几何纠正、镶嵌匹配制成。波谱范围$0.45 \sim 1.64 \mu m$,地面分辨率为120m,受云层、云影、雪覆盖影响较大。它代表了20世纪70年代该区的影像或景观,也是该区时间较早、利用较为方便的影像资料,解译中可将其作为地质环境变化因子动态对照中的"原始标尺"。

地理信息源采用空间数据库生成的1:25万地理底图(等高距100m、1954年北京坐标系、1956年黄海高程系)、1:10万纸介质地形图(等高距20m)作为全区解译、图像镶嵌配准及三维立体模型构建的背景信息层和地理依据。DEM高程矢量化直接采用空间数据库的地理数据。以上资料分别源自国家基础地理信息中心1:25万空间数据库与中国人民解放军总参部1969年航测成果。

图像处理、信息提取操作平台配置有PⅣ型台式微机,Windows平台上运行PCI、ENVI、MAPGIS、PHOTOSHOP等图形图像处理和数据集成软件,CD-ROM及1200dpi扫描仪支持输入,A0幅面1200dpi彩喷绘图仪、A3幅面1200dpi激光彩色打印机支持输出。

二、遥感工作方法

1. 遥感工作程序及质量保证体系

在先期充分收集遥感信息源和熟悉区域地质资料的基础上,解译工作以图像处理优化→概略解译＋解译标志初建→野外实地验证＋补充修改解译标志→全面详细解译→重点解译＋专题信息提取的程序贯穿于从设计编写到最终成果整理的整个过程之中,贯彻从宏观到局部、从易解信息到难解信息、从定性信息到定量信息过渡的原则,循序渐进、逐步深化。前期解译从划分较大的影像分区入手,建立总体概念。继而划分影像构造带(块)和影像地理带(块),同时区分不同解译程度地段或单元,为下一步解译、图像处理和主干调查路线布置做好准备。

解译工作参照执行"中国地质调查局1:25万遥感地质调查技术规定(DD2001-01)"、"区域地质调查中遥感技术规定(1:5万,DZ/T0151-95)"、"区域环境地质勘查遥感技术规程(DZ/T0190-1997)"、"卫星遥感图像产品质量控制规范(DZ/T0143-94)"、"中国地质调查局青藏高原艰险区(B类区)1:25万区域地质调查技术要求(DD2003-01)"、"青海省地质调查院标准——遥感地质勘查运作控制程序(QB/B-15-2001A/1)"等技术规范。

上述应该遵从的作业程序、技术规范和各个作业阶段的质量检查工作构成本次解译的质量保证体系,藉以保障遥感工作的顺利实施和最终成果质量。

2. 遥感解译的主要内容和侧重方向

客观地提取区内三大岩类、褶皱、断裂构造的时空分布信息并按地质属性加以分类,区分冲积、冰积等不同成因的松散堆积物,识别水蚀、冰蚀地貌和构造地貌是本次地质解译的主要内容。详细解译的主要工作量放在野外调查中难以涉足的地段,以减少地质盲区,并以遥感解译点、路线及剖面的形式予以表述。地质构造复杂区施以重点解译。

沉积岩、浅变质岩类应通过解译识别其岩性、接触关系和产状变化,填图单位尽量划分到组或岩性段。侵入岩类以侵入体为单位,应尽可能识别其接触关系及接触变质带范围。火山岩区着重解译火山机构。环形构造应注意有无色带异常存在,分析其形成原因。构造解译主要是构造形迹的识别和其性质及相互关系甄别,对线性构造的穿插、交切、限制、牵引、旋扭特点都应解译,并按规模大小和延伸方向分级分组,应注意分析是否存在推覆体和滑脱、拉伸构造,对高原隆升盆-山格局形成机制的构造因素应力所能及的在影像上予以分析。

地调工作是公益性的,服务于地区经济发展和环境保护也是其宗旨所在,所以矿产地质和生态环境的影像学研究是该区遥感工作的侧重方向。应将化探异常区、矿(化)点所处部位和岩浆活动带、构造复杂地段作为遥感重点解译区,通过有重点的遥感信息挖掘来提高测区矿产地质研究程度,给地面找矿工作提供宏观认识上的支持和各种与矿产有关的遥感信息。主要研究地段有:纳日贡玛、多彩等花岗斑岩体分布地段,巴塘群火山岩分布地带及羌北地块中的北西向断裂带,它们都是区内多金属成矿有利部位;分布中生代油页岩的桑龙等地段,主要研究方法有:深断裂带、岩浆活动区的蚀变岩或色异常圈划;赋矿地质体、构造薄弱区空间展布的影像追索;已知矿(化)点的遥感地面模式归纳,其次解译工作将充分利用遥感技术空间宏观性、多元性、波谱量化性、便于动态分析的优势对区内生态环境主要因子分布特征和变化趋势进行研究,了解高寒、高海拔地区荒漠化发生、发展的机制。具体方法为:在科学地建立该区生态环境分类系统的基础上进行不同时相图像的冰川、湿地、砂砾地、寒冻风化岩屑坡等可定量信息的计算机直接提取,掌握该区土地覆盖、冰川萎缩、植被退化、地表砂砾化的进程,并结合新生代活动构造解译结果分析它们之间的耦合关系,认识其带性规律和高原隆升对气候、地貌、水域、植被变化的驱动作用。

3. 野外实地验证

该项工作一般与地面路线、剖面地质调查同步进行。在进行路线调查、剖面研究时,均可先行制作解译简图,携带大比例尺图像至野外工作的现场,进行各种地质要素一对一的对比分析,寻求异同,查找造成差异的原因之所在,积累经验使后续解译工作更好地完成。遥感图像原始数据需备份携至野外,及时进行专题信息提取、机助解译等工作,最大程度地将遥感技术融合在区域地质调查工作之中,二者相辅相成,共同推进地调研究工作。

三、遥感图像优化处理与专题信息提取

为满足区域地质解译和不同类型专题解译的需求,应充分利用遥感信息提取平台进行多类型图像制备和有用信息的计算机提取模式借鉴研究工作。

1. 区域解译主导图像的常规处理及其质量评述

分析 TM/ETM 原始波段数据的波谱特征可以发现,可见光波段(1、2、3)之间、红外波段(5、7)之间相关性高,近红外(4)与它们相关性最低,因此,解译工作基础图像制作首选 4 波段作为合成波段之一。7 波段对粘土类、碳酸盐岩类岩石敏感,是岩石制图的最佳波段。蓝色波段(1)系水体吸收强波谱段,对岩石裂隙、片理发育程度和小线性构造反映良好。经比较鉴别,ETM 数据选取 8、7、4、1 波段作融合彩色处理,TM 数据选取 7、4、1 作 RGB 合成。图像地理配准采用多项式运算,单幅 1:25 万图幅选取 13 对以上的控制点,景间镶接用直方图匹配法平滑过渡,并通过图像重叠区优选及掩膜拼贴最大程度地消除云及云影影响,经反差扩展后输出基本全像素的 1:25 万 2 幅、1:10 万 18 个分幅,两种比例尺假彩色纸介质图像分别作为区域解译、路线解译的主导图像。

上述图像经各作业阶段使用后认定图像质量较佳,层次分明,岩石构造格架和地表景观反映清楚,对各类地质要素表现力强,与地形图配合精度经检校不大于 2 个像元,地面分辨率 ETM、TM 图像仍分别保持在 15m、30m,极少云及云影影响,能满足全区地质多要素的详细解译。其中 1:10 万分幅图像应用于野外实地解译,配合野外路线调查效果良好,已在踏勘工作中充分利用。不足之处为:ETM 图像由于数据接收的时相选择不佳,色调不够丰富,波谱特征单调,异物同谱现象较多,使解译难度加大;TM 图像雪覆盖较大,造成部分地段可解性低。

2. 三维立体影像图及三维飞行画面的制作

DEM 层:矢量化基础为国家基础地理信息中心空间数据库,矢量要素为等高线、高程点,生成 16 位

栅格文件;图像层:增强方式为低频对数拉伸反差扩展,同 DEM 严格配准。该图对该区地貌景观及生态(地理)梯度带表现力强。三维飞行选择了冰蚀地带、构造盆地等区段制作,以突出反映其宏观特征。

3. 基于计算机技术矿产信息等地质专题信息提取

在操作平台上有针对性地进行,视目标区解译需求而定,主要有突出线理纹形显示的空间信息增强和区分细微灰阶差异的波谱信息提取,以减轻"同物异谱"、"同谱异物"现象的困扰。可选用的方法有:单向滤波模设置、波谱相关分析、彩色坐标转换、热红外波谱叠加、差值比值运算、图像分割、人工-智能分类器分类等。

解译过程中对赋矿层、构造关键部位、侵入体边部和影像不够清晰地段(包括有疑点问题的地段)均应及时进行多种处理供反复对比解译综合分析使用。

在已识别确认蚀变矿化或含矿地质体(如纳日贡玛铜钼矿床)的标志性波谱信息的情况下,应按该标志信息进行计算机影像归类的全区提取。

区内已有遥感信息源由于其数据接收时间主要处于冬季,对生态环境信息的提取不能给予很好的支持,如生态环境的主要因子——植被及其盖度就无法利用归一化植被指数(NDVI)等方法提取。区内生态环境现势信息及动态变化信息的提取针对沼泽湿地、冰川这些环境变化的敏感因子尽可能地进行已有遥感资料之间的定量分析。

该阶段已通过上述一些信息提取手段对区内的遥感矿产信息和环境信息作了一些定性或定量的提取工作并取得了良好效果。

(1)采用变量主成分分析与比值运算相结合的方法进行斑岩体信息图像增强处理。在区内很多地段提取到了可基本代表斑岩体出露的图像异常色调。经对纳日贡玛等地野外踏勘查证,均发现了斑岩体的存在,图像上提取的结果与实地吻合率达 80% 以上,对该区针对斑岩型铜、钼矿的找矿工作提供了极大的便利。

(2)利用 MSS 与 TM 两种不同时相的遥感信息源。运用波谱分割、掩膜处理技术对昂欠涌曲一带大面积分布的现代冰川进行精确对比统计,发现 1999 年的冰川面积只有 1974 年冰川面积的 53.28%,即 25 年来昂欠涌曲一带的冰川消融了近一半。

(3)根据前人关于含铁氧化物和羟基矿物的热液蚀变岩在可见光和近红外光谱区域的波谱特征研究成果。采取 TM5/7、3/1、5 等比值差值方法针对岩浆活动区段和断裂构造发育地段进行矿化蚀变的色调微弱异常提取,在结多南的巴纳涌等地提取到了一些以含羟基类和含铁离子两类近矿围岩蚀变矿物为主的矿化蚀变信息,这些有着积极找矿意义的信息有待于在下一步工作中予以查证。

四、遥感地质编图及精度要求

遥感地质编图以充分反映测区各类可鉴别遥感信息为原则,不囿于已有地质资料。在详细解译的基础上初步完成于野外填图之前,完善于野外填图过程中。编图内容包括区域地质构造、岩浆活动、新生代高原隆升地质地貌、矿产地质特征、水资源、土地资源以及生态环境变异等内容,以系列图形式进行表达。

编图基本单位、精度与 1:25 万区域地质图保持一致。直径或长度大于 500m 的影像体都应准确圈绘,重点区段直径大于 100m 的影像体和长度大于 250m 的线状体都应解译出,特殊的小影像体应有标注。对环状、晕状特殊影像就其主要特征准确表示于图中,有重要指示意义的微小特征影像如标志层、层纹、水点、地质灾害点等均应反映,必要时做夸大表示。

解译点密度比路线观测点的密度可适当减小,原则是所有主要地质界线、各类填图实体均有一定数量的解译点控制,布置重点在解译标志有代表意义或路线观测难以实施的地段,矿化蚀变部位、构造关键部位等重点区段相应地加密解译点,进行精细解译。

第二节 遥感影像景观区划分

一、影像景观区划分

测区的地质景观、生态景观在解译基础图像上是显而易见的,可以按宏观影像特征划分为5个影像景观区(参见遥感解译地质图)。不同的影像景观区反映不同的地质构造特征和自然环境特征,有着明显的地貌类型、岩石组合和构造背景反差,和初步划分的区域地质构造单元相互印证,从北至南为:

(1) 恰涌冷色调块状谷岭相间影像景观区;
(2) 当江—多彩深色调条块、条纹状中山影像景观区;
(3) 多彩—昂欠涌北暖色调条带状高山影像景观区;
(4) 多彩、昂欠涌、扎曲浅暖色调粗条块状中高山影像景观区;
(5) 纳日贡玛、子曲、吉曲深冷色调岛状、楔状高山影像景观区。

二、各影像景观区地质涵义及影像可解程度综述

1. 恰涌冷色调块状谷岭相间影像景观区

该区位于测区北东端恰涌、阿文俄育、巴东加义民一带。该景观区色调、纹理单调均一,说明分布的岩石地层相对简单且稳定,故此可解译程度较高。南以俄巴达动—当江科北西西向线性构造为界,分布地层主体为三叠纪巴颜喀拉山群砂岩夹板岩组(TB_3)。南界线性构造系西金乌兰湖—歇武断裂带在该区影像上的反映,沿该构造带分布有治多断陷盆地和山间宽谷。

2. 当江—多彩深色调条块、条纹状中山影像景观区

该区呈北西-南东向条带状横亘于测区北东部,总体以连续的带状山地和线理发育为特征。山体稍低缓,呈弧状蜿蜒的长条状或不规则的块状。色调深浅间杂,表面粗糙程度不一,其中深色调块体反映该带发育火山岩和深变质岩,粗糙的浅色调条块显示了碳酸盐岩的分布,较细腻的影纹代表了复理石块体的分布。景观区内主体地层为通天河蛇绿混杂岩,并构成俄巴达动—当江科北西西向线性构造带,带内线理发育表明岩石多受后期构造改造,也可能是脆韧性剪切变形的影像反映。整体可解译程度偏低。

3. 多彩—昂欠涌北暖色调条带状高山影像景观区

该区呈北西-南东向条带状展布于俄巴达动—当江科线性构造带之南,南以多彩曲—昂欠涌曲线性构造为界。总体呈现条带状间杂的灰白色、浅红色、紫褐色,山高形碎,具锯齿状山脊线、表面粗糙。区内主要分布晚三叠世巴塘群地层,岩性相对简单,对其岩组基本可分,尤其对碳酸盐岩均能准确圈定。该区可解译程度较高,但由于岩石单元及末级冲沟、山体形态等解译要素受大的高差起落影响,影像识别与划分中尚需仔细斟酌。该景观区内代表中酸性岩浆侵入活动的团状、环状影像有较多显示。

4. 多彩、昂欠涌、扎曲浅暖色调粗条块状中高山影像景观区

该区分布在多彩曲—昂欠涌曲一带,以线性构造影像景观为特征,线性构造以南地区呈北西向展布,总体呈黄褐、灰红色调和粗大条块图案。主体由晚三叠世结扎群甲丕拉组、波里拉组、巴贡组组成,

第四纪冰碛、冰水堆积广泛分布。其岩石和岩石组合在影像上的差别明显，褶皱构造形态醒目，可解译程度较高。

5. 纳日贡玛、子曲、吉曲深冷色调岛状、楔状高山影像景观区

该区呈一北西西向长条楔状山地楔入纳日贡玛—子曲线性构造以南地区，由于被中新生代地层覆盖，局部呈岛屿状显现。主体由早二叠世尕笛考组，开心岭群诺日巴尕日保组、九十道班组组成，也是区内斑岩型铜、钼矿的含矿地质体—花岗斑岩侵入体主要分布区。总体呈深灰、灰褐、深蓝色调，山体高大，现代冰川及冰蚀地貌清晰可见。该景观区地质体受多期构造叠加、改造因素制约，纹形、线理等影像特征趋于一统，加之冰雪覆盖大，使可解程度降低。

上述影像分区与区域构造单元分区对照，北部恰涌冷色调块状谷岭相间影像景观区是巴颜喀拉双向边缘前陆盆地的影像反映，当江—多彩深色调条块、条纹状中山影像景观区是通天河蛇绿混杂岩带在测区延展的影像反映，其南为芒康—思茅陆块；多彩—昂欠涌北暖色调条带状高山影像景观区基本代表了巴塘弧火山岩带分布，多彩、昂欠涌、扎曲浅暖色调粗条块状中高山影像景观区与结扎类弧后前陆盆地构造分区相吻合，纳日贡玛、子曲、吉曲深冷色调岛状楔状高山影像景观区所代表开心岭岛弧带楔状伸入并夹持在结扎类弧后前陆盆地中。

第三节　地质体遥感解译

经设计阶段的初步解译和野外踏勘过程中的验证，测区主要地质体的解译标志已作初步总结。这些解译标志将纳入各解译者的遥感知识经验库，使后续解译工作有据可依。

一、线形影像遥感解译特征

1. 断裂构造

解译勾绘出了大小不等的断裂100余条，大多属活动构造。其中压性断裂、走滑断裂居优势，张性断裂甚少；延伸方向以北西西向、北西向为主，北东向次之，近南北向最少。

断裂构造解译标志为：具醒目的或依稀可辨的线性延伸特征，常构成色调界面、纹形几何界面，有时表现为地貌单元、地质体、水文地质单元的分界线（如直线、弧线状坡麓带、山脊线、地下水泄出带）及色带、密集微纹理带，负地形、陡峭岩壁等构造地貌在大比例尺影像上有清楚显示。

活动断裂的解译标志为：线性形迹清楚，水系、微地貌、植被响应明显，常构成不同色调和纹形区块的分界，控制湖泊水系分布和盆/岭展布，线性特征在河谷平原区也有所显示。现代地貌的齐整边界及新生代地层中破坏褶皱构造线形体、水系直线状展布及同步弯转、地质体的明显错移都是活动断裂在影像上的反映，且走滑性质易于辨认。连续折线状负地形则被认为是张性断裂的标志。北西西向断线一般呈压扭性质，北东向断线多具右行雁列走滑性质，近南北向断线为张性断裂。主要线形影像及其属性判定有如下两例。

（1）俄巴达动—当江科线形影像

该线形影像特征是测区的主要线性形迹，区内延展约60km。它以醒目的北西西向线状延伸和密集线理带为其标志，东端呈一色调界面，西端河流追踪发育，显示其挽近时期具较强的活动性，影像上表现为向南冲断左旋走滑活动断裂，系区内北部巴颜喀拉双向边缘前陆盆地，南部当江—多彩蛇绿混杂岩亚带两大构造单元分界断裂，也是治多走滑拉分盆地的控盆构造。断裂线沿走向均呈波状和折线状（可认为是推覆构造线的影像表征），三叠纪地层的展布受该构造控制极为明显，具明显的分带性，以它为

界,北为巴颜喀拉山群复理石沉积,南为活动型巴塘群碎屑岩、火山岩和碳酸盐岩沉积。

(2) 多彩曲—昂欠涌曲线形影像

该断裂向北西西向延伸,贯穿测区,区内延展大于100km,表现为多条断裂断续出现的断裂组(带)形式,狭长负地形、陡峭岩壁等构造地貌清楚,水系响应特点显示出它晚新生代以来的左行走滑性质,为巴塘弧火山岩带与结扎类弧后前陆盆地之间的分界断裂,控制了一系列北西向展布的新近纪沉积盆地和晚三叠世结扎群、巴塘群地层的展布。

上述两条深断裂所夹持的条带在影像上反映为一个线理带,微小密集的线性体的顺条带方向密集排列,穿越此区间的较大线性断裂构造也显得模糊不清,表明该区南北向构造挤压十分强烈,地层的岩石塑性程度相对较高,具有向南北两翼逆覆特征。

2. 褶皱构造

解译区褶皱构造的解译标志显著,特别是雁石坪群地层中的褶皱以平行密集的圆滑曲线为骨架,不同的色调、纹形对称重复出现,线理转折端显示清晰,多呈浑圆状或尖棱状,构成封闭、半封闭的弧状影像体。褶皱形态、展布受大的线性构造制约,可从整体轮廓反推线性构造的性质。

二、面状影像遥感解译特征

1. 夷平面

在影像上有两级夷平面标志。区内广泛分布的中山、低山丘陵,影像上其山体顶部均舒缓平滑,有的呈小块平顶山状,且总体上处于一个向南微倾的准平面上,认为其属区域上可对比的 II 级夷平面(MS),海拔高程在 4700～5000m 之间。区内广泛发育的中高山,山顶常见截顶台地影像,也是岩屑质荒漠(裸岩、寒冻风化岩屑坡)影像体集中分布区,为高度统一的山顶面(SS)存在标志,海拔高程在 5300～5400m 之间,北部地区比南部稍高。此外,新生代盆地的红层沉积多出露于山间低洼处,但丘陵区和中山区亦分布有该地层,它反映了测区在新生代时期发生高原隆升事件。其分布上限也处于一个准平面上,海拔高度约为 4200～4400m。

2. 阶地

阶地在 ETM 影像上可较好识别,表现为河谷区台阶状微地貌。沿区内主要河流河谷一般分布 3 级河流阶地,由冲—洪积砂砾石构成,阶面平坦呈不连续的带状。I 级、II 级阶地阶面狭窄,阶差小,分布零星,说明对应时期抬升幅度小,与上次抬升间隔时间短。上叠的 III 级阶地阶差大(阶坡呈较高的陡坎)阶面宽阔,其抬升幅度大、间隔长。

3. 冰夷面

冰夷面主要分布在纳日贡玛南侧附近,系中晚更新世冰川夷平作用形成。冰夷面北高南低,表示当时冰川活动中心在北部地区。

三、地质填图单位影像特征

1. 地层

测区出露的地层体,其不同的岩石组合和结构构造在影像上反映为不同的块状形态的影像特征,各地层单位遥感影像特征见表 7-1。

表 7-1 地层单位解译标志表

地质年代		岩石地层单位		代号	遥感影像特征		水系
					色调	形状、纹形	
第四纪	全新世	沼泽堆积		Qh^f	无覆盖时呈暗绿色	地形低缓,有时具环带状影纹和台阶状、漏斗状地形,富含暗色点状影纹	曲流、辫状水系
		冲积		Qh^{al}	灰白、灰色浅色调	带状、扇状分布于山麓下及沟谷间	
		冲洪积		Qh^{pal}	灰白、灰色浅色调	扇状分布于山麓下及沟谷间	
		冰碛		Qh^{gl}	浅黄色	不均匀斑点,有时具流线影纹,边界清楚	
	晚更新世	冲积			呈均匀的浅黄绿色	分布于现代河床及河谷地带地势平坦,面状或台状地形,边界清晰	
		冰水沉积		Qp_3^{fgl}	深浅不一的灰褐色	点状纹形突出,丘状、垄状地形	
		冰碛		Qp_3^{gl}	深浅不一的黄绿色	麻点状纹形,矮丘状或垄状地形,零星发育冰碛垄	
	中更新世	冰碛		Qp_2^{gl}	色调较基岩浅比松散层深	表面光滑,有时具流线影纹	
古近纪 新近纪	上新世	曲果组		Nq	灰褐、灰紫、褐黄色	微条带状间杂,垂直山脊的平行沟谷密集分布,单面山地形,影纹结构粗糙	树枝状水系
	中新世	查保玛组		ENc	灰黑色	表面粗糙,末级冲沟短促且平行排布,斑块、斑点隐约可见	
		雅西措组		ENy	黄、浅橙、浅黄褐色间杂	表面具粗糙感。岩层层理可辨,弧状微线理影纹,低山丘陵地貌	树枝状水系
	渐新世	沱沱河组		Et	黄色或浅黄褐色	地貌特征为平缓起伏的低山丘陵,发育细小纹理,影纹结构细腻,表面光滑	放射状水系
侏罗纪		雁石坪群	夏里组	Jx	浅橙色—黄色均匀过渡	斑块状、细条状图案,中高山地貌,山脊较尖棱,表面光滑细腻	树枝状水系十分发育
			布曲组	Jb	灰白色—棕色,较均匀	块状纹形,脊线不甚明显,地貌上多为块状山,顶半浑圆—浑圆	
			雀莫错组	Jq	深黄绿色、灰紫色	中山地貌,山脊浑圆,碎斑块状纹形,发育褶皱	
三叠纪	晚三叠世	巴颜喀拉山群	板岩组	T_3B^3		条块状、爪状图案,山体呈对称凸形坡	稀疏树枝状水系
			砂岩组	T_3B^2	墨绿色、暗黄绿色	山体高大,主干山脊多平直且与次级山脊呈直角相交,两侧山坡较陡,对称性较高,表面相对光滑山脊线平直,凸形坡,山体对称	平行状树枝状及格状水系
		查涌蛇绿岩	达龙砂岩	T_3chd	以灰紫色为主	条带状、条块状图案,斑点状纹形,表面粗糙	
			格仁火山岩	T_3chva	浅灰色、浅紫色	线状山脊,稀疏斑点分布	
			蛇绿岩	T_3chop	浅灰色、浅紫灰色	线状山脊,"V"型冲沟平行展布,稀疏斑点分布	
		三叠巴塘群	碳酸盐岩组	T_3Bt_3	浅灰色、浅紫色、灰紫色	山体高大对称,发育尖峰峭壁	
			火山岩组	T_3Bt_2	浅灰色、浅紫色、灰紫色间杂	线状山脊,"V"型冲沟平行展布,稀疏斑点分布	
			碎屑岩组	T_3Bt_1	以灰紫色为主,有时呈现浅黄绿色或深褐色	条带状、条块状图案,斑点状纹形,表面粗糙,山体破碎,山脊尖棱,层理明显	稀疏树枝状水系

续表 7-1

地质年代		岩石地层单位		代号	遥感影像特征		
					色调	形状、纹形	水系
三叠纪	晚三叠世	结扎群	巴贡组	T_3bg	浅褐黄色	条块状纹形,山体浑圆宽缓,表面较光滑	树枝状水系
			波里拉组	T_3b	浅黄色—浅橙色,色调均匀	细条带状图案,构成山脊尖棱的中高山	羽状水系
			甲丕拉组	T_3jp	灰黄色—灰紫色,色调边界清楚	细小的条块状展布,山脊线短促紊乱,凹形坡居优,表面细腻光滑	羽状、格状水系
	中三叠世	结隆组		$T_{1-2}j$	黄色、灰白色	斑块状纹形,表面可见麻点、疙瘩状纹形,较粗糙	树枝状水系
	早三叠世	火山岩组		P_3T_1h	深紫色	块体、影纹极细碎,末级冲沟凌乱而密集分布,直面坡,山脊线短促紊乱	树枝状水系
二叠纪	晚二叠世						
	早中二叠世	多彩蛇绿混杂岩	俄巴达动灰岩	P_2ca	深褐紫色、黄褐色、灰绿色、灰白色	不规则块状间杂、纹形紧密,呈一密集微纹理带,沿带短促粗大的冲沟凌乱分布,与周围地层界线明显,色调反差大,易于区分	平行水系
			当江荣火山岩	$CPdva$			
			龙仁杂砂岩	CPd			
		尕笛考组		P_2gd	浅灰色、浅黄褐色	带状或枝状高大山体,表面光滑,较易辨认	水系不发育
		开心岭群	九十道班组	P_2j	浅黄色、浅橙色,色调明显较周围浅	山脊线不分明,陡直坡,沟谷不发育,斑块状图案,表面光滑	
			诺日巴尕日保组	P_2nr	黄褐色、灰绿色带状相间	山体破碎低缓,冲沟凌乱分布,表面有粗糙感,条带状图案,常构成中山及丘陵	
	早二叠世	杂多群	碳酸盐岩组	C_1Z_2	灰白—浅灰色	条带状纹形,表面粗糙不平,脊线尖棱、清楚	羽状水系较为发育
			碎屑岩组	C_1Z_1	灰褐、灰紫、褐黄色	微条带状间杂,垂直山脊的平行沟谷密集分布,影纹结构细腻	
古中元古代		宁多岩群		$Pt_{1-2}N$	以灰紫色为主,有时呈现浅黄绿色或深褐色	条块状图案,斑点状纹形、表面粗糙	稀疏树枝状水系

2. 侵入岩

各类侵入体特别是中酸性侵入体一般在影像上呈团状轮廓,构造侵位的侵入岩虽呈带状分布,但内部结构也呈团块状形态。环形影像多因底部岩浆活动形成,有时是断裂构造、火山喷发引致。测区不同地质属性的该类影像解译标志见表 7-2。

表 7-2 中酸性侵入岩岩石序列遥感影像特征表

地质年代	岩石序列	代号	遥感影像特征 色调	遥感影像特征 形状、纹形	遥感影像特征 水系
渐新世	纳日贡玛花岗斑岩	$E_3\gamma\pi$	灰黄、灰紫或紫褐色	团状轮廓清晰,色调内深外浅,表面光滑	
始新世	控巴俄仁钾长花岗岩	$E_2\xi\gamma$	褐色	团状形态清晰,构成中高山、弧状山脊线	
始新世	色的日二长花岗岩	$E_2\pi\eta\gamma$	褐色为主,间杂蓝、灰、紫色	团状形态清晰,构成中高山地或浑圆的正地形,弧状山脊线,凹形或陡直坡	发育钳状沟头树枝状水系
晚白垩世	不涌闪长玢岩	$K_2\delta\mu$	灰紫或紫褐色	瘤状形态,构成中高山地貌,团状轮廓清晰,色调均匀,表面光滑	树枝状水系
晚白垩世	夏结能石英闪长岩	$K_2\delta o$	灰紫或紫褐色		
晚侏罗世	格仁岩花岗闪长岩	$J_3\gamma\delta$	明亮的黄色、黄绿色	山脊浑圆,表面光滑,与围岩界线清楚	树枝状水系
晚侏罗世	赛莫涌石英闪长岩	$J_3\delta o$			
晚三叠世	角考二长花岗岩	$T_3\eta\gamma$	灰紫或紫褐色	色调较均匀,表面较粗糙,与围岩界线清楚	平行树枝状水系
晚三叠世	日勤花岗闪长岩	$T_3\gamma\delta$	明亮的黄色、黄绿色	山脊浑圆,表面光滑,与围岩界线清楚	
晚三叠世	地仁石英闪长岩	$T_3\delta o$			
晚三叠世	拉地贡玛花岗闪长岩	$T_3\gamma\delta$	明亮的黄色、黄绿色	色调较均匀,山脊浑圆,表面光滑,与围岩界线清楚	
晚三叠世	缅切英云闪长岩	$T_3\gamma\delta o$			
晚三叠世	日啊日曲石英闪长岩	$T_3\delta o$			
晚三叠世	借金英云闪长岩	$T_3\gamma\delta o$	明亮的黄色、黄绿色	山脊浑圆,表面光滑,与围岩界线清楚	
晚三叠世	侧群石英闪长岩	$T_3\delta o$	黄色、黄褐色及褐红色	具齿状或波状边界的团块,表面光滑,影纹单调	
晚三叠世	开古曲顶闪长岩	$T_3\delta$	黄色、黄褐色及褐红色	具齿状或波状边界的团块,表面光滑,影纹单调	

第八章 总 结

青海省地质调查院区域地质调查八分队承担的治多县幅（I46C003004）、杂多县幅（I46C004004）1∶25万区域地质调查（联测）项目是中国地调局布置的中国西部青藏高原空白区1∶25万区域地质大调查开发项目之一，治多县幅（I46C003004）1∶25万区域地质调查项目在三年多的工作过程中，在上级各级领导的指导下，经过分队全体同志的艰苦努力、辛勤劳动和奋力拼搏，克服工作区气候恶劣、高寒缺氧、交通不便及外部环境较差等种种困难，按照项目任务书、设计书及地质调查局有关指南的要求，全面完成了任务书所规定的各项任务和指标，取得了丰富的基础地质、矿产方面的一批重要地质新成果、新进展，达到了预期目标。

一、主要结论及进展

（一）地层方面

查明了测区内的地层序列、接触关系，合理地建立了地层系统。依据测区地层发育特点，不同类型的沉积地层体采用了不同的填图方法，对测区内出露的地层体在岩石地层、年代地层、生物地层等进行了较详细的调查研究，厘定出前第四纪填图单元7个、群级正式岩石地层单位10个、组级岩石地层单位22个，其中新发现厘定建立群级地层单位3个，组级岩石地层单位2个，丰富了测区地层单位，补充了地层古生物演化内容。

首次在调查区晚三叠世巴塘群地层中解体（新发现）出元古代宁多岩群古老变质地层体、三叠纪查涌蛇绿混杂岩，石炭纪—二叠纪多彩蛇绿混杂岩等构造岩石地层单位。

在调查区治多西南发现并解体出元古代宁多岩群古老变质地层体，分布在当江—多彩蛇绿混杂岩带中，后期被燕山期侵入岩体呈侵入接触。代表了西金乌兰—金沙江结合带中古老结晶基底的存在，对比认为与羌塘地块吉塘群古老变质地层体具有相似性。其岩性为一套以斜长片麻岩、角闪片岩、黑云石英片岩、石英片岩及大理岩等，通过岩石学、岩石化学等方法恢复原岩，是一套以石英砂岩为主夹泥砂质岩的稳定性碎屑岩建造，丰富了测区的构造演化史。

在调查区治多南首次在碎屑岩组硅质岩中新发现 *Pseudoalbaillella fusiformis*（纺锤形假阿尔拜虫）和 *Pseudoalbaillella* spp.（假阿尔拜虫众多未定种）的放射虫化石，时代为 P_1—P_2。经过对比该放射虫化石与西金乌兰—金沙江结合带中放射虫化石一致，该地层为西金乌兰—金沙江结合带的组成部分。

重新解体后的晚三叠世巴塘群地层进一步划分为碎屑岩组、火山岩组、碳酸盐岩组3个非正式岩石地层单位，其中碎屑岩组、火山岩组、碳酸盐岩组形成环境为弧后盆地浅海—半深海相沉积，时代为晚三叠世。

在扎青乡一带首次发现一套不整合在早—中二叠世开心岭群之上，其上被晚三叠世结扎群不整合覆盖的陆相基性—中性火山岩地层，建立了火山岩组非正式岩石地层单位，时代暂归入晚二叠世—早三叠世。并依据西金乌兰—金沙江结合带新发现的早—中二叠世岛弧型火山岩、杂岩增生楔复理石以及碳酸盐岩等建造，确定了西金乌兰—金沙江结合带演化时限，对于研究特提斯演化具有十分重要的地质意义。

本次工作中在晚三叠世巴塘群地层中获得早中三叠世 *Parahalobia* sp.（拟海燕蛤），*Claraia* sp.（克氏蛤）双壳化石，其岩石特征与晚三叠世巴塘群存在明显的差异，归入早中三叠世结隆组。

通过对测区晚三叠世古生物地层研究，划分出 Norian 期 *Oxycolpella-Rhaetinopsis* 腕足类组合，

Neomegalodon-Cardium（Tulongocardium） Pergamidia 双壳类组合等生物地层单位，*Hyrcanopter-issinensis- Clathropteris* 植物组合带。Carnian期 *Koninckina-Yidunella-Zeilleria lingulata* 腕足类组合和 *Neocalamites* sp.植物层等生物地层单位。

（二）岩石方面

基本查明了测区内不同时代岩浆活动的时空分布关系、岩石类型、组构及演化规律，合理地建立了测区中酸性侵入岩岩石序列单位。根据岩石序列单位的划分原则和岩体的矿物成分及结构构造特征不同，将区内中酸性侵入岩划分为107个侵入岩体，划分为19个单元和5个独立侵入体。确定了测区晋宁期、加里东期、印支期、燕山期和喜马拉雅期5个岩浆旋回期。

在多彩一带首次发现大量的超基性岩、基性岩、堆晶辉长岩、枕状玄武岩，硅质岩、基性岩墙群组成的蛇绿岩，进一步划分为早二叠世多彩蛇绿混杂岩和晚三叠世查涌蛇绿岩。

早二叠世当江—多彩蛇绿混杂岩岩石组合为强滑石化蛇纹石化辉石橄榄岩、片理化辉石岩、阳起石片岩（辉石岩）、糜棱岩化辉长岩、角闪片岩（辉长岩）、斜长角闪岩（辉长岩）、帘石化纤闪石化辉长岩到强绢云母化纤闪石化辉长辉绿岩、绿泥片岩（玄武岩）、阳起石化杏仁状玄武岩和深海沉积物放射虫硅质岩等，*Pseudoalbaillella fusifirmis*（纺锤形假阿尔拜虫）和 *Pseudoalbaillella* spp.（假阿尔拜虫众多未定种）放射虫化石，时代为$P_1—P_2$，与西金乌兰—金沙江结合带中放射虫化石一致。在辉长岩中新发现堆晶辉长岩的存在，其构造环境为小洋盆。

晚三叠世查涌蛇绿岩岩石组合为蛇纹石化辉石橄榄岩、辉石岩、辉长岩、辉长辉绿岩脉、枕状玄武岩和硅质岩等，构造环境为洋盆。

本次区调对巴颜喀拉山群地层和当江—多彩蛇绿混杂岩中的中酸性侵入岩进行了详细调查研究，在达考序列地仁单元的花岗闪长岩和角考单元的斑状二长花岗岩侵入体获得单颗粒锆石 212.38 ± 7.1Ma 和 225.2 ± 0.5Ma U-Pb 法同位素年龄，为活动陆源环境形成的碰撞造山花岗岩。

将多彩蛇绿混杂岩带内中酸性岩浆岩。划分为与俯冲作用有关的晚三叠世聂恰曲构造岩浆演化和晚侏罗世格仁涌序列，聂恰曲序列获得单颗粒锆石 160Ma 和 152Ma（U-Pb 法）同位素年龄。晚侏罗世格仁涌序列获得单颗粒锆石 215.4 ± 0.8Ma、220.7 ± 0.7 Ma（U-Pb 法）同位素年龄。为活动陆缘型花岗岩。可能是班公湖结合带向北俯冲形成晚侏罗世岩浆岩。

对测区内各时代的火山岩采用岩性—岩相双重填图法，对其成因、形成环境进行了详细研究，划分了火山岩韵律和旋回。

在测区新发现早中二叠世纳日贡玛—子曲岛弧带，由早中二叠世尕笛考组构成，构造环境成因为钙碱性岛弧型火山岩，在南侧为一初始弧后盆地，由早中二叠世开心岭群组成，分布的火山岩属大陆碱性火山岩。

在测区新发现早中二叠世—早三叠世陆相碱性火山岩，成因为钙碱性岛弧型火山岩，对于研究调查区金沙江结合带的演化时限具有重要意义。

基本查明了测区内各类变质岩特征，划分了变质期次和变质作用类型，总结了各构造带的变质作用特点，测区内以区域低温动力变质作用及变质岩、糜棱岩化作用及变质岩为主要变质特征。大致划分为五次变质变形期。对区内中深变质岩从不同构造变形层次、变质作用等方面进行了详细研究。应用现代变质地学的新理论、新方法，将测区内变质作用划分为区域变质作用、动力变质作用及接触变质作用，其中区域变质作用，根据变质岩系中所出现的特征矿物，变质矿物共生组合及其矿物组合特征，进一步划分为区域动力热液变质作用和区域低温动力变质作用。

（三）构造方面

本次工作运用现代造山带研究理论，收集了丰富的构造形迹和岩石变形资料。将测区划分为巴颜喀拉双向边缘前陆盆地，通天河复合蛇绿混杂岩带、巴塘陆缘火山弧、杂多晚古生代—中生代活动陆缘带等构造单元。依据蛇绿岩组合、岛弧型火山岩等分析认为测区通天河复合蛇绿混杂岩带具有独特的地质意义。

通过地质调查工作确定了测区西金乌兰—金沙江结合带的范围、走向、规模及其边界断裂进行了重新厘定。首次确定西金乌兰—金沙江结合带中通天河复合蛇绿混杂岩带的存在,进一步划分为石炭纪—早中二叠世多彩蛇绿混杂岩亚带、三叠纪查涌蛇绿混杂岩亚带。反映测区西金乌兰—金沙江结合带具有复合造山的独特形成环境。

首次确定晚二叠世陆相碱性火山岩不整合在早中二叠世开心岭群地层之上,其上被晚三叠世结扎群甲丕拉组不整合覆盖,确定了西金乌兰—金沙江结合带演化时限在早中二叠世结束。通过建造类型、变形特征及 Ar-Ar 同位素年龄,反映调查区西金乌兰—金沙江结合带为一小洋盆,具有软碰撞造山特征,区内最强的变形期应为晚侏罗世,发育大量的强片理化带和糜棱岩带,说明班公湖—怒江结合带的规模、影响范围均超过西金乌兰—金沙江结合带。

首次对晚古生代地层进行系统的岩石化学及年代学研究,查明了早中二叠世诺日巴尕日保组火山岩属碱性系列,为伸展构造环境;尕笛考组钙碱性系列火山岩构造环境为岛弧环境,具有多岛弧特征。

首次在测区当江荣一带发现大量的韧性剪切带分布在测区通天河蛇绿混杂岩及三叠纪花岗闪长岩岩体中,发育旋转碎斑,反映出西金乌兰—金沙江结合带为中浅部韧性构造层变形特征。

高原隆升方面在解曲上游新发现了Ⅵ级河流阶地,取得了丰富的热释光年龄和反映古气候演代的资料。裂变径迹样分析成果显示的时限为 $27.3\pm2.5\sim7.7\pm2.2$ Ma,反映为中新世。计算的平均上升速率为 2.83 cm/a。反映在 $21\sim15$ Ma 之间有一个快速抬升。说明在测区抬升的速率是不均匀的。

(四) 矿产资源方面

测区属著名的三江多金属成矿带,前人发现了许多矿床、矿(化)点及矿化线索。有黑色金属、有色金属、贵金属、非金属和燃料矿产。铜、钼、铅、锌、金、银等贵金属及有色金属矿床、矿(化)点 60 处(包括砂金矿化点 4 处),重晶石矿(化)点 2 处,石棉矿化点 1 处,彩石矿点 1 处,膏矿点 17 处,盐类矿产 2 处,煤矿点 15 处,共计 102 处。

本次工作发现矿(化)点、矿化线索 13 处,其中含铜褐铁矿点 1 处、石墨矿点 1 处、煤矿点 1 处、石膏矿点 2 处、盐矿点 1 处、铜矿化点 5 处、铁矿化点 2 处。

测区内存在许多铜铅、锌、银等贵金属矿(化)点、小型矿床,特别是东脚涌铅铜矿具有很好的找矿意义,通过对含矿地层、岩浆热液、控矿构造等成矿背景分析,该类型矿分布在杂多—昂谦早中二叠世西金乌兰—金沙江岛弧带和澜沧江岛弧带之间的弧间盆地,该类型构造环境是世界上许多大型铅银金属矿产出环境,对于加强在三江地区找矿预测具有较好的指导意义。

对测区三江成矿带中的纳日贡玛铜钼成矿带控矿斑岩体形成机制进行了专题研究,对纳日贡玛矿带的区域展布方向和纳日贡玛矿区的区域地质特征、区域化学资料等基础地质和含矿斑岩体侵位特征、与围岩的接触关系和时空关系、侵位机制、剥蚀程度和构造环境、形成时代进行研究。

根据测区已知的矿产信息的分布特征,结合测区大地构造单元划分,由北至南划分为巴颜喀拉成矿带、巴塘多金属成矿带、纳日贡玛—子曲多金属成矿带。

(五) 其他方面

测区地处高海拔地区,发育大量的冰川地貌,有冰山、冰舌、冰斗、冰碛陇、冰蚀槽、侧碛陇等,通过地质调查和同位素年龄样品分析,测区可划分出 5 期冰期、间冰期,即中更新世一次冰期、晚更新世三期冰期、间冰期(129.76 ± 6.10ka、122.16 ± 4.14ka、105.88 ± 5.71ka;94.12 ± 6.95ka、94.45 ± 2.08ka;57.20 ± 1.89ka;36.78 ± 1.73ka)和全新世一次冰期。

初步查明了测区旅游资源状况,收集了土壤、植被等资料,编制了测区新生代地质地貌及国土资源图。

二、存在的问题

受自然条件的限制,加上项目周期较短,分析结果严重滞后和成果不理想,以至于一些重要地质问题无法补做工作,特别是通天河蛇绿混杂岩带,由于受燕山期强烈的构造改造,岩石蚀变强烈等因素影响,其中多个同位素年龄无法提供有用的地质信息,有待在今后工作中引起注意。

主要参考文献

杜恒俭.地貌学及第四纪地质学[M].北京:地质出版社,1980.
杜乐天.地幔流体与玄武岩及碱性岩岩浆成因[J].地学前缘,1998,5(3):145-158.
地质矿产部直属单位管理局.变质岩区1:5万区域地质填图方法指南[M].武汉:中国地质大学出版社,1991.
地质矿产部直属单位管理局.花岗岩区1:5万区域地质填图方法指南[M].武汉:中国地质大学出版社,1991.
丰茂森.遥感图像数字处理[M].北京:测绘出版社,1988.
高振家,陈克强,魏家庸.中国岩石地层辞典[M].武汉:中国地质大学出版社,2000.
郭新峰,张元丑,程庆云,等.青藏高原亚东—格尔木地学断面岩石圈电性研究[J].中国地质科学院院报,1990(2):191-202.
黄汲清,陈炳蔚.中国及邻区特提斯海的演化[M].北京:地质出版社,1987.
李昌年.火山岩微量元素岩石学[M].武汉:中国地质大学出版社,1992.
李春昱,郭令智,朱夏,等.板块构造基本问题[M].北京:地震出版社,1986.
卢得源,陈纪平.青藏高原北部沱沱河—格尔木一带地壳深部结构[J].地质论评,1987,33(2):122-128.
刘宝珺.沉积岩石学[M].北京:地质出版社,1980.
刘和甫.前陆盆地类型及褶皱—冲断层样式[J].地学前缘,1995,2(3-4):59-63,67,65-68.
刘和甫.盆地-山岭耦合体系与地球动力学机制[J].地球科学:中国地质大学学报,1995,26(6):581-597.
刘增乾.青藏高原大地构造与形成演化[M].北京:地质出版社,1990.
楼性满,葛榜军.遥感找矿预测方法[M].北京:地质出版社,1994.
莫宣学,等.三江特提斯火山作用与成矿[M].北京:地质出版社,1993.
赖少聪.青藏高原北部新生代火山岩的成因机制[J].岩石学报,1991,15(1):98-104.
宁书年,等.遥感图像处理与应用[M].北京:地震出版社,1995.
潘桂棠,等.青藏高原新生代构造演化[M].北京:地质出版社,1990.
区域地质矿产地质司.火山岩地区区域调查方法指南[M].北京:地质出版社,1987.
青海省地质矿产局.青海省区域地质志[M].北京:地质出版社,1991.
青海省地质矿产局.青海省岩石地层[M].武汉:中国地质大学出版社,1991.
青海地质科学研究所与中国科学院南京古生物研究所.青海玉树地区泥盆纪—三叠纪地层和古生物(下册)[M].南京:南京大学出版社,1991.
施雅风,孔昭宸,王苏民,等.中国全新世大暖期鼎盛阶段的气候与环境[J].中国科学(B辑),1993(8):865-873.
施雅风,李吉均,李炳元.青藏高原晚新生代隆升与环境变化[M].广州:广东科技出版社,1998.
孙鸿烈,郑度.青藏高原形成演化与发展[M].广州:广东科技出版社,1998.
王成善,尹海生,等.西藏羌塘盆地地质演化与油气远景评价[M].北京:地质出版社,2001.
王云山,陈基娘.青海省及毗邻地区变质地带与变质作用[M].北京:地质出版社,1987.
许志琴,等.中国松潘—甘孜造山带的造山过程[M].北京:地质出版社,1992.
余光明,等.西藏特提斯沉积地质[M].北京:地质出版社,1990.
赵嘉明,周光第.东昆仑山西段上石炭统的四射珊瑚[J].古生物学报,2000,39(2):177-188.
张旗.蛇绿岩与地球动力学研究[M].北京:地质出版社,1996.
张樵英,闻立峰.遥感图像目视地质解译方法[M].北京:地质出版社,1986.
中-英青藏高原综合地质考察队.青藏高原地质演化[M].北京:科学出版社,1990.
张以弗,等.可可西里—巴颜喀拉三叠纪沉积盆地形成和演化[M].西宁:青海人民出版社,1997.
中国地质调查局成都地质矿产研究所.1:150万青藏高原及邻区地质图说明书[M].成都:成都地图出版社,2004.
中国地质调查局成都地质矿产研究所.中国西部特提斯构造演化及成矿作用[M].成都:电子科技大学出版社,1991.

图版说明及图版

图版 I

1. 聂恰曲沟口查涌蛇绿混杂岩中达龙砂岩（基质）
2. 当江查涌蛇绿混杂岩中达龙砂岩变形特征
3. 聂恰曲沟口多彩蛇绿混杂岩中砂岩（基质）
4. 聂恰曲沟口多彩蛇绿混杂岩中砂岩（构造片岩）变形特征（基质）
5. 聂恰曲沟口多彩蛇绿混杂岩中砂岩（构造片岩）韧性变形特征（基质）
6. 晚三叠世巴塘群上碎屑岩组砂岩中水平层理
7. 晚三叠世巴塘群下碎屑岩组砂岩中平卧褶皱
8. 聂恰曲沟口查涌蛇绿混杂岩中二叠纪灰岩块

图版 II

1. 杂多县扎青乡尕少木那赛晚二叠世火山岩组与晚三叠世结扎群甲丕拉组角度不整合接触关系（Ⅷ003P12）
2. 杂多县扎青乡尕少木那赛晚二叠世火山岩组底部复成分砾岩（Ⅷ003P12）
3. 杂多县扎青乡尕少木那赛晚二叠世火山岩组与早中二叠世开心岭群九十道班组角度不整合接触关系（Ⅷ003P12）
4. 聂恰曲晚侏罗世花岗闪长岩中闪长质包体
5. 治多县南聂恰曲晚三叠世片麻状花岗岩中旋转碎斑韧性变形
6. 治多县多彩乡北活动断裂
7. 治多县多彩乡北活动断裂地震陡坎、裂缝、鼓包
8. 治多县查涌一带北西向断层

图版 III

1. 治多县南聂恰曲多彩蛇绿混杂岩带中早中元古代宁多岩群黑云斜长片麻岩、大理岩地层（Ⅷ003P2 剖面）
2. 治多县南聂恰曲中新元古代宁多岩群黑云斜长片麻岩中肠状褶皱（Ⅷ003P2 剖面）
3. 治多县南聂恰曲中新元古代宁多岩群黑云斜长片麻岩中"N"型褶皱构造（Ⅷ003P2 剖面）
4. 治多县南聂恰曲中新元古代宁多岩群云母石英片岩（Ⅷ003P2 剖面）
5. 治多县查涌一带查涌蛇绿混杂岩中枕状洋脊玄武岩（Ⅷ003P9 剖面）
6. 治多县聂恰曲查涌蛇绿混杂岩中辉长岩露头
7. 治多县聂恰曲查涌蛇绿混杂岩层状辉长岩（结构）（Ⅷ003P2 剖面）
8. 治多县聂恰曲查涌蛇绿混杂岩层状辉长岩（成分）（Ⅷ003P2 剖面）

图版 IV

1. 治多县南聂恰曲砂岩与蛇绿混杂岩带中超基性岩块片理化构造界面（Ⅷ003P2 剖面）
2. 聂恰曲多彩蛇绿混杂岩带
3. 治多县聂恰曲沟口多彩蛇绿混杂岩中砂岩（基质）褶皱变形征
4. 治多县聂恰曲沟口多彩蛇绿混杂岩中砂岩（基质）强弱变形特征
5. 治多县当江乡一带多彩蛇绿混杂岩中早中二叠世放射虫硅质岩构造岩块
6. 纳日贡玛含铜钼花岗斑岩
7. 治多县一带美丽的藏族姑娘
8. 野外路线调查中讨论

图版 I

图版 II

图版III

图版 IV